普通高等教育电气工程及其自动化类系列规划教材

（第三版）

电 路

DIANLU

主　编　吴仕宏　高艳萍

副主编　周　巍　黄　蕊　杨冶杰　姜竹楠

主　审　邵力耕

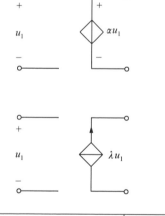

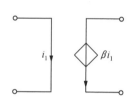

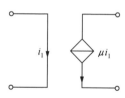

大连理工大学出版社

图书在版编目(CIP)数据

电路 / 吴仕宏，高艳萍主编. －3版. －－大连：
大连理工大学出版社，2022.2(2023.3重印)
普通高等教育电气工程及其自动化系列规划教材
ISBN 978-7-5685-3754-4

Ⅰ.①电… Ⅱ.①吴… ②高… Ⅲ.①电路－高等学
校－教材 Ⅳ.①TM13

中国版本图书馆 CIP 数据核字(2022)第 026181 号

大连理工大学出版社出版
地址:大连市软件园路 80 号　邮政编码:116023
发行:0411-84708842　邮购:0411-84703636　传真:0411-84701466
E-mail:dutp@dutp.cn　URL:https://www.dutp.cn
大连市东晟印刷有限公司印刷　　　　大连理工大学出版社发行

幅面尺寸:185mm×260mm　　　印张:21.25　　　字数:517 千字
2012 年 8 月第 1 版　　　　　　　　　　　2022 年 2 月第 3 版
2023 年 3 月第 2 次印刷

责任编辑:王晓历　　　　　　　　　　责任校对:白　露
封面设计:张　莹

ISBN 978-7-5685-3754-4　　　　　　　　定　价:55.80 元

前　言

　　《电路》(第三版)是普通高等教育教材编审委员会组编的电气工程及其自动化类系列规划教材之一。

　　本课程是电气工程、电力电子工程、信息工程、控制系统、计算机及微电子系统等领域的一门重要的基础学科,是电气工程及信息类等专业本科生必修的专业基础课程。本教材还可以作为高等工科院校各类电气相关专业电路课程教材,以及电气工程技术人员和电气技术爱好者的参考用书。

　　本教材综合了编者院校在电路理论课程中进行的双语教学改革的成果,借鉴国内外优秀教材并总结和吸收了各院校教学和教学改革的有益经验,注重理论的系统性、实用性和应用性,力求重点突出和具有启发性,注重电路理论的基本概念、基本原理及应用分析,力求做到内容精练、论证严密、重点突出、适用面广,使教材兼顾强电和弱电类专业的共同教学需求。教材内容遵循由简到繁、逐步深入的原则,采用先静态(直流)、再稳态(正弦和非正弦)、后动态(过渡过程)的教学体系,力求难点分散,利于教学,完善和提高教学效果。

　　全书共分14章,分别是:电路模型和电路定律;线性电阻电路的一般分析方法;电路定理;正弦稳态电路分析;含有耦合电感的电路;三相电路;非正弦周期电流电路和信号的频谱;一阶电路的时域分析;二阶电路的时域分析;拉普拉斯变换和网络函数;电路方程矩阵形式;二端口网络;非线性电路;均匀传输线。

　　为了帮助学生巩固和加深对课程内容的理解,教材给出了习题的参考答案供学生参考。

　　本教材由沈阳农业大学吴仕宏、大连海洋大学高艳萍任主编;西北工业大学周巍、沈阳农业大学黄蕊、辽宁石油化工大学杨冶杰、沈阳工程学院姜竹楠任副主编;西安科技大学赵燕云、大连海洋大学姜凤娇、沈阳农业大学谭东明参加了部分章节的编写工作。具体编写分工如下:吴仕宏编写第3、4、8、9章;高艳萍编写第1章;周巍编写第13、14章;黄蕊编写第5章;杨冶杰编写第11、12章;姜竹楠编写第2章;赵燕云编写第10章;姜凤娇编写第6、7章;

谭东明参加了部分习题和绘制插图工作。吴仕宏负责全书的统稿和定稿。大连交通大学邵力耕审阅了全书并提出了许多宝贵的意见和建议,在此深表谢意!

党的二十大报告中指出"教育、科技、人才是全面建设社会主义现代化国家的基础性、战略性支撑。必须坚持科技是第一生产力、人才是第一资源、创新是第一动力,深入实施科教兴国战略、人才强国战略、创新驱动发展战略,开辟发展新领域新赛道,不断塑造发展新动能新优势。"

高质量高等教育体系要发挥高位引领作用,落实立德树人根本任务,培养德智体美劳全面发展的社会主义建设者和接班人,加快建设高质量教育体系,发展素质教育。

1. 贯彻落实党的二十大精神,增加思政元素

教材编写团队深入推进党的二十大精神融入教材,充分认识党的二十大报告提出的"实施科教兴国战略,强化现代人才建设支撑"精神,落实"加强教材建设和管理"新要求,在教材中加入思政元素,紧扣二十大精神,围绕专业育人目标,结合课程特点,注重知识传授、能力培养与价值塑造的统一。

本课程主要分析电路中电磁现象的变化规律、逻辑性、系统性和理论性,培养学生严谨的思维能力、分析问题和解决问题的能力,进而培养学生的创新、创造能力,为后续相关学科的学习打下坚实的基础。

2. 推进教育数字化,以微课体现交互性

本教材响应二十大精神,推进教育数字化,建设全民终身学习的学习型社会、学习型大国,及时丰富和更新了数字化微课资源,以二维码形式融合纸质教材,使得教材更具及时性、内容的丰富性和环境的可交互性等特征,使读者学习时更轻松、更有趣味,促进了碎片化学习,提高了学习效果和效率。

在编写本教材的过程中,编者参考、引用和改编了国内外出版物中的相关资料以及网络资源,在此表示深深的谢意!相关著作权人看到本教材后,请与出版社联系,出版社将按照相关法律的规定支付稿酬。

由于编者水平和时间所限,书中疏漏和不足之处在所难免,恳请读者批评指正。

编　者

2022 年 2 月

所有意见和建议请发往:dutpbk@163.com

欢迎访问高教数字化服务平台:https://www.dutp.cn/hep/

联系电话:0411-84708445　84708462

目 录

第1章

电路模型和电路定律

【内容提要】 本章介绍电路模型的变量(电荷、电压和电流)及其传递的功率和能量;电流和电压的参考方向;电阻元件、电容元件、电感元件、独立电源和非独立电源;基尔霍夫电压定律和基尔霍夫电流定律。等效变换法。运用等效变换法求解电路,是将电路的某一部分依照等效原则用一个简单电路替代,进而对未被替代的部分进行求解。主要内容包括电阻的串联、并联、星形连接、三角形连接和桥形电路,理想电源的串联、并联,实际电源的两种模型及其等效变换以及输入电阻的概念。

思政案例

1.1 电路和电路模型

电路(electric circuit)是由电路部件(例如,电源和负载等)和电路器件(例如,二极管、晶体管和集成电路等)相互连接而成,为完成某种功能(例如,电能或信号的传输、信号测量和处理等)而设计的电系统。电系统与人们的工作和生活是息息相关的,例如,通信系统、计算机系统、自动控制系统、电力系统和信号处理系统等,各类电系统都是由电路组成的。电源(electric source)是指能产生电能或电信号的元件(element),由于电路中的电压(voltage)和电流(current)都是由电源产生的,所以也将电源形象地称为激励(excitation);在电路中,由于激励的作用而产生的电压和电流均称为响应(response)。负载(load)是指日光灯和电动机等用电设备,它能将电能转换为热能、光能或机械能等其他形式的能量。如图1-1所示电路是一个简单的手电筒电路,生活中常用的手电筒电路由干电池、灯泡、开关和导线组成。如图1-2所示电路是相对复杂一点的汽车点火电路,它是由蓄电池、开关、电阻元件、电感元件、电容元件及导线等组成。

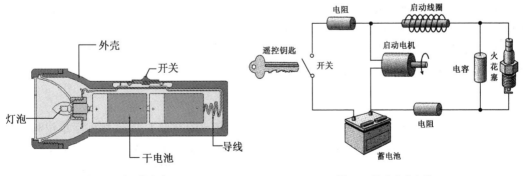

图 1-1 手电筒电路   图 1-2 汽车点火电路

在一定的工作条件下,将理想电路元件组合起来足以模拟实际电路部件和器件完成某一物理过程,理想电路元件及其组合称为实际电路模型(model),以上过程称为实际电路建模。实际电路建模是在考虑一定工作条件下,按不同的精度将实际电路主要的电磁性质反映出来的过程。例如,一只白炽灯在通有电流的情况下,可以产生磁场,说明其具有电感性,但是由于它产生的磁场十分微弱,到可以忽略不计,所以通常认为白炽灯是一个电阻元件。一个线圈在直流激励的作用下的反应为线圈导线电流引起能量消耗,此时它的电路模型可以看作是一个电阻元件,在电流变化时(包括交变电流),线圈电流产生的磁场会引起感应电压,此时它的电路模型可以看作是一个电阻元件和一个电感元件的串联组合;当电流变化速度很快时(包括高频交流),考虑到线圈导体表面的电荷作用,线圈将产生电容效应。此时的电路模型中还应包含电容元件。图 1-3(a)所示为手电筒的电路模型。电珠是电阻元件,其参数为电阻 R;干电池用电压源 U_S 和内电阻(简称内阻)R_0 串联组合表示。连接导线是连接干电池与电珠的中间环节(还包括开关),其电阻忽略不计,可认为是一无电阻的理想导体。图 1-3(b)则是汽车点火系统的电路模型,该电路模型由电源、电感、电容和电阻等元件组成。今后教材中分析的都是电路模型,简称电路。在电路图中,各种电路元器件用规定的图形符号表示。所谓电路分析,就是指在电路的结构和元器件参数已知的条件下,讨论电路的激励与响应之间的关系。

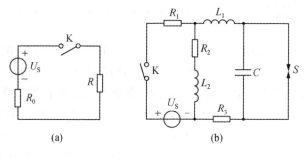

(a)　　　　　　　　　　　(b)

图 1-3　电路模型

1.2 电路的基本物理量

如图 1-3(a)所示是最简单的直流电阻电路,当开关闭合时电路中有电流。电路原理中涉及的重要物理量主要有电荷 $Q(q)$(charge)、电流 $I(i)$(current)、电压 $U(u)$(voltage)、电功率 $P(p)$(electric power)和电能 W(electric energy)。

电荷是双极性的(正电荷、负电荷)离散量,电荷的运动引起电的流动即电流,把单位时间内通过导体横截面的电荷量 q 定义为电流 i,即

$$i = \frac{\mathrm{d}q}{\mathrm{d}t} \tag{1-1}$$

当电流的大小和方向不随时间变化时,称为直流电流,用大写字母 I 表示;按国际单位制,电荷的单位为库仑(coulomb,C),时间的单位为秒(second,s),电流的单位为安培(Ampere,A)。

物理学习惯上规定正电荷运动的方向或负电荷运动的相反方向为电流的方向,但在分析较为复杂的直流电路时,往往难以事先判断某支路中电流的实际方向。当涉及某个元件

或部分电路的电流时,有必要指定电流的参考方向,这是因为电流的实际方向可能是未知的,或者电流的方向也可能随时间有规律地变化。对于直流电路,任意电阻元件(以电阻为例)电流的实际方向只有两种可能(除电流为零外),即从 A 端流向 B 端,如图 1-4(a)所示,或者从 B 端流向 A 端,如图 1-4 (b)所示。如果假定某一个方向为电流的方向,用箭头标注在电路图中,当分析计算所得的电流大于零(正值)时,电流的实际方向与假定的电流方向相同;当电流小于零(负值)时,实际的电流方向与假定的电流方向相反。在分析计算直流电路时,任意假定的电流方向称为电流的参考方向(reference direction),根据电流的参考方向和计算出的电流值的正与负,就可确定电流的实际方向。

电流的定义

电流的大小

电流的方向

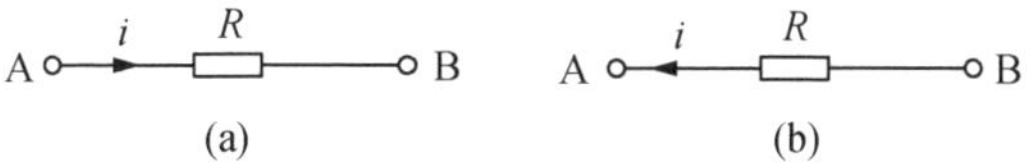

图 1-4 电流的参考方向

对于方向和大小均随时间按正弦变化的交流电流,如果电流的实际方向与参考方向相同,即所谓正弦交流电的正半周;如果电流的实际方向与参考方向相反,即所谓正弦交流电的负半周。引入了电流参考方向的概念,便可方便地表示出不同时刻电流的实际方向。

电荷的分离引起电场力做功即产生了电压,将单位正电荷由 A 点移至 B 点,电场力所做的功定义为 A、B 两点间的电压 u,电压的计算公式为

$$u = \frac{\mathrm{d}W}{\mathrm{d}q} \tag{1-2}$$

将单位正电荷分别由 A 点或 B 点移至某一参考点,电场力所做的功定义为 A 点或 B 点的电位,用 V_A 或 V_B 表示,A、B 两点间的电压 u 等于 A 、B 两点间的电位差(potential difference),即

$$u = V_A - V_B$$

当电压的大小和方向不随时间变化时,称为直流电压,用大写字母 U 表示;按国际单位制,若电荷的单位为库仑(coulomb,C),功的单位为焦耳(joule,J),则电压的单位为伏特(volt,V)。

和电流一样,电路中任意两点之间的电压也可假定参考方向或参考极性。在表达两点之间的电压时,用正极性(+)表示高电位,用负极性(-)表示低电位,而正极指向负极的方向就是电压的参考方向。指定电压的参考方向后,电压就是一个代数量,对直流电压而言,电路中任意元件(以电阻为例)两端的电压极性只有两种可能(零电压除外),如图 1-5 所示。如图 1-5(a)所示的电压参考方向是由 A 指向 B,也就是假定 A 点的电位比 B 点的电位高;如果 A 点的电位确实高于 B 点的电位,则 $u>0$,即电压的实际方向是由 A 到 B,两者的方向一致,若实际电位是 B 点高于 A 点,则 $u<0$。对于方向和大小均随时间按正弦变化的交流电压,引入了电压参考方向的概念,便可方便地表示出不同时刻电压的实际方向,确定电压随时间变化的规律。有时为了图示方便,可用箭头来表示,也可用双下标来表示电压的参考方向(图 1-5)。

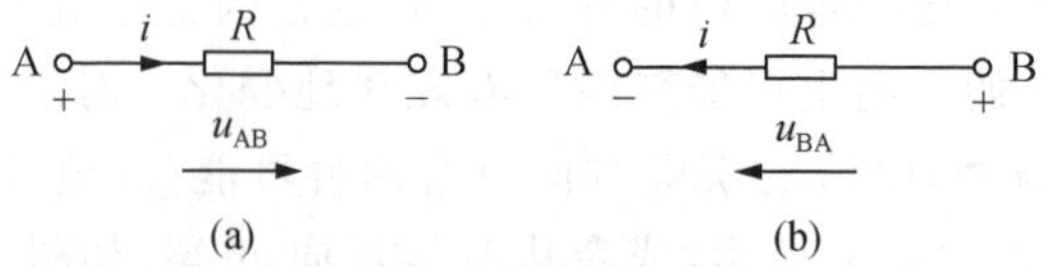

电流、电压的测量

图 1-5　电压的参考方向

一个元件的电流或电压的参考方向是任意假定的。如果流过某一元件电流的参考方向是从电压参考极性的正极性端指向负极性端,那么两者的参考方向是一致的,这种电流和电压参考方向的选择称为关联参考方向。由于电阻元件的电流总是从高电位端流向低电位端,如图 1-6(a)所示,所以电流和电压的参考方向是关联的;当两者不一致时,称为非关联参考方向。由于电源向负载供电时,如图 1-6(b)所示,流过电源的电流总是从低电位端流向高电位端,所以电流和电压参考方向是非关联参考方向。如图 1-6(c)所示,对于有两个端子与外电路连接的网络而言,电流的参考方向自高电位端向低电位端流出,两者的参考方向一致,是关联参考方向。如图 1-6(d)所示,电流和电压的参考方向不一致,是非关联参考方向。在电路分析时电流或电压的参考方向一般根据电路元件的性质科学地选择。

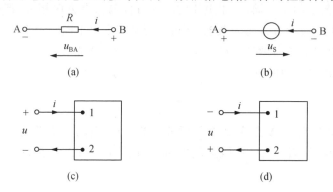

图 1-6　关联参考方向与非关联参考方向

在电路分析中,功率和能量的计算也是非常重要的。因为尽管在基于系统的电量分析和设计中,电压和电流是有用的变量,但是系统有效的输出经常是非电气的,这种输出用功率和能量来表示比较合适。另外,所有实际电气设备或部件对功率的大小都是有限制的。使用时要注意其电流值或电压值是否超过额定值,过载会使设备或部件损坏而不能正常工作。因此,在电路设计过程中仅仅计算电压和电流是不够的。

物理学定义单位时间所做的功为功率(power),用 p 表示,其表达式为

$$p = \frac{\mathrm{d}W}{\mathrm{d}t} \tag{1-3}$$

当时间的单位为秒(s),功的单位为焦耳(J)时,功率的单位为瓦特(W)。

电功率与电压和电流有着密切的关系。例如,对于电阻元件,当正电荷从电阻元件上电压的正极性端经元件移动到电压的负极性端时,电场力对电荷做功,此时电阻元件吸收能量;对于电源元件,当正电荷从电压的负极性端经电源元件运动到电压的正极性端时,电场力做负功,电源元件向外释放电能。

电压与电流关联的功率可以直接根据式(1-1)和式(1-2)定义的电压和电流的计算公式推出,即

电功率、
电能的测量

$$p = \frac{dW}{dt} = \left(\frac{dW}{dq}\right)\left(\frac{dq}{dt}\right)$$
$$p = ui \tag{1-4}$$

其中，p 是元件功率，单位为 W；u 是电压，单位为 V；i 是电流，单位为 A。

式(1-4)表示任意电路元件的功率等于流过元件的电流和元件上电压的乘积；若电流和电压参考方向非关联，如图 1-7(a)、图 1-7(c)所示，功率的计算式必须加一个负号，即 $p = -ui$。当 p 大于零时，表明该电路元件吸收或消耗电能；当 p 小于零时，表明该电路元件发出功率或释放电能。

按如图 1-7 所示四种情况总结电压和电流参考方向关联或非关联时功率的计算式。

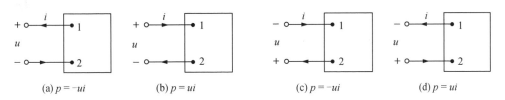

(a) $p = -ui$　　　(b) $p = ui$　　　(c) $p = -ui$　　　(d) $p = ui$

图 1-7　参考方向和功率计算式

如图 1-7(a)所示，电压和电流的参考方向是非关联的，如果 $i = 5$ A、$u = -10$ V，那么

$$p = -ui = -(-10) \times 5 = 50 \text{ W}$$

由于 $p > 0$，所以框内这部分电路吸收或消耗功率 50 W。

如图 1-7(b)所示，电压和电流的参考方向是关联的，如果 $i = -5$ A、$u = 10$ V，那么

$$p = ui = 10 \times (-5) = -50 \text{ W}$$

由于 $p < 0$，所以框内这部分电路发出或释放功率 50 W。

在 t_0 到 t 这段时间内电路元件吸收的电能为

$$W(t) = \int_{t_0}^{t} p(\tau)d\tau = \int_{t_0}^{t} u(\tau)i(\tau)d\tau \tag{1-5}$$

由于 u、i 都是代数量，能量 W 和功率 p 一样也是代数量。当 $W > 0$ 时，元件吸收能量；当 $W < 0$ 时，元件释放电能。

1.3　电路元件

电路元件(element)是电路中最基本的组成单元，是实际器件的理想化物理模型，每一个电路元件通过它的两个端子与外部电路相连接，元件的特性是通过端子的电路物理量之间的函数关系来描述的，电路的基本物理量有电压 u、电流 i、电荷 q 以及磁通 Φ（或磁通链 Ψ）等。电阻元件的特性是电压 u 与电流 i 的函数关系，即 $u = f(i)$；电感元件的特性是磁通链 Ψ 与电流 i 的函数关系，即 $\Psi = f(i)$；电容元件的特性则是电荷 q 与电压 u 的函数关系，即 $q = f(u)$。如果描述元件特性的函数是一个线性函数，那么这种元件称为线性元件(linear element)。反之若描述元件特性的函数是一个非线性函数，那么这种元件称为非线性元件(non-linear element)。按照与外部电路连接端子的个数将电路元件分为二端、三端和四端元件；按照在电路中是否起激励作用还可将电路元件分为无源元件(passive element)和有源元件(active element)。

1.3.1 电阻元件

电阻元件是用来模拟电能损耗或电能转换为热能等其他形式能量的理
想元件,在电路中阻止电流的流动,例如电阻炉、白炽灯和电阻器等。对于
线性电阻元件,在任意时刻,元件端电压和端电流的函数关系遵循欧姆定律
(ohm's law),它的图形符号如图 1-8 所示,当电压和电流取关联参考方向
时,有

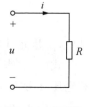

图 1-8 电阻元件

$$u=Ri \tag{1-6}$$

式(1-6)中的 R 并不是电阻符号,而是电阻元件的参数,称为元件的电阻
(resistance),电阻是与电流和电压大小无关且大于零的实常数。当电流单位为
安培(A),电压单位为伏特(V)时,电阻的基本单位为欧姆(Ω)。

电阻的定义

令 $G=\dfrac{1}{R}$,则式(1-6)变成

$$i=Gu \tag{1-7}$$

式中,G 是电阻的倒数,称为电阻元件的电导(conductance),电导的单位为西门子
(siemens,S)。G 和 R 一样都是电阻元件的参数。符号 G 一方面表示一个电导元件,另一
方面还表示电导元件的参数。

如果电压和电流参考方向取非关联参考方向,则

$$u=-Ri \quad 或 \quad i=-Gu$$

任一时刻电阻元件的端电压 u 和流经的电流 i 之间的关系,可由 u-i 平面上的一条曲
线来表示,该曲线称为电阻的伏安特性曲线,它反映了电阻的电压与电流的关系(Voltage
Current Relation,简称 VCR)。

线性电阻的伏安特性曲线是 u-i 平面上的一条通过原点的
直线,如图 1-9 所示,如果伏安特性曲线上任意一点的坐标为
(u,i),则

$$G=\frac{i}{u}=\tan\alpha \quad 或 \quad R=\frac{u}{i}=\tan\beta$$

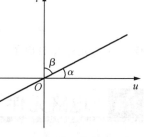

电阻值或电导值与直线的斜率(slope)分别成反比和正比。
直线的斜率随时间变化时称为线性时变电阻,否则称为线性时
不变电阻(简称线性电阻或电阻)。线性电阻元件的伏安特性曲 图 1-9 电阻元件的伏安特性曲线
线一般位于第一、三象限如图 1-9 所示。如果伏安特性曲线位于第二、四象限,则此元件的
电阻为负值,即 $R<0$。这样的电阻元件称为负电阻元件,一般需要专门设计。负电阻元件
实际上是一个发出电能的元件。

不满足线性特性的电阻为非线性电阻。非线性电阻元件的伏安特性曲线不是一条通过原
点的直线。例如,手电筒中的小电珠是一个典型的非线性热电阻。小电珠在室温时测得电阻
小于 $1\ \Omega$,而在 $2.5\ V$、$0.3\ A$ 额定工作情况下,其电阻为 $2.5/0.3=8.3\ \Omega$。这是因为小电珠工作
温度远远高于室温,致使灯泡电阻增加了近 10 倍。非线性电阻也有时变与时不变之分。

对线性电阻元件而言,无论它的端电压为何值,如果流过它的电流恒为零,则电阻元件
处于开路状态,开路状态的伏安特性曲线在 u-i 平面上与电压轴重合,此时的电阻相当于无

穷大,即 $R = \infty$(或 $G = 0$)。无论流过线性电阻元件的电流为何值,如果它的端电压恒为零,则电阻元件处于短路状态,短路状态的伏安特性曲线在 u-i 平面上与电流轴重合,此时的电阻 $R = 0$(或 $G = \infty$)。如果电路中的某一条支路呈断开状态,相当于在该支路两端之间连接 $R = \infty$ 的电阻元件,此时该支路处于开路状态。如果把电路中的某一条支路两端用电阻为零的理想导线连接起来,此时该支路处于短路状态。

当电压 u 和电流 i 取关联参考方向时,由电功率的定义及欧姆定律可知,电阻元件的功率为

$$p = ui = Ri^2 = \frac{i^2}{G} \tag{1-8}$$

因为式(1-8)中的 R 和 G 是正的实常数,所以功率 p 恒为正值,这表明线性电阻元件总是吸收(或消耗)电能,线性电阻元件是一种无源元件。所谓有源元件,是指元件可向外部电路提供大于零且无限长时间的平均功率的元件。

由式(1-5)和式(1-7)可推导出,电阻元件在 t_0 到 t 这段时间内吸收(或消耗)的电能为

$$W(t) = \int_{t_0}^{t} p(\tau)\mathrm{d}\tau = \int_{t_0}^{t} u(\tau)i(\tau)\mathrm{d}\tau = \int_{t_0}^{t} Ri^2(\tau)\mathrm{d}\tau \tag{1-9}$$

电阻元件将所吸收的电能转换成热能或其他形式的能量。

严格地讲,线性电阻实际是不存在的,以上讨论的电阻元件是理论上的理想模型。这种理想的电阻元件可以模拟实际的电阻器,以及其他具有电阻特性的物理器件和装置。例如,实际的线绕电阻器是由电阻丝绕制而成的,在直流电路中,电压和电流的关系基本符合欧姆定律时,可用线性电阻元件来近似模拟。在高频电路中,还要考虑到绕线之间的电感和电容效应,这时只用一个线性电阻就不能反映实际器件的物理特性。此外,在电子器件和线路中,有时还要考虑导线或介质的电阻效应,这也可用电阻元件来模拟。

值得注意的是,实际的电阻元件在规定的工作电压、电流和功率范围内才能正常工作。一个实际的电阻元件不仅要注明电阻的标称值,还要注明额定功率。

1.3.2　电容元件

实际的电容元件是由两片平行导体极板(金属板),其间填充绝缘介质(如云母、绝缘纸、空气等)而构成的储存电场能量的器件。当在两极板上加上电压后,两极板上将分别聚集等量的正电荷和负电荷,正、负电荷在介质中建立电场并将电场能量存储于两片平行导体极板间。所以电容元件是用来模拟一类能够储存电场(electric field)能量的理想元件模型。与电阻元件类似,电容元件也有线性、非线性、时不变和时变之分。本书仅限于讨论线性时不变电容元件。

线性电容元件的图形符号如图 1-10 所示,当电压参考极性与极板储存电荷的极性一致时,任意时刻线性电容元件极板上的电荷 q 与电压 u 成正比,线性电容元件的特性为

$$q = Cu \tag{1-10}$$

式中,C 是电容元件的参数,它是一个正实常数,称为电容(capacitance)。在国际单位制中,当电荷和电压的单位分别为 C 和 V 时,电容的单位为 F(法拉,简称法)。法拉的单位太大,实际应用中常采用微法(μF)和皮法(pF),$1\,\mathrm{F} = 1 \times 10^6\,\mu\mathrm{F} = 1 \times 10^{12}\,\mathrm{pF}$。本书中提到的“电容”既是指电容元件也是指电容参数,以 q 和 u 为坐标轴可以画出电容元件的库伏特性曲线。线性电容元件的库伏特性曲线是一条通过原点的直线,如图 1-11 所示。参数 C 与直

线的斜率成正比。

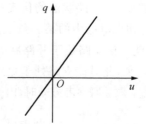

电容元件

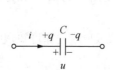

图 1-10 电容元件符号　　图 1-11 电容元件的库伏特性曲线

在电路分析中经常讨论电容元件的电压与电流的关系。如果电容元件的电流 i 和电压 u 取关联参考方向(图 1-10),并考虑到式(1-10),则电容元件的电压与电流的关系为

$$i = \frac{\mathrm{d}q}{\mathrm{d}t} = \frac{\mathrm{d}(Cu)}{\mathrm{d}t} = C\frac{\mathrm{d}u}{\mathrm{d}t} \tag{1-11}$$

式(1-11)表明,电容的电流与其两端电压的变化率成正比,与其电压的数值大小无关。当电容电压发生剧变时,电压的变化率 $\frac{\mathrm{d}u}{\mathrm{d}t}$ 会很大,此时的电流也很大,实际电路中通过电容的电流 i 为有限值,则电容电压 u 必定是时间的连续函数。当电容电压恒定不变时,电流等于零,相当于开路,故而电容具有隔断直流的作用。由式(1-11)可得

$$\begin{aligned}
u &= \frac{1}{C}\int_{-\infty}^{t} i(\tau)\mathrm{d}\tau \\
&= \frac{1}{C}\int_{-\infty}^{0} i(\tau)\mathrm{d}\tau + \frac{1}{C}\int_{0}^{t} i(\tau)\mathrm{d}\tau \\
&= u(0) + \frac{1}{C}\int_{0}^{t} i(\tau)\mathrm{d}\tau
\end{aligned} \tag{1-12}$$

式(1-12)中,$u(0) = \frac{1}{C}\int_{-\infty}^{0} i(\tau)\mathrm{d}\tau$ 称为电容电压在 $t = 0$ 时刻的初始值。电容电压 u 与电流 i 的关系是动态的,电容元件是动态元件,任一时刻的电容电压不仅与该时刻的电流有关,而且还与此时刻以前的"历史状态"有关(从 $-\infty$ 开始),即电容元件有记忆电流的作用,故称电容元件为记忆元件。当电容的 u 和 i 为非关联方向时,上述微分和积分表达式前要冠以负号,即

$$i = -C\frac{\mathrm{d}u}{\mathrm{d}t}; \quad u = -u(0) - \frac{1}{C}\int_{0}^{t} i(\tau)\mathrm{d}\tau$$

假设电容的电压和电流参考方向取关联参考方向,则线性电容元件吸收电能的功率为

$$p = ui = Cu\frac{\mathrm{d}u}{\mathrm{d}t} \tag{1-13}$$

则在 t_0 到 t 时刻,电容元件吸收的能量为

$$\begin{aligned}
W &= \int_{t_0}^{t} p\,\mathrm{d}t = \int_{u(t_0)}^{u(t)} Cu\,\mathrm{d}u \\
&= \frac{1}{2}Cu^2(t) - \frac{1}{2}Cu^2(t_0) \\
&= W(t) - W(t_0)
\end{aligned} \tag{1-14}$$

当 $|u(t)| > |u(t_0)|$ 时,$W(t) > W(t_0)$,表明电容元件从外部电路吸收能量,并以电场能的形式储存起来,这段时间内电容元件被充电(charge);当 $|u(t)| < |u(t_0)|$ 时,$W(t) < W(t_0)$,表

明电容元件将充电时吸收并储存起来的电场能量向外部电路释放。这段时间内电容元件放电(discharge)。电容具有能量储存能力,通常称为储能元件。需要强调的是:电容元件只有先被充电,才有可能向外部电路放电,故电容元件是无源元件。

非线性电容元件的库伏特性曲线不是通过原点的直线,例如,晶体二极管中的变容二极管就是一种非线性电容,其电容随所加电压的变化而变化。

实际电容元件两极板间的绝缘介质并非是理想的。当两极板间施加电压时,将有漏电流存在。在考虑漏电流的情况下(如电解质电容器),实际电容器可用一理想电容元件和理想电阻元件的并联来模拟,所以电容器除有储能作用外,还会消耗一部分电能。实际应用中,为改变电容量的大小,常将极板的面积制作成可调的,称为可变电容器,如收音机中用来选台(调频)的电容器。电容器是为了获得一定大小的电容而特意制成的,实际电容器制作的材料和结构不尽相同,通常有云母电容器、陶瓷电容器、钽质电容器、聚碳酸酯电容器等。此外,电容的效应在许多别的场合也存在,这就是分布电容和杂散电容。例如,在两根架空输电线之间,每一根输电线与地之间都有分布电容。在晶体三极管或二极管的电极之间,甚至一个线圈的线匝之间也存在着杂散电容。在电路模型中是否计入这些电容,应视工作条件而定。

1.3.3　电感元件

当导体中有电流流过时,在导体周围将产生磁场。变化的磁场可以使置于磁场中的导体产生电压,这个电压的大小与产生磁场的电流随时间的变化率成正比,将导线绕制成线圈(图 1-12)是上述原理的应用,其中 Φ 为磁通,N 为线圈的匝数,磁通链 $\Psi = \Phi N$,由于磁通和磁通链是由线圈本身的电流 i 产生的,所以

电感元件

也称为自感磁通和自感磁通链。图 1-12 中 Φ(或 Ψ)的方向与电流 i 的参考方向遵循右手螺旋关系,交变的电流将产生交变的磁场,当磁通链 Ψ 随时间变化时,在线圈的两端产生感应电压,假设感应电压的参考方向与电流的参考方向关联(即感应电压的参考方向与磁通链 Ψ 成右手螺旋关系),根据电磁感应定律,感应电压与磁通链的关系为

$$u = \frac{\mathrm{d}\Psi}{\mathrm{d}t} \tag{1-15}$$

在物理学中感应电压的实际方向是由楞次定律判断的,式(1-15)结果的正或负表示感应电压的实际方向,两者的结果是一致的。

电感元件就是用来模拟实际电磁器件的理想元件,在任一时刻,电感线圈的电流与其磁通链之间的关系可用 Ψ-i 平面上的一条曲线来描述,当通过电感元件的电流 i 与其磁通链 Ψ 成正比时,Ψ-i 特性曲线为通过原点的直线,如图 1-13 所示,这样的电感元件称为线性时不变电感元件,其元件符号如图 1-14 所示。对于线性电感,其元件特性为

$$\Psi = Li \tag{1-16}$$

式中,L 为电感元件的参数,称为自感系数(或电感),它是一个正实常数。同电阻、电容一样,L 既表示元件,又表示元件参数的大小。

在国际单位制中,磁通和磁通链的单位是 Wb(韦伯,简称韦),当电流单位为 A 时,电感的单位是 H(亨利,简称亨),常用 μH、mH 表示。1 H$=1 \times 10^3$ mH、1 mH$=1 \times 10^3$ μH。

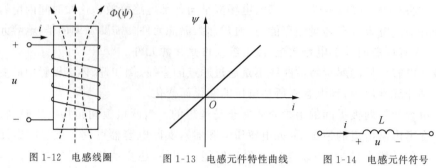

图 1-12　电感线圈　　　　图 1-13　电感元件特性曲线　　　图 1-14　电感元件符号

将式(1-16)代入式(1-15)得

$$u = L \frac{\mathrm{d}i}{\mathrm{d}t} \tag{1-17}$$

式(1-17)表明,电感的端电压与其通过的电流变化率成正比,与 i 的大小无关。当电流为直流时,端电压为零,此时视电感为短路状态;当电流随时间的变化率很大时,端电压将会很高,电感元件是动态元件。

由式(1-17)可知,电感的电流与电压的关系还可表达为积分关系

$$i = \frac{1}{L} \int u \, \mathrm{d}t \tag{1-18}$$

在 $-\infty \sim t$ 时间段写成定积分表达式为

$$i = \frac{1}{L} \int_{-\infty}^{t} u(\tau) \mathrm{d}\tau = \frac{1}{L} \int_{-\infty}^{0} u(\tau) \mathrm{d}\tau + \frac{1}{L} \int_{0}^{t} u(\tau) \mathrm{d}\tau$$

$$= i(0) + \frac{1}{L} \int_{0}^{t} u(\tau) \mathrm{d}\tau \tag{1-19}$$

式(1-19)中, $\frac{1}{L} \int_{-\infty}^{0} u(\tau) \mathrm{d}\tau$ 项是电感电流的初始值,式(1-19)表明任意时刻的电感电流不仅取决于 $[0,t]$ 间的电压波形,还取决于 $(-\infty,0)$ 间的电压,即零时刻电感电流的初值。这一性质与电容元件相似,即电感元件具有记忆电压的作用,它也是记忆元件。

假设电感的电压和电流参考方向取关联参考方向,线性电感元件吸收的功率为

$$p = ui = Li \frac{\mathrm{d}i}{\mathrm{d}t}$$

则在 t_0 到 t 时刻,电感元件吸收的能量为

$$W = \int_{t_0}^{t} p \, \mathrm{d}t = \int_{i(t_0)}^{i(t)} iL \, \mathrm{d}i$$

$$= \frac{1}{2} Li^2(t) - \frac{1}{2} Li^2(t_0) = W(t) - W(t_0)$$

当 $|i(t)| > |i(t_0)|$ 时, $W(t) > W(t_0)$,表明电感元件从外部电路吸收能量,并以磁场能的形式储存起来,这段时间内电感元件被充电;当 $|i(t)| < |i(t_0)|$ 时, $W(t) < W(t_0)$,表明电感元件将充电时吸收并储存起来的磁场能量向外部电路释放,这段时间内电感元件放电。因此电感元件和电容元件一样都是储能元件。

实际的电感器通常是由线圈绕制而成的,空心线圈在低频条件下是可以用线性电感元件和电阻元件串联来模拟的,如果电感元件的 $\Psi - i$ 特性曲线不是通过原点上的一条直线,

它就是非线性电感元件。带铁芯的电感线圈是以非线性电感元件为模型的典型例子。对含有电感元件的电路,能够通过控制线圈中的电流迅速通断,从而产生高压。在很小的空间间隔处,大电压周围存在很强的电场,储存的能量将通过空气电离后的电弧而释放。许多实际的点火装置(如汽车、煤气灶等设备的点火系统)就是利用了这一特性。

1.3.4　电压源和电流源

实际的电源是一种可以将非电能转换为电能的器件。例如,电池能将化学能转化为电能,发电机能将机械能转化为电能,而电压源(voltage source)和电流源(current source)是从实际电源中抽象得到的两种电路模型,它们是二端有源元件。

1.电压源

一个二端有源元件,不论其外部电路如何,或输出电流为何值,其两端电压始终是某一确定的时间函数 $u_S(t)$,这个二端元件称为电压源。电压源的端电压随时间周期性变化且在一个周期内的平均值为零的电压源,称为交流电压源。端电压 $u_S(t)$ 保持恒定值不变的电压源,称为直流电压源或恒定电压源,常用大写字母 U_S 表示,当直流电压源为电池时用大写字母 E 表示,电压源的图形符号如图 1-15 所示。

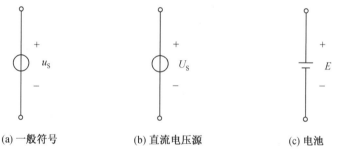

(a) 一般符号　　　　　(b) 直流电压源　　　　　(c) 电池

图 1-15　电压源的图形符号

当电压源与负载连接时如图 1-16 所示,电路中将有电流流过,电源两端电压由电源本身决定,与外电路无关;与流经它的电流方向、大小无关,流过电压源的电流由电源及外电路共同决定。任意时刻,电源两端电压与流经它的电流的关系曲线称为电压源的伏安特性曲线,如图 1-17 所示,当忽略外电路对端电压的影响时,它是一条不经过原点且平行于电流轴的直线,如图 1-17(a)所示。理想电压源是一种理想电路元件,无论流过其两端电流的大小如何,它的端电压始终保持规定值,这样理想的有源元件在现实中是不存在的,它们只能是实际电压源的理想化模型。实际电压源的伏安特性曲线是一条不经过原点且向电流轴倾斜的直线,如图 1-17(b)所示,倾斜的程度与实际电源内阻的大小有关。

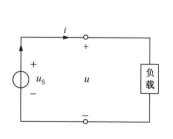

图 1-16　电压源与负载连接

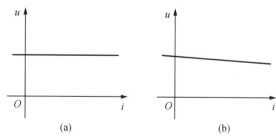

图 1-17　电压源伏安特性曲线

电压源不外接负载时,电流的值为零,此时电压源处于断路(或开路)状态。将电压源接负载处用导线连接时,端电压 $u=0$,电压源的伏安特性曲线向下平移与电流轴重合,此时电压源处于短路状态。电压源短路不仅会失去电源的作用,而且还会使电流剧增,这是绝对不允许的。

当电压源的电压和通过电压源的电流的参考方向取为非关联参考方向时,电压源功率的计算式为

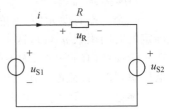

电压源、电流源的测试

$$p = -u_S i$$

当功率小于零时,表明电压源发出功率(给电路提供能量),在电路中起电源作用,此时电压源发出的功率等于负载吸收的功率;反之,则为电压源吸收功率(可理解为被充电),在电路中充当负载。

【例 1-1】 如图 1-18 所示电路中,已知 $u_{S1}=10$ V,$u_{S2}=5$ V,$R=5$ Ω,计算各元件的功率。

解:$u_R = u_{S1} - u_{S2} = 10 - 5 = 5$ V

$$i = \frac{u_R}{R} = \frac{5}{5} = 1 \text{ A}$$

$$p_{u_{S1}} = -u_{S1} i = -10 \times 1 = -10 \text{ W} < 0$$

$$p_{u_{S2}} = u_{S2} i = 5 \times 1 = 5 \text{ W} > 0$$

$$p_R = Ri^2 = 5 \times 1 = 5 \text{ W} > 0$$

图 1-18 例 1-1

2.电流源

一个有源二端元件,不论其外部电路如何,端电压为何值,其电流始终保持常量 I_S 或确定的时间函数 $i_S(t)$,这个二端元件称为电流源。电流源的电流随时间周期性变化且在一个周期内的平均值为零时,称为交流电流源,常用小写字母 i_S 表示。电流源的电流保持恒定值不变时,称为直流电流源或恒流源,常用大写字母 I_S 表示,电流源的图形符号如图1-19(a)所示。

当电流源与负载连接时,如图 1-19(b)所示,电源的端电压由电源与负载共同决定;任意时刻电源两端电压与流经它的电流的关系曲线称为电流源伏安特性曲线,如图 1-20 所示。当忽略外电路对电流的影响时,它是一条不经过原点且平行于电压轴的直线,如图 1-20(a)所示。理想电流源是一种理想电路元件,无论端电压大小如何,其流过两端的电流始终保持恒定值,这样理想的有源元件在现实中是不存在的,它们只能是实际电流源的理想化模型。实际电流源的伏安特性曲线是一条不经过原点且向电压轴倾斜的直线,如图 1-20(b)所示,倾斜的程度与电源内阻的大小有关。

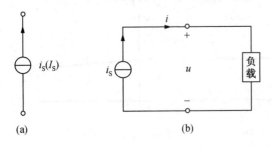

图 1-19 电流源的图形符号及与负载连接

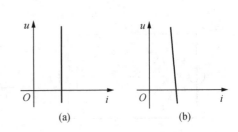

图 1-20 电流源伏安特性曲线

电流源不外接负载时,流过负载电流 i 的值为零,此时电流源处于断路(或开路)状态,而电流源本身的电流 i_s 是不等于零的,这与电流源的特性不符,所以这种情况是不存在的。将电流源接负载处用导线连接时,端电压 $u=0$,此时电流源电流 i_s 等于短路电流 i_0。

当电流源的端电压和通过电流源的电流的参考方向取为非关联参考方向时,电流源功率的计算式为

$$p = -ui_s$$

当功率小于零时,表明电流源发出功率(给电路提供能量),在电路中起电源作用,此时电流源发出的功率等于负载吸收的功率。反之,则为电流源吸收功率(可理解为被充电),在电路中充当负载。

常用的直流电源有干电池、蓄电池、光电池、直流发电机、直流稳压电源和直流稳流电源等,常用的交流电源有电力系统提供的正弦交流电源和信号发生器等。实际电源的工作原理比较接近电压源或电流源,其电路模型可以是电压源与电阻的串联或电流源与电阻的并联组合。

作为电源的两个电路模型——电压源和电流源,它们的特性与其他元件无关。为了区分后面介绍的受控源,电压源和电流源常又被称为独立电源。

1.3.5　受控电压源和受控电流源

在电路分析时常遇到另一种类型的电源,电压源的电压或电流源的电流由电路中其他支路或元件的电流或电压控制,这种电源称为受控电压源或受控电流源,也称非独立电压源或非独立电流源(统称非独立电源)。非独立电源与独立电源不同之处表现为,非独立电源的电压或电流受其他电压或电流的约束,它仅描述了电路中支路或元件电压和电流之间的关系,由于控制量只有电压或电流两种物理量,所以受控电压源有电压控制的电压源(voltage controlled voltage source,VCVS)和电流控制的电压源(current controlled voltage source,CCVS)两种类型,如图 1-21(a)、图 1-21(b)所示。受控电流源也有电压控制的电流源(voltage controlled current source,VCCS)和电流控制的电流源(current controlled current source,CCCS)两种类型,如图 1-21 (c)、图 1-21(d) 所示。

图 1-21 中,α 和 β 或 λ 和 μ 分别是受控电压源或受控电流源的系数,α 和 μ 是无量纲的系数,λ 和 β 是有量纲的系数,λ 的量纲是 S(西门子),β 的量纲是 Ω(欧姆)。当这些系数为常数时,控制量与被控制量之间为线性关系,这种受控源称为线性受控源。本书只考虑线性受控源(简称受控源)。

受控源是四端元件,它是电子器件。例如,晶体管、场效应管和运算放大器等电路的电路模型,用来表征电子器件内在特性的元件。在电路基本原理中,随着电子器件的广泛应用,受控源已经和电阻、电容、电感等元件一样,成为电路的基本元件。

受控源对外提供的能量,既非取自于控制量又非由受控源内部产生,而是由电子器件所需的电源供给。因此,受控源实际上是一种能量转换装置,它能够将电源的电能转换成与控制量性质相同的电能。

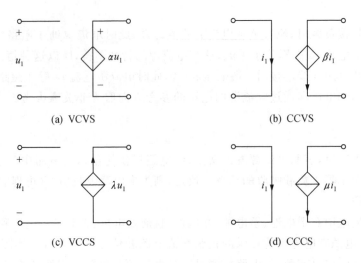

(a) VCVS　　　　　　　　　(b) CCVS

(c) VCCS　　　　　　　　　(d) CCCS

图 1-21　受控电压源和受控电流源

1.4　基尔霍夫定律

实际电路总能建立起与之对应的电路模型,如图 1-22 所示电路是由集总元件组成的电路模型,对于每一个集总元件来说,电压与电流的关系体现了集总元件本身所具有的特性,这种关系称为元件的组成关系或电压与电流的关系(VCR)。在电路中每个元件之间是相互连接的,元件之间在平面或空间上构成了特有的几何关系。为描述电路的几何关系引出几个常用的概念,电路中一个二端元件,或若干个二端元件依次串联且流经相同电流的电路分支,称为支路。如图 1-22 所示的电路中共有 6 条支路(branch)。电路中三个或三个以上支路的连接点,称为节点(node)。如图 1-22 所示的电路中①、②、③和④均为节点,该电路共有 4 个节点。电路中由若干个支路构成的闭合路径,称为回路(loop)。如图 1-22 所示的电路中共有 6 个回路(请读者自行找出)。对于平面电路,其内部不含任何支路的回路称为网孔(mesh),图 1-22 电路中共有三个网孔。电路元件之间的几何约束关系也称为拓扑关系,这类约束关系体现在电路的基本定律——基尔霍夫定律(Kirchhoff's Laws),基尔霍夫定律是分析集总参数电路的基本定律,包括基尔霍夫电流定律(Kirchhoff's Current Law ,KCL)和基尔霍夫电压定律(Kirchhoff's Voltage Law,KVL)。它反映了电路中所有支路电压和电流所遵循的基本规律,基尔霍夫定律与元件自身的特性是电路分析的基础。

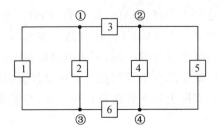

图 1-22　支路、节点和回路

1.4.1　基尔霍夫电流定律

基尔霍夫电流定律是用来确定电路节点连接各支路电流关系的。任意时刻,对于集总电路中的任一节点,所有流入节点的各支路电流代数和恒等于零。这里电流的正、负号决定于电流的参考方向和节点的关系,如果电流是流入节点,那么电流前面取"＋"号;如果电流是流出节点,那么电流前面取"－"号,对于任意节点应用 KCL 有

$$\sum i = 0$$

例如,如图 1-23 所示电路,各支路的电流参考方向已知,对于节点①应用 KCL 有

$$i_1 + i_2 - i_3 = 0$$

上式取代数和是对连接于该节点的所有支路电流进行的。将上式变换为

$$i_1 + i_2 = i_3$$

可知流入节点①的支路电流和等于流出该节点的支路电流和,故 KCL 还可描述为:任意时刻,流入节点的支路电流和等于流出该节点的支路电流和。

基尔霍夫电流定律通常应用于节点,也可以推广应用于包围部分电路(含几个节点)的任意封闭面,对于如图 1-24 所示电路虚线包围部分表示假设的一封闭面,该封闭面内有三个节点①、②和③。对每个节点应用 KCL 有

$$i_A + i_3 - i_1 = 0$$
$$i_B + i_1 - i_2 = 0$$
$$i_C + i_2 - i_3 = 0$$

将上面三个等式相加,得

$$i_A + i_B + i_C = 0$$

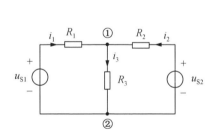

图 1-23　节点电流

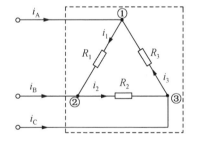

图 1-24　封闭面电流

可见,通过一个封闭面的支路电流的代数和总是等于零;或者说,流出封闭面的电流和等于流入同一闭合面的电流和,这被称为电流的连续性。KCL 充分体现了电流的连续性和电荷的守恒性。

【例 1-2】　计算如图 1-25 所示电路的电流 i 等于多少?

解:

方法一

图 1-25 中电路有三个节点①、②和③。

对于节点①应用 KCL 有

$$i_1 = 1 + 2 = 3 \ A$$

对于节点②应用 KCL 有

$$i_2 = 4 - i_1 = 4 - 3 = 1 \text{ A}$$

对于节点③应用 KCL 有

$$i = 5 - i_2 = 5 - 1 = 4 \text{ A}$$

方法二

如图 1-26 所示,对于虚线包围的封闭面应用 KCL 有

$$i + 4 = 1 + 2 + 5$$

$$i = 4 \text{ A}$$

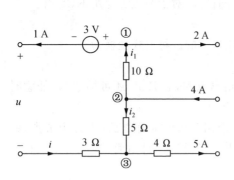

图 1-25 [例 1-2]方法一

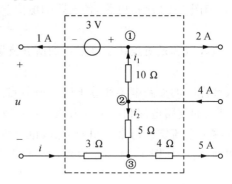

图 1-26 [例 1-2]方法二

由此可知,虽然 KCL 应用于节点和包围部分电路(含几个节点)的任意封闭面的两种方法计算结果是一样的,但是方法一比方法二要烦琐许多,因此应用 KCL 分析电路时注意根据电路的结构采用合适的方法。

1.4.2 基尔霍夫电压定律

基尔霍夫电压定律是用来确定回路中各段电压之间关系的。任意时刻,对于集总电路中的任一回路,以顺时针或逆时针方向沿该回路的闭合路径绕行一周,全部支路电压的代数和恒等于零,这里电压的正、负号决定于电压的参考方向与回路的方向。若电压的参考方向与回路循行方向相同取"＋"号,反之取"－"号。对于任意回路应用 KVL 有

$$\sum u = 0$$

例如,假设回路方向和各支路电压参考方向如图 1-27 所示,应用 KVL 有

$$-u_1 + u_2 + u_3 - u_4 = 0$$

上式取代数和是对回路包含的所有支路电压进行的。将上式变换为

$$u_1 + u_4 = u_2 + u_3$$

由上式可知,回路中各支路电位升之和等于电位降之和。

对于电阻电路如图 1-28 所示,已知回路方向和各元件电压或电流参考方向,应用 KVL 有

$$-u_{S1} + i_1 R_1 - i_2 R_2 + u_{S2} = 0$$

将上式变换为

$$i_1 R_1 - i_2 R_2 = u_{S1} - u_{S2}$$

基尔霍夫定律中
电流、电压的测试

此为基尔霍夫电压定律的另一种表达形式,即任一回路中(沿回路方向),电动势的代数和等于电阻上电压降的代数和,电动势的参考方向与回路方向一致者取正,相反者取负。电阻电流与回路方向一致者取正,相反者取负。

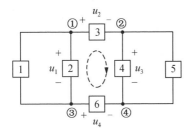

图 1-27　回路电压

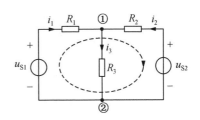

图 1-28　电阻电路的回路电压

基尔霍夫电压定律通常应用于闭合回路,也可以推广应用于回路(含几个节点)的部分电路,以图 1-25 为例(回路方向如图 1-29 所示)应用 KVL 有

$$-u-3-10i_1+5i_2-3i=0$$
$$u=-3-10i_1+5i_2-3i$$
$$=-3-10\times3+5\times1-3\times4$$
$$=-40 \text{ V}$$

由此可见,KVL 的应用可以推广到计算任意两点间电压。由于 KCL 描述了各支路电流之间线性约束关系,KVL 则描述了各支路电压的线性约束关系。所以在求解电压或电流的电路分析时不仅要应用 KCL,还要应用 KVL。

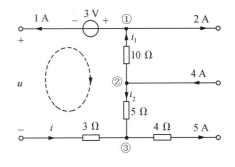

图 1-29　KVL 推广应用

【例 1-3】　求如图 1-30 所示电路中电压 u。

解:由于 2 Ω 电阻的电流 i 以及端电压为 u 的电阻元件的电阻值都是未知数,所以本题先应用 KCL 求 i,再应用 KVL 求 u。

对于节点①应用 KCL 有

$$i+3=10$$
$$i=10-3=7 \text{ A}$$

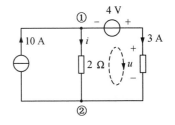

图 1-30　[例 1-3]图

根据回路方向和各元件电压或电流参考方向,应用 KVL 有

$$u=2i+4=2\times7+4=18 \text{ V}$$

【例 1-4】　电路如图 1-31 所示,当 $k=2$ 时,求电流 i_1。

解:对于含非独立电源的电路,一般将控制量作为未知数求解,解得后非独立电源的电压或电流就是已知量了,再应用 KCL 或 KVL 求 i_1。

$$u_1=3\times2=6 \text{ V}$$
$$ku_1=2\times6=12 \text{ V}$$
$$i_2=\frac{ku_1}{6}=\frac{12}{6}=2 \text{ A}$$

对节点①应用 KCL 有

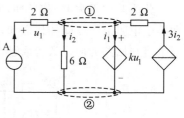

$$3+3i_2-i_2-i_1=0$$
$$i_1=3+3i_2-i_2=3+3\times2-2=7 \text{ A}$$

通过求解以上两道例题可知,应用 KCL 和 KVL 时,对于同一个电路首先要对各节点和支路进行编号,其次指定有关回路的绕行方向,最后指定各支路电流和支路电压的参考方向(一般两者取关联参考方向)。由于 KCL 和 KVL 仅与元件的相互连接有关,而与元件的性质无关,所以不论元件是线性的还是非线性的,时变的还是时不变的,KCL 和 KVL 总是成立的。

图 1-31 [例 1-4]图

1.5 电路的等效变换

由线性无源元件、线性受控源和独立源组成的电路称为线性电路(linear circuit)。当线性无源元件仅为电阻时,这样的电路称为线性电阻电路,简称电阻电路(resistor circuit)。当电路中的激励为直流电源时,称为直流电路(direct current circuit)。

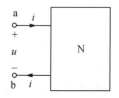

如图 1-32 所示是将电路的某一部分用方框 N 表示,并引出两个端子。电路的一个端子流入的电流,等于从另一个端子流出的电流,满足这样条件的电路称为一端口网络(one-port circuit),简称为一端口。一端口网络的两个端子之间电压 u 称为端口电压(outer voltage),流经端子的电流 i 称为端口电流(outer current)。

图 1-32 一端口网络

在对电路进行分析时可以把电路的一部分进行简化,即用一个较为简单的电路来替换复杂的电路。设有两个一端口 A 和 B 分别接在同一个一端口 N 上,如图 1-33 所示,如果 A 和 B 的端口电压和端口电流关系(VCR)完全相同,则 A 和 B 对 N 来说有相同的作用效果,可以互相替代,这种替代称为等效变换(equivalent transformation),替代后 N 中任何支路的电压和电流都将保持原值,A 和 B 称为等效电路(equivalent circuit)。用等效变换的方法求解电路仅限于等效电路以外,A 和 B 内部并不等效,这就是"对外等效"的概念。如果要求 A 或 B 内各元件的电压或电流,就必须回到原电路去求解。

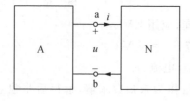
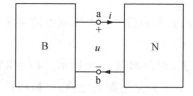

图 1-33 等效变换

等效变换具有传递性。如果一端口 A 和 B 等效,且 B 和 C 等效,则一端口 A 和 C 也等效。

1.6　电阻的串联和并联

如图 1-34(a)所示,将电阻 $R_1,R_2,\cdots,R_n$ 依次连接,称为电阻的串联。电阻串联时流过每个电阻的电流相同。设在 ab 处外加电压源 $u,u_1,u_2,\cdots,u_n$ 为各电阻的电压,应用 KVL 和电阻的 VCR 可知

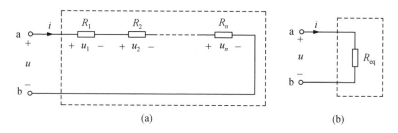

图 1-34　电阻的串联

$$u=u_1+u_2+\cdots+u_n=R_1i+R_2i+\cdots+R_ni$$

则如图 1-34(a)所示一端口的 VCR 为

$$u=(R_1+R_2+\cdots+R_n)i$$

如果电阻

$$R_{eq}=R_1+R_2+\cdots+R_n=\sum_{k=1}^{n}R_k \tag{1-20}$$

则如图 1-34(b)所示一端口的端口电压和端口电流关系为

$$u=R_{eq}i$$

根据等效概念,当式(1-20)成立时,这两个一端口具有相同的 VCR,图 1-34(b)就是图 1-34(a)的等效电路。式(1-20)中,R_{eq} 就是串联电阻的等效电阻(equivalent resistance)。显然,等效电阻值必大于串联电路中任一电阻值。

其中,电阻串联时每个电阻的电压为

$$u_n=R_ni=\frac{R_n}{R_{eq}}u \tag{1-21}$$

式(1-21)为串联电阻的分压公式(principle of voltage division)。此式表明,每个串联电阻的电压为总电压的一部分,且与其电阻值成正比。即总电压是按照分压公式进行分配的,电阻值越大分得的电压值越大。使用分压公式时应注意电压的参考方向。

如图 1-35(a)所示将电阻连接到同一对节点之间,称为电阻的并联。电阻并联时,各电阻两端电压相同。设在 ab 处外加的电压源电压为 u,i 为总电流;$G_1,G_2,\cdots,G_n$ 表示各电阻的电导,$i_1,i_2,\cdots,i_n$ 则为各电阻中的电流。应用 KCL 和电阻的 VCR 可知

$$i=i_1+i_2+\cdots+i_n=G_1u+G_2u+\cdots+G_nu$$

则如图 1-35(a)所示一端口的 VCR 为

$$i=(G_1+G_2+\cdots+G_n)u$$

如果电导　　$$G_{eq}=G_1+G_2+\cdots+G_n=\sum_{k=1}^{n}G_k \tag{1-22}$$

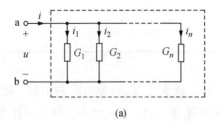
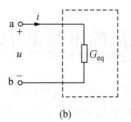

图 1-35 电阻的并联

则如图 1-35(b)所示一端口的 VCR 为

$$i = G_{eq}u$$

根据等效概念,当式(1-22)成立时,这两个一端口具有相同的 VCR,图 1-35(b)就是图 1-35 (a)的等效电路。式(1-22)中,G_{eq} 就是并联电阻的等效电导(equivalent conductance)。式(1-22)还可以表示为

$$\frac{1}{R_{eq}} = \sum_{k=1}^{n} \frac{1}{R_k}$$

显然,等效电阻值必小于并联电路中的任一电阻值。

电阻并联时,每个电阻的电流为

$$i_k = G_k u = \frac{G_k}{G_{eq}} i \tag{1-23}$$

式(1-23)为并联电阻的分流公式(principle of current division)。此式表明,每个并联电阻的电流为总电流的一部分,且与其电导值成正比。即总电流是按照分流公式进行分配的,电导值越大,分得的电流值也就越大。使用分流公式时应注意电流的参考方向。

当 $n = 2$ 时,即两个电阻并联,等效电阻为

$$R_{eq} = \frac{R_1 R_2}{R_1 + R_2}$$

两并联电阻的电流分别为

$$i_1 = \frac{R_2}{R_1 + R_2} i$$

$$i_2 = \frac{R_1}{R_1 + R_2} i$$

电阻的并联

在电路分析中,往往既有电阻的串联,又有电阻的并联,对这种电阻混联的电路,可以采用对电路的串联部分和并联部分单独进行简化的方法来分析。

【例 1-5】 利用分压及分流公式求如图 1-36 所示电路中各电阻两端的电压及电流,并说明电位降之和等于电源的电位升。

解: $$R_T = 6 + \frac{3 \times 6}{3 + 6} + 7 = 15 \ \Omega$$

$$i = \frac{E}{R_T} = \frac{15}{15} = 1 \ \text{A}$$

$$u_{R1} = \frac{6}{15} \times 15 = 6 \ \text{V}$$

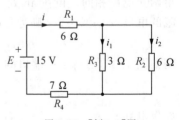

图 1-36 〔例 1-5〕图

根据分流公式,有

$$i_1 = \frac{6}{3+6} \times 1 = \frac{2}{3} \text{ A}$$

$$u_{R2} = u_{R3} = \frac{\dfrac{3 \times 6}{3+6}}{15} \times 15 = 2 \text{ V}$$

同理,得

$$i_2 = \frac{3}{3+6} \times 1 = \frac{1}{3} \text{ A}$$

$$u_{R4} = \frac{7}{15} \times 15 = 7 \text{ V}$$

总电位降之和等于电源的电位升:

$$u_{\text{T(降)}} = 6 + 2 + 7 = 15 \text{ V} = E_{(升)}$$

1.7　电阻星形连接、三角形连接的等效变换及桥形电路

电阻如果连接成如图 1-37 所示的电路形式,则分别称为星形(Y 形或 T 形)连接(wye connection)和三角形(△形或 Π 形)连接(delta connection)。电路分析中,当出现 Y 形连接或△形连接时,可以通过它们彼此的等效变换来简化电路。如果在它们的对应端子之间具有相同的电压 u_{12}、u_{23} 和 u_{31},而流入对应端子的电流分别相等,即 $i_1 = i_1'$、$i_2 = i_2'$ 和 $i_3 = i_3'$,在这种条件下,它们彼此等效,这就是电阻的 Y-△等效变换的条件。由此,可以求出两种连接方式等效变换的关系式。

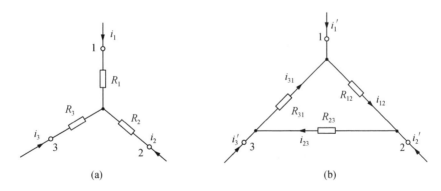

图 1-37　电阻的 Y 形连接和△连接

如图 1-37(a)所示,如果已知 Y 形连接的三个电阻,由 Y 形连接等效变换成△连接,根据 KCL 和 KVL,有

$$i_1 + i_2 + i_3 = 0$$
$$R_1 i_1 - R_2 i_2 = u_{12}$$
$$R_2 i_2 - R_3 i_3 = u_{23}$$
$$u_{12} + u_{23} + u_{31} = 0$$

解方程,可得

$$i_1 = \frac{R_3}{R_1 R_2 + R_2 R_3 + R_3 R_1} u_{12} - \frac{R_2}{R_1 R_2 + R_2 R_3 + R_3 R_1} u_{31}$$

$$i_2 = \frac{R_1}{R_1 R_2 + R_2 R_3 + R_3 R_1} u_{23} - \frac{R_3}{R_1 R_2 + R_2 R_3 + R_3 R_1} u_{12} \quad \quad (1\text{-}24)$$

$$i_3 = \frac{R_2}{R_1 R_2 + R_2 R_3 + R_3 R_1} u_{31} - \frac{R_1}{R_1 R_2 + R_2 R_3 + R_3 R_1} u_{23}$$

对于如图 1-37(b)所示电路,各电阻电流分别为

$$i'_1 = \frac{1}{R_{12}} u_{12} - \frac{1}{R_{31}} u_{31}$$

$$i'_2 = \frac{1}{R_{23}} u_{23} - \frac{1}{R_{12}} u_{12} \quad \quad (1\text{-}25)$$

$$i'_3 = \frac{1}{R_{31}} u_{31} - \frac{1}{R_{23}} u_{23}$$

因为不论 u_{12}、u_{23} 和 u_{31} 为何值,图 1-37 所示两个等效电路的对应端子电流应相等,所以式 (1-24)与式(1-25)右侧对应项的系数相等,可得

$$R_{12} = \frac{R_1 R_2 + R_2 R_3 + R_3 R_1}{R_3}$$

$$R_{23} = \frac{R_1 R_2 + R_2 R_3 + R_3 R_1}{R_1} \quad \quad (1\text{-}26)$$

$$R_{31} = \frac{R_1 R_2 + R_2 R_3 + R_3 R_1}{R_2}$$

如图 1-37(b)所示,如果已知△形连接的三个电阻,由△形连接等效变换成 Y 形连接, 可得

$$R_1 = \frac{R_{12} R_{31}}{R_{12} + R_{23} + R_{31}}$$

$$R_2 = \frac{R_{23} R_{12}}{R_{12} + R_{23} + R_{31}} \quad \quad (1\text{-}27)$$

$$R_3 = \frac{R_{31} R_{23}}{R_{12} + R_{23} + R_{31}}$$

为了便于记忆,以上公式可归纳为

$$Y \text{ 形电阻} = \frac{\triangle \text{形相邻两电阻的乘积}}{\triangle \text{形电阻之和}}$$

$$\triangle \text{形电阻} = \frac{Y \text{ 形电阻两两乘积之和}}{Y \text{ 形不相邻电阻}}$$

当△形(或 Y 形)连接的三个电阻相等时,等效变换成 Y 形(或△形)连接的三个电阻也 相等。其变换关系为

$$R_Y = \frac{1}{3} R_\triangle \quad \text{或} \quad R_\triangle = 3 R_Y \quad \quad (1\text{-}28)$$

在测量仪器中经常用到的桥形电路也称为电桥,如图 1-38(a)所示。图中五个电阻元 件之间既不是串联,也不是并联,分析这种电路就不能直接利用电阻的串、并联进行等效变 换了。

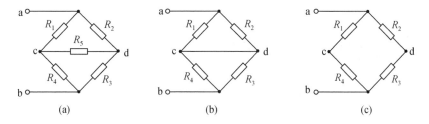

图 1-38　电桥电路及其平衡时的等效电路

在如图 1-38(a)所示的电桥电路中,若满足

$$R_1 R_3 = R_2 R_4 \tag{1-29}$$

则称电桥达到了平衡,即平衡电桥(balanced bridge),否则称为不平衡电桥(unbalanced bridge)。电桥平衡时,电压 $u_{cd} = 0$,此支路电流为零,因此支路 cd 既可看成短路,又可看成开路。如图 1-38(b)、图 1-38(c)所示等效电路,可根据电阻的串、并联进行等效变换。

当电桥不平衡时,只能根据电阻的△形连接与 Y 形连接的等效变换进行简化。

【例 1-6】　如图 1-39(a)所示为一个电桥电路,求电流 i。

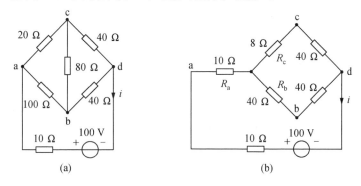

图 1-39　[例 1-6]图

解:根据电阻的△形连接和 Y 形连接的等效变换原则,将连接在节点 abc 之间的△形连接电阻等效变换为 Y 形连接,如图 1-39(b)所示,根据电阻△形连接和 Y 形连接等效变换公式,可得

$$R_a = \frac{20 \times 100}{20 + 100 + 80} = 10 \ \Omega$$

$$R_b = \frac{100 \times 80}{20 + 100 + 80} = 40 \ \Omega$$

$$R_c = \frac{20 \times 80}{20 + 100 + 80} = 8 \ \Omega$$

由如图 1-39(b)所示电路,根据电阻的串、并联等效变换可得

$$R_{ad} = 10 + \frac{(8 + 40) \times (40 + 40)}{8 + 40 + 40 + 40} = 40 \ \Omega$$

所以

$$i = \frac{100}{10 + 40} = 2 \ \text{A}$$

1.8 理想电源的串联和并联

当 n 个电压源串联时,可以用一个电压源等效代替,如图 1-40 所示,根据 KVL 可知,其等效电压源的电压等于各串联电压源电压的代数和,即

$$u_S = u_{S1} + u_{S2} + \cdots + u_{Sn} = \sum_{k=1}^{n} u_{Sk} \tag{1-30}$$

如果 u_{Sk} 的方向与图 1-40(b)中 u_S 的方向一致时,式中 u_{Sk} 的前面取"＋"号,不一致时取"－"号。

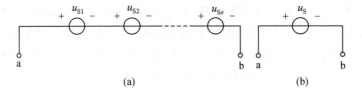

图 1-40 电压源的串联

注意:电压源一般不作并联连接,特殊情况下,需要并联连接时,也仅局限于电压相等、极性一致的电压源,否则违背 KVL。其等效电路为任一电压源,并联电压源向负载提供的电流在各电压源间的分配则是无法确定的。

当 n 个电流源并联时,可以用一个电流源等效代替,如图 1-41 所示,根据 KCL 可知,其等效电流源的电流等于各并联电流源电流的代数和,即

$$i_S = i_{S1} + i_{S2} + \cdots + i_{Sn} = \sum_{k=1}^{n} i_{Sk}$$

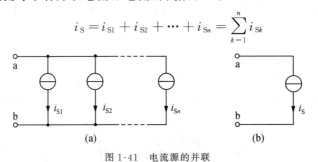

图 1-41 电流源的并联

如果 i_{Sk} 的方向与图 1-41(b)中 i_S 的方向一致时,式中 i_{Sk} 的前面取"＋"号,不一致时取"－"号。

注意:电流源一般不作串联连接,特殊情况下,需要串联连接时,也仅局限于电流相等且方向相同的电流源,否则违背 KCL。其等效电流源为任一电流源,串联电流源的总电压在各电流源间的分配则是无法确定的。

另外,当任意元件与电压源并联时,此元件不影响电压源的电压,对外电路而言,图 1-42(a)所示电路可以等效成图 1-42(b)所示的电路。当任意元件与电流源串联时,此元件不影响电流源的电流,对外电路而言,图 1-42(c)所示电路可以等效成图 1-42(d)所示的电路。

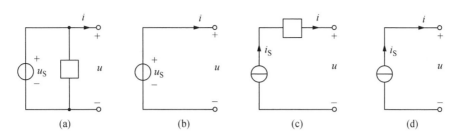

图 1-42 电压源并联元件和电流源串联元件

1.9 实际电源的两种模型及其等效变换

　　实际中，理想电源是不存在的，电源是含有内阻的，下面讨论实际电源的两种模型。

　　实际电源如图 1-43(a)所示，它除了能对外提供一定的电压或电流外，本身还要消耗一部分能量，其伏安特性曲线如图 1-43(b)所示，实际电源的电压 u 随电流 i 增大而减小。虽然 u 和 i 不是线性关系，但是在一定范围内，电压和电流的关系可以近似为线性关系，把这一段直线延长即为实际电源的端口电压和端口电流之间的关系特性曲线，如图 1-43(c)所示。直线分别与两个坐标轴相交，当 $i=0$ 时与电压 u 轴相交，交点为 u_{OC}，称为开路电压(open circuit voltage)；当 $u=0$ 时与电流 i 轴相交，交点为 i_{SC}，称为短路电流(short circuit current)。所以，实际电源的电路模型可以用电压源与电阻的串联组合或电流源与电导的并联组合表示，如图 1-44 所示。

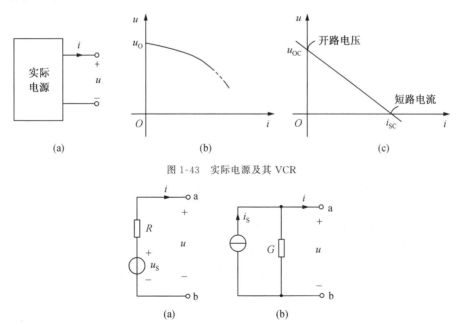

图 1-43 实际电源及其 VCR

图 1-44 实际电压源和实际电流源电路模型

实际电压源的 VCR 为

$$u = u_S - Ri \tag{1-31}$$

实际电流源的 VCR 为

$$i = i_S - Gu \tag{1-32}$$

对外电路而言,使两种实际电源等效的前提为式(1-31)和式(1-32)两个方程要完全相同,则有

$$R = \frac{1}{G}, i_S = \frac{u_S}{R} \tag{1-33}$$

式(1-33)就是两种实际电源等效变换的条件。变换时电流源 i_S 的参考方向总是由电压源 u_S 的负极指向正极。需要注意的是:两种实际电源之间的等效变换仅对外电路成立,对电源内部电路是不等效的。另外,只有实际电源之间才可以进行等效变换,理想电压源和电流源之间没有等效的关系。

利用第 1.6 节、第 1.8 节与本节的等效变换,可以将多电源混联的复杂电路简化为形式简单的电路进行求解。

【例 1-7】 求如图 1-45(a)所示电路中的电流 i。

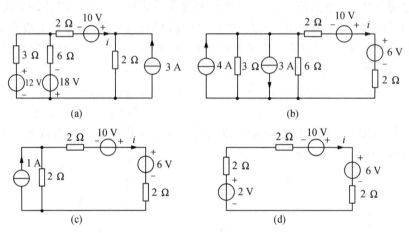

图 1-45 [例 1-7]图

解:如图 1-45(a)所示电路经图 1-45(b)、图 1-45(c)的简化过程后,得到如图 1-45(d)所示的单回路电路,求得电流为

$$i = \frac{2+10-6}{2+2+2} = 1 \text{ A}$$

当电路中含有受控源时,在保证控制量不改变的前提下,可以将受控源当作独立源来进行等效变换。

【例 1-8】 求如图 1-46(a)所示电路的电流 i。

解:受控电流源并联电阻可以等效变换为受控电压源串联电阻,受控电流源的控制量为 6 Ω 电阻中的电流 i,在等效变换过程中没有改变。具体变换过程如图 1-46(b)、图 1-46(c)所示。由分流公式可得如下方程

$$i = \frac{3}{3+6} \times (2i+1)$$

解得 $$i = 1 \text{ A}$$

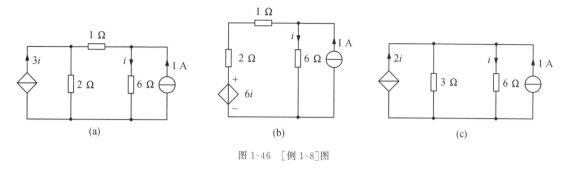

图 1-46　［例 1-8］图

1.10　输入电阻

如果一个电路或网路有两个接线端子与外电路相连而不管内部结构如何复杂,这样的网路叫作一端口网络(简称为"一端口")或二端网络,如图 1-47(a)所示为一个一端口的图形表示。

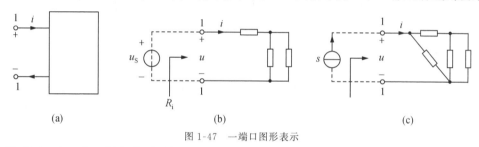

图 1-47　一端口图形表示

很明显,对一个二端网络来说,从它的一个端子流入的电流一定等于从另一个端子流出的电流。当一个二端网络内部不含电源(包括受控源)时,可应用电阻的串、并联和 Y-△ 变换来求其等效电阻。当二端网络内部只含受控源和电阻时,不难证明端口电压与端口电流成正比,所以一端口的输入电阻 R_{in} 可定义为

$$R_{in} \stackrel{def}{=\!=} \frac{u}{i} \tag{1-34}$$

端口的输入电阻尽管也是该端口的等效电阻,但含义不同。一般采用电压、电流法来求一端口的输入电阻,即在端口加一个电压源 u_S,然后求出端口的电流 i;或者在端口加一个电流源 i_S,然后求出端口电压 u。根据式(1-34)便可以求出输入电阻。图 1-47(b)、图 1-47(c)中一端口的输入电阻可通过电阻串、并联简化求得。当然也可以用电压、电流求它们的输入电阻。

【例 1-9】　求如图 1-48(a)所示一端口的输入电阻。

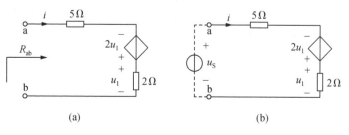

图 1-48　［例 1-9］图

解:在端口 a-b 处加电压 u_S 如图 1-48(b)所示,求出 i,再由式(1-34)求出输入电阻 R_{ab}。

根据 KVL,有

$$u_S = 5i - 2u_1 + u_1 \tag{1-35}$$

$$u_1 = 2i \tag{1-36}$$

将式(1-36)代入式(1-35),整理后,有

$$u_S = 5i - 2 \times 2i + 2i = 3i$$

$$R_{ab} = \frac{u_S}{i} = \frac{3i}{i} = 3 \text{ } \Omega$$

1.11 实际应用电路

1.人体电阻与安全用电

我们目前的生活处处离不开电,电给人们带来了便利,但在使用过程中也要注意安全用电,否则会造成人身伤亡。此处仅从人体电阻方面讨论安全用电问题。

通常人体电阻由体内电阻和皮肤电阻两部分组成。体内电阻基本恒定,大约为 500 Ω。皮肤电阻的大小则随皮肤表面的干燥程度而变化,皮肤越干燥,电阻越大,而且也因人而异,通常在几十到几百欧之间。除此之外,皮肤电阻还与接触电压有关,接触电压升高,皮肤电阻下降。图 1-49(a)是一个简化的人体电路模型,其中 R_N 表示头颈部电阻,R_A 表示手臂电阻,R_T 表示躯干电阻,R_L 表示腿脚电阻。

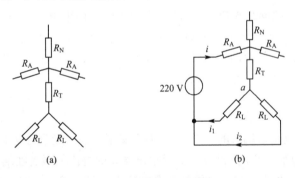

(a) (b)

图 1-49 人体电路模型

电流通过人体后会对人体造成伤害,伤害的程度取决于通过的电流大小。电流对人体的伤害主要是神经系统,当电流只通过骨骼时,会造成暂时的麻痹或肌肉收缩,通常不会有生命危险。但是,当电流通过神经系统和肌肉时,由于它们控制大脑的供养,因此会造成严重后果。肌肉的暂时麻痹会引起呼吸停止,突然的肌肉收缩会扰乱有规律的心跳,最终可能会使得供给大脑的氧和血暂停,如果不及时抢救,就会导致死亡。表 1-1 列出了人对流过体内不同电流值的生理反应。根据国际电工委员会(International Electrotechnical Commission,IEC)的标准,人体的安全电流是 10 mA。

表 1-1	人对电流值的生理反应
生理反应	电流范围(mA)
几乎没有感觉	≤5
非常疼痛	35～50
肌肉麻痹	50～70
心跳停止	500

如何确定通过人体的电流呢? 下面通过一个例子来说明。以我国的工业用电标准——220 V、50 Hz 为例,假设我们触电,则通常的形式是一只手和双脚形成回路,如图 1-49(b)所示。如果 $R_A = 400\ \Omega$,$R_T = 50\ \Omega$,$R_L = 200\ \Omega$,则对 R_A、R_T、R_L 和电压源构成的回路及两个 R_L 构成的回路分别按照顺时针绕行方向列写 KVL 方程,对节点 a 列写 KCL 方程,得

$$400i + 50i + 200i_1 - 220 = 0$$
$$200i_2 - 200i_1 = 0$$
$$i - i_1 - i_2 = 0$$

解上述方程组可得

$$i = 400\ \text{mA}, i_1 = i_2 = 200\ \text{mA}$$

可见,在这种情况下,通过人体的电流已经远远超过了安全电流,接近死亡极限。

2.散热风扇的速度控制

电阻器在电路中的一个应用就是控制电流,就像大坝控制河的水流一样。根据欧姆定律 $U = RI$ 可知:如果电阻上的电压保持不变,则高的电阻值将导致小的电流,而低的电阻值导致较大的电流,这种性质就可应用于调节散热风扇的速度。

图 1-50 所示是汽车散热风扇的原理图。图中的 3 个电阻进行串联连接,在连接点处又伸出接线端与一个开关相连。根据本章所学内容可知,串联的总电阻阻值是各串联电阻阻值之和。因此,当开关处在低位(位置 3)时,电路中的电阻值为 3 个串联电阻阻值之和,达到最大,所以,电路中的电流最小,电动机功率小,所以电动机的速度慢。当开关移到位置 2 时,一个电阻器被移除,使得电路中的电阻减小,因此允许较大的电流通过,从而使得风扇的速度增加。相继向下移动开关位置,则相继移除电路中的电阻,电扇速度就相继增大。

由图可以看出,串联的电阻越多,风扇的调速级别就越多。

3.汽车仪表盘照明电路

如图 1-51 所示为汽车仪表盘前灯的照明电路,电路采用 12 V 蓄电池(电压源)供电;变阻器 R 为电位器,可通过仪表盘上的旋钮调节,以控制通过灯泡电流的大小,进而控制光线的强弱;保险丝(熔断器)起到保护电路的作用,防止因短路或其他原因导致电流过大而损坏电路。

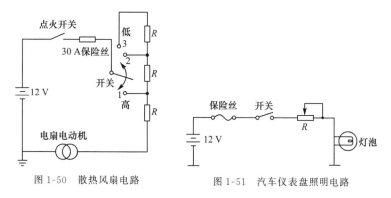

图 1-50　散热风扇电路　　　　图 1-51　汽车仪表盘照明电路

习 题

第 1 章
习题答案

1-1　如图 1-52 所示电路中,元件电压 u 和电流 i 的参考方向已知,试回答:

(1)u 和 i 参考方向是否关联?

(2)写出它们功率的计算公式。

(3)如果 $u=12$ V、$i=3$ A,元件的功率各为多少? 判断是发出功率还是吸收功率?

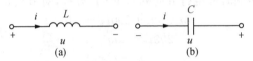

图 1-52　题 1-1 图

1-2　计算如图 1-53 所示各电路的功率,并指出是吸收功率还是发出功率。

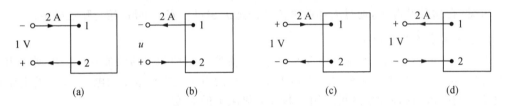

图 1-53　题 1-2 图

1-3　计算如图 1-54 所示电路中,三个电阻所消耗的功率?

1-4　在如图 1-55 所示电路中,电阻 R_2 断路时,端电压 u_0 为 230 V,电阻 R_2 短路时电流 i 为 150 A。当负载电流 i 为 50 A 时,电阻 R_2 应为多少?

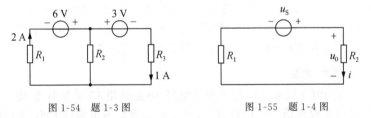

图 1-54　题 1-3 图　　　　　　图 1-55　题 1-4 图

1-5　写出如图 1-56 所示电路中电压和电流的关系式

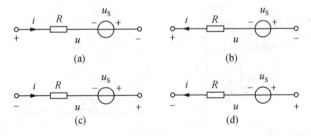

图 1-56　题 1-5 图

1-6 在如图 1-57 所示电路中,已知 $u_{ab}=10$ V,$E=5$ V,$R=5$ Ω,求电压 u_0。

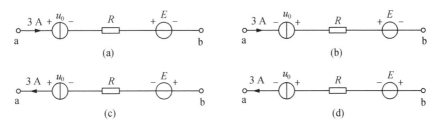

图 1-57 题 1-6 图

1-7 在如图 1-58 所示电路中,五个元件代表电源或负载。电流和电压的参考方向如图所示,通过实验测量得:$i_1=4$ A、$i_2=10$ A、$i_3=6$ A;$u_1=-140$ V、$u_2=60$ V、$u_3=-90$ V;$u_4=80$ V、$u_5=30$ V。

(1)试标出各电流的实际方向和各电压的实际极性(可另画一图);

(2)判断哪些元件是电源? 哪些元件是负载?

(3)计算各元件的功率,电源发出的功率和负载取用的功率是否平衡。

1-8 如图 1-59 所示电路中,$R_1=1$ Ω,$R_2=2$ Ω,$i_S=2$ A,$u_S=4$ V,试计算两个电源的功率,并判断是发出功率还是吸收功率?

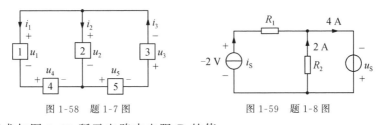

图 1-58 题 1-7 图   图 1-59 题 1-8 图

1-9 试求如图 1-60 所示电路中电阻 R 的值。

1-10 试求如图 1-61 所示电路中电压 u,如果将 10 Ω 的电阻改成 20 Ω,电压 u 的值是否变化? 为什么?

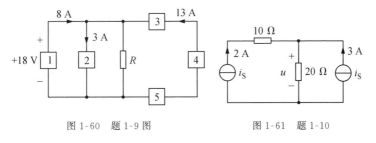

图 1-60 题 1-9 图   图 1-61 题 1-10

1-11 如图 1-62 所示电感元件和电容元件电路中,已知电压和电流参考方向,两元件初始值均为零,试写出用电流表示电压和用电压表示电流的方程。

1-12 如图 1-63 所示的电流波形作用在 2 F 电容上。电容上的初始电压为零,试求在 $t=1$ s、$t=2$ s 和 $t=4$ s 时电容上的电压。

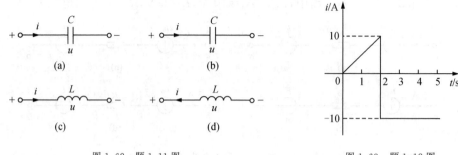

图 1-62　题 1-11 图　　　　　　图 1-63　题 1-12 图

1-13　如图 1-64 所示的电压波形作用于 4 H 的电感元件上，$i(0)=0$ A，试求 $t=2$ s 和 $t=4$ s时电感电流 i。

1-14　如图 1-65 所示电路中，$R=2\ \Omega$，$L=1$ H，$C=0.01$ F，$u_C(0)=0$ V。若电路的输入电流 $i=\mathrm{e}^{-t}$ A，求 $t>0$ 时 u_R、u_L 和 u_C 的值。

1-15　如图 1-66 所示电路有几个节点、几条支路、几个回路？列写三个独立回路方程。

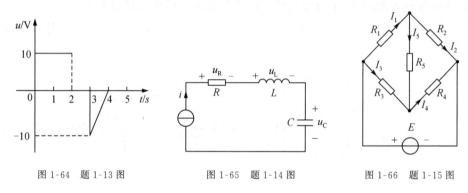

图 1-64　题 1-13 图　　　　图 1-65　题 1-14 图　　　　图 1-66　题 1-15 图

1-16　计算如图 1-67 所示电路中流过电阻 R 的电流 i。

1-17　计算如图 1-68 所示电路中的电阻。

1-18　如图 1-69 所示电路中的电阻 $R_1=R_2=R_3=10\ \Omega$，计算电流 I_A、I_B 和 I_C。

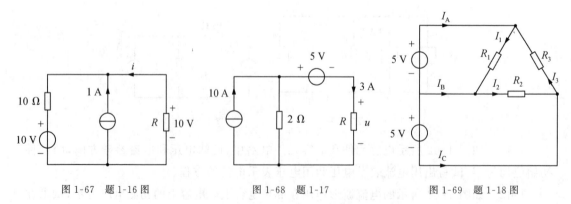

图 1-67　题 1-16 图　　　　图 1-68　题 1-17　　　　图 1-69　题 1-18 图

1-19　如图 1-70 所示电路中 $u_S=1$ V、$u_R=9$ V，试求每个元件吸收或释放的功率。

1-20　如图 1-71 所示电路中的电流 i_1 和 i_2。

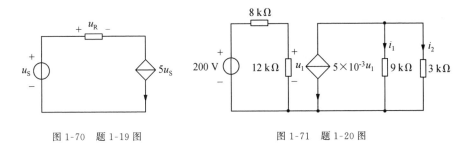

图 1-70　题 1-19 图　　　　　　　　　　图 1-71　题 1-20 图

1-21　求如图 1-72 所示电路中电压 u 和各元件吸收和消耗的功率,并说明电路功率平衡关系。

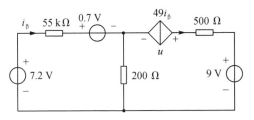

图 1-72　题 1-21 图

1-22　求如图 1-73 所示电路中的电压 u 或电阻 R。

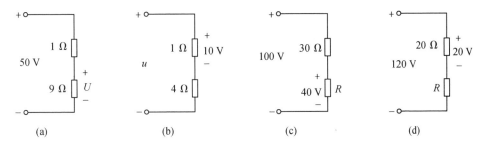

图 1-73　题 1-22 图

1-23　两个电阻串联时等效电阻为 18 Ω,并联时等效电阻为 4 Ω,求这两个电阻的阻值。

1-24　求如图 1-74 所示各电路的等效电阻 R_{ab}。

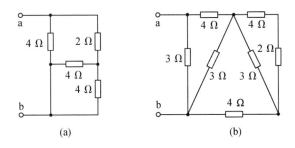

图 1-74　题 1-24 图

1-25　求如图 1-75 所示各电路的等效电阻 R_{ab}。

1-26　求如图 1-76 所示电路中的电流 i 和电压 u。

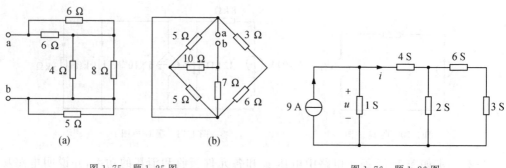

图 1-75 题 1-25 图

图 1-76 题 1-26 图

1-27 求如图 1-77 所示电路中的电流 i 和电压 u。

1-28 求如图 1-78 所示电路的等效电阻 R_{ab}。

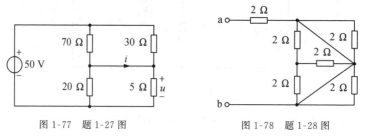

图 1-77 题 1-27 图

图 1-78 题 1-28 图

1-29 求如图 1-79 所示各电路的等效电阻 R_{ab}。

1-30 求如图 1-80 所示电路的电流 i 和 i_1。

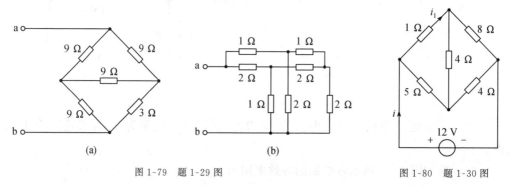

图 1-79 题 1-29 图

图 1-80 题 1-30 图

1-31 求如图 1-81 所示各电路的等效电路。

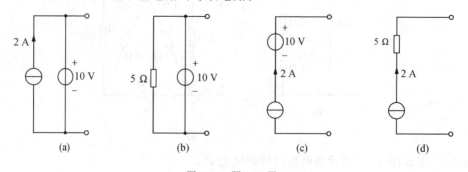

图 1-81 题 1-31 图

1-32 求如图 1-82 所示各电路的等效电路。

1-33 求如图 1-83 所示电路中的电压 u。

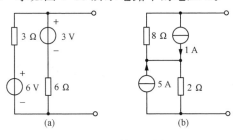

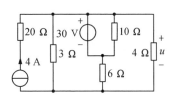

图 1-82 题 1-32 图   图 1-83 题 1-33 图

1-34 求如图 1-84 所示电路中的电流 i。

1-35 求如图 1-85 所示电路中的电压 u_{ab}。

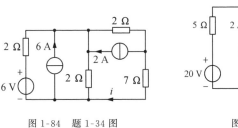

图 1-84 题 1-34 图   图 1-85 题 1-35 图

1-36 求如图 1-86 所示电路中受控源的功率。

1-37 利用等效变换求如图 1-87 所示电路中的电流 i_1。

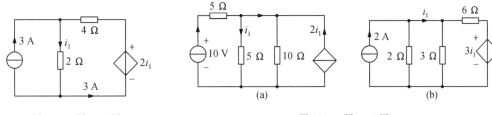

图 1-86 题 1-36 图   图 1-87 题 1-37 图

1-38 求如图 1-88 所示电路中的输入电阻 R_{in}。

1-39 求如图 1-89 所示电路中的输入电阻 R_{in}。

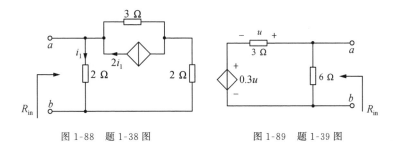

图 1-88 题 1-38 图   图 1-89 题 1-39 图

第2章

线性电阻电路的一般分析方法

【内容提要】本章介绍电路的分析求解方法之一：电路方程法。电路方程法是通过选取电路中的变量，列写 KCL 和 KVL 方程从而对电路进行分析。主要内容包括电路图论的基本概念、支路电流法、网孔电流法、回路电流法和节点电压法。

思政案例

2.1　电路图

线性电阻电路的一般分析方法就是：不改变电路的基本结构，选择一组电路中的电流或电压作为变量，根据 KCL 和 KVL 及元件的 VCR 列写该组变量的独立方程，通过求解电路方程，从而求出变量，进而求出电路中的待求量。在本章的分析中，可以利用图论（graph theory）的概念和方法来研究电路，将图论应用于电路，对电路进行分析、研究的方法称为电路拓扑法，也称为电路图论或网络图论。

如果只研究电路的连接性质，而不考虑元件的特性，则电路可以抽象为"线段"（支路）和"点"（节点）组成的图（graph），通常用 G 来表示。在电路图论中，图 G 是一组节点和一组支路的集合，且每条支路的两端必须连接在两个节点上。因此任何具体电路都可以抽象为一个仅包含支路和节点的图 G。如图 2-1 所示，其中图 2-1（a）是一个电路图（circuit diagram），图 2-1（b）就是与它对应的一个图 G。

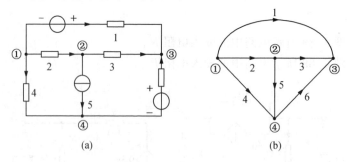

（a）　　　　　　　　　　（b）

图 2-1　电路及其图

下面介绍电路图论中的一些术语：

1.连通图（connected graph）

如果图中任意两个节点之间至少存在一条路径，则称为连通图，否则称为非连通图。

2.有向图(directed graph)

各支路都标有参考方向(用箭头表示)的图称为有向图,否则称为无向图。如图 2-1(b) 所示为有向图,图中支路的方向用于表示对应电路的支路电压和支路电流的参考方向。

3.平面图(plunar graph)

把一个图画在平面上,能使它的各条支路除连接的节点外不再相交的图称为平面图,否则称为非平面图。如图 2-2(a)是一个平面图,而图 2-2(b)是一个非平面图。

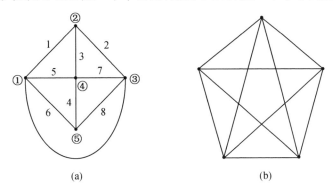

(a)   (b)

图 2-2 平面图与非平面图

4.回路和网孔(loop and mesh)

在图 G 中,如果一条路径的起点和终点重合,且所经过的其他节点不再重复,这条闭合路径就构成图 G 的一个回路。如图 2-1(b)所示图 G,支路(1、2、3),(2、4、5),(3、5、6), (1、4、6),(1、2、5、6) 和(1、3、5、4)都是回路。

对于平面图 G,某一回路所限定的区域内不再包含其他支路和节点,这样的回路称为网孔。如图 2-1(b)所示图 G,支路(1、2、3),(2、4、5),(3、5、6)都是网孔。

5.子图(subgraph)

给定图 G 和 G_i,如果 G_i 的每个节点都是图 G 中的节点,每条支路都是图 G 中的支路,则称图 G_i 是图 G 的子图。如图 2-3 所示 G_1、G_2 和 G_3 都是图 2-1(b)所示图 G 的子图。

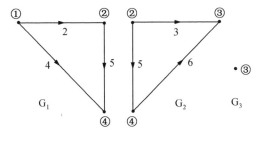

图 2-3 图的子图

6.树(tree)

在图论中,树是一个重要的概念。给定连通图 G 的一个子图 G_t,如果 G_t 是包含图 G 中的所有节点而不形成回路的连通图,则称子图 G_t 为连通图 G 的一个树。一个图 G 的树有许多,如图 2-4 所示为图 2-1(b)所示图的四种树。

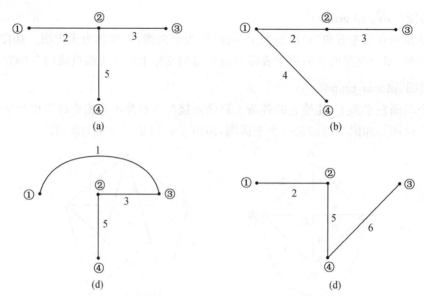

图 2-4 图 2-1(b)所示图的四种树

由树的定义可知,树 T 是使图 G 保持连通的最少支路的集合,少去掉一条支路,图 G 就会出现回路;多去掉一条支路,图 G 就不再连通。

通常把图 G 中构成树的支路称为树支(tree branch),而把除去树支以外的支路称为连支(link branch)。显然,树支和连支构成图 G 的全部支路。

由图 2-4 可知,不论是哪一个树,树支数都是 3。可以证明,任意一个具有 n 个节点的连通图,它的任何一个树的树支数为 $n-1$,相应的连支数都为 $b-n+1$,其中 b 为支路数。

7.基本回路(fundamental loop)

对任意一个连通图 G,任意选定一个树 T,如果在这个树上每添加一条连支,就会有一个回路出现,且只需添加该条连支即可,这种有一条连支和若干树支构成的回路称为基本回路,也称为单连支回路。由于连支数为 $b-n+1$,因此基本回路数也为 $b-n+1$。如图 2-4 所示,若选择支路(2、3、5)为树,则对应的基本回路为(1、2、3),(2、4、5) 和(3、5、6)。显然基本回路是一组独立回路,因为每一个回路都包含一条其他回路所不包含的新支路(即连支)。

2.2 KCL 和 KVL 的独立方程数

如图 2-5 所示为一个电路的图 G,图 G 的支路数 $b=6$,节点数 $n=4$。对图 G 的四个节点分别列写 KCL 方程,有

$$-i_1+i_4+i_6=0$$
$$i_1+i_2-i_3=0$$
$$-i_2-i_5-i_6=0$$
$$i_3-i_4+i_5=0$$

由于每条支路都连接在两个节点上,且对应一个节点的电流取正,另一个节点的电流取负。所以,当列出全部节点的 KCL 方程时,所有电流均正、负各出现一次,上述四个方程相加后必然会出现方程两边为零的结果,这说明四个节点的方程不是独立的。若去掉其中任意一个方程,余下的三个方程都是独立的。可以证明:对于具有 n 个节点的电路,可以列出 $n-1$ 个独立的 KCL 方程,这 $n-1$ 个节点称为独立节点,被去掉的那个节点称为参考节点。

对基本回路组列写 KVL 方程,由于每个连支只在一个回路中出现,因此这些 KVL 方程必构成独立方程组。一个电路的 KVL 独立方程数等于它的独立回路数,即 $b-n+1$。如图 2-6 所示的图 G,若选择支路(1、4、5)为树 T,则三个基本回路为(1、3、5),(1、2、4、5)和(6、5、4)。按图示电压和电流的参考方向及回路绕行方向,可列出 KVL 方程为

回路 1 $\qquad\qquad\qquad u_1+u_3+u_5=0$

回路 2 $\qquad\qquad\qquad u_1-u_2+u_4+u_5=0$

回路 3 $\qquad\qquad\qquad -u_4-u_5+u_6=0$

这是一组独立方程。

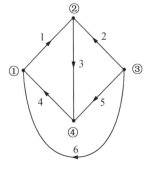 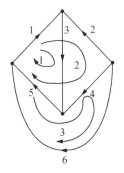

图 2-5　独立 KCL 方程　　　　　图 2-6　独立 KVL 方程

平面电路的全部网孔也是一组独立回路,可知,平面电路的网孔数为 $b-n+1$,所以平面电路的网孔数就是独立回路数。如图 2-6 所示,若选择支路(3、4、5)为树 T,则对应的基本回路(1、3、5),(2、3、4) 和(4、5、6)就是三个网孔。

2.3 支路电流法

如果一个电路具有 n 个节点和 b 条支路,要求解 b 个支路电流和 b 个支路电压则需要列出 $2b$ 个独立的电路方程。根据 KCL 可以列出 $n-1$ 个独立方程,根据 KVL 可以列出 $b-n+1$ 个独立方程,根据元件的 VCR 又可以列出 b 个方程。总计方程数为 $2b$,解这 $2b$ 个方程求出全部支路电压和支路电流的方法称为 $2b$ 法。$2b$ 法的特点是列写方程简便,但方程数较多,在笔算中很少采用,需要借助计算机来解决。

为了减少所列方程的数目,可以利用元件的 VCR 将 b 个支路电压以支路电流表示,然后代入 KVL 方程,这样就得到以 b 个支路电流为未知量的 b 个 KCL 和 KVL 方程。方程数由 $2b$ 减少到 b,这就是支路电流法。支路电流法是以电路的全部支路电流为求解变量列写电路方程进行求解电路的方法。

如图 2-7(a)所示电路,支路数 $b=5$,节点数 $n=3$,假设节点③为参考节点,则节点①、②为独立节点,可列出独立的 KCL 方程

$$\left.\begin{aligned} i_1+i_2+i_3=0 \\ -i_3-i_4+i_5=0 \end{aligned}\right\} \tag{2-1}$$

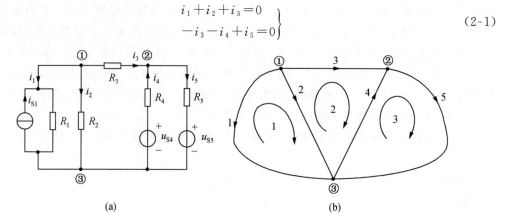

图 2-7 支路电流法

各支路的 VCR 为

$$\left.\begin{aligned} u_1&=R_1(i_1+i_{S1}) \\ u_2&=R_2i_2 \\ u_3&=R_3i_3 \\ u_4&=R_4i_4-u_{S4} \\ u_5&=R_5i_5+u_{S5} \end{aligned}\right\} \tag{2-2}$$

平面电路可选网孔作为独立回路,如图 2-7(b)所示,按图中绕行方向列出独立的 KVL 方程

$$\left.\begin{aligned} -u_1+u_2&=0 \\ -u_2+u_3-u_4&=0 \\ u_4+u_5&=0 \end{aligned}\right\} \tag{2-3}$$

将式(2-2)代入式(2-3),整理得

$$\left.\begin{aligned} -R_1i_1+R_2i_2&=R_1i_{S1} \\ -R_2i_2+R_3i_3-R_4i_4&=-u_{S4} \\ R_4i_4+R_5i_5&=u_{S4}-u_{S5} \end{aligned}\right\} \tag{2-4}$$

联立式(2-1)和式(2-4)即得到以支路电流为变量的五个方程,解此方程组求出全部支路电流,这就是支路电流法。式(2-4)中的 KVL 方程的一般形式为

$$\sum Ri=\sum u_S \tag{2-5}$$

式中,$\sum Ri$ 是回路中各电阻上电压的代数和,当电流 i 的参考方向与回路绕行方向一致时,Ri 前取"+"号,反之取"−"号;$\sum u_S$ 是回路中各电压源电压的代数和,当 u_S 与回路绕行方向一致时,u_S 前取"−"号,反之取"+"号。当支路中含有电流源与电阻的并联组合时,可将其等效变换为电压源与电阻的串联组合再列方程。

支路电流法的一般步骤如下:

(1) 假设各支路电流的参考方向。

（2）任意假设一个参考节点，对其余的 $n-1$ 个独立节点，列出 KCL 方程。

（3）选取 $b-n+1$ 个独立回路，假设回路的绕行方向，按 $\sum Ri=\sum u_{\mathrm{S}}$ 列出 KVL 方程，对于平面电路可以选网孔作为独立回路。

支路电流法是线性电路一般分析方法中最基本的方法。支路电流法应用的前提是，各支路电压都能用支路电流表示。

2.4　网孔电流法

在平面电路中，经常应用网孔电流法。如图 2-8(a)所示电路有两个网孔，图 2-8(b)所示是此电路的图，参考方向如图所示。对节点①列 KCL 方程，有

$$i_1-i_2-i_3=0$$

即

$$i_2=i_1-i_3$$

可知，i_2 由 i_1 和 i_3 构成，不是独立的。可以假设 i_1 和 i_3 分别在左、右网孔中流动，它们各自连续，这种沿网孔边界流动的假想电流称为网孔电流（mesh current）。网孔电流的方向任意假设。如图 2-8(b)所示，i_{m1} 和 i_{m2} 即为两个网孔的网孔电流。

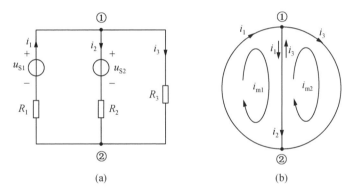

(a)　　　　　　　　(b)

图 2-8　网孔电流法

在图 2-8(b)所示参考方向下，支路电流与网孔电流的关系为

$$\left.\begin{array}{l}i_1=i_{\mathrm{m1}}\\i_2=i_{\mathrm{m1}}-i_{\mathrm{m2}}\\i_3=i_{\mathrm{m2}}\end{array}\right\}\tag{2-6}$$

可见，只要求出网孔电流，就可求出全部支路电流，进而求出全部支路电压。

以网孔电流为电路变量列出 KVL 方程进而可解出网孔电流。这种方法称为网孔电流法。

对图 2-8(a)所示的两个网孔列写 KVL 方程，假设网孔的绕行方向和网孔电流方向一致，则有

$$\left.\begin{array}{l}R_1i_1+R_2i_2=u_{\mathrm{S1}}-u_{\mathrm{S2}}\\-R_2i_2+R_3i_3=u_{\mathrm{S2}}\end{array}\right\}\tag{2-7}$$

将式(2-6)代入式(2-7)并整理得

$$\left.\begin{array}{r}(R_1+R_2)i_{m1}-R_2i_{m2}=u_{S1}-u_{S2}\\-R_2i_{m1}+(R_2+R_3)i_{m2}=u_{S2}\end{array}\right\}\qquad(2\text{-}8)$$

式(2-8)就是网孔电流方程的标准形式。此式还可进一步写成

$$\left.\begin{array}{r}R_{11}i_{m1}+R_{12}i_{m2}=u_{S11}\\R_{21}i_{m1}+R_{22}i_{m2}=u_{S22}\end{array}\right\}\qquad(2\text{-}9)$$

式(2-9)中方程的左边，R_{11}和R_{22}分别表示网孔 1 和网孔 2 的自阻(self-resistance)，它们为各自网孔中所有电阻的和，即 $R_{11}=R_1+R_2$、$R_{22}=R_2+R_3$。由于网孔电流的方向与网孔的绕向取为一致，所以自阻总是正的。R_{12} 和 R_{21} 分别表示网孔 1 和网孔 2 的互阻(mutual resistance)，互阻是两个相关网孔公共支路的电阻，本题中 $R_{12}=R_{21}=-R_2$。当流过该电阻的两个相关网孔电流方向一致时，互阻为正值，相反时为负值。显然，如果两个网孔之间没有公共支路，或者有公共支路但其电阻为零，则互阻为零。方程的右边，u_{S11} 和 u_{S22} 分别表示网孔 1 和网孔 2 中电压源电压的代数和，即 $u_{S11}=u_{S1}-u_{S2}$、$u_{S22}=u_{S2}$。沿网孔电流的方向，电压源电位升高时取"＋"号，反之取"－"号。电路中如果存在电流源与电阻的并联组合，可以先等效变换为电压源与电阻的串联组合再列方程。

具有 m 个网孔的平面电路，网孔电流方程的一般形式为

$$\left.\begin{array}{r}R_{11}i_{m1}+R_{12}i_{m2}+\cdots+R_{1m}i_{mm}=u_{S11}\\R_{21}i_{m1}+R_{22}i_{m2}+\cdots+R_{2m}i_{mm}=u_{S22}\\\vdots\\R_{m1}i_{m1}+R_{m2}i_{m2}+\cdots+R_{mm}i_{mm}=u_{Smm}\end{array}\right\}\qquad(2\text{-}10)$$

对于 n 个节点、b 条支路的平面电路，有 $m=b-n+1$。

【例 2-1】 电路如图 2-9 所示，试用网孔电流法求 i_1、i_2 和 i_3。

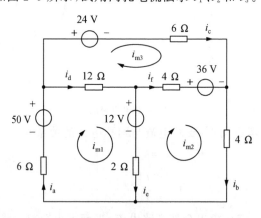

图 2-9 [例 2-1]图

解：设网孔电流分别为 i_{m1}、i_{m2} 和 i_{m3}，方向如图 2-9 所示。可得网孔电流方程为

$$\left.\begin{array}{r}(6+12+2)i_{m1}-2i_{m2}-12i_{m3}=50-12\\-2i_{m1}+(2+4+4)i_{m2}-4i_{m3}=12-36\\-12i_{m1}-4i_{m2}+(6+4+12)i_{m3}=36-24\end{array}\right\}$$

联立求解可得

$$i_{m1}=3\text{ A},i_{m2}=-1\text{ A},i_{m3}=2\text{ A}$$

则各支路电流为

$$i_a = i_{m1} = 3 \text{ A}$$
$$i_b = i_{m2} = -1 \text{ A}$$
$$i_c = i_{m3} = 2 \text{ A}$$
$$i_d = i_{m1} - i_{m3} = 1 \text{ A}$$
$$i_e = i_{m1} - i_{m2} = 4 \text{ A}$$
$$i_f = i_{m2} - i_{m3} = -3 \text{ A}$$

如果电路中的电流源没有电阻与之并联,则无法直接应用式(2-10)列写方程,可以采用以下方法:

(1)如果能使电流源中只有一个网孔电流流过,这时该网孔电流等于电流源电流,就不必再对这个网孔列写网孔电流方程了。

(2)把电流源的电压也作为未知量列入网孔电流方程,并将电流源电流与有关网孔电流的关系作为补充方程,一并求解。

【例 2-2】　如图 2-10 所示直流电路,求流过 2 Ω 电阻的电流 I。

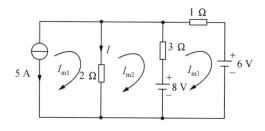

图 2-10　[例 2-2]图

解:通过观察可知回路电流 $I_{m1} = -5$ A,其他两个回路的网孔电流方程如下:

回路 2:$2I_{m2} - 2I_{m1} + 3I_{m2} - 3I_{m3} + 8 = 0$

回路 3:$-8 + 3I_{m3} - 3I_{m2} + 1 \times I_{m3} + 6 = 0$

尽管可以通过解三个线性方程来求解电路,但把已知值 $I_{m1} = -5$ A 代入回路 2 的网孔方程更为简单,代入已知值后方程为

回路 2:$2I_{m2} + 10 + 3I_{m2} - 3I_{m3} + 8 = 0$

此回路方程可简化为

回路 2:　　　　　　　　　$5I_{m2} - 3I_{m3} = -18$

回路 3:　　　　　　　　　$-3I_{m2} + 4I_{m3} = 2$

此联立方程的解如下:

$$I_{m2} = \dfrac{\begin{vmatrix} -18 & -3 \\ 2 & 4 \end{vmatrix}}{\begin{vmatrix} 5 & -3 \\ -3 & 4 \end{vmatrix}} = -6 \text{ A} \qquad I_{m3} = \dfrac{\begin{vmatrix} 5 & -18 \\ -3 & 2 \end{vmatrix}}{\begin{vmatrix} 5 & -3 \\ -3 & 4 \end{vmatrix}} = -4 \text{ A}$$

所以

$$I = I_{m1} - I_{m2} = -5 - (-6) = 1 \text{ A}$$

【例 2-3】　如图 2-11 所示直流电路,试求各网孔电流。

解:设网孔电流分别为 I_{m1}、I_{m2} 和 I_{m3},方向如图 2-11 所示。由于 $2I$ 受控电流源中只有一个网孔电流 I_{m3} 流过,且方向相同,所以 $I_{m3} = 2I$,所以不必再对此网孔列方程。其他两

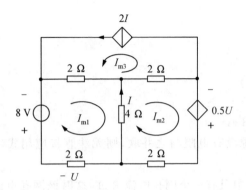

图 2-11 [例 2-3]图

网孔的网孔电流方程为

$$(2+2+4)I_{m1}-4I_{m2}+2I_{m3}=-8$$

$$-4I_{m1}+(2+2+4)I_{m2}+2I_{m3}=0.5U$$

将受控源的控制量分别用网孔电流来表示,可补充两个方程

$$U=-2I_{m1}$$

$$I=I_{m2}-I_{m1}$$

联立求解可得

$$I_{m1}=-2\text{ A},I_{m2}=-1.5\text{ A},I_{m3}=1\text{ A}$$

2.5 回路电流法

网孔电流法只适用于平面电路(planar circuit),而回路电流法则既适用于平面电路,也适用于非平面电路(non-planar circuit)。网孔电流法可以看作是回路电流法的特殊情况。因此,两种电路方程并无本质的区别。问题的关键在于如何确定一组独立回路,建立回路电流方程。

回路电流(loop current)是在回路中连续流动的假想电流。对于具有 n 个节点 b 条支路的电路,独立回路的数目是 $b-n+1$。在网孔电流法中,网孔的数目就是独立回路的数目,网孔的选取方法也是唯一的。然而,回路的数目却有许多,且选取方法也是多样的。基本回路(即单连支回路)是一组独立回路,基本回路数目也为 $b-n+1$,所以基本回路电流可以作为电路的独立变量来求解。

如图 2-12 所示电路的图 G 中,选支路(4、5、6)为树 T,则三个基本回路为支路(1、4、6、5)、(2、6、4)和(3、6、5),把连支电流 i_1、i_2 和 i_3 分别假想为在各自单连支回路中的回路电流 i_{l1}、i_{l2} 和 i_{l3},参考方向任意假设。这三个电流是一组独立变量。支路电流与回路电流的关系为

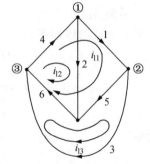

图 2-12 回路电流

连支电流

$$i_1=i_{l1}$$

$$i_2 = i_{l2}$$
$$i_3 = i_{l3}$$

树支电流

$$i_{t4} = i_{l1} + i_{l2}$$
$$i_{t5} = i_{l1} - i_{l3}$$
$$i_{t6} = i_{l1} + i_{l2} - i_{l3}$$

可见，回路电流在连支中仅流过一个，而树支中则可以流过多个，也就是说，回路电流值等于连支电流值。

【例 2-4】 电路如图 2-13(a)所示，$R_1 = R_3 = R_4 = R_5 = R_6 = 5\ \Omega$，$u_{S1} = 10$ V，$u_{S2} = 5$ V，$u_{S3} = u_{S4} = 20$ V。试选择一组独立回路，列出回路电流方程，并求出各支路电流。

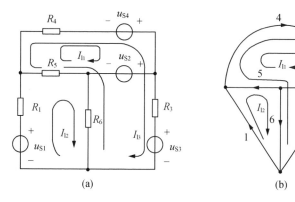

图 2-13 ［例 2-4］图

解： 如图 2-13(b)所示为电路的图 G，选取支路(4、5、6)为树 T，回路电流为 I_{l1}、I_{l2} 和 I_{l3} 方向如图所示，即为连支电流，以回路电流为变量列写 KVL 方程为

$$R_4(I_1 + I_{l3}) - u_{S4} + u_{S2} + R_5(I_{l1} - I_{l2} + I_{l3}) = 0$$
$$R_1 I_{l2} - R_5(I_{l1} - I_{l2} + I_{l3}) + R_6(I_2 - I_{l3}) - u_{S1} = 0$$
$$-R_6(I_{l2} - I_{l3}) + R_5(I_{l1} - I_{l2} + I_{l3}) + R_4(I_{l1} + I_{l3}) - u_{S4} + R_3 I_{l3} + u_{S3} = 0$$

代入数据并整理，可得

$$10 I_{l1} - 5 I_{l2} + 10 I_{l3} = 15$$
$$-5 I_{l1} + 15 I_{l2} - 10 I_{l3} = 10$$
$$10 I_{l1} - 10 I_{l2} + 20 I_{l3} = 0$$

联立求解可得

$$I_{l1} = 3\ \text{A}, I_{l2} = 1\ \text{A}, I_{l3} = -1\ \text{A}$$

则各支路电流为

$$i_{l1} = I_{l2} = 1\ \text{A}$$
$$i_{l2} = I_{l1} = 3\ \text{A}$$
$$i_{l3} = I_{l3} = -1\ \text{A}$$
$$i_{l4} = I_{l1} + I_{l3} = 2\ \text{A}$$
$$i_{l5} = I_{l1} - I_{l2} + I_{l3} = 1\ \text{A}$$
$$i_{l6} = I_{l2} - I_{l3} = 2\ \text{A}$$

回路电流方程也可以像网孔电流方程那样,写成标准形式。自阻和互阻的定义及相关的正负号规定与网孔电流方程相同。

具有 l 个回路的电路,回路电流方程的一般形式为

$$\left.\begin{array}{l} R_{11}I_{l1}+R_{12}I_{l2}+\cdots+R_{1l}I_{ll}=u_{\text{S}11} \\ R_{21}I_{l1}+R_{22}I_{l2}+\cdots+R_{2l}I_{ll}=u_{\text{S}22} \\ \qquad\qquad\vdots \\ R_{l1}I_{l1}+R_{l2}I_{l2}+\cdots+R_{ll}I_{ll}=u_{\text{S}ll} \end{array}\right\} \qquad (2\text{-}11)$$

回路电流法的一般步骤如下:

(1)对给定的电路,选择一个树来确定基本回路并假设回路电流的参考方向。

(2)按式(2-11)列写回路电流方程。方程左边自阻为正值,互阻可正可负。当通过互阻的两个相关回路电流的参考方向相同时,互阻为正值,反之为负值。方程右边为回路中电压源电压的代数和,按回路电流的方向,电压源电位升高时取"+"号,反之取"−"号。

(3)当电路中含有电流源与电阻的并联组合时,可以等效变换为电压源与电阻的串联组合再列方程。

(4)对于平面电路,可选择网孔作为基本回路,列写网孔电流方程。

2.6 节点电压法

节点电压法是以节点电压为电路变量,通过列写 KCL 方程对电路进行求解的方法,它是电路分析中重要方法之一。

设电路中任意一节点为参考节点,其他节点则为独立节点,独立节点与参考节点之间的电压称为节点电压(node voltage),节点电压的参考方向均规定为由独立节点指向参考节点。对于具有 n 个节点,b 条支路的电路,指定参考节点后,列出其中 $n-1$ 个独立节点的 KCL 方程,就得到以节点电压为变量的 $n-1$ 个独立的方程,即节点电压方程。然后由这些方程解出节点电压,从而求出待求的电压和电流。

如图 2-14 所示电路及其图,假设节点③为参考节点,则节点①、②为独立节点,其节点电压分别为 u_{13} 和 u_{23},可记为 $u_{\text{n}1}$ 和 $u_{\text{n}2}$。假设支路电压和支路电流取为关联参考方向,根据 KVL 可知,各支路电压与节点电压的关系为

$$u_1=u_{\text{n}1}$$
$$u_2=u_{\text{n}1}$$
$$u_3=u_{\text{n}1}-u_{\text{n}2}$$
$$u_4=-u_{\text{n}2}$$
$$u_5=u_{\text{n}2}$$

所以只需列写 $n-1=2$ 个 KCL 方程即可。节点①、②的 KCL 方程为

$$\left.\begin{array}{l} i_1+i_2+i_3=0 \\ -i_3-i_4+i_5=0 \end{array}\right\} \qquad (2\text{-}12)$$

各支路电流与节点电压的关系为

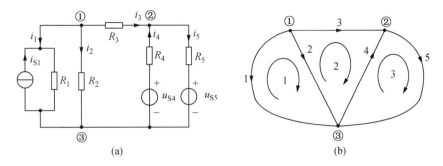

图 2-14　节点电压法

$$i_1 = \frac{u_{n1}}{R_1} - i_{S1}$$

$$i_2 = \frac{u_{n1}}{R_2}$$

$$i_3 = \frac{u_{n1} - u_{n2}}{R_3} \qquad\qquad (2\text{-}13)$$

$$i_4 = \frac{u_{S4} - u_{n2}}{R_4}$$

$$i_5 = \frac{u_{n2} - u_{S5}}{R_5}$$

将式(2-13)代入式(2-12)中,可得

$$\left(\frac{u_{n1}}{R_1} - i_{S1}\right) + \left(\frac{u_{n1}}{R_2}\right) + \left(\frac{u_{n1} - u_{n2}}{R_3}\right) = 0$$

$$-\left(\frac{u_{n1} - u_{n2}}{R_3}\right) - \left(\frac{u_{S4} - u_{n2}}{R_4}\right) + \left(\frac{u_{n2} - u_{S5}}{R_5}\right) = 0 \qquad (2\text{-}14)$$

经整理,可得

$$\left(\frac{1}{R_1} + \frac{1}{R_2} + \frac{1}{R_3}\right)u_{n1} - \frac{1}{R_3}u_{n2} = i_{S1}$$

$$-\frac{1}{R_3}u_{n1} + \left(\frac{1}{R_3} + \frac{1}{R_4} + \frac{1}{R_5}\right)u_{n2} = \frac{u_{S5}}{R_5} + \frac{u_{S4}}{R_4} \qquad (2\text{-}15)$$

式(2-15)就是以节点电压 u_{n1} 和 u_{n2} 为独立变量的节点电压方程的标准形式。此式还可以进一步写成

$$G_{11}u_{n1} + G_{12}u_{n2} = i_{S11}$$

$$G_{21}u_{n1} + G_{22}u_{n2} = i_{S22} \qquad (2\text{-}16)$$

式(2-16)中方程的左边,G_{11} 和 G_{22} 分别表示节点①和节点②的自导(self-conductance),它们分别等于连接在节点①和节点②的所有支路电导的和,即 $G_{11} = \frac{1}{R_1} + \frac{1}{R_2} + \frac{1}{R_3}$,$G_{22} = \frac{1}{R_3} + \frac{1}{R_4} + \frac{1}{R_5}$,自导总是正的。$G_{12}$ 和 G_{21} 分别表示节点①对②以及节点②对节点①的互导(mutual conductance),它们等于连接在两个独立节点之间支路电导和的负值。即 $G_{12} = -\frac{1}{R_3}$,$G_{21} =$

$-\dfrac{1}{R_3}$，互导总是负的。方程的右边，i_{S11} 和 i_{S22} 分别表示与节点①和节点②相连的所有电流源

电流的代数和，即 $i_{S11}=i_{S1}$，$i_{S22}=\dfrac{u_{S5}}{R_5}+\dfrac{u_{S4}}{R_4}$。电流源的电流流入节点时取"＋"号，反之取"－"

号。当电路中存在电压源与电阻的串联组合时，可以将其等效变换为电流源与电阻的并联组

合后再列写节点电压方程。

具有 n 个节点的电路，节点电压方程的一般形式为

$$\left.\begin{array}{l} G_{11}u_{n1}+G_{12}u_{n2}+\cdots+G_{1(n-1)}u_{n(n-1)}=i_{S11} \\ G_{21}u_{n1}+G_{22}u_{n2}+\cdots+G_{2(n-1)}u_{n(n-1)}=i_{S22} \\ \qquad\qquad\qquad\vdots \\ G_{(n-1)1}u_{n1}+G_{(n-1)2}u_{n2}+\cdots+G_{(n-1)(n-1)}u_{n(n-1)}=i_{S(n-1)(n-1)} \end{array}\right\} \tag{2-17}$$

【例 2-5】　电路如图 2-15 所示，试用节点电压法求支路电流。

解：假设节点③为参考节点，根据式(2-17)可列出节点电压方程，注意 5 Ω 电阻不应该

计入自导中。

$$\left.\begin{array}{l} \left(\dfrac{1}{20}+\dfrac{1}{4}\right)u_{n1}-\dfrac{1}{20}u_{n2}=12 \\ -\dfrac{1}{20}u_{n1}+\left(\dfrac{1}{20}+\dfrac{1}{6}\right)u_{n2}=3+\dfrac{24}{6} \end{array}\right\}$$

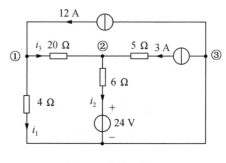

联立求解可得

$$u_{n1}=47.2\text{ V},\ u_{n2}=43.2\text{ V}$$

假设各支路电流的参考方向如图所示，可得

$$i_1=\dfrac{u_{n1}}{4}=11.8\text{ A}$$

$$i_2=\dfrac{u_{n2}-24}{6}=3.2\text{ A}$$

图 2-15　[例 2-5]图

$$i_3=\dfrac{u_{n1}-u_{n2}}{20}=0.2\text{ A}$$

如果电路中的电压源没有电阻与之串联，则无法直接应用式(2-17)列写方程，可以采

用以下方法：

(1)当电路中只有一个电压源，或者虽有几个电压源，但它们具有公共端时，可把电压源

的一端(即公共端)假设为参考节点，则另一端的节点电压就

是已知量，等于电压源的电压，因而不必再对该节点列写节点

电压方程，其余各节点电压方程仍按一般形式列写。

(2)当电路中的电压源在两个独立节点之间时，可把电压

源中的电流也作为未知量列入节点电压方程，并将电压源电

压与有关节点电压的关系作为补充方程，一并求解。

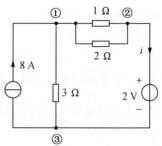

【例 2-6】　电路如图 2-16 所示，试用节点电压法求电

流 i。

解：假设节点③为参考节点，则节点②的节点电压 $u_{n2}=2$ V

为已知量，不必再对此节点列方程，则节点①的节点电压方程为

图 2-16　[例 2-6]图

$$\left(\frac{1}{3}+1+\frac{1}{2}\right)u_{n1}-\left(1+\frac{1}{2}\right)u_{n2}=8$$

解得

$$u_{n1}=6\ \text{V}$$

$$i=\frac{u_{n1}-u_{n2}}{1}+\frac{u_{n1}-u_{n2}}{2}=6\ \text{A}$$

【例 2-7】　电路如图 2-17 所示,试用节点电压法求电流 i。

解:假设节点④为参考节点,则节点①的节点电压 $u_{n1}=7\ \text{V}$ 为已知量,不必再对此节点列方程,而 4 V 电压源在两独立节点之间,设其支路电流为 i,参考方向如图所示,把电流 i 作为电流源电流的值表示在方程的右边,则可列出其他节点的节点电压方程为

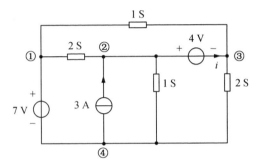

图 2-17　[例 2-7]图

$$\left.\begin{array}{l}-2\times u_{n1}+(2+1)\times u_{n2}=3-i\\-1\times u_{n1}+(1+2)u_{n3}=i\end{array}\right\}$$

补充方程

$$u_{n2}-u_{n3}=4\ \text{V}$$

联立求解可得

$$u_{n2}=6\ \text{V},u_{n3}=2\ \text{V}$$

当电路中含有受控源时,将受控源当作独立源进行处理,然后将受控源的控制量用节点电压来表示,进而解出节点电压。

【例 2-8】　电路如图 2-18 所示,试用节点电压法求电压 u_{12}。

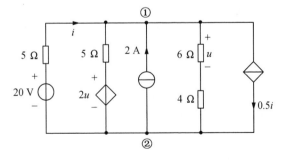

图 2-18　[例 2-8]图

解:假设节点②为参考节点,则节点①的节点电压方程为

$$\left(\frac{1}{5}+\frac{1}{5}+\frac{1}{4+6}\right)u_{n1}=\frac{20}{5}+\frac{2u}{5}+2-0.5i$$

补充方程

$$u = \frac{6}{6+4} \times u_{n1}$$

$$i = \frac{20 - u_{n1}}{5}$$

联立求解可得 $\qquad u_{12} = u_{n1} = 25 \text{ V}$

【例 2-9】 电路如图 2-19 所示,试用节点电压法求电流 i_X。

解:假设节点④为参考节点,则节点②的节点电压 $u_{n2} = 5i$,不必再对此节点列方程,而 4 V 电压源在两独立节点之间,其支路电流为 i_X,参考方向如图所示,把电流 i_X 作为电流源电流的值表示在方程的右边,则可列出其他节点的节点电压方程为

$$\left.\begin{array}{l} \dfrac{1}{5}u_{n1} - \dfrac{1}{5}u_{n2} = 5 - i_X \\[2mm] -\dfrac{1}{6}u_{n2} + \left(\dfrac{1}{6} + \dfrac{1}{8}\right)u_{n3} = i_X \end{array}\right\}$$

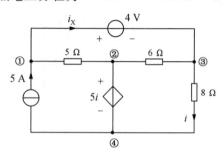

图 2-19 [例 2-9]图

补充方程

$$i = \frac{u_{n3}}{8}$$

$$u_{n1} - u_{n3} = 4 \text{ V}$$

联立求解可得

$u_{n1} = 20 \text{ V}, u_{n2} = 10 \text{ V}, u_{n3} = 16 \text{ V}, i_X = 3 \text{ A}$

节点电压法的一般步骤如下:

(1)任意假设一个参考节点,独立节点指向参考节点之间的电压即为节点电压。

(2)按式(2-17)列写节点电压方程。方程左边自导总是正的,互导总是负的;方程右边是电流源电流的代数和,流入节点时取"+"号,反之取"—"号。

(3)当电路中含有电压源与电阻的串联组合时,可以等效变换为电流源与电阻的并联组合再列方程。

(4)对于电路中的特殊支路要采用例题所述方法进行处理。

2.7 实际应用电路

1.铂电阻测温电路分析

铅电阻测温电路可画成如图 2-20 所示电路,设铅电阻 R_t 为 0℃ 时的阻值为 100 Ω,电阻变化率约为 0.3851 Ω/℃,试分析当电压表测得 $U_0 = 5 \text{ mV}$ 时,温度计显示温度约为多少?

分析 本整合实质是在已知 R_1, R_2, R_3 和 U_0 条件下求解 R_t 的问题。一旦求得 R_t 便可计算对应的温度值。可以应用电阻分压公式求解,也可以应用本章介绍的方法求解,下面以网孔法为例,设网空电流如图 2-20 所示,网孔方程为

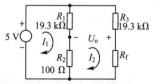

图 2-20 铅电阻测温电路

$$\begin{cases}(R_1+R_2)I_1-(R_1+R_2)I_2=5\\-(R_1+R_2)I_1+(R_1+R_2+R_3+R_t)I_2=0\end{cases}$$

又 $U_0=-R_3I_2+R_1(I_1-I_2)$ 代入数据解得 $R_1=120\ \Omega$。故温度 $T=20/0.3851\approx52℃$。

2.两台发电机并联运行电路

图 2-21 是两台发电机并联运行的电路。已知 $E_1=230\ \text{V}$，$R_{01}=0.5\ \Omega$，$E_2=226\ \text{V}$，$R_{02}=0.3\ \Omega$，负载电阻 $R_L=5.5\ \Omega$，求各支路电流。

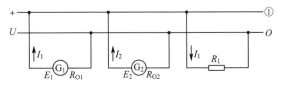

图 2-21　两台发电机并联运行电路

解　电路有 2 个节点，因此选用节点电压法。设 O 为参考节点，则有

$$\left(\frac{1}{R_{01}}+\frac{1}{R_{02}}+\frac{1}{R_L}\right)U=\frac{E_1}{R_{01}}+\frac{E_2}{R_{02}}$$

所以

$$U=\frac{\dfrac{E_1}{R_{01}}+\dfrac{E_2}{R_{02}}}{\dfrac{1}{R_{01}}+\dfrac{1}{R_{02}}+\dfrac{1}{R_L}}$$

代入数据，则

$$U=\frac{\dfrac{230}{0.5}+\dfrac{226}{0.3}}{\dfrac{1}{0.5}+\dfrac{1}{0.3}+\dfrac{1}{5.5}}=220\ \text{V}$$

求各支路电流

$$I_1=\frac{E_1-U}{R_{01}}=\frac{230-220}{0.5}=20\ \text{A}$$

$$I_2=\frac{E_2-U}{R_{02}}=\frac{226-220}{0.3}=20\ \text{A}$$

$$I_L=\frac{U}{R_L}=\frac{220}{5.5}=40\ \text{A}$$

3.指针式万用表电路原理

万用表是一种常用仪表，是可以用千测量直流和交流电流及电压、直流电阻、音频电平、晶体管共射电流放大系数等参数的多功能、多量程的仪表。依据其对测量结果显示方式的不同，可分为指针式万用表(也称为模拟式万用表)和数字式万用表两类。

指针式万用表的表头为直流动圈式高灵敏度电流表(微安表头)，一般已知表头内阻 R_g 和满度电流(当电流表指针满偏时所流过的电流) I_g。要扩展电流表的量程、则必须在表头上并联分流电阻。

由电流表表头内阻和满度电流可计算其满度电压：$U_g=R_gI_g$；要扩展电流表的量程，则

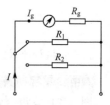

图 2-22　电路模型

必须在表头上串联分压电阻。这些分压电阻和分流电阻该如何设置是设计万用表时需要考虑的重要问题。

假设微安表头：内阻 $R_g = 2\ k\Omega$，满度电流 $I_g = 37.5\ \mu A$。现要求用这一表头设计具有 $50\ \mu A$ 和 $500\ \mu A$ 两量程挡的电流表，确定分流电阻。

首先建立电路模型如图 2-22 所示，其中，R_1，R_2 分别为 $50\ \mu A$ 和 $500\ \mu A$ 量程挡的分流电阻，即当开关置于 R_1 时满度电流（I 的值）为 $50\ \mu A$。当开关置于 R_1 时满度电路（I 的值）为 $500\ \mu A$。由分流公式有 $I_g = \dfrac{R}{R+R_g}I$，故 $R = \dfrac{R_g I_g}{I-I_g}$。

若 $I = 50\ \mu A$，则

$$R = R_1 = \frac{R_g I_g}{I-I_g} = \frac{2 \times 37.5}{12.5} = 6\ k\Omega \tag{2-18}$$

若 $I = 500\ \mu A$，则

$$R = R_2 = \frac{R_g I_g}{I-I_g} = \frac{2 \times 37.5}{462.5} = 0.162\ k\Omega$$

图 2-23 为常用 MF30 型袖珍式万用表的直流电流测量电路。其中二极管 $VD_1 \backslash VD_2$，电容 C 和熔丝管 FU 组成表头双重过载保护电路，微安表头满度电流 $I_g = 37.5\ \mu A$，内阻 $R_S = 2\ k\Omega$。由图可知，当转换开关 $S_{I\text{-}1}$ 掷于"$50\ \mu A$"挡时，$R_1 = 0.6\ \Omega$ 作为分流电阻，R_g 与 $R_2 \sim R_9 = 5.999\ 4\ k\Omega$ 串联得 $7.999\ 4\ k\Omega$，此时满度流

$$I = I_g \frac{R_1 = 7\ 999.4}{R_1} = 37.5 \times \frac{8\ 000}{0.6} = 500\ mA$$

其他挡位读者可自行分析。

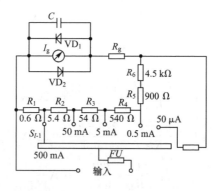

图 2-23　常用 MP30 型袖珍式 3 用表的直流电流测量电路

拓展训练

习　题

2-1　画出如图 2-24 所示电路的图，并说明图的节点数 n 和支路数 b。

2-2　列出如图 2-25 所示电路的图的所有可能的树。

第 2 章
习题答案

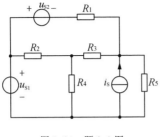

图 2-24　题 2-1 图

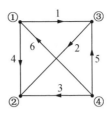

图 2-25　题 2-2 图

2-3　试确定如图 2-26 所示电路的基本回路。图 2-26(a)以支路(4、5、6)为树 T；图 2-26(b)以支路(5、6、7)为树 T。

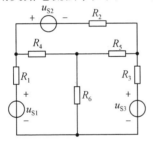

(a)

(b)

图 2-26　题 2-3 图

2-4　电路如图 2-27 所示。(1)说明电路的独立节点数和独立回路数；(2)选出一组独立节点和独立回路，列出 $\sum i=0$ 和 $\sum u=0$ 的方程。

2-5　试用支路电流法求如图 2-28 所示电路各支路电流。

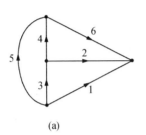

图 2-27　题 2-4 图

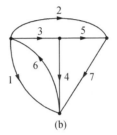

图 2-28　题 2-5 图

2-6　试用支路电流法求如图 2-29 所示电路支路电流 i_1 和 i_2。

2-7　试用网孔电流法求如图 2-30 所示电路的各支路电流。

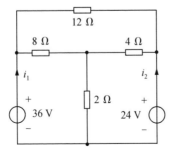

图 2-29　题 2-6 图

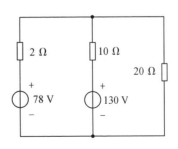

图 2-30　题 2-7 图

2-8 试用网孔电流法求如图 2-31 所示电路的电流 i。

2-9 试用网孔电流法求如图 2-32 所示电路的电压 u。

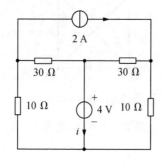

图 2-31 题 2-8 图 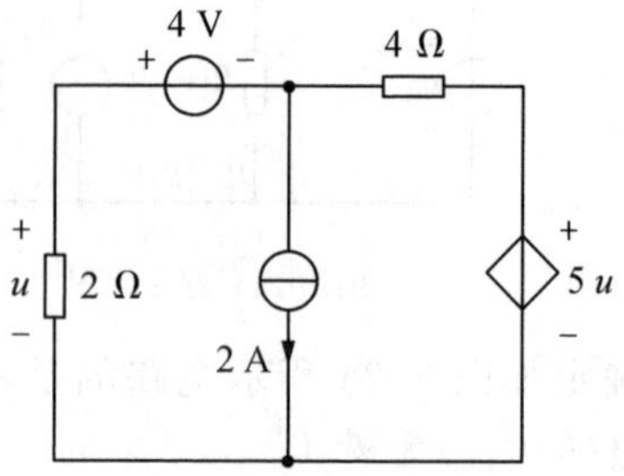   图 2-32 题 2-9 图

2-10 试用网孔电流法求如图 2-33 所示电路的电压 u。

2-11 试用回路电流法求如图 2-31 所示电路的电流 i。

2-12 试用回路电流法求如图 2-34 所示电路的电流 i。

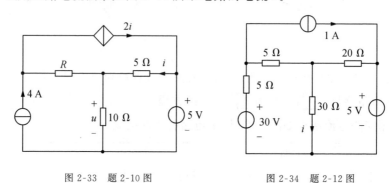

图 2-33 题 2-10 图   图 2-34 题 2-12 图

2-13 试用节点电压法求如图 2-35 所示电路的电流 i。

2-14 试用节点电压法求如图 2-36 所示电路的各节点电压。

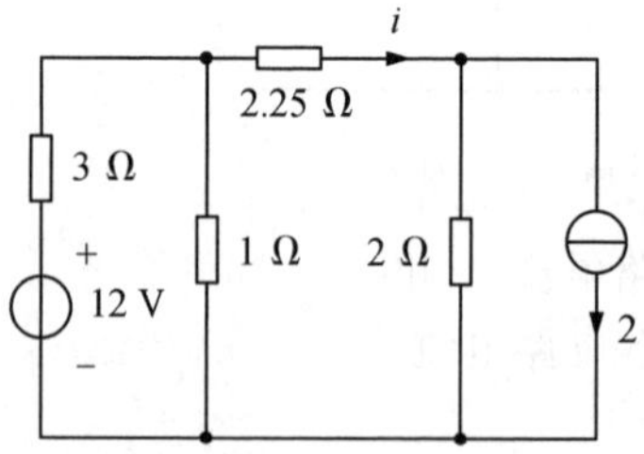

图 2-35 题 2-13 图 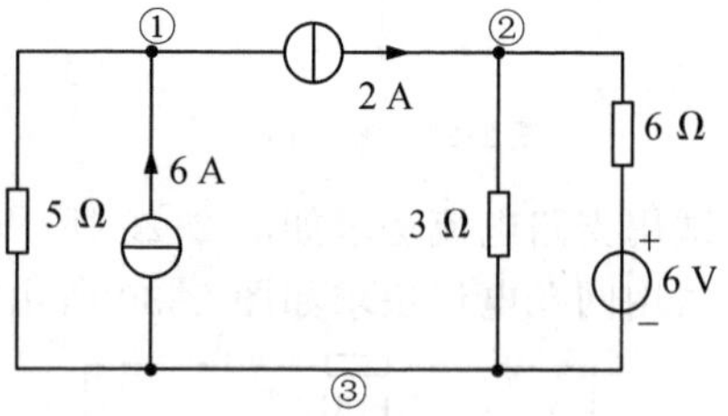   图 2-36 题 2-14 图

2-15 试用节点电压法求如图 2-37 所示电路的电流 i。

2-16 试用节点电压法求如图 2-38 所示电路的电流 i。

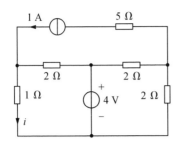

图 2-37　题 2-15 图

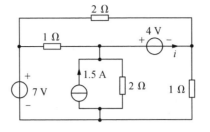

图 2-38　题 2-16 图

2-17　试用节点电压法求如图 2-39 所示电路的电压 u。

2-18　试用节点电压法求如图 2-40 所示电路的电流 i。

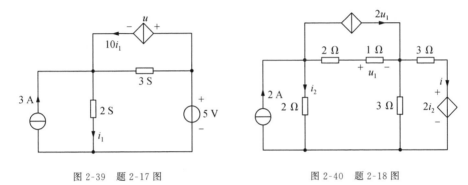

图 2-39　题 2-17 图　　　　　　　　　图 2-40　题 2-18 图

2-19　试用节点电压法求如图 2-41 所示电路的电流 i。

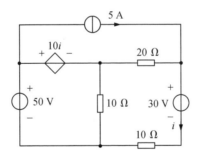

图 2-41　题 2-19 图

第 3 章

电路定理

【内容提要】本章介绍线性电阻电路的一些重要定理,主要有叠加定理、替代定理、戴维宁定理、诺顿定理、特勒根定理、互易定理和对偶原理。掌握这些定理有助于进一步了解线性电阻电路的基本性质。

思政案例

3.1 叠加定理

叠加定理(superposition theorem)是线性电路(linear circuit)的一个重要定理。对于一个线性电路,由几个独立电源共同作用所形成的各支路电流或电压,是各个独立电源分别单独作用时在各相应支路中形成的电流或电压的代数和,线性电路的这一性质称为叠加定理。

叠加定理

现从具体电路入手加以说明。对于如图 3-1(a)所示的线性电阻电路,有两个独立电源,利用叠加定理求电压 u_1 和电流 i_2。首先由电压源 u_S 单独作用,电流源 i_S 为零值,即电流源开路,在相应的支路中产生的电压 $u_{1(1)}$ 和电流 $i_{2(1)}$ 如图 3-1(b)所示;然后由电流源 i_S 单独作用,电压源 u_S 为零值,即电压源短路,在相应的支路中产生的电压 $u_{1(2)}$ 和电流 $i_{2(2)}$,如图 3-1(c)所示。那么,当电压源 u_S 和电流源 i_S 共同作用时,产生的电压 u_1 和电流 i_2 为

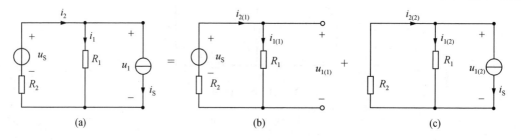

(a)   (b)   (c)

图 3-1 叠加定理示例

$$\left.\begin{aligned} u_1 &= u_{1(1)} + u_{1(2)} \\ i_2 &= i_{2(1)} + i_{2(2)} \end{aligned}\right\} \tag{3-1}$$

由图 3-1(b)和图 3-1(c)所示电路可分别求得

$$\left.\begin{aligned} u_{1(1)} &= \frac{R_1}{R_1 + R_2} u_S \\ i_{2(1)} &= \frac{1}{R_1 + R_2} u_S \end{aligned}\right\} \tag{3-2}$$

和

$$\left.\begin{array}{l} u_{1(2)} = -\dfrac{R_1 R_2}{R_1 + R_2} i_{\mathrm{S}} \\[3mm] i_{2(2)} = \dfrac{R_1}{R_1 + R_2} i_{\mathrm{S}} \end{array}\right\} \tag{3-3}$$

对于图 3-1(a)所示电路,列写节点电压方程,得

$$\left(\frac{1}{R_1} + \frac{1}{R_2}\right) u_1 = \frac{u_{\mathrm{S}}}{R_2} - i_{\mathrm{S}}$$

解得

$$\left.\begin{array}{l} u_1 = \dfrac{R_1}{R_1 + R_2} u_{\mathrm{S}} - \dfrac{R_1 R_2}{R_1 + R_2} i_{\mathrm{S}} = u_{1(1)} + u_{1(2)} \\[3mm] i_2 = \dfrac{u_{\mathrm{S}} - u_1}{R_2} = \dfrac{1}{R_1 + R_2} u_{\mathrm{S}} + \dfrac{R_1}{R_1 + R_2} i_{\mathrm{S}} = i_{2(1)} + i_{2(2)} \end{array}\right\} \tag{3-4}$$

由此可见,电压源和电流源共同作用时,在 R_2 中所产生的电流等于电压源和电流源单独作用时在该支路中所产生的电流分量的代数和。注意,这里所谓的电源不作用,是指其电压为零,即把相应的电压源用短路(short-circuit)替代;电流源不作用是指其电流等于零,即把相应的电流源用开路(open-circuit)替代。

如果电路内含有受控电源,虽然在列写节点电压方程或回路电流方程时对受控源与独立电源同样看待,但由于线性受控源与电路中某一电压或电流成正比,则当对列出的方程加以整理时,所有受控电源都移到方程的左边,这样,方程的右边就只剩下独立电源了,即受控电源都并入自阻与互阻或自导与互导之中了。因此,在对含有受控源的电路应用叠加定理进行计算时,只对各个独立电源单独作用的结果进行叠加,即当某一个独立电源单独作用时,其他独立电源的电压或电流都应等于零,但受控源则应保留在电路内,不能单独作用也不能做开路或短路处理。

使用叠加定理时,应注意下列几点:

(1)叠加定理适用于线性电路,不适用于非线性电路(non-linear circuit)。

(2)叠加时要注意电流和电压的参考方向。当电流(或电压)各分量的参考方向与原电路电流(或电压)的参考方向一致时取"+"号,相反时取"−"号。

(3)叠加时,电路的连接以及电路中所有的电阻、受控源都不允许变动。

(4)由于功率不是电压或电流的一次函数,所以不能用叠加定理来计算功率。

【例 3-1】　有一桥形电路如图 3-2(a)所示,各元件的参数已在图上标出。试用叠加定理计算各电阻中的电流及 5 Ω 电阻上的电压和功率。

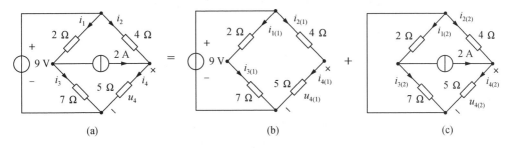

图 3-2　[例 3-1]图

解:利用叠加定理,先考虑电压源单独作用。此时电流源因被置零而变为开路,原电路也由此而变为如图 3-2(b)所示形式。由图 3-2(b)可得

$$i_{1(1)} = i_{3(1)} = \frac{9}{7+2} = 1 \text{ A}$$

$$i_{2(1)} = i_{4(1)} = \frac{9}{5+4} = 1 \text{ A}$$

$$u_{4(1)} = 5 \times 1 = 5 \text{ V}$$

再考虑电流源单独作用。此时电压源因被置零而变为短路,原电路也由此变为图 3-2(c)所示的形式。对此电路可计算出

$$i_{1(2)} = \frac{7}{2+7} \times 2 = \frac{14}{9} \text{ A}$$

$$i_{2(2)} = -\frac{5}{4+5} \times 2 = -\frac{10}{9} \text{ A}$$

$$i_{3(2)} = -\frac{2}{7+2} \times 2 = -\frac{4}{9} \text{ A}$$

$$i_{4(2)} = \frac{4}{4+5} \times 2 = \frac{8}{9} \text{ A}$$

$$u_{4(2)} = \frac{8}{9} \times 5 = \frac{40}{9} \text{ V}$$

将相应的电流、电压进行叠加得

$$i_1 = i_{1(1)} + i_{1(2)} = 1 + \frac{14}{9} = 2.56 \text{ A}$$

$$i_2 = i_{2(1)} + i_{2(2)} = 1 - \frac{10}{9} = -0.11 \text{ A}$$

$$i_3 = i_{3(1)} + i_{3(2)} = 1 - \frac{4}{9} = 0.56 \text{ A}$$

$$i_4 = i_{4(1)} + i_{4(2)} = 1 + \frac{8}{9} = 1.89 \text{ A}$$

$$u_4 = u_{4(1)} + u_{4(2)} = 5 + \frac{40}{9} = 9.44 \text{ V}$$

5 Ω 电阻上消耗的功率为

$$p_4 = u_4 i_4 = 9.44 \times 1.89 = 17.84 \text{ W}$$

这里电压和电流可以叠加计算,但是对于功率若按下列公式求出

$$p_4 = u_{4(1)} i_{4(1)} + u_{4(2)} i_{4(2)} = 5 \times 1 + \frac{40}{9} \times \frac{8}{9} = 8.95 \text{ W}$$

显然,$p_4 \neq u_4 i_4$。可见,功率不能用叠加定理计算,计算时要注意。

【例 3-2】　电路如图 3-3(a)所示,其中 CCVS 的电压受流过 6 Ω 电阻的电流 i_1 控制。试用叠加定理求电压 u_3。

解:利用叠加定理,当只有电压源单独作用时,电流源处以开路代替,则得到图 3-3(b);当只有电流源单独作用时,电压源处以短路代替,则得到图 3-3(c)。注意,在独立电源作用时保留了电路中的受控源。控制量 i_1 在图 3-3(b)和图 3-3(c)中的参考方向与图 3-3(a)的

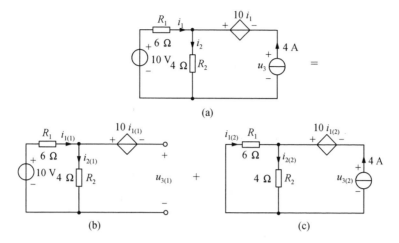

图 3-3 [例 3-2]图

参考方向相同。

由图 3-3(b)可得

$$i_{1(1)}=i_{2(1)}=\frac{10}{6+4}=1 \text{ A}$$

$$u_{3(1)}=-10i_{1(1)}+4i_{2(1)}=-10\times 1+4\times 1=-6 \text{ V}$$

由图 3-3(c)可得

$$i_{1(2)}=-\frac{4}{6+4}\times 4=-1.6 \text{ A}$$

$$i_{2(2)}=\frac{6}{6+4}\times 4=2.4 \text{ A}$$

$$u_{3(2)}=-10i_{1(2)}+4i_{2(2)}=-10\times(-1.6)+4\times 2.4=25.6 \text{ V}$$

把相应的电压量叠加得

$$u_{3}=u_{3(1)}+u_{3(2)}=-6+25.6=19.6 \text{ V}$$

【例 3-3】 在图 3-3(a)所示电路中的电阻 R_2 处再串接一个 6 V 的电压源,如图 3-4(a)所示,试用叠加定理求电压 u_3。

解:利用叠加定理,可以把电路中 n 个电源分为一组,按组叠加,所以我们把 10 V 电压源和 4 A 电流源分为一组,6 V 电压源作为另一组。这样,第一组电源单独作用时,电压源用短路代替,得到如图 3-4(b)所示电路;第二组 6 V 电压源单独作用时,把 10 V 的电压源用短路代替,4 A 的电流源用开路代替,得到如图 3-4(c)所示电路。

对图 3-4(b)所示电路,可利用[例 3-2]结果,即

$$u_{3(1)}=19.6 \text{ V}$$

对图 3-4(c)所示电路,有

$$i_{1(2)}=i_{2(2)}=\frac{-6}{6+4}=-0.6 \text{ A}$$

$$u_{3(2)}=-10i_{1(2)}+4i_{2(2)}+6=-10\times(-0.6)+4\times(-0.6)+6=9.6 \text{ V}$$

则电压 u_3 可得

$$u_{3}=u_{3(1)}+u_{3(2)}=19.6+9.6=29.2 \text{ V}$$

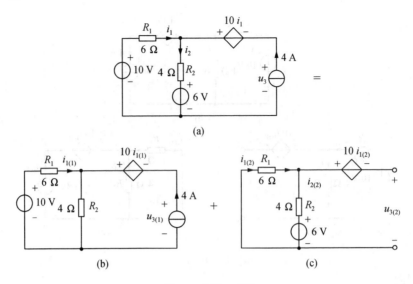

图 3-4　［例 3-3］图

3.2　替代定理

　　替代定理（substitution theorem）允许用一个经适当选择的独立电源来替代电路中一条特定的支路，而不会引起电路中其他支路上的电压和电流的改变。替代的目的在于使替代后的电路比原电路更易于求解。

　　替代定理可以叙述如下：给定任意一个线性电阻电路，其中第 k 条支路的电压 u_k 和电流 i_k 已知，那么这条支路就可以用一个具有电压等于 u_k 的独立电压源，或者用一个具有电流等于 i_k 的独立电流源来替代，替代后电路中全部电压和电流均将保持原值（电路在改变前后，各支路电压和电流均应是唯一的），如图 3-5 所示。

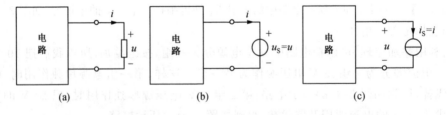

图 3-5　替代定理

　　定理中所提到的第 k 条支路可以是无源的，也可以是含源的，但是一般不应当含有受控源或该支路的电压或电流是其他支路中受控源的控制量。

　　替代定理的正确性是容易直观理解的，下面我们通过例题来验证此定理。

　　【例 3-4】　如图 3-6（a）所示电路，已经求得 $i_1=0.26$ A，$i_2=0.36$ A，$i_3=0.62$ A，电压 $u_2=5.74$ V。现将支路 3 用电流为 0.62 A 的电流源来替代，如图 3-6（b）所示；或支路 2 用电压为 5.74 V 的电压源来替代，如图 3-6（c）所示，试验证替代定理的正确性。

　　解： 对图 3-6（b），用节点电压法，取 B 点为参考节点，有

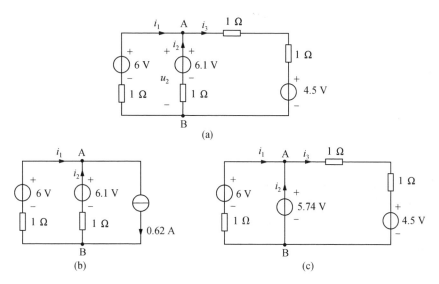

图 3-6 ［例 3-4］图

$$u_{nA} = \frac{\dfrac{6.0}{1} + \dfrac{6.1}{1} - 0.62}{\dfrac{1}{1} + \dfrac{1}{1}} = 5.74 \text{ V}$$

$$i_1 = \frac{6.0 - 5.74}{1} = 0.26 \text{ A}$$

$$i_2 = \frac{6.1 - 5.74}{1} = 0.36 \text{ A}$$

替代后各支路电流和电压仍保持原值。

对图 3-6(c)，有

$$i_1 = \frac{6.0 - 5.74}{1} = 0.26 \text{ A}$$

$$i_3 = \frac{-4.5 + 5.74}{1 + 1} = 0.62 \text{ A}$$

$$i_2 = i_3 - i_1 = 0.62 - 0.26 = 0.36 \text{ A}$$

替代后各支路电流仍保持原值。由此验证了替代定理的正确性。

戴维宁定理
参数测试

3.3 戴维宁定理和诺顿定理

对于图 3-7(a)右端所示的无源一端口网络，由于端口的内部仅含电阻，所以可用串、并联方法求出其等效电阻。

而任何一个线性无源一端口网络也可在端口 a-b 处外施电压源 u_S 或电流源 i_S，如图 3-8(a)、图 3-8(b)所示，并求得端口电流 i 或端口电压 u，则此一端口网络的输入电阻 R_{in} 定义为

$$R_{in} = \frac{u_S}{i} = \frac{u}{i_S} \tag{3-5}$$

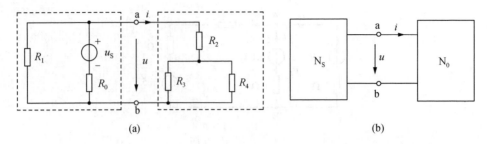

图 3-7 一端口网络 1

不难看出输入电阻与等效电阻是相等的。从概念上说,输入电阻是不含独立电源的一端口电阻网络的端电压与端电流之比值,等效电阻则是用来等效替代此一端口的电阻。一端口的等效电阻可以通过计算输入电阻来求得。

当一端口的内部含有电阻和受控源时,它的输入电阻或等效电阻仍可按式(3-5)来计算。下面举例说明。

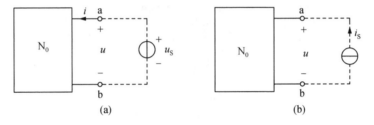

图 3-8 一端口网络 2

【例 3-5】 如图 3-9(a)所示为具有电流控制电流源的电路,试求其输入电阻 R_{in}。

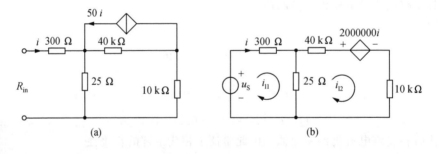

图 3-9 〔例 3-5〕图

解:先把电流控制电流源变换成电流控制电压源,如图 3-9(b)所示,并在其输入端施加一个电压 u_S,然后求出输入端的电流 i,则

$$R_{in} = \frac{u_S}{i}$$

现用回路电流法求 i。设回路电流为 i_{l1},i_{l2} 如图 3-9(b)所示,则有

$$325i_{l1} - 25i_{l2} = u_S$$
$$-25i_{l1} + 50025i_{l2} = -2000000i$$
$$i = i_{l1}$$

即

$$325i_{l1} - 25i_{l2} = u_S$$

$$1999975i_{l1} + 50025i_{l2} = 0$$

$$i_{l1} = \frac{\begin{vmatrix} u_S & -25 \\ 0 & 50025 \end{vmatrix}}{\begin{vmatrix} 325 & -25 \\ 1999975 & 50025 \end{vmatrix}} = \frac{50025u_S}{66257500}$$

$$R_{in} = \frac{u_S}{i_{l1}} = \frac{66257500}{50025} \approx 1324\ \Omega = 1.324\ \text{k}\Omega$$

在有源一端口网络中,如图 3-10(a)所示,有时只需求出负载电阻 R_L 中的电流,并不要求把所有支路电流都计算出来。从负载两端看,电路的其余部分,即虚线框内的部分,正好是一个有源一端口网络。它是由两个电压源和一个电流源组成的,可以利用电源的等效变换把它化简为一个电压源,电路如图 3-10(b)所示。化简的步骤如下:

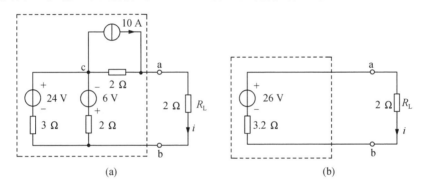

图 3-10　有源一端口网络

把两个电压源变换成两个电流源,并把它们合并成一个电流源,其电流源的电流为

$$\frac{24}{3} - \frac{6}{2} = 5\ \text{A}$$

电阻为

$$\frac{2 \times 3}{2 + 3} = 1.2\ \Omega$$

把这个电流源和图 3-10(a)中原有的电流源都变换成电压源,并把它们合并成一个电压源,其电压源的电压为

$$1.2 \times 5 + 2 \times 10 = 26\ \text{V}$$

电阻为

$$1.2 + 2 = 3.2\ \Omega$$

根据图 3-10(b)计算出负载电阻 R_L 中的电流

$$i = \frac{26}{3.2 + 2} = 5\ \text{A}$$

经过上面的变换可知,有源一端口网络可以简化成一个电压源和电阻的串联组合形式。是不是任何一个线性有源一端口网络都可以如此简化呢? 这就是有源一端口网络的等效电源定理所要阐述的内容。

有源一端口网络的等效电源定理指出:任何一个线性有源一端口网络,对于外部电路来说,总可以用一个等效电源来替代。因为等效电源既可以表示成电压源,也可以表示成电流源,所以有源一端口网络的等效电源定理包含两方面的内容,即戴维宁定理和诺顿定理。

3.3.1 戴维宁定理(Thevenin's theorem)

定理指出:任何一个线性含源一端口网络(single-port network),对外电路来说,可以用一条含源支路来等效替代,该含源支路的电压源电压等于含源一端口网络的开路电压 u_{oc},其电阻等于含源一端口网络化成无源网络后的输入电阻 R_{in}。上述电压源和电阻的串联组合称为戴维宁等效电路,如图 3-11 所示。用戴维宁等效电路把含源一端口网络替代后,对外电路的求解没有任何影响,即外电路中的电压和电流仍然等于替代前的值。

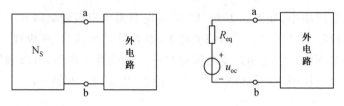

图 3-11 戴维宁定理等效电路

戴维宁定理可以证明如下:

在图 3-12(a)所示电路中,N_S 为含源一端口网络,外电路设为电阻 R_0。根据替代定理,电阻支路有电流 i,所以可用一个电流源来替代,此电流源的电流为 i,端电压仍是 u,如图 3-12(b)所示。对图 3-12(b)所示电路,应用叠加定理可分成图 3-12(c)、图 3-12(d)所示两个电路叠加。其中图 3-12(c)所示为电流源 i_S 不作用而含源一端口网络 N_S 中全部电源作用,电流源 i_S 在这里是开路状态;图 3-12(d)所示为只有电流源 i_S 作用,含源一端口网络 N_S 中的电源全部不作用。这样,网络 N_S 就变成了无源一端口网络 N_0。显然,图 3-12(c)所示电路中有

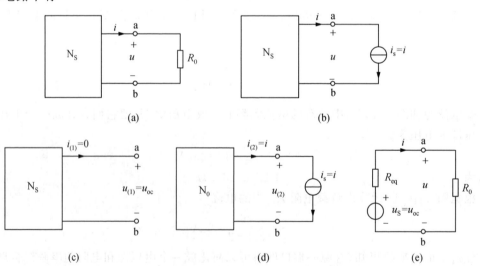

(a)　　　　　　　　　　　(b)

(c)　　　　　(d)　　　　　(e)

图 3-12 戴维宁定理的证明过程

$$i_{(1)} = 0, \quad u_{(1)} = u_{oc}$$

u_{oc}是含源一端口网络 N_S 的开路电压。

图 3-12(d)所示电路中有

$$i_{(2)} = i$$

$u_{(2)}$ 则为电流在无源一端口网络上的电压降。现在 N_0 内部无非是一些电阻的连接,总体来讲仍然呈现电阻的性质,设无源一端口网络 N_0 的等效电阻为 R_{eq},于是

$$u_{(2)} = -R_{eq}i$$

由叠加定理得

$$u = u_{(1)} + u_{(2)} = u_{oc} - R_{eq}i$$

式中,u 和 i 是含源一端口网络的端电压和电流。其等效电路如图 3-12(e)所示,其电压源 u_S 等于原一端口的开路电压 u_{oc},而电阻等于 N_0 的等效电阻 R_{eq},所以图 3-12(a)中的 N_S 可以用图 3-12(e)中的等效串联组合替代,此即戴维宁定理。

图 3-12(a)中的一端口网络 N_S 外接的是一个单独电阻 R_0,也可以是任意复杂的无源或有源的一端口网络。

应用戴维宁定理分析电路的关键在于,正确求解含源一端口网络的开路电压及等效电阻。开路电压就是把外电路断开后在含源一端口网络引出端的电压。等效电阻端口是先把含源一端口网络中全部独立电源置零,即电压源用短接替代,电流源用开路替代,变为无源一端口网络后求其端口输入电阻。输入电阻的求法除前面介绍的方法外,还可用下述方法求解:分别求出含源一端口网络的开路电压 u_{oc} 和短路电流 i_{sc}。按图 3-13,可以求出

$$i_{sc} = \frac{u_{oc}}{R_{eq}}$$

于是,等效电阻

$$R_{eq} = \frac{u_{oc}}{i_{sc}}$$

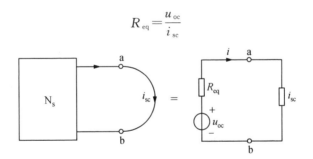

图 3-13　R_{eq} 的求法

下面结合例题来说明戴维宁定理的应用。

【例 3-6】　应用戴维宁定理计算如图 3-10(a)所示电路负载电阻 R_L 中的电流。

解:

(1)求开路电压 u_{oc}

把 $R_L = 2\ \Omega$ 的支路断开,得如图 3-14(a)所示的电路,该电路中 a、b 两点间的电压即开路电压 u_{oc}。

在图 3-14(a)中,左边网孔中的电流 i 为

$$i = \frac{24+6}{3+2} = 6\ \text{A}$$

故

$$u_{oc} = u_{ac} + u_{cb} = 2 \times 10 + 24 - 3 \times 6 = 26\ \text{V}$$

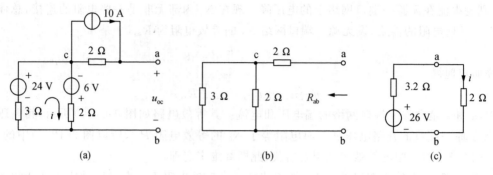

图 3-14　[例 3-6]图

或

$$u_{oc} = 2 \times 10 - 6 + 2 \times 6 = 26 \text{ V}$$

（2）求等效电阻 R_{eq}

将图 3-14(a)电路中的电压源用短路替代，电流源用开路替代，得到如图 3-14(b)所示的电路。显然，a、b 端的等效电阻 R_{eq} 为

$$R_{eq} = R_{ab} = 2 + \frac{2 \times 3}{2 + 3} = 3.2 \text{ Ω}$$

等效电阻的求法还可用其他方法。如求 a、b 两点间的短路电流 i_{sc}，如图 3-15 所示。注意，这时要保留原电路中的一切有源元件，可先用节点电压法。设节点 b 为参考节点，则

$$\left(\frac{1}{3} + \frac{1}{2} + \frac{1}{2} \right) u_c = \frac{24}{3} - \frac{6}{2} - 10$$

得

$$u_c = -3.75 \text{ V}$$

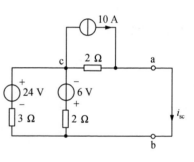

图 3-15　[例 3-6]图

与电流源并联的 2 Ω 电阻中的电流为

$$\frac{u_c}{R} = \frac{-3.75}{2} = -1.875 \text{ A}$$

故

$$i_{sc} = 10 - 1.875 = 8.125 \text{ A}$$

$$R_{eq} = \frac{u_{oc}}{i_{sc}} = \frac{26}{8.125} = 3.2 \text{ Ω}$$

（3）戴维宁等效电路

注意：u_{oc} 的极性如图 3-14(c)所示，负载电阻 R_L 中的电流为

$$i = \frac{u_{oc}}{R_{eq} + R_L} = \frac{26}{3.2 + 2} = 5 \text{ A}$$

当应用戴维宁定理分析含有受控源的电路时，计算开路电压和没有受控源时一样。但在计算等效电阻时，则不能像对待独立电源那样也把受控源置零。因此，不能简单地利用电阻串、并联等公式来计算等效电阻，下面举例说明。

【例 3-7】　求如图 3-16(a)所示电路的戴维宁等效电路。

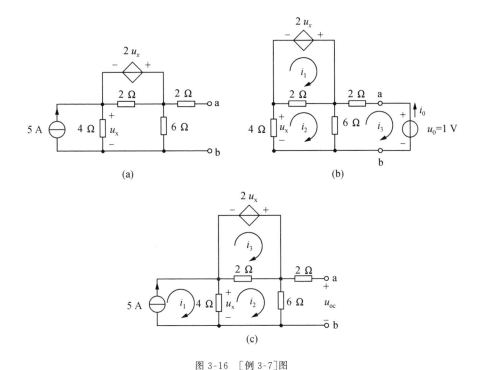

图 3-16   [例 3-7]图

解:此电路含有一个受控源。为求 R_{eq},我们把独立源置零,但受控源保留。由于受控源的存在,我们在端口处加一个激励电压源 u_0,如图 3-16(b)所示。由于电路为线性电路,为计算简便可设 $u_0 = 1$ V。我们的目的是求通过端口的电流 i_0,然后可得 $R_{eq} = \dfrac{1}{i_0}$(也可以在端口处加一个 1 A 的电流源,求相应的电压 u_0,从而得 $R_{eq} = \dfrac{u_0}{i_0}$)。

对图 3-16(b)中的回路 1 利用网孔法列方程,得

$$2i_1 - 2i_2 = 2u_x \quad 或 \quad u_x = i_1 - i_2$$

又因 $u_x = -4i_2 = i_1 - i_2$,所以

$$i_1 = -3i_2$$

对回路 2 和回路 3 列 KVL 方程,得

$$(4+2+6)i_2 - 2i_1 - 6i_3 = 0$$
$$(6+2)i_3 - 6i_2 = -1$$

解方程,得

$$i_3 = -\frac{1}{6} \text{ A}$$

由于 $i_0 = -i_3 = \dfrac{1}{6}$ A,所以

$$R_{eq} = \frac{1}{i_0} = 6 \text{ } \Omega$$

应用网孔分析法求图 3-16(c)所示电路中的开路电压 u_{oc}。

$$i_1 = 5$$

$$(4+2+6)i_2 - 4i_1 - 2i_3 = 0$$

$$2i_3 - 2i_2 = 2u_x \Rightarrow u_x = i_3 - i_2$$

而 $u_x = 4(i_1 - i_2)$,解以上方程得 $i_2 = \dfrac{10}{3}$,所以

$$u_{oc} = 6i_2 = 20 \text{ V}$$

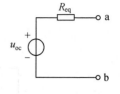

图 3-17 图 3-16(a)所示电路
的戴维宁等效电路

戴维宁等效电路如图 3-17 电路所示。

用戴维宁定理求解电路的步骤如下:

(1)把待求支路以外的部分作为有源一端口网络,求出其开路电压 u_{oc} 作为等效电路中电压源的电压。

(2)求从一端口网络看进去的戴维宁等效电路的等效电阻,有三种方法:对于不含受控源的电路,去掉一切独立源(电压源短路,电流源开路),利用电阻串、并联求 R_{eq};保留一切独立源,求端口处的短路电流 i_{sc},则 $R_{eq} = \dfrac{u_{oc}}{i_{sc}}$;保留受控源,去掉一切独立源,在端口处加一电压 u_0,则产生一电流 i_0,则 $R_{eq} = \dfrac{u_0}{i_0}$。

(3)画出戴维宁等效电路图,即 u_{oc} 与 R_{eq} 的串联组合,再与外电路连接进行求解。

3.3.2 诺顿定理(Norton's theorem)

应用电压源与电阻串联和电流源与电阻并联的等效互换,可以推出等效电源定理的另一种表达形式,如图 3-18 所示,即诺顿定理(Norton's theorem)。

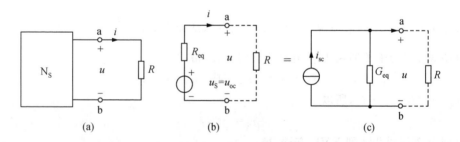

图 3-18 诺顿定理

诺顿定理指出:一个线性含源一端口网络的对外作用可以用一个电流源和电导的并联组合来替代。其等效电流源的电流等于此含源一端口网络的短路电流,而其等效电导等于把含源一端口网络内部各独立电源置零后所得到的无源网络的等效电导。

可以从戴维宁定理导出诺顿定理,也可以仿照戴维宁定理的证明方法,即利用替代定理和叠加定理直接加以证明,不过此时须用电压源替代负载电阻两端的电压,并将电流叠加起来,读者可自行推导。

【例 3-8】　求如图 3-19(a)所示一端口的诺顿等效电路。

解：

(1)先求短路电流 i_{sc}

端口 a-b 短接后电流为 i_{sc}，如图 3-19(b)所示。在图 3-19(b)中，只有两个节点，可先用节点电压法求出节点电压，再利用基尔霍夫电流定律和欧姆定律，即可求出 i_{sc}。

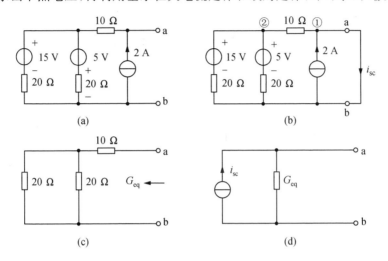

图 3-19　［例 3-8］图

设定 b 点为参考节点，则

$$u_{n2} = \frac{\dfrac{15}{20} + \dfrac{5}{20}}{\dfrac{1}{20} + \dfrac{1}{20} + \dfrac{1}{10}} = 5 \text{ V}$$

在 10 Ω 电阻中通过的电流为

$$\frac{u_{n2}}{10} = \frac{5}{10} = 0.5 \text{ A}$$

利用 KCL 对节点①列方程，得

$$i_{sc} = 0.5 + 2 = 2.5 \text{ A}$$

(2)求一端口的等效电导 G_{eq}

把端口 a-b 内所有电压源短接，电流源开路，得图 3-19(c)，于是这一端口的等效电阻为

$$R_{eq} = 10 + \frac{20 \times 20}{20 + 20} = 20 \text{ Ω}$$

等效电导

$$G_{eq} = \frac{1}{R_{eq}} = \frac{1}{20} = 0.05 \text{ S}$$

由上面的结果可得到诺顿等效电路，如图 3-19(d)所示。注意，等效电路中电流源的电流方向必须是由 b 指向 a 的。

当一端口内部含受控源时，在它的全部独立电源置零后，它的输入电阻有可能等于零。这样等效电阻为零，等效电路就成为一个理想电压源，在这种情况下，对应的诺顿等效电路就不存在,因 $G_{eq} = \infty$。同理,如果输入电导等于零,诺顿等效电路成为一个理想电流源,在这种情况下,对应的戴维宁等效电路就不存在,因 $R_{eq} = \infty$。通常情况下,两种等效电路同时存在。

【例 3-9】 用戴维宁定理求如图 3-20(a)所示电路中的电流 i_L。

解:

(1)先求开路电压 u_{oc}

在图 3-20(a)中,断开电阻 R_L,得图 3-20(b),求此时开路电压 u_{oc}。为了求解方便,把 CCCS 变换为 CCVS。

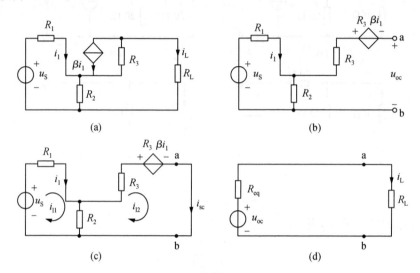

图 3-20　[例 3-9]图

在图 3-20(b)中

$$i_1 = \frac{u_S}{R_1 + R_2}$$

$$u_{oc} = -R_3 \beta i_1 + R_2 i_1 = \frac{(R_2 - \beta R_3)}{R_1 + R_2} u_S$$

(2)求短路电流 i_{sc}

短接电阻 R_L 得图 3-20(c)电路。对此电路列写回路电流方程,设回路电流方向如图 3-20(c)所示,则

$$(R_1 + R_2) i_{l1} - R_2 i_{l2} = u_S$$
$$-R_2 i_{l1} + (R_2 + R_3) i_{l2} + R_3 \beta i_{l1} = 0$$

解之,得

$$i_{l2} = \frac{(R_2 - \beta R_3) u_S}{(R_1 R_2 + R_1 R_3 + R_2 R_3 + \beta R_2 R_3)}$$

$$i_{sc} = i_{l2}$$

(3)计算等效电阻 R_{eq}

$$R_{eq} = \frac{u_{oc}}{i_{sc}} = \frac{R_1 R_2 + R_1 R_3 + R_2 R_3 (1 + \beta)}{R_1 + R_2}$$

（4）画出戴维宁等效电路，连接上 R_L，得图 3-20(d)。则

$$i_L = \frac{u_{oc}}{R_L + R_{eq}} = \frac{(R_2 - \beta R_3) u_S}{R_1 R_2 + R_1 R_3 + R_2 R_3 (1 + \beta) + R_1 R_L + R_2 R_L}$$

【例 3-10】 求如图 3-21(a)所示电路中电阻 R_L 所获得的最大功率。

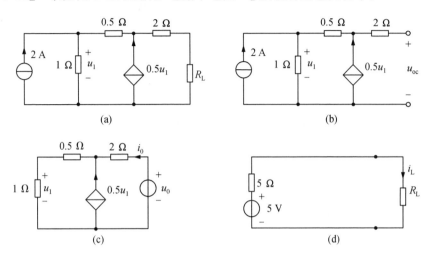

图 3-21 ［例 3-10］图

解：断开 R_L，求余下的有源一端口网络的戴维宁等效电路。图 3-21(b)所示为 R_L 断开后的电路，可由此图求 u_{oc}。

先列写 KVL 方程

$$\begin{cases} u_{oc} = 0.5 \times 0.5 u_1 + u_1 \\ u_1 = 1 \times (2 + 0.5 u_1) \end{cases}$$

解出

$$u_{oc} = 5 \text{ V}$$

作出求 R_{eq} 的电路如图 3-21(c)所示。其中独立电流源用开路替代，列 KVL 方程

$$\begin{cases} u_0 = 2 i_0 + (1 + 0.5) \times (i_0 + 0.5 u_1) \\ u_1 = 1 \times (i_0 + 0.5 u_1) \end{cases}$$

解出

$$u_0 = 5 i_0$$

则

$$R_{eq} = \frac{u_0}{i_0} = 5 \ \Omega$$

画出戴维宁等效电路，接上 R_L，如图 3-21(d)所示。电阻 R_L 在原电路中吸收的功率为

$$p_{R_L} = R_L i_L^2 = \frac{u_{oc}^2 R_L}{(R_{eq} + R_L)^2}$$

R_L 值是可变的，最大功率值应发生在 $\mathrm{d} p_{R_L} / \mathrm{d} R_L = 0$ 的条件下，对上式求极值，不难得出：当 $R_L = R_{eq}$ 时，电阻 R_L 可获得最大功率 $p_{\max} = \dfrac{u_{oc}^2}{4 R_L}$。

因此

$$R_L = 5 \ \Omega$$

获得的最大功率为

$$p_{max} = \frac{u_{oc}^2}{4R_L} = \frac{5^2}{4 \times 5} = 1.25 \ W$$

3.4 特勒根定理

特勒根定理(Tellegen's theorem)是电路理论中一个普遍使用的定理,与基尔霍夫定律一样,它与网络元件的特性无关,可以适用于任何线性、非线性以及元件参数随时间变化的网络。

特勒根定理 1: 一个具有 b 条支路的网络,如果支路电压为 $u_1, u_2, \cdots, u_b$,支路电流为 $i_1, i_2, \cdots, i_b$,且电压和电流在关联参考方向下,则有

$$[u_1 \quad u_2 \quad \cdots \quad u_b] \begin{bmatrix} i_1 \\ i_2 \\ \vdots \\ i_b \end{bmatrix} = u_1 i_1 + u_2 i_2 + \cdots + u_b i_b = \sum_{k=1}^{b} u_k i_k = 0 \tag{3-6}$$

将支路电压和支路电流都用列向量表示,即

$$\boldsymbol{u} = [u_1 u_2 \cdots u_b]^T$$
$$\boldsymbol{i} = [i_1 i_2 \cdots i_b]^T$$

则式 (3-6) 又可以写成

$$\boldsymbol{u}^T \boldsymbol{i} = 0 \tag{3-7}$$

特勒根定理 1 的证明如下,根据支路电压与节点电压关系的矩阵形式,$\boldsymbol{u} = \boldsymbol{A}^T \boldsymbol{u}_n$ 对该式两边取转置,因为矩阵乘积的转置矩阵等于每一矩阵转置后颠倒其次序的乘积,即

$$\boldsymbol{u}^T = \boldsymbol{u}_n^T \boldsymbol{A}$$

上式两边同时乘 $\boldsymbol{i}$,得

$$\boldsymbol{u}^T \boldsymbol{i} = \boldsymbol{u}_n^T \boldsymbol{A} \boldsymbol{i}$$

将 $\boldsymbol{A} \boldsymbol{i} = 0$ 代入上式,有

$$\boldsymbol{u}^T \boldsymbol{i} = 0$$

对任何时间 t 有

$$[u(t)]^T - i(t) = 0$$

特勒根定理 1 中,$\boldsymbol{u}^T \boldsymbol{i} = 0$ 实质上是功率守恒的具体体现,也就是说,任何一个网络其全部支路所吸收(或发出)的功率之和恒等于零。

特勒根定理 2: 有两个具有 n 个节点和 b 条支路的电路 N 和 $\hat{N}$,它们由不同的元件构成,但它们的图完全相同,设它们的支路电压和支路电流列向量分别用 $\boldsymbol{u}, \boldsymbol{i}$ 和 $\hat{\boldsymbol{u}}, \hat{\boldsymbol{i}}$ 来表示,则有

$$\boldsymbol{u}^T \hat{\boldsymbol{i}} = 0 \tag{3-8}$$

$$\hat{\boldsymbol{u}}^{\mathrm{T}}\boldsymbol{i}=0 \qquad\qquad (3\text{-}9)$$

或写成

$$\sum_{k=1}^{b}u_k\hat{i}_k=0,\ \sum_{k=1}^{b}\hat{u}_k i_k=0 \qquad (3\text{-}10)$$

其证明如下:对网络 N,有

$$\boldsymbol{u}=\boldsymbol{A}^{\mathrm{T}}\boldsymbol{u}_n$$
$$\boldsymbol{u}^{\mathrm{T}}=\boldsymbol{u}_n^{\mathrm{T}}A \qquad\qquad (3\text{-}11)$$

式(3-11)两边同时乘 $\hat{i}$,得

$$\boldsymbol{u}^{\mathrm{T}}\hat{\boldsymbol{i}}=\boldsymbol{u}_n^{\mathrm{T}}\boldsymbol{A}\hat{\boldsymbol{i}}$$

令 $\hat{\boldsymbol{A}}$ 表示网络 $\hat{\mathrm{N}}$ 的降阶关联矩阵,则有 $\hat{\boldsymbol{A}}\,\hat{\boldsymbol{i}}=0$,但由于 N 和 $\hat{\mathrm{N}}$ 的图完全相同,故 $A=\hat{A}$,代入上式,便有

$$\boldsymbol{u}^{\mathrm{T}}\hat{\boldsymbol{i}}=0$$

用类似的方法,同样可以证明该定理的第二部分,即式(3-9)。另外,对任何时间 t,该定理仍然成立。

特勒根定理 2 中 $\boldsymbol{u}^{\mathrm{T}}\hat{\boldsymbol{i}}=0$ 和 $\hat{\boldsymbol{u}}^{\mathrm{T}}\boldsymbol{i}=0$,不能用功率守恒来解释,因为它仅仅是对两个具有相同拓扑图的网络,一个网络的支路电压和另一个网络的支路电流所遵循的数学关系,没有什么物理意义,但形式上仍具有功率的量纲,所以有时称为拟功率守恒定理(power conservation theorem)。

例如,如图 3-22 所示的两个不同的网络 N 和 $\hat{\mathrm{N}}$,但它们的图 G 是相同的,如图 3-22(c)所示。表 3-1 列出了两个电路在某一瞬间的支路电压和电流值,这些电压和电流值分别满足 KVL 和 KCL,不难验证。

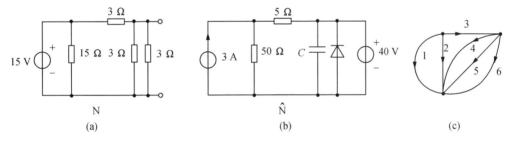

图 3-22 特勒根定理

表 3-1 　　　　　　　　　　　　　　　　　　电压和电流值

电压电流支路	网络 N		网络 $\hat{\mathrm{N}}$		电压电流支路	网络 N		网络 $\hat{\mathrm{N}}$	
	u/V	i/A	$\hat{u}/\mathrm{V}$	$\hat{i}/\mathrm{A}$		u/V	i/A	$\hat{u}/\mathrm{V}$	$\hat{i}/\mathrm{A}$
1	15	-4	50	-3	4	6	2	40	0
2	15	1	50	1	5	6	1	40	0
3	9	3	10	2	6	6	0	40	0

网络 N

$$\sum_{k=1}^{6}u_k i_k=-60+15+27+12+6+0=0$$

网络$\hat{N}$

$$\sum_{k=1}^{6} \hat{u}_k \hat{i}_k = -150 + 50 + 20 + 0 + 0 + 80 = 0$$

可见功率是守恒的,而

$$\sum_{k=1}^{6} u_k \hat{i}_k = -45 + 15 + 18 + 0 + 0 + 12 = 0$$

$$\sum_{k=1}^{6} \hat{u}_k i_k = -200 + 50 + 30 + 80 + 40 + 0 = 0$$

拟功率也是守恒的。

特勒根定理的应用比较广泛,除了进行网络分析以外,还用来证明其他定理,例如互易定理(reciprocity theorem)的证明。此处仅证明互易定理的第一种形式,另两种形式证明类似,不再赘述。

为方便起见,仅讨论电阻网络,图 3-23 中网络 N 和$\hat{N}$的方框内部由 P 个线性电阻支路构成,且拓扑关系完全相同,互易定理说明 $i_2 = \hat{i}_1$(注意电压、电流参考方向)。

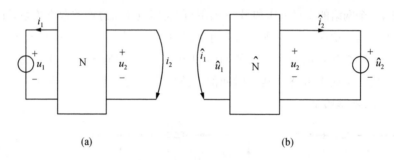

(a)   (b)

图 3-23　互易定理证明

利用特勒根定理可以写出图 3-23 所示电路的关系式为

$$u_1 \hat{i}_1 + u_2 \hat{i}_2 + \sum_{k=1}^{P} u_k \hat{i}_k = 0$$

$$\hat{u}_1 i_1 + \hat{u}_2 i_2 + \sum_{k=1}^{P} \hat{u}_k i_k = 0$$

又已知特勒根定理 2,(拟功率守恒)见式(3-10),所以上面两式可以写成

$$u_1 \hat{i}_1 + u_2 \hat{i}_2 = \hat{u}_1 i_1 + \hat{u}_2 i_2 \tag{3-12}$$

将 $u_1 = u_S, u_2 = 0, \hat{u}_1 = 0, \hat{u}_2 = u_S$ 代入式(3-12),得

$$u_S \hat{i}_1 = u_S i_2$$

所以

$$\hat{i}_1 = i_2$$

【例 3-11】　如图 3-24 所示为线性无源电阻网络,当 $R_2 = 4\ \Omega, u_1 = 10\ \text{V}$ 时,测得 $i_1 = 2\ \text{A}, i_2 = 1\ \text{A}$。现将 R_2 改为 $1\ \Omega, u_1$ 改为 $24\ \text{V}$,且测得 $i_1 = 6\ \text{A}$,问此时 i_2 为多少?

解:用特勒根定理求解

第一次测得:$u_1 = 10\ \text{V}, i_1 = 2\ \text{A}, i_2 = 1\ \text{A}, u_2 = R_2 i_2 = 4\ \text{V}$。

第二次测得:$\hat{u}_1 = 24\ \text{V}, \hat{i}_1 = 6\ \text{A}, \hat{u}_2 = \hat{R}_2 \hat{i}_2 = \hat{i}_2, \hat{i}_2 = ?$

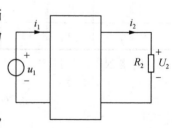

图 3-24　[例 3-11]图

由特勒根定理 2 按式(3-12)可写出

$$u_1(-\hat{i}_1)+u_2\hat{i}_2=\hat{u}_1(-i_1)+\hat{u}_2i_2$$

代入数值 $\qquad 10\times(-6)+4\hat{i}_2=24\times(-2)+\hat{i}_2$

解出 $\qquad\qquad\qquad \hat{i}_2=4 \text{ A}$

即 $\qquad\qquad\qquad\qquad i_2=4 \text{ A}$

3.5 互易定理

互易定理:对一个仅含线性电阻的电路,在单一激励的情况下,当激励和响应互换位置时,将不改变同一激励所产生的响应。

互易性是电路所具有的重要性质之一,只适用于电路中不含受控源,而仅由线性电阻、电感、电容和一个独立电源构成的电路。

根据激励和响应的不同,电路的互易性可以有三种表现形式:

1.激励是电压源,响应是短路电流

设在一个线性电路中只有一个独立电压源,当此电压在某一支路 1 中作用时在另一支路 2 中产生的电流,等于将此电源移到支路 2 中作用而在支路 1 中产生的电流。如图 3-25(a)所示电路 N 中接在端子 1-1′的为支路 1,接在 2-2′的为支路 2,方框内由 $b-2$ 条线性电阻支路构成。根据互易性,可得图 3-25(b)所示的电路 $\hat{\mathrm{N}}$。为了区别两个电路,将电路 N 中两个端口上的电压、电流记为 u_1、i_1、u_2、i_2;将电路 $\hat{\mathrm{N}}$ 中两个端口上的电压、电流记为 $\hat{u}_1$、$\hat{i}_1$、$\hat{u}_2$、$\hat{i}_2$。则可得

$$\hat{i}_1=i_2$$

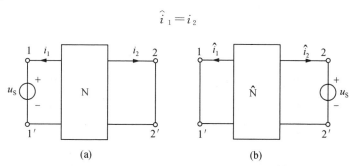

图 3-25 互易定理形式一

2.激励是电流源,响应是开路电压

设在一个线性电路中只有一个独立电流源作用,当此电流源在某对节点 1-1′上作用时,在另一对节点 2-2′上产生的电压等于把这个电流源移到节点 2-2′上而在节点 1-1′间所产生的电压。如图 3-26(a)所示,由互易性得图 3-26(b),图中电压和电流的表示方式同形式一,则由两电路图可得

$$u_2 = \hat{u}_1$$

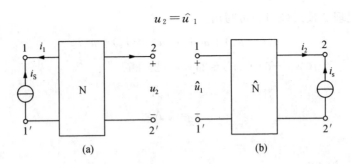

(a)   (b)

图 3-26 互易定理形式二

3.激励是电流源,响应是短路电流

设在一个线性电路中只有一个独立电流源,当此电流源在某对节点 1-1′ 上作用时在另一对节点 2-2′ 支路中产生的电流等于将这一电压源接到节点 2-2′ 上作用而在节点 1-1′ 上产生的端点间电压。其中电流源 i_S 在量值上等于电压源 u_S。如图 3-27(a),根据互易定理得图 3-27(b),两图中电流和电压的表示方法仍与形式一相同,其方向如图所示,即

$$i_2 = \hat{u}_1$$

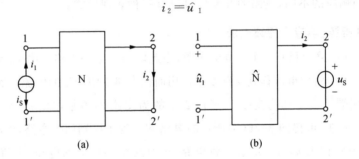

(a)   (b)

图 3-27 互易定理形式三

互易定理的三种形式可利用回路电流法或节点电压法证明,详细推导过程读者可以自行完成。下面结合例题说明互易定理的应用。

【例 3-12】 求如图 3-28(a)所示电路中的电流 i。

解:图示电路是复杂电路,不能用电阻串并联化简。要由这个电路直接求出电流 i 是比较麻烦的。现用互易定理,可将要求解的如图 3-28(a)所示的问题变成求解图 3-28(b)电路中的电流。在变换时要特别注意激励和响应参考方向的正确标定。

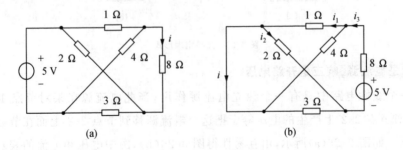

(a)   (b)

图 3-28 [例 3-12]图

由图 3-28(b)可知

$$i_3 = \frac{5}{8 + \frac{1 \times 4}{1+4} + \frac{2 \times 3}{2+3}} = 0.5 \text{ A}$$

由分流公式,得

$$i_1 = \frac{4}{1+4} i_3 = \frac{4}{5} \times 0.5 = 0.4 \text{ A}$$

$$i_2 = \frac{3}{2+3} i_3 = \frac{3}{5} \times 0.5 = 0.3 \text{ A}$$

根据 KCL 有

$$i = i_1 - i_2 = 0.4 - 0.3 = 0.1 \text{ A}$$

故得原电路中所求电流 $i = 0.1$ A。

此题利用互易定理简化了电路,为解题提供了方便。

3.6 对偶原理

在前面的讨论中,无论是对于电压源和电流源的分析,还是对于串联电路和并联电路的分析,有一个现象值得注意。例如,电压源的端电压为

$$u = u_S - R_0 i$$

而电流源的输出电流为

$$i = i_S - G_0 u$$

在上面这两个关系式中,如果把电压 u 与电流 i 互换,等效电阻 R_0 与等效电导 G_0 互换,电压源电压 u_S 与电流源电流 i_S 互换,则上述两组关系式可以彼此转换。

又如图 3-29 所示两个电路 N 和 $\overline{\text{N}}$,电路 N 的网孔电流规定为 i_{l1} 和 i_{l2},其参考方向均为顺时针方向,则

$$(R_1 + R_2)i_{l1} - R_2 i_{l2} = u_{S1}$$

$$-R_2 i_{l1} + (R_2 + R_3)i_{l2} = u_{S2}$$

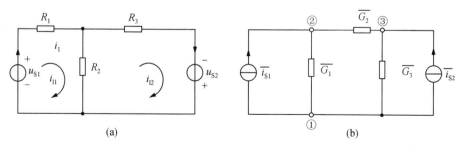

图 3-29 互为对偶的电路

电路 $\overline{\text{N}}$ 中有三个节点,令①节点为参考节点,对此电路列写节点电压方程为

$$(\overline{G_1}+\overline{G_2})\overline{u_{n1}}-\overline{G_2}\ \overline{u_{n2}}=\overline{i}_{S1}$$

$$-\overline{G_2}\ \overline{u_{n1}}+(\overline{G_2}+\overline{G_3})\overline{u_{n2}}=\overline{i}_{S2}$$

若按 R 和 $\overline{G}$，u_S 和 $\overline{i_S}$，网孔电流 i_1 和节点电压 $\overline{u}_n$ 等对应元素互换，则上面两个方程也可以彼此转换。

　　上述这些关系式和方程组之所以能够彼此转换，是因为它们的数学表示形式完全相似，所不同的仅是文字符号而已。这样，用对应元素互换后就能彼此转换，这些互换元素称为对偶元素，而上面两个关系式或两组方程组互为对偶。表 3-2 列出了一些互换元素。

表 3-2　　　　　　　　　　　　　　　　互换元素表

R	u_S 或 i_S	网孔电流 i_1	网孔	串联	r_m 或 CCVS
$\overline{G}$	$\overline{u_S}$ 或 $\overline{i_S}$	节点电压 $\overline{u_n}$	节点	并联	$\overline{g_m}$ 或 VCCS

　　从上面所举例子看到，电路中某些元素（或方程）之间的关系用它们的对偶元素对应地置换后，所得的新关系（或新方程）也一定成立，这个新关系（或新方程）与原有的关系（或方程）互为对偶，这就是对偶原理（duality principle）。

　　根据对偶原理，如果导出了电路某一关系式或结论，就等于解决了与它对偶的另一关系式和结论。

　　对偶原理不局限于电阻电路。例如，根据电容和电感的电压和电流的关系，可以看出它们互为对偶元素。还应注意："对偶"与"等效"是两个不同的概念，不可混淆。

3.7　实际应用电路

　　万用表（multimeter）是一种最普通、最常用的电路测量仪表，有模拟万用表（指针式）和数字万用表两种，可用来测量电压、电流和电阻。用万用表测量不同的量时，其与电路的连接方式也是不同的。因为表内有电阻，所以必然对测量结果产生影响，为了使万用表内阻的影响降到最小，应该合理设计万用表的内阻。根据戴维南定理和诺顿定理，把万用表接线柱间的电阻用戴维南等效电阻或诺顿等效电阻表示，以便讨论万用表进行不同测量时其内阻对测量结果的影响。

1. 测量电压

　　如图 3-30(a)所示用数字万用表（digital muliti meter，DMM）测量 2 kΩ 电阻两端的电压，显然万用表的等效电阻 R_{M1} 与被测电阻并联，等效电路如图 3-30(b)所示。由并联电阻的阻值计算公式可知，R_{M1} 越大，R_{M1} 与被测电阻并联后的等效电阻越接近被测电阻，对测量结果的影响越小，测量结果越精确。因此，根据对仪表测量误差的要求，可据此确定 R_{M1} 之值。

　　通常，测量电压时万用表的内阻应不小于 10 MΩ，此时，由图 3-30(b)可知，被测的电阻实际值为 $\dfrac{10000\times2}{10000+2}=1.9996$ kΩ，测得的电压实际值为 $\dfrac{1.9996}{3+1.9996}\times10=3.9995$ V，与准确值 4 V 的误差为 $(4-3.9995)/4=0.0125\%$。

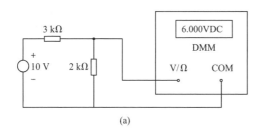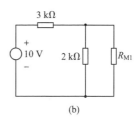

(a)　　　　　　　　　　　　　　　　　　(b)

图 3-30　用数字万用表测电压

2.扩音器系统

扩音器系统是最大功率传输定理的一个典型应用,音频放大器即有源二端网络,扬声器即负载。

根据最大功率传输定理,当负载电阻与扩音器输出电阻匹配(相等)时达到最大功率传输。设音频放大器电源电压为 12 V,输出电阻为 8 Ω,若连接 8 Ω 扬声器,如图 3-31(a)所示,此时扬声器获得最大功率4.5 W。

如果需要连接两个 8 Ω 扬声器,可以选择并联或串联,分别如图 3-31(b)和 3-31(c)所示。此时因电阻不匹配,音频放大器输出功率只有 4 W。而无论并联或串联,每个扬声器获得的功率都相同,皆为 2 W。然而,在实际连接时,通常选择并联连接。这是因为当扬声器并联时,如果其中一个扬声器断开不会影响其他扬声器的正常工作。其次,采用并联方式便于扩展连接,增加的扬声器只需并接到原有的正负极即可。

显然,对上述音频放大器,要使两个 4 Ω 扬声器达到最佳效果,则扬声器应串联接入;要使两个 16 Ω 扬声器达到最佳效果,则扬声器应并联接入;半两个 8 Ω 扬声器并联后再与一个 4 Ω 扬声器串联,也可以使总负载为 8 Ω,从而获得最大功率。但各扬声器的功率分配将不相等,40 扬声器获得的功率是 8 Ω 扬声器获得功率的两倍,此时会导致声音失真或不均衡。

每个扬声器都有一个功率范围,如一个 sow 的扬声器是指其最大功率为 50 W。扬声器可以在低于额定功率下工作,但要正常工作,功率至少要达到 1~5 W。当功率超过额定功率时,扬声器声音将会失声。

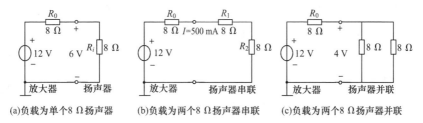

(a)负载为单个8 Ω扬声器　　　(b)负载为两个8 Ω扬声器串联　　　(c)负载为两个8 Ω扬声器并联

图 3-31　扩音器系统连接用

拓展训练

习　题

3-1　应用叠加定理求如图 3-32 所示电路的电压 u_{ab}

3-2　电路如图 3-33 所示。(1)用叠加定理计算电流 i;(2)欲使 i=0,问 u_S 应该为何值?

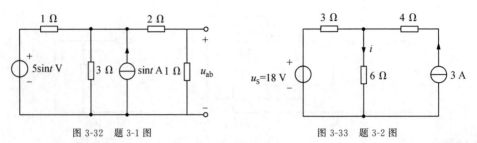

图 3-32　题 3-1 图　　　　　　　　图 3-33　题 3-2 图

3-3　用叠加定理求如图 3-34 所示电路中的电压 u。

3-4　应用叠加定理求如图 3-35 所示电路中的 i_2、i_3 和 $u_S = 31\ V$。

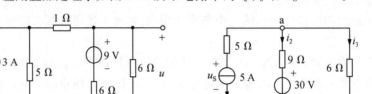

图 3-34　题 3-3 图　　　　　　　　图 3-35　题 3-4 图

3-5　应用叠加定理求如图 3-36 所示电路中的电流 i 和电压 u。

3-6　电路如图 3-37 所示。若:(1)$i_S = 4\ A$;(2)$i_S = 12\ A$。求电流 i 和电压 u。

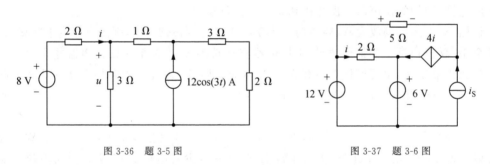

图 3-36　题 3-5 图　　　　　　　　图 3-37　题 3-6 图

3-7　应用叠加定理求如图 3-38 所示电路中的电流 i 和电压 u。

3-8　应用叠加定理求如图 3-39 所示一端口网络的电压 u 和电流 i 的关系。

3-9　求如图 3-40 所示电路中节点电压 u_{n1}、支路电流 i_1 和 i_2。

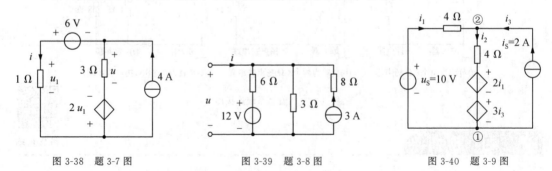

图 3-38　题 3-7 图　　　　　图 3-39　题 3-8 图　　　　　图 3-40　题 3-9 图

3-10　求如图 3-41 所示电路的输入电阻 R_{in}。

3-11　试用戴维宁定理求如图 3-42 所示电路中的电流 i。

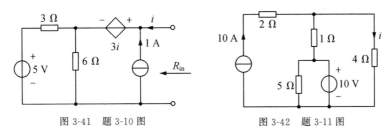

图 3-41　题 3-10 图　　　　　图 3-42　题 3-11 图

3-12　试求如图 3-43 所示一端口网络的戴维宁等效电路。

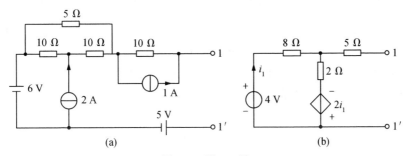

(a)　　　　　　　　　　　(b)

图 3-43　题 3-12 图

3-13　求如图 3-44 所示各一端口网络的戴维宁等效电路。

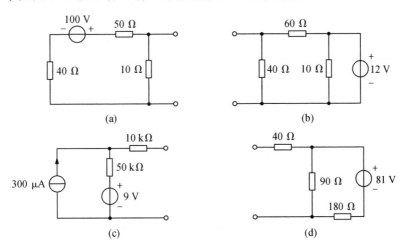

(a)　　　　　　　　　　　(b)

(c)　　　　　　　　　　　(d)

图 3-44　题 3-13 图

3-14　用戴维宁定理求如图 3-45 所示电路中的电压 u。

3-15　用戴维宁定理求如图 3-46 所示电路中的电流 i。若 R＝10 Ω 时,电流 i 应为何值。

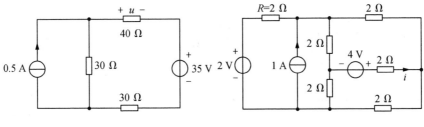

图 3-45　题 3-14 图　　　　　图 3-46　题 3-15 图

3-16 用戴维宁定理求如图 3-47 所示电路中的电流 i(图中 r＝3 Ω)。

3-17 欲使如图 3-48 所示电路中的电压 u＝20 V,r＝10 Ω,问电阻 R_L 应为何值?

3-18 求出与如图 3-49 所示的一端口网络等效的戴维宁电路和诺顿电路。

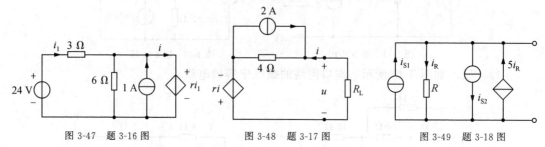

图 3-47 题 3-16 图　　　图 3-48 题 3-17 图　　　图 3-49 题 3-18 图

3-19 用戴维宁-诺顿定理求如图 3-50 所示电路中的电流 i。

3-20 用戴维宁-诺顿定理求如图 3-51 所示电路中的电流 i。

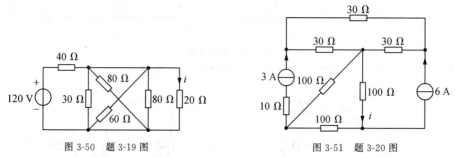

图 3-50 题 3-19 图　　　　　　图 3-51 题 3-20 图

3-21 如图 3-52 所示电路中受控源为电压控制电压源,R 为多大值时,R 上获得最大功率? 此最大功率是多少?

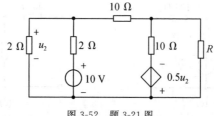

图 3-52 题 3-21 图

3-22 求如图 3-53 所示电路中的电阻 R_L 获得的最大功率。

3-23 电路如图 3-54 所示。(1)先用戴维宁定理计算电阻 R_L 的电压和电流;(2)再用替代定理求各电阻的吸收功率。

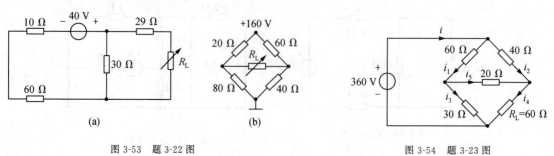

(a)　　　　　　　　(b)

图 3-53 题 3-22 图　　　　　　图 3-54 题 3-23 图

3-24　如图 3-55 所示,电路 N 仅由电阻组成。已知图 3-55(a)中电压 $u_1 = 1$ V,电流 $i_2 = 0.5$ A,求图 3-55(b)中 $\hat{i}_1$。

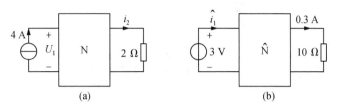

图 3-55　题 3-24 图

3-25　求如图 3-56 所示电路中的电流 i。

3-26　试用互易定理核实如图 3-57 所示网络的互易性。

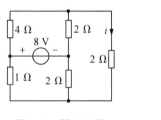

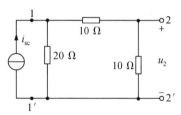

图 3-56　题 3-25 图　　　　图 3-57　题 3-26 图

第 4 章

正弦稳态电路分析

【内容提要】本章介绍正弦量及其三要素，正弦量的特征和表示方法，正弦交流电的功率，正弦交流电的稳态分析及计算方法，以及功率因数提高的意义及方法。

思政案例

4.1 正弦量

前面分析的直流电路，电流和电压的大小与方向是不随时间变化的，如图 4-1 所示。实际上在很多情况下电路中电流、电压都是随着时间而变动的，有时不仅大小随时间变化，而且方向也可能不断反复交替地变化着。随时间变化的电流、电压其形式是多种多样的，但电力工程上所用的交变电流、电压、电动势等是按照正弦规律变化的。按正弦规律变化的电流、电压、电动势统称为正弦交流电，在电路分析中常简称为正弦量（sinusoid）。正弦交流电流和电压的波形（wave form）如图 4-2 所示。

单相交流电的产生

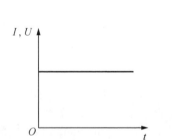

图 4-1　直流电的电流和电压波形

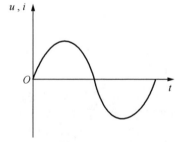

图 4-2　正弦交流电的电流和电压波形

在此需要说明的是，对大小和方向都随时间变化的电流、电压来说，参考方向的规定仍和前面一样，当电流、电压的参考方向与实际方向一致时，就认为电流、电压值是正的，反之就是负的。在图 4-2 中，正半周时电流、电压的参考方向与实际方向一致，其值为正。负半周时其参考方向与实际方向相反，为负值。

下面仅以正弦电流为例来说明正弦量的三要素。图 4-3 表示一段正弦交流电路，电流的参考方向如图所示。其数学表达式为

$$i = I_m \sin(\omega t + \phi_i) \tag{4-1}$$

图 4-3　电压电流的参考方向

它表示电流 i 是时间 t 的正弦函数，不同时刻有不同的量值，称为瞬时值（instantaneous

value)，用小写字母来表示。式中的三个常数 I_m、ω、ϕ_i 称为正弦量的三要素，三要素是决定正弦量的三个基本参数，有了这三个要素就能唯一确定一个正弦量。

4.1.1　最大值与有效值

I_m 称为正弦电流 i 的振幅(amplitude)，它是正弦电流所能达到的最大值，可以表示正弦量的大小，用带下标 m 的大写字母来表示，如 I_m、U_m 及 E_m 分别表示电流、电压及电源电动势的最大值。

为了衡量和比较正弦电压和电流的效应，引入了有效值(effective value)的概念。

有效值是以电流的热效应来规定的。不论是周期性变化的电流还是直流，只要它们在相等的时间内通过同一电阻而两者的热效应相等，就把它们的安培值看作是相等的。就是说，某一个周期，电流 i 通过电阻 R 在一个周期内产生的热量，和另一个直流 I 通过同样大小的电阻在相等的时间内产生的热量相等，那么这个周期性变化的电流 i 的有效值在数值上就等于这个直流 I。

综上所述，可得

$$\int_0^T i^2 R\,dt = I^2 R T$$

由此可得出周期电流 i 的有效值

$$I = \sqrt{\frac{1}{T}\int_0^T i^2\,dt} \tag{4-2}$$

式(4-2)适用于周期性变化的量，但不能用于非周期量。当周期电流为正弦量时，即 $i = I_m\sin(\omega t + \phi_i)$，则

$$I = \sqrt{\frac{1}{T}\int_0^T I_m^2\sin^2(\omega t + \phi_i)\,dt}$$

因为

$$\int_0^T \sin^2(\omega t + \phi_i)\,dt = \int_0^T \frac{1-\cos^2(\omega t + \phi_i)}{2}\,dt = \frac{1}{2}\int_0^T dt - \frac{1}{2}\int_0^T \cos^2(\omega t + \phi_i)\,dt$$

$$= \frac{T}{2} - 0 = \frac{T}{2}$$

所以

$$I = \sqrt{\frac{1}{T}I_m^2\frac{T}{2}} = \frac{I_m}{\sqrt{2}} = 0.707 I_m \quad 或 \quad I_m = \sqrt{2}\,I = 1.414 I$$

同理
$$U_m = \sqrt{2}\,U$$
$$E_m = \sqrt{2}\,E$$

因此正弦量的最大值与有效值之间有固定的 $\sqrt{2}$ 倍的关系，而正弦量的有效值与正弦量的频率和初相位无关，引入有效值的概念后，可以把正弦量的数学表达式写成如下形式，如正弦电流 i 的表达式为

$$i = \sqrt{2}\,I\sin(\omega t + \phi_i)$$

按照规定，有效值都用大写字母表示。在工程上，一般所说的正弦电压、电流的大小都是指有效值。例如，交流测量仪表所指示的读数、电气设备铭牌上的额定值都是指有效值。

但各种器件和电气设备的绝缘水平——耐压值,则按最大值来考虑。

4.1.2　频率与周期

正弦量变化一次所需的时间称为周期 T(period),单位为秒(s)。每秒内正弦量变化的次数称为频率 f(frequency),单位为赫兹(Hz),简称赫。工程实际中有时还用到千赫(kHz)、兆赫(MHz)或吉赫(GHz),具体换算关系为

$$1\ kHz=10^3\ Hz$$
$$1\ MHz=10^6\ Hz$$
$$1\ GHz=10^9\ Hz$$

频率是周期的倒数(reciprocal),即

$$f=\frac{1}{T}$$

在我国和大多数国家都采用 50 Hz 作为电力标准频率,有些国家(如美国、日本等)采用 60 Hz。50 Hz 这种频率在工业上应用广泛,习惯上也称为工频。

在其他各种不同的技术领域内使用着各种不同的频率。例如,高频炉的频率是 200～300 kHz;中频炉的频率是 500～8000 Hz;高速电动机的频率是 150～2000 Hz;无线电工程上用的频率则高达 10^4～30×10^{10} Hz。

正弦量变化的快慢除用周期和频率表示外,还可用角频率 ω 来表示。它与正弦量的周期 T 和频率 f 有如下关系

$$\omega=\frac{2\pi}{T}=2\pi f$$

其单位为弧度每秒(rad/s)。

4.1.3　初相位和相位差

从式(4-1)可以看出,正弦量随时间变化的核心部分是 $\omega t+\phi_i$,它反映了正弦量的变化进程,称为正弦量的相角或相位(argument)。当相位随时间连续变化时,正弦量的瞬时值随之作连续变化。$t=0$ 时的相位称为初相位或初相(initial phase),即

$$(\omega t+\phi_i)\big|_{t=0}=\phi_i$$

初相位的单位可以用弧度或度来表示,通常在 $|\phi_i|\leqslant\pi$ 的主值范围内取值。初相角的大小和正负与计时起点的选择有关。对于任一正弦量,初相允许任意指定,但对于一个电路中的多个相关的正弦量,它们只能相对于一个共同的计时起点确定各自的相位。

一般说来,对于正弦量 $i(t)=I_m\sin(\omega t+\phi_i)$,如果最近的一个从负到正的零点 A 与计时起点 O 点重合,则 $\phi_i=0$,如图 4-4(a)所示;如果 A 点位于 O 点的左侧,则 $0<\phi_i<\pi$,如图 4-4(b)所示;如果 A 点位于 O 点右侧,则 $-\pi<\phi_i<0$,如图 4-4(c)所示。

综上所述,正弦量的特征表现在正弦量的大小、变动的快慢及初始值三个方面,而它们可由最大值、频率(或角频率)和初相位来确定。因此把最大值、频率和初相位称为正弦量的三要素。它们是正弦量之间相互区别的依据。在正弦交流电路中经常遇到的是频率相同的正弦量。例如,一个是正弦电压,另一个是同频率的正弦电流,即

$$u=U_m\sin(\omega t+\phi_1)$$
$$i=I_m\sin(\omega t+\phi_2)$$

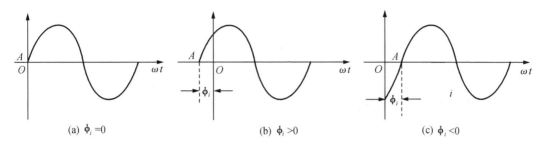

图 4-4　初相角

它们相位间的差别称为相位差(phase difference)，用 φ 表示，即

$$\varphi = (\omega t + \phi_1) - (\omega t + \phi_2) = \phi_1 - \phi_2$$

可见对同频率的正弦量来说，相位差在任何时刻都是一常数，即等于初相位之差，如图 4-5 所示。

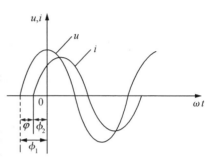

图 4-5　电压、电流的相位关系

如果 $\varphi = \phi_1 - \phi_2 > 0$，电压 u 的相位超前(leading)电流 i 的相位一个角度 φ，说明电压 u 比电流 i 先达到正的最大值(或零值)。反过来说明电流 i 滞后(lagging)电压 u 一个角度 φ。

如果相位差为零，则称为同相位(简称同相)，这时两个正弦量同时到达正的最大值，也同时通过零值，如图 4-6(a)所示。如果它们之间的相位差为 $\dfrac{\pi}{2}$(或 $90°$)，则称它们为相位正交，如图 4-6(b)所示。如果相位差为 π(或 $180°$)，则称它们为反相位，如图 4-6(c)所示。

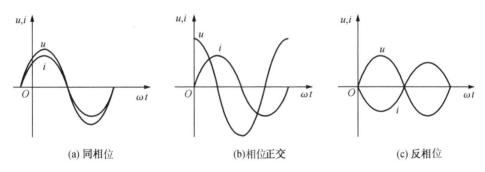

图 4-6　电压、电流的相位关系

应当注意，当两个同频率正弦量的计时起点改变时，它们的初相也跟着改变，但两者之间的相位差仍保持不变。因此相位差与计时起点的选择无关。

4.2　正弦量的相量表示法

在上述分析中应用了两种正弦量的表示方法，即波形图和三角函数式。虽然可以全面反映正弦量的三个要素，但是用这两种方法对正弦量进行分析计算时就不那么容易了。

在线性电路中，若电源是频率相同的正弦量，则电路中各部分的电流和电压也是与电源同频率的正弦量。这时如果要确定一个正弦量,只需确定它的最大值(或有效值)和初相两个量就行了。相量(phasor)表示法就是用复数来表示正弦量的最大值(或有效值)和初相,使描述正弦交流电路的方程转化为复数形式的代数方程,而这些方程在形式上又与直流电路的方程相类似,从而使正弦交流电路的计算和分析大为简化。

4.2.1　复数的表示方法及其四则运算

一个复数(complex number)A可以用几种形式来表示。用代数形式(rectangular form)表示时,有

$$A = a_1 + ja_2$$

式中,$j = \sqrt{-1}$称为虚单位(imaginary unit)(它在数学中用 i 代表,而在电工中,i 已用来表示电流,故改用 j 代表)。

用三角函数形式(trigonometric form)表示时,有

$$A = |A|\cos\varphi + j|A|\sin\varphi = |A|(\cos\varphi + j\sin\varphi)$$

式中,$|A| = \sqrt{a_1^2 + a_2^2}$,$\tan\varphi = a_2/a_1$,$|A|$为复数$A$的模;$\varphi$为复数$A$的辐角。

复数在复平面上还可以用向量表示,如图 4-7 所示。

利用欧拉公式(Euler's identities),有

$$e^{j\varphi} = \cos\varphi + j\sin\varphi$$

可以把复数A的三角形式变换为指数形式(exponential form),即

$$A = |A|e^{j\varphi}$$

在电工中还常常把复数写成极坐标形式(polar form),即

$$A = |A|\underline{/\varphi}$$

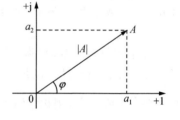

图 4-7　复数 A 的模和辐角

它是复数的三角形式和指数形式的简写形式。复数的相加或相减,应使用复数的代数形式来进行,同时也可以在复平面上应用平行四边形法则进行。

复数的乘和除的运算,用指数形式或极坐标形式来进行运算较为方便,相乘时,模相乘、辐角相加;相除时,模相除、辐角相减。例如,设$A = a_1 + ja_2 = |A|e^{j\varphi_a}$,$B = b_1 + jb_2 = |B|e^{j\varphi_b}$,则

$$A \pm B = (a_1 \pm b_1) + j(a_2 \pm b_2)$$

$$AB = |A|e^{j\varphi_a}|B|e^{j\varphi_b} = |A||B|e^{j(\varphi_a + \varphi_b)}$$

或

$$AB = |A|\underline{/\varphi_a}|B|\underline{/\varphi_b} = |A||B|\underline{/\varphi_a + \varphi_b}$$

$$\frac{A}{B} = \frac{|A|e^{j\varphi_a}}{|B|e^{j\varphi_b}} = \frac{|A|}{|B|}e^{j(\varphi_a - \varphi_b)}$$

或

$$\frac{A}{B} = \frac{|A|\underline{/\varphi_a}}{|B|\underline{/\varphi_b}} = \frac{|A|}{|B|}\underline{/\varphi_a - \varphi_b}$$

两个复数相乘,如果在复平面上进行,则有一定的几何意义。复数A乘以复数B等于把复数A的模$|A|$乘以B的模$|B|$,然后再把复数A逆时针旋转一个角度φ_b,如图 4-8(a)所示。

两个复数相除的几何意义如图 4-8(b)所示。

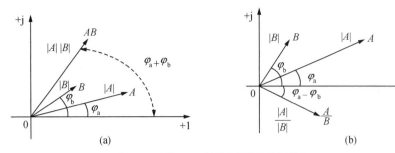

图 4-8   复数 A、B 相乘和相除的几何意义

4.2.2   旋转因子

复数 $\mathrm{e}^{\mathrm{j}\varphi}=1\underline{/\varphi}$ 是一个模等于 1、辐角为 φ 的复数。任意复数 $A=|A|\,\mathrm{e}^{\mathrm{j}\varphi_{\mathrm{a}}}$ 乘以 $\mathrm{e}^{\mathrm{j}\varphi}$ 等于把复数 A 逆时针旋转一个角度 φ 同时保持 A 的模不变,所以 $\mathrm{e}^{\mathrm{j}\varphi}$ 称为旋转因子。

根据欧拉公式,有

$$\mathrm{e}^{\mathrm{j}\varphi}=\cos\varphi+\mathrm{j}\sin\varphi$$

可见当 $\varphi=\dfrac{\pi}{2}$ 时,$\mathrm{e}^{\mathrm{j}\frac{\pi}{2}}=\mathrm{j}$;$\varphi=-\dfrac{\pi}{2}$ 时,$\mathrm{e}^{-\mathrm{j}\frac{\pi}{2}}=-\mathrm{j}$;$\varphi=\pi$ 时,$\mathrm{e}^{\mathrm{j}\pi}=-1$。因此 $\pm\mathrm{j}$ 和 -1 都可以看作是旋转因子。例如,一个复数乘以 j 就等于把这个复数在复平面上逆时针旋转 $90°$,如图 4-9(a)所示。一个复数除以 j 等于把此复数乘以 $-\mathrm{j}$,因此,等于把该复数顺时针旋转 $90°$,如图 4-9(b)所示。事实上,虚轴 j 等于把实轴 $+1$ 逆时针旋转 $90°$ 而得到。

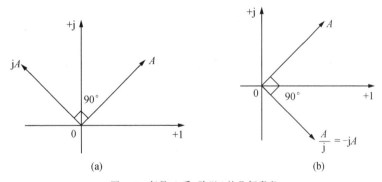

图 4-9   复数 A 乘、除以 j 的几何意义

4.2.3   正弦量的相量表示法

设有一正弦电流

$$i=I_{\mathrm{m}}\sin(\omega t+\varphi_i)$$

正弦量的相量表示

根据欧拉公式,有

$$\mathrm{e}^{\mathrm{j}(\omega t+\varphi_i)}=\cos(\omega t+\varphi_i)+\mathrm{j}\sin(\omega t+\varphi_i)$$

则　　　　　$i=I_{\mathrm{m}}\sin(\omega t+\varphi_i)=I_{\mathrm{m}}\big[I_{\mathrm{m}}\mathrm{e}^{\mathrm{j}(\omega t+\varphi_i)}\big]=I_{\mathrm{m}}\big[I_{\mathrm{m}}\mathrm{e}^{\mathrm{j}\varphi_i}\,\mathrm{e}^{\mathrm{j}\omega t}\big]$　　　(4-3)

式中,$I_{\mathrm{m}}[\ ]$ 是"取复数虚部"的意思。上式表明,可以通过数学的方法,把一个实数范围的正弦时间函数与一个复数范围的复指数函数一一对应起来,而其复常数部分则把正弦量的最大值和初相结合成一个复数表示出来。我们把这个复数称为正弦量最大值的相量(phasor),并标记为

$$\dot{I}_\mathrm{m} = I_\mathrm{m}\,\mathrm{e}^{\mathrm{j}\varphi_i} = I_\mathrm{m}\ \underline{/\varphi_i}$$

式中，$\dot{I}_\mathrm{m}$ 表示正弦电流的最大值相量，上面加的小圆点代表相量，用来区别普通复数。

复指数函数的另一部分 $\mathrm{e}^{\mathrm{j}\omega t}$ 是一个随着时间推移而旋转的因子，它在复平面上是以原点为中心、以角速度 ω 不断旋转的复数。这样，上述的复指数函数就等于相量 $\dot{I}_\mathrm{m} = I_\mathrm{m}\,\mathrm{e}^{\mathrm{j}\varphi_i}$ 乘以旋转因子 $\mathrm{e}^{\mathrm{j}\omega t}$，即 $\dot{I}_\mathrm{m}\,\mathrm{e}^{\mathrm{j}(\omega t + \varphi_i)}$，所以把它称为旋转相量，$\dot{I}_\mathrm{m}$ 称为旋转相量的复振幅，如图 4-10(a) 所示。

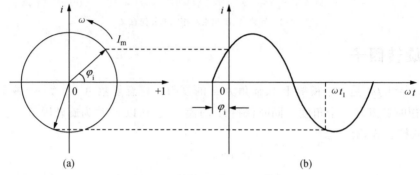

图 4-10　旋转相量与正弦量的关系

引入旋转相量的概念以后，可以说明式(4-3)对应关系的几何意义，即一个正弦量在任何时刻的瞬时值，等于对应的旋转相量同一时刻在虚轴上的投影。这个关系可以用图4-10所示的旋转相量 $\dot{I}_\mathrm{m}\,\mathrm{e}^{\mathrm{j}\omega t}$ 与 i 的波形图之间的对应关系来说明。

式(4-3)实质上是一种数学变换。对于任何正弦时间函数都可以找到唯一与其对应的复指数函数，建立起象式(4-3)那样的对应关系，从而得到表示这个正弦量的相量。由于这种对应关系非常简单，因而可以直接写出。

在正弦交流电路分析中，经常使用的是正弦量的有效值，因此可把最大值相量(maximum value phasor)换为有效值相量(effective value phasor)，即

$$\dot{I} = I\,\mathrm{e}^{\mathrm{j}\varphi_i} = I\ \underline{/\varphi_i}$$

其模就是给定正弦量的有效值 I，其辐角就是该正弦量的初相 φ_i。这样，我们就找到了相量与正弦量之间的对应关系。相量也可以在复平面上用向量来表示。这种表示相量的图称为相量图(phasor diagram)。如图 4-11 所示为上述电流相量。为了图面清晰，今后在相量图中也可以不画出复平面的坐标轴。

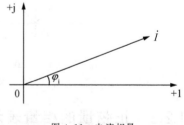

图 4-11　电流相量

正弦量用相量表示后，同频率正弦量的相加或相减的运算可以变换为相应相量的相加或相减的运算。

4.2.4　基尔霍夫定律的相量形式

在直流电路中，电感相当于短路，电容相当于开路，因此我们只考虑电阻在电路中的作用。在正弦交流电路中，既要考虑电阻的作用又要考虑电感和电容的作用，任意时刻，任一节点 KCL 和任一回路 KVL 均成立

$$\sum i = 0$$

$$\sum u = 0$$

由于正弦交流电路中的电压、电流均为同频率正弦量,因此很容易推导出基尔霍夫定律的相量形式,即为

KCL　　　　　　　　　　$$\sum \dot{I} = 0$$　　　　　　　　　　(4-4)

KVL　　　　　　　　　　$$\sum \dot{U} = 0$$　　　　　　　　　　(4-5)

上面两式说明:在正弦交流电路中,任一节点处各电流相量的代数和等于零;任一回路中各电压相量的代数和等于零。这就是相量形式的基尔霍夫定律,是分析正弦交流电路的重要依据。

【例 4-1】　设有两个正弦电流 $i_1 = 6\sqrt{2}\sin(\omega t + 30°)$ A,$i_2 = 4\sqrt{2}\sin(\omega t + 60°)$ A,求它们的和即 $i = i_1 + i_2$。

解:表示 i_1 和 i_2 的相量分别为

$$\dot{I}_1 = 6\underline{/30°}\ \text{A}, \dot{I}_2 = 4\underline{/60°}\ \text{A}$$

其和为

$$\dot{I} = \dot{I}_1 + \dot{I}_2 = 6\underline{/30°} + 4\underline{/60°}$$

$$= 6(\cos30° + j\sin30°) + 4(\cos60° + j\sin60°)$$

$$= (5.20 + j3) + (2 + j3.46)$$

$$= 7.20 + j6.46 = 9.67\underline{/41.9°}\ \text{A}$$

也可以用如图 4-12 所示的相量图来进行,运算符合向量相加的平行四边形法则。

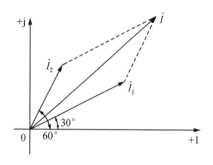

图 4-12　例 4-1 图

后的结果为

$$i = i_1 + i_2 = 9.67\sqrt{2}\sin(\omega t + 41.9°)\ \text{A}$$

4.3　电阻、电感和电容元件的交流电路

4.3.1　电阻元件

1.电压、电流之间的关系

设有正弦电流通过电阻 R,按照如图 4-13 所选定的电流和电压的参考方向,则根据欧姆定律(Ohm's Law)有

$$u = Ri$$

如果选择电流 i 为参考正弦量,则

$$i = I_m\sin\omega t \qquad (4-6)$$

将式(4-6)代入上式,得

$$u = RI_m\sin\omega t = U_m\sin\omega t \qquad (4-7)$$

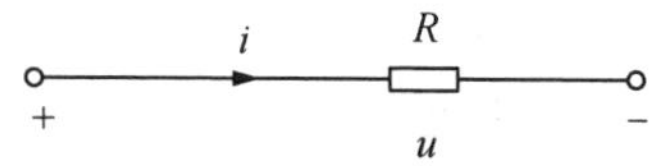

图 4-13　电阻中的正弦电流

比较电压 u 和电流 i 的表达式,可以看出:

(1) u 和 i 为同频正弦量;

(2)二者的相位相同,波形图如图 4-14(a)所示;

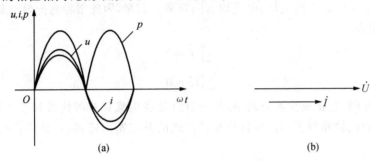

图 4-14　电阻中正弦电流、电压和功率的波形及相量图

(3)由于二者的最大值符合欧姆定律,即 $U_m = RI_m$,因此二者的有效值之间也符合欧姆定律,即

$$I = \frac{U}{R}$$

如用相量表示电压、电流之间的关系,则为

$$\dot{I} = \frac{\dot{U}}{R}$$

其相量图如图 4-14(b)所示。

2.功率(power)

在交流电路中,由于电压和电流的大小和方向随时都在变动,为了计算功率,引入了瞬时功率的概念。电路在某一瞬间吸收或发出的功率称为瞬时功率(instantaneous power),以小写字母 p 来表示。瞬时功率的值一般说来是时间的函数,它可以用该瞬间电压、电流的瞬时值来计算,即

$$p = ui$$

现在来分析一下当电阻中通过正弦电流时的瞬时功率。按式(4-6)和式(4-7),有

$$p = ui = U_m I_m \sin^2 \omega t$$

由于

$$\sin^2 \omega t = \frac{1}{2}(1 - \cos 2\omega t)$$

所以

$$p = \frac{1}{2} U_m I_m (1 - \cos 2\omega t) = \frac{U_m I_m}{2} - \frac{U_m I_m}{2} \cos 2\omega t$$

可见瞬时功率包含两部分,第一部分是 $\dfrac{U_m I_m}{2}$,它不随时间变化,是一个常量;第二部分是 $\dfrac{U_m I_m}{2} \cos 2\omega t$,它是一个以两倍频率变化的周期量。图 4-14(a)中同时也画出了瞬时功率的波形图。由于电压、电流始终是同方向的,故瞬时功率恒为正值,也就是说在任何瞬间,电阻总是由电源吸取电能,并将其转化为热能,这是符合电阻中通过电流时始终消耗功率的实际情况的。

瞬时功率的实用意义一般说来是不大的。通常所说的电路中功率是指瞬时功率在一个

周期内的平均值,称为平均功率(average power),以大写字母 P 来表示,即

$$P = \frac{1}{T}\int_0^T p\,\mathrm{d}t = \frac{1}{T}\int_0^T ui\,\mathrm{d}t$$

对于上述电阻电路来说,有

$$P = \frac{1}{T}\int_0^T \left[\frac{U_\mathrm{m}I_\mathrm{m}}{2} - \frac{U_\mathrm{m}I_\mathrm{m}}{2}\cos2\omega t\right]\mathrm{d}t = \frac{1}{T}\int_0^T \frac{U_\mathrm{m}I_\mathrm{m}}{2}\mathrm{d}t - \frac{1}{T}\int_0^T \frac{U_\mathrm{m}I_\mathrm{m}}{2}\cos2\omega t\,\mathrm{d}t$$

上式中第二项积分为零,故

$$P = \frac{U_\mathrm{m}I_\mathrm{m}}{2} = \frac{U_\mathrm{m}}{\sqrt{2}}\frac{I_\mathrm{m}}{\sqrt{2}} = UI = I^2R = \frac{U^2}{R}$$

由此可见,如果按电压和电流的有效值来计算电阻电路中的平均功率,则与直流电路中的公式 $P=UI$ 在形式上完全一样。

平均功率(average power)有时也称为有功功率(active power),习惯上常把"平均"或"有功"二字省略,而直接称为功率。例如,我们说某灯泡的额定电压(rated voltage)为 220 V,额定功率(rated power)为 100 W,就是指这只灯泡接到 220 V 电压时,它所消耗的平均功率是 100 W。

4.3.2　电感元件

1.电压、电流之间的关系

设有正弦电流通过电感,电感两端的电压 u 和电流 i 取关联参考方向,如图 4-15 所示。如果选择电流 i 为参考正弦量,则

$$i = I_\mathrm{m}\sin\omega t$$

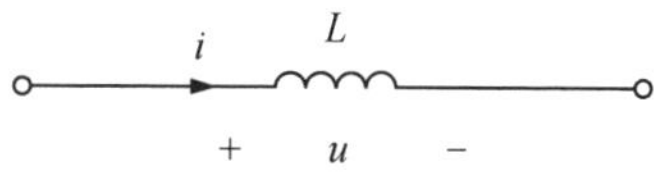

所以

图 4-15　电感中的正弦电流和电压

$$u = L\,\frac{\mathrm{d}i}{\mathrm{d}t} = \omega LI_\mathrm{m}\cos\omega t = \omega LI_\mathrm{m}\sin(\omega t + 90°) = U_\mathrm{m}\sin$$

$(\omega t + 90°)$

$$\tag{4-8}$$

比较电压 u 和电流 i 的表达式,可以看出:

(1)通过电感的电流 i 和电感两端的电压 u 为同频正弦量;

(2)电压在相位上超前于电流 90°,其波形图如图 4-16(a)所示。

(3)由式(4-8)可见,电压与电流的最大值成正比,即

$$U_\mathrm{m} = \omega LI_\mathrm{m} = X_\mathrm{L}I_\mathrm{m}$$

如果上式两端同时除以 $\sqrt{2}$,则得

$$U = X_\mathrm{L}I \quad\text{或}\quad I = \frac{U}{X_\mathrm{L}}$$

$$\tag{4-9}$$

式中,$X_\mathrm{L} = \omega L = 2\pi fL$。称为电感的电抗(reactance),简称感抗(inductive reactance),单位为欧姆。

感抗的引入使得电感上电压和电流的有效值之间也具有欧姆定律的形式。显然,感抗 X_L 在交流电路中具有"限流"作用。

应当注意到 $X_\mathrm{L} = \omega L$ 与 ω 及 L 两个量有关。首先它表明感抗是随频率变化的,频率越高,感抗越大,这是因为电流的频率越高,即变化越快,自感电动势或自感电压就越大的缘

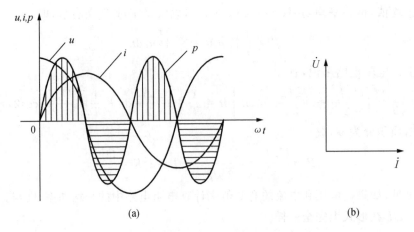

图 4-16　电感中正弦电流、电压、功率的波形及相量图

故。一个电感的电抗只在一定频率下才是常量。对于直流来讲，可以认为频率为零，即 $\omega=0$，所以 $X_L=0$，就是说电感对于直流电相当于短路。其次电感越大，感抗也就越大。

感抗是电压与电流的最大值或有效值的比，不是瞬时值的比，且感抗只对正弦电流有效。

感抗与频率有关的性质极为重要。例如，在收音机中所用的高频扼流圈，就是利用感抗随频率增高而增大的性质。

如果用相量表示电压、电流间的关系，则有

$$\dot{I}=I\,\mathrm{e}^{\mathrm{j}0°}=I\,\underline{/0°} \qquad \dot{U}=U\mathrm{e}^{\mathrm{j}90°}=U\,\underline{/90°} \qquad \frac{\dot{U}}{\dot{I}}=\frac{U}{I}\mathrm{e}^{\mathrm{j}90°}=\mathrm{j}X_L$$

或

$$\dot{U}=\mathrm{j}\,\dot{I}\,X_L \tag{4-10}$$

其相量图如图 4-16(b)所示。

2.功率

电感 L 在任一时刻所取得的功率为

$$p=ui=U_\mathrm{m}I_\mathrm{m}\sin(\omega t+90°)\sin\omega t=U_\mathrm{m}I_\mathrm{m}\cos\omega t \cdot \sin\omega t$$

$$=\frac{U_\mathrm{m}I_\mathrm{m}}{2}\sin2\omega t=UI\sin2\omega t$$

瞬时功率 p 是一个幅值为 UI，并以 2ω 的角频率随时间变化而变化的交变量，它的波形图同时也画在图 4-16(a)中。

从图中可以看到，在第一个和第三个 1/4 周期内，i 和 u 方向相同，$p>0$，这时电流的绝对值增大，即磁场在建立，电感线圈从电源取用电能，并转换为磁场能而储存在线圈的磁场内；在第二个和第四个 1/4 周期内，i 和 u 方向相反，$p<0$，这时电流的绝对值减小，线圈放出原先储存的能量并转换为电能而归还给电源。这是一种可逆的能量转换过程。在这里，线圈从电源取用的能量一定等于它归还给电源的能量。

在一个周期内电感元件吸收的平均功率为

$$P=\frac{1}{T}\int_0^T p\,\mathrm{d}t=\frac{1}{T}\int_0^T UI\sin2\omega t\,\mathrm{d}t=0$$

其实,这是完全符合纯电感元件的理想情况的,因为在交流电路中纯电感元件不消耗电能,只是不断地进行着电能的"吞吐"(或"交换")。

纯电感元件虽不消耗电能,但它时而从电源存储电能,时而向电源释放电能,这就必然给电源造成一定的负担。通常用交变的瞬时功率的最大值来表示电感在交流电路中占用电功率的大小,即

$$Q_L = UI = I^2 X_L \tag{4-11}$$

式(4-11)形式上与电阻平均功率公式 $P = I^2 R$ 相似,但 Q_L 代表着一种不被消耗的电功率,与 P 有着本质的区别,故称为感性无功功率(reactive power)。而在电阻上消耗的平均功率 P,则称为有功功率。为区别起见,无功功率的单位不用瓦特(W),而用乏尔(var)或千乏尔(kvar)。

综上所述,电感元件在交流电路中的作用有三点:一是"限流";二是"移相",即通过电感的电流在相位上比电感两端的电压滞后 $90°$;三是"吞吐电能",这种能量交换的规模用感性无功功率 Q_L 来表示。

4.3.3　电容元件

1.电压、电流间的关系

当把正弦电压加到电容 C 两端时,电容就处于反复充放电状态,从而使电路中的电流连续不断,如果取电压 u 和电流 i 为关联参考方向,如图4-17所示,并设电压 u 为参考正弦量,即

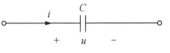

图 4-17　电容中的正弦电流和电压

$$u = U_m \sin\omega t$$

则
$$i = C\frac{\mathrm{d}u}{\mathrm{d}t} = \omega C U_m \cos\omega t = \omega C U_m \sin(\omega t + 90°) = I_m \sin(\omega t + 90°) \tag{4-12}$$

比较电压 u 和电流 i 的表达式,可以看出:

(1)充、放电电流与电容两端电压 u 为同频正弦量。

(2)电流在相位上超前于电压 $90°$,其波形图如图 4-18(a)所示。

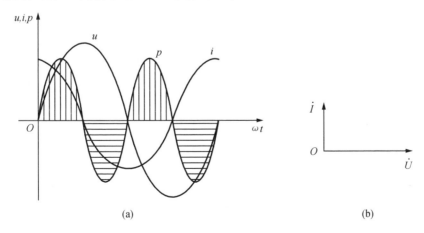

(a)　　　　　　　　　　　　　　　　　　(b)

图 4-18　电容中正弦电流、电压、功率的波形图及相量图

（3）由式（4-12）可见，二者的最大值成正比，即 $I_m=\omega C U_m=\dfrac{U_m}{X_C}$，因而二者的有效值也成正比，即

$$I=\frac{U}{X_C} \quad 或 \quad U=IX_C \tag{4-13}$$

式中

$$X_C=\frac{1}{\omega C}=\frac{1}{2\pi f C} \tag{4-14}$$

称作电容的电抗，简称容抗，单位为欧姆。

由式（4-13）可以看出，容抗 X_C 在交流电路具有"限流"作用。式（4-14）表明，容抗 X_C 的大小与电容 C 和频率 f 成反比。

容抗在数值上是电容上的电压与电流最大值或有效值之比，不是瞬时值之比，且只对正弦电流有效。

如果用相量表示电压和电流之间关系，则有

$$\dot{U}=U\mathrm{e}^{\mathrm{j}0°}=U\underline{/0°} \qquad \dot{I}=I\mathrm{e}^{\mathrm{j}90°}=I\underline{/90°} \qquad \frac{\dot{U}}{\dot{I}}=\frac{U}{I}\mathrm{e}^{-\mathrm{j}90°}=-\mathrm{j}X_C$$

或

$$\dot{U}=-\mathrm{j}\dot{I}X_C \tag{4-15}$$

其相量图如图 4-18（b）所示。

2.功率

电容 C 在任一时刻取得的功率为

$$p=ui=U_mI_m\sin\omega t\sin(\omega t+90°)=\frac{U_mI_m}{2}\sin2\omega t=UI\sin2\omega t$$

由上式可见，瞬时功率 p 是一个幅值为 UI，并以 2ω 的角频率随时间变化而变化的交变量，其波形图如图 4-18（a）所示。

从图中可以看出，在第一个和第三个 1/4 周期内，i 和 u 方向相同，$p>0$，这时电压值升高，是电容元件被充电，电容元件从电源吸取的电能以电场能的形式储存于电场中；在第二个和第四个 1/4 周期内，i 和 u 方向相反，$p<0$，这时电压值降低，是电容元件在放电，电容元件将储存的能量又归还给电源。

在一个周期内电容元件吸收的平均功率为

$$P=\frac{1}{T}\int_0^T p\,\mathrm{d}t=\frac{1}{T}\int_0^T UI\sin2\omega t\,\mathrm{d}t=0$$

这表明电容同感一样，在交流电路中是不消耗电能的。但由于存在着电能的"吞吐"（或"交换"）而占用一定电功率，给电源造成一定的负担。瞬时功率的最大值为

$$Q_C=-UI=-I^2X_C \tag{4-16}$$

Q_C 表示电容 C"吞吐"功率的最大值，称作容性无功功率，单位也是乏尔（var）或千乏尔（kvar）。

综上所述，电容元件在交流电路中的作用有三点：一是"限流"；二是"移相"，即电容元件所在支路的电流 i 在相位上比电容两端电压 u 超前 90°；三是"吞吐电能"，这种作用的大小用容性无功功率 Q_C 来衡量。

【例 4-2】 把一个 25 μF 的电容元件接到频率为 50 Hz、电压有效值为 10 V 的正弦交

流电源上,问电流和无功功率各是多少? 如保持电压值不变,而电源频率改为 5000 Hz,这时电流将为多少?

解: 当 $f = 50$ Hz 时

$$X_C = \frac{1}{2\pi f C} = \frac{1}{2 \times 3.14 \times 50 \times 25 \times 10^{-6}} = 127.4 \ \Omega$$

$$I = \frac{U}{X_C} = \frac{10}{127.4} = 0.079 \ \text{A} = 79 \ \text{mA}$$

$$Q_C = -I^2 X_C = -0.079^2 \times 127.4 = -0.79 \ \text{var}$$

当 $f' = 5000$ Hz 时

$$X'_C = \frac{1}{2\pi f' C} = \frac{1}{2 \times 3.14 \times 5000 \times 25 \times 10^{-6}} = 1.274 \ \Omega$$

$$I' = \frac{U}{X'_C} = \frac{10}{1.274} = 7.8 \ \text{A}$$

可见,频率越高,电容元件的"限流"作用越小。

【例 4-3】 在图 4-15 中,已知 $i = 5\sqrt{2} \sin\left(1000t + \dfrac{\pi}{3}\right)$ A 及电感元件的无功功率 $Q_L = 200$ var。试求电感 L 及电压 u。

解: 由式(4-11)可得感抗为

$$X_L = \frac{Q_L}{I^2} = \frac{200}{5^2} = 8 \ \Omega$$

故电感为

$$L = \frac{X_L}{\omega} = \frac{8}{1000} = 8 \ \text{mH}$$

由已知条件可得电流相量为

$$\dot{I} = 5\underline{/60^\circ} \ \text{A}$$

所以由式(4-10)可得电感的电压相量为

$$\dot{U} = \text{j} X_L \dot{I} = \text{j} 5\underline{/60^\circ} \times 8 = \text{j} 40\underline{/60^\circ} = 40\underline{/150^\circ} \ \text{V}$$

其瞬时值为

$$u = 40\sqrt{2} \sin(1000t + 150^\circ) \ \text{V}$$

4.4　复阻抗、复导纳及其等效变换

4.4.1　复阻抗及 RLC 串联电路

1.复阻抗(impedance)

RLC 串联电路如图 4-19 所示。根据相量形式的 KVL,有

$$\dot{U} = \dot{U}_R + \dot{U}_L + \dot{U}_C = (R + \text{j}X_L - \text{j}X_C)\dot{I} = (R + \text{j}X)\dot{I} = Z\dot{I} \tag{4-17}$$

式中

$$Z = R + \text{j}(X_L - X_C) = R + \text{j}X \tag{4-18}$$

复数 Z 称为复阻抗,它等于电压相量和电流相量的比值,即 $Z=\dot{U}/\dot{I}$。式(4-18)表示的是复阻抗的代数形式,实部 R 就是电路中的电阻,虚部就是电路中感抗与容抗的差,称为电抗(reactance),即 $X=X_L-X_C$。式(4-17)常称为欧姆定律的相量形式。必须注意,复阻抗 Z 与代表正弦量的复数——相量的意义不同。因为复阻抗不是时间的正弦函数,所以为了区别起见,复阻抗用不加"·"的大写字母 Z 来表示。单一电阻、电感及电容的复阻抗分别为 $Z=R$,$Z=j\omega L$,$Z=-j\dfrac{1}{\omega C}$。

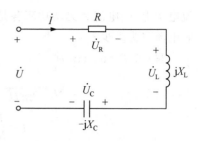

图 4-19 RLC 串联电路

由式(4-18)可知,复阻抗 Z 的模(magnitude)及辐角(argument)分别是

$$|Z|=\sqrt{R^2+X^2}=\sqrt{R^2+\left(\omega L-\frac{1}{\omega C}\right)^2} \qquad (4\text{-}19)$$

$$\varphi_Z=\arctan\frac{X}{R}=\arctan\frac{\omega L-\dfrac{1}{\omega C}}{R} \qquad (4\text{-}20)$$

以上两式表明:复阻抗的模与辐角只与参数及角频率有关,而与电压和电流无关。式(4-19)还说明,复阻抗的模 $|Z|$ 与 R 及 X 构成一个直角三角形(right triangle),如图 4-20 所示,称为阻抗三角形(impedance triangle),其中 $|Z|$ 为斜边,而 $|Z|$ 与 R 的夹角是 Z 的辐角 φ_Z,$|Z|$ 又称为电路的阻抗模(impedance),φ_Z 则称为阻抗角(impedance angle)。

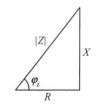

由式(4-18)可得

$$Z=\frac{\dot{U}}{\dot{I}}=\frac{U}{I}e^{j(\varphi_u-\varphi_i)}=|Z|e^{j\varphi_Z}=|Z|\underline{/\varphi_Z} \qquad (4\text{-}21)$$

图 4-20 阻抗三角形

所以复阻抗的意义是:它的模是电压与电流有效值之比,它的辐角是电压和电流的相位差。

复阻抗既可表示电压与电流有效值之间的关系,又可表示它们之间的相位关系,所以复阻抗是正弦交流电路中一个十分重要的概念。

2.RLC 串联电路

图 4-19 所示的 RLC 串联电路中各电压与电流的相量关系如图 4-21 所示。为了简明清晰,在作串联电路的相量图时,一般取电流为参考相量,从而确定各元件的电压相量。其中电阻电压 $\dot{U}_R$ 与电流 $\dot{I}$ 同相位;电感电压 $\dot{U}_L$ 超前于电流 $\dot{I}$ 90°;电容电压 $\dot{U}_C$ 滞后于电流 $\dot{I}$ 90°。这三个电压 $\dot{U}_R$、$\dot{U}_L$、$\dot{U}_C$ 的相量和等于外加电压 $\dot{U}$

$$\dot{U}=\dot{U}_R+\dot{U}_L+\dot{U}_C=\dot{U}_R+\dot{U}_X \qquad (4\text{-}22)$$

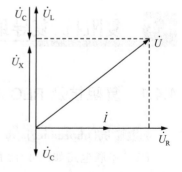

图 4-21 RLC 串联电路的相量图

式中
$$\dot{U}_X = \dot{U}_L + \dot{U}_C = j(X_L - X_C)\dot{I} = jX\dot{I} \tag{4-23}$$

式(4-23)称为电抗电压。式(4-22)说明:电压 $\dot{U}$ 由电阻电压 $\dot{U}_R$ 与电抗电压 $\dot{U}_X$ 两部分组成。应当注意的是,由于 $\dot{U}_L$ 与 $\dot{U}_C$ 的相位相反,所以电抗电压的有效值应为电感电压与电容电压两有效值的差,即

$$U_X = U_L - U_C$$

电压 $\dot{U}_R$、$\dot{U}_X$ 与电流 $\dot{I}$ 的相量关系如图 4-22(a) 所示。图中

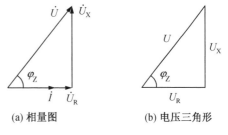

(a) 相量图 (b) 电压三角形

图 4-22 串联电路相量图

$$\varphi_Z = \arctan\frac{U_L - U_C}{U_R} = \arctan\frac{X_L - X_C}{R} = \arctan\frac{X}{R}$$

φ_Z 是电压 $\dot{U}$ 超前于电流 $\dot{I}$ 的相位角,它等于 RLC 串联电路的阻抗角;若 $X_L > X_C$,则 $\varphi_Z > 0$,全电路呈感性(in inductive);若 $X_L < X_C$,则 $\varphi_Z < 0$,全电路呈容性(in capacitive);若 $X_L = X_C$,则 $\varphi_Z = 0$,全电路呈纯电阻性(in resistive),这是 RLC 串联电路的一种特殊工作状态,称为串联谐振,具体内容将在后面章节中分析。

在图 4-19 中,$\dot{U}_R$ 与 $\dot{I}$ 同相位,它们有效值的乘积为电阻元件的有功功率,也就是全电路的有功功率(因为电感和电容元件的有功功率为零),所以电压 $\dot{U}_R$ 又称为电压 $\dot{U}$ 的有功分量。$\dot{U}_X$ 与电流 $\dot{I}$ 相位正交,它的两个组成部分 $\dot{U}_L$ 和 $\dot{U}_C$ 也均与 $\dot{I}$ 相位正交,它们的量值与 I 的乘积分别构成感性和容性无功功率,故又称 $\dot{U}_X$ 为电压 $\dot{U}$ 的无功分量。

由 U、U_R 和 U_X 组成的三角形称为电压三角形,如图 4-22(b)所示。若将此三角形各边同除以电流 I,则可得如图 4-20 所示的阻抗三角形。

【例 4-4】 求如图 4-19 所示电路的复阻抗,已知 $R = 5\ \Omega$,$L = 8\ \text{mH}$,$C = 200\ \mu\text{F}$,$\omega = 1000\ \text{rad/s}$。

解:$\omega = 1000\ \text{rad/s}$,则
$$X_L = \omega L = 1000 \times 8 \times 10^{-3} = 8\ \Omega$$
$$X_C = \frac{1}{\omega C} = \frac{1}{1000 \times 200 \times 10^{-6}} = 5\ \Omega$$

复阻抗为
$$Z = R + jX = R + j(X_L - X_C) = 5 + j(8-5) = 5 + j3 = 5.831\underline{/31°}\ \Omega$$

由于 $X = 3$ 为正或 $\varphi > 0$,即电压超前于电流,该电路被称为感性电路或滞后电路。

【例 4-5】 图 4-23(a)是一个移相电路。若 $C = 0.01\ \mu\text{F}$,输入电压 $u = \sqrt{2}\sin\omega t\ \text{V}$,$\omega = 2\pi \times 600\ \text{rad/s}$。欲使输出电压较输入电压的相位滞后 60°,试求右端无负载时的电阻 R 及输出电压的有效值。

解:先画出相量图。依题意 $\dot{U}$ 为参考正弦量,由于是容性电路,电流 $\dot{I}$ 应超前于电压 $\dot{U}$,即 $\varphi_i > 0$,如图 4-23(b)所示。$\dot{U}_R$ 与 $\dot{I}$ 同相位,$\dot{U}_C$ 滞后于 $\dot{U}_R$ 90°,根据题意,有

$$90° - \varphi_i = 60°$$

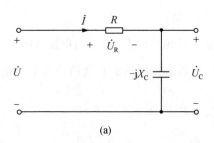 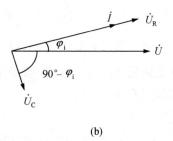

图 4-23　[例 4-5]图

故
$$\varphi_i = 30°$$

容抗为
$$X_C = \frac{1}{\omega C} = \frac{1}{2\pi \times 600 \times 0.01 \times 10^{-6}} = 26.5 \ \text{k}\Omega$$

由相量图可知
$$\tan\varphi_i = \frac{U_C}{U_R} = \frac{X_C}{R}$$

所以电阻为
$$R = \frac{X_C}{\tan 30°} = \frac{26.5}{0.577} = 45.9 \ \text{k}\Omega$$

复阻抗的模为
$$|Z| = \sqrt{R^2 + X_C^2} = \sqrt{45.9^2 + 26.5^2} = 53 \ \text{k}\Omega$$

输出电压的有效值为
$$U_C = X_C I = X_C \frac{U}{|Z|} = 26.5 \times \frac{1}{53} = 0.5 \ \text{V}$$

4.4.2　复导纳及 RLC 并联电路

1.复导纳 RLC(admittance)

RLC 并联电路如图 4-24 所示。对于这种并联电路,应用复导纳分析比较方便。对于单个电阻的电路来说,有
$$\dot{U} = R \ \dot{I}$$

此式可改写为　　　$\dot{I} = G \ \dot{U}$

其中,$G = \frac{1}{R}$ 为电导。

同理,对于电感电路来说,有
$$\dot{U} = j\omega L \ \dot{I}$$

或　　　　　　　$\dot{I} = \frac{1}{j\omega L}\dot{U} = -j B_L \dot{U}$

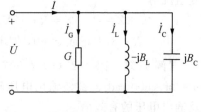

图 4-24　RLC 并联电路

式中，$B_L = \dfrac{1}{\omega L}$ 称为电感的电纳，简称为感纳（inductive susceptance），单位为西门子（S）。

对于电容来说，有

$$\dot{U} = \frac{1}{j\omega C}\dot{I}$$

或

$$\dot{I} = j\omega C\,\dot{U} = jB_C\dot{U}$$

式中，$B_C = \omega C$ 称为电容的电纳，简称为容纳（capacitive susceptance），单位也是西门子。

在图 4-24 中应用 KCL，有

$$\dot{I} = \dot{I}_G + \dot{I}_L + \dot{I}_C = [G + j(B_C - B_L)]\dot{U} = (G + jB)\dot{U} = Y\dot{U} \tag{4-24}$$

式中

$$Y = G + jB = |Y|\,e^{j\varphi_Y} = |Y|\,\underline{/\varphi_Y} \tag{4-25}$$

称为复导纳，实部是电导 G（conductance），虚部是容纳 B_C（capacitive susceptance）与感纳 B_L（inductive susceptance）之差，即 $B = B_C - B_L$，称为电纳（susceptance）。

复导纳的模及辐角分别为

$$|Y| = \sqrt{G^2 + B^2} = \sqrt{G^2 + \left(\omega C - \frac{1}{\omega L}\right)^2} \tag{4-26}$$

$$\varphi_Y = \arctan\frac{B}{G} = \arctan\frac{\omega C - \dfrac{1}{\omega L}}{G} \tag{4-27}$$

以上两式说明：$|Y|$、G 与 B 构成一个直角三角形，如图 4-25 所示，称为导纳三角形（admittance triangle）。

由式（4-25）可得

$$Y = \frac{\dot{I}}{\dot{U}} = \frac{I}{U}e^{j(\varphi_i - \varphi_u)} = \frac{I}{U}e^{j\varphi_Y} = |Y|\,\underline{/\varphi_Y} \tag{4-28}$$

所以复导纳是电流相量与电压相量之比，它的模 $|Y|$ 等于电流有效值与电压有效值之比，而它的辐角 φ_Y 是电流超前于电压的相位角，$|Y|$ 又称为电路的导纳（admittance），φ_Y 则称为导纳角（admittance angle）。

由式（4-26）和式（4-27）可知：复导纳与复阻抗一样只与参数及角频率有关，而与电流、电压无关。有时为了突出它们都是频率的函数，将 Z 和 Y 写成 $Z(\omega)$ 及 $Y(\omega)$。

复阻抗及复导纳的概念可以推广到任意线性无源一端口网络，如图 4-26 所示，其入端电压相量与入端电流相量之比称为该一端口的复阻抗 Z，而入端电流相量与入端电压相量之比则称为该一端口的复导纳 Y，因此有

$$ZY = 1 \tag{4-29}$$

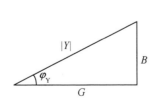

图 4-25　导纳三角形

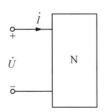

图 4-26　一端口网络

因为它们的模互为倒数,而它们的辐角大小相等,符号相反,所以

$$|Z| = \frac{1}{|Y|} \tag{4-30}$$

及

$$\varphi_Z = -\varphi_Y \tag{4-31}$$

因此复导纳也可写成

$$Y = \frac{\dot{I}}{\dot{U}} = \frac{I}{U}e^{-j\varphi_Z} \tag{4-32}$$

2.RLC 并联电路

在图 4-24 电路中可将式(4-25)的电流相量写成

$$\dot{I} = G\dot{U} + j(B_C - B_L)\dot{U} = \dot{I}_G + \dot{I}_B \tag{4-33}$$

即总电流 $\dot{I}$ 由电导中的电流 $\dot{I}_G$ 和电纳中的电流 $\dot{I}_B$ 两个分量组成。

并联电路的电压和电流之间的关系,同样可以用相量图来表明。在作并联电路的相量图时,一般以电压为参考正弦量,从而确定各元件的电流相量。因此对于如图 4-24 所示的 RLC 并联电路,取电压 $\dot{U}$ 为参考正弦量,并且 $B_C > B_L$,则相量图如图 4-27(a)所示。电流超前于电压的相位角为

$$\varphi_Y = \arctan\frac{B}{G} = \arctan\frac{B_C - B_L}{G} \tag{4-34}$$

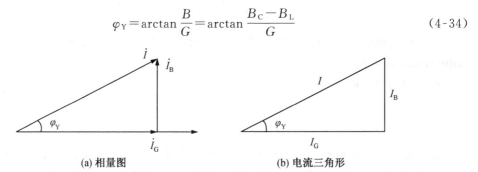

(a) 相量图　　　　　　　　(b) 电流三角形

图 4-27　RLC 并联电路的相量图

若 $B_C > B_L$,则 $\varphi_Y > 0$,全电路呈容性;若 $B_C < B_L$,则 $\varphi_Y < 0$,全电路呈感性;若 $B_C = B_L$,则 $\varphi_Y = 0$,全电路呈电阻性,这是 RLC 并联电路中的一种特殊情况,称为并联谐振,此部分内容将在后面章节中分析。

由 I、I_G 和 I_B 组成的三角形称为电流三角形,如图 4-27(b)所示。若将此三角形各边同除以电压 U,则可得如图 4-25 所示的导纳三角形。

电流 $\dot{I}_G$ 称为 $\dot{I}$ 的有功分量,而电流 $\dot{I}_B$ 则称为 $\dot{I}$ 的无功分量。

4.4.3　复阻抗的串并联电路

1.复阻抗的串联(series-connected impedances)

图 4-28(a)是复阻抗 Z_1,Z_2 与 Z_3 相串联的电路。若电路中电流相量为 $\dot{I}$,则根据相量形式的欧姆定律可得

$$\dot{U}_1 = Z_1\dot{I},\dot{U}_2 = Z_2\dot{I},\dot{U}_3 = Z_3\dot{I}$$

将它们代入相量形式的 KVL 方程,可得总电压的相量为

$$\dot{U}=\dot{U}_1+\dot{U}_2+\dot{U}_3=(Z_1+Z_2+Z_3)\dot{I}=Z\dot{I} \tag{4-35}$$

式中

$$Z=Z_1+Z_2+Z_3 \tag{4-36}$$

是全电路的等效复阻抗(equivalent impedance),如图 4-28(b)所示,它等于串联复阻抗之和。

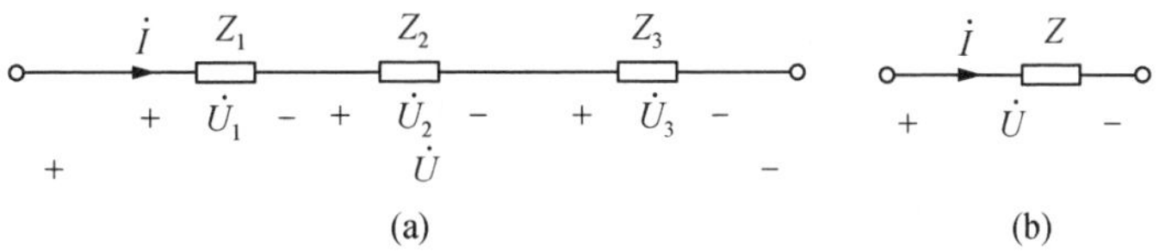

图 4-28　复阻抗的串联

如果把各复阻抗用实部(real part)和虚部(imaginary part)表示,即

$$Z_1=R_1+jX_1,Z_2=R_2+jX_2,Z_3=R_3+jX_3$$

将它们代入式(4-37),可得

$$Z=(R_1+R_2+R_3)+j(X_1+X_2+X_3)=R+jX \tag{4-37}$$

式中

$$R=R_1+R_2+R_3 \text{ 及 } X=X_1+X_2+X_3 \tag{4-38}$$

因此,串联复阻抗的等效电阻等于各电阻之和,等效电抗等于各电抗的代数和。故等效复阻抗的模为

$$|Z|=\sqrt{(R_1+R_2+R_3)^2+(X_1+X_2+X_3)^2} \tag{4-39}$$

它的阻抗角

$$\varphi_Z=\arctan\frac{X_1+X_2+X_3}{R_1+R_2+R_3} \tag{4-40}$$

当有 n 个复阻抗串联时,其等效复阻抗为

$$Z=\sum_{i=1}^{n}Z_i \tag{4-41}$$

有了等效复阻抗 Z,若外施电压相量为 $\dot{U}$,则可应用相量形式的欧姆定律,得到电流相量。即

$$\dot{I}=\frac{\dot{U}}{Z}$$

【例 4-6】　已知两个串联复阻抗分别为 $Z_1=6.16+j9$ Ω, $Z_2=2.5-j4$ Ω,电路中的电流为 $i=22\sqrt{2}\sin\omega t$ A,求外加电压的有效值和三角函数式,并画出相量图。

解:由已知条件可得

$$\dot{I}=22\underline{/0^\circ} \text{ A}$$

根据相量形式的欧姆定律,

$$\dot{U}_1=\dot{I}Z_1=22\times(6.16+j9)=239.9\underline{/55.6^\circ} \text{ V}$$

$$\dot{U}_2=\dot{I}Z_2=22\times(2.5-j4)=103.8\underline{/-58^\circ} \text{ V}$$

由 KVL 可得

$$\dot{U}=\dot{U}_1+\dot{U}_2=239.9\underline{/55.6°}+103.8\underline{/-58°}=220\underline{/30°} \text{ V}$$

所以

$$U=220 \text{ V}$$

$$u=220\sqrt{2}\sin(\omega t+30°) \text{ V}$$

其相量图如图 4-29 所示。

2.复阻抗（复导纳）的并联(parallel-connected admittances)

设有三个复导纳并联,如图 4-30(a)所示,各并联复导纳分别为 Y_1、Y_2 和 Y_3。若外施电压相量为 $\dot{U}$,则各支路的电流相量分别为

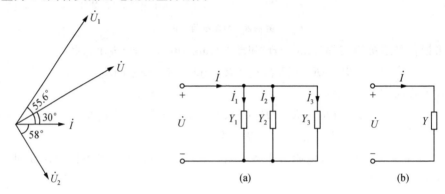

图 4-29　[例 4-6]相量图　　　　　图 4-30　复导纳的并联

$$\dot{I}_1=Y_1\dot{U}\qquad \dot{I}_2=Y_2\dot{U}\qquad \dot{I}_3=Y_3\dot{U}$$

将它们代入相量形式的 KCL 方程,则有

$$\dot{I}=\dot{I}_1+\dot{I}_2+\dot{I}_3=(Y_1+Y_2+Y_3)\dot{U}=Y\dot{U} \tag{4-42}$$

式中

$$Y=Y_1+Y_2+Y_3 \tag{4-43}$$

是全电路的等效复导纳,如图 4-30(b)所示,它等于相互并联的各复导纳之和。

如果把各并联的复导纳用实部及虚部表示,即

$$Y_1=G_1+jB_1\qquad Y_2=G_2+jB_2\qquad Y_3=G_3+jB_3$$

将它们代入式(4-43)后,可得

$$Y=(G_1+G_2+G_3)+j(B_1+B_2+B_3)=G+jB \tag{4-44}$$

式中

$$G=G_1+G_2+G_3\qquad B=B_1+B_2+B_3 \tag{4-45}$$

因此,并联复导纳的等效电导等于各电导之和,等效电纳则等于各电纳的代数和。故等效复导纳的模为

$$|Y|=\sqrt{(G_1+G_2+G_3)^2+(B_1+B_2+B_3)^2} \tag{4-46}$$

导纳角为

$$\varphi_Y=\arctan\frac{B_1+B_2+B_3}{G_1+G_2+G_3} \tag{4-47}$$

如果有 n 个复导纳并联,则等效复导纳为

$$Y=\sum_{i=1}^{n}Y_i \tag{4-48}$$

如果给定的参数是复阻抗而不是复导纳，即当 $Z_1, Z_2, \cdots, Z_n$ 并联时，考虑到 $Z_1 = \dfrac{1}{Y_1}$，

$Z_2 = \dfrac{1}{Y_2}, \cdots,$ 从而由式(4-48)可得等效复阻抗为

$$Z = \frac{1}{\displaystyle\sum_{i=1}^{n}\left(\dfrac{1}{Z_i}\right)} \tag{4-49}$$

当两个复阻抗 Z_1 与 Z_2 并联时，由上式($i=2$)可得

$$Z = \frac{1}{\left(\dfrac{1}{Z_1} + \dfrac{1}{Z_2}\right)} = \frac{Z_1 Z_2}{Z_1 + Z_2}$$

再根据分流公式，可得

$$\dot{I}_1 = \frac{Z_2}{Z_1 + Z_2}\dot{I}$$

$$\dot{I}_2 = \frac{Z_1}{Z_1 + Z_2}\dot{I}$$

【例 4-7】　已知电路如图 4-31 所示，$R = 3\ \Omega, X_L = 4\ \Omega,$ $X_C = 8\ \Omega, \dot{I} = 2\underline{/25°}$ A。试求全电路的等效导纳及各支路中的电流。

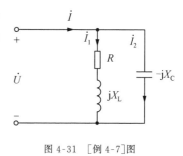

图 4-31　［例 4-7］图

解：首先求出 RL 串联支路及电容支路的等效复导纳 Y_1 和 Y_2。

$$Y_1 = \frac{1}{R + jX_L} = \frac{1}{3 + j4} = 0.2\underline{/-53.13°} = 0.12 - j0.16\ \text{S}$$

$$Y_2 = \frac{1}{-jX_C} = j\frac{1}{8} = j0.125\ \text{S}$$

则全电路的等效复导纳为

$$Y = Y_1 + Y_2 = 0.12 - j0.16 + j0.125 = 0.12 - j0.035\ \text{S}$$

入端电压为

$$\dot{U} = \frac{\dot{I}}{Y} = \frac{2\underline{/25°}}{0.12 - j0.035} = \frac{2\underline{/25°}}{0.125\underline{/-16.26°}} = 16\underline{/41.26°}\ \text{V}$$

支路电流 $\dot{I}_1$ 和 $\dot{I}_2$ 分别为

$$\dot{I}_1 = Y_1\dot{U} = (0.12 - j0.16) \times 16\underline{/41.26°}$$
$$= 0.2\underline{/-53.13°} \times 16\underline{/41.26°} = 3.2\underline{/-11.87°}\ \text{A}$$

$$\dot{I}_2 = Y_2\dot{U} = j0.125 \times 16\underline{/41.26°} = 0.125\underline{/90°} \times 16\underline{/41.26°}$$
$$= 2\underline{/131.26°}\ \text{A}$$

【例 4-8】　图 4-32 所示电路中 $R_1 = 10\ \Omega, L = 0.5\ \text{H}, R_2 = 1000\ \Omega, C = 10\ \mu\text{F}, U = 100\ \text{V},$ $\omega = 314\ \text{rad/s}$，求各支路电流并画出相量图。

解：这是一个混联电路，首先求出并联部分的等效复阻抗为

$$Z_{eq}=\frac{R_2\left(-j\dfrac{1}{\omega C}\right)}{R_2-j\dfrac{1}{\omega C}}=\frac{1000\left(-j\dfrac{1}{314\times10\times10^{-6}}\right)}{1000-j\dfrac{1}{314\times10\times10^{-6}}}=\frac{1000(-j318.47)}{1000-j318.47}$$

$$=303.45\underline{/-72.33°}=92.11-j289.13\ \Omega$$

总的输入复阻抗为

$$Z=(R_1+j\omega L)+Z_{eq}=10+j314\times0.5+92.11-j289.13=10+j157+92.11-j289.13$$

$$=102.11-j132.13=166.99\underline{/-52.30°}\ \Omega$$

令 $\dot U=100\underline{/0°}$ V，可求得各支路电流如下

$$\dot I=\frac{\dot U}{Z}=0.60\underline{/52.30°}\ A$$

$$\dot I_1=\frac{-j\dfrac{1}{\omega C}}{R_2-j\dfrac{1}{\omega C}}\dot I=\frac{-j318.47}{1000-j318.47}\times0.60\underline{/52.30°}=0.18\underline{/-20.03°}\ A$$

$$\dot I_2=\frac{R_2}{R_2-j\dfrac{1}{\omega C}}\dot I_0=\frac{1000}{1000-j318.47}\times0.60\underline{/52.30°}=0.57\underline{/69.97°}\ A$$

根据上述结果，画出该电路的相量图，如图 4-33 所示。

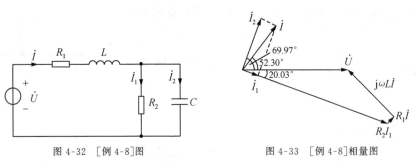

图 4-32　[例 4-8]图　　　　　　　　图 4-33　[例 4-8]相量图

4.4.4　复阻抗与复导纳的等效变换

一个负载既可以用串联等效电路来表示，又可以用并联等效电路来表示。那么，这两种等效电路的各参数之间必然存在着一定的联系。根据复阻抗的定义，它表示电压相量 $\dot U$ 与电流相量 $\dot I$ 的比值，即 $Z=\dfrac{\dot U}{\dot I}$；同样，根据复导纳的定义，有 $Y=\dfrac{\dot I}{\dot U}$。所以，根据 $ZY=1$ 能够求出复阻抗与复导纳等效变换的条件。

如果已知负载的等效复阻抗为 $Z=R+jX$，其中 $X=\omega L$，如图 4-34(a)所示，则其等效复导纳为

$$Y=\frac{1}{Z}=\frac{1}{R+jX}=\frac{R}{R^2+X^2}-j\frac{X}{R^2+X^2}=G_{eq}+jB_{eq}$$

可见，并联的等效电导和电纳分别为

$$G_{eq}=\frac{R}{R^2+X^2}, B_{eq}=\frac{X}{R^2+X^2} \tag{4-50}$$

表示等效复导纳的并联电路如图 4-34(b)所示。

对于由电阻 R 和电感 L 并联组成的电路,如图 4-35(a)所示,它的复导纳为

$$Y=G+jB$$

其中
$$G=\frac{1}{R} \quad B=\frac{1}{\omega L}$$

它的等效复阻抗则为

$$Z=\frac{1}{Y}=\frac{1}{G+jB}=\frac{G}{G^2+B^2}-j\frac{B}{G^2+B^2}$$

即串联的等效电阻和电抗分别为

$$R_{eq}=\frac{G}{G^2+B^2}, \quad X_{eq}=\frac{B}{G^2+B^2} \tag{4-51}$$

表示等效复阻抗的串联电路如图 4-35(b)所示。

式(4-50)和式(4-51)就是负载的串联电路与并联电路等效变换的条件,也就是复阻抗与复导纳等效变换的条件。需要特别注意的是,一般情况下,$G_{eq}\neq\frac{1}{R}$,$B_{eq}\neq\frac{1}{\omega L}$ 以及 $R_{eq}\neq\frac{1}{G}$,$X_{eq}\neq\omega L$,但它们都是 ω 的函数。

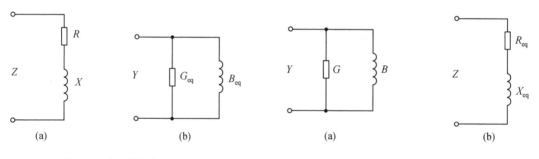

图 4-34　复阻抗电路(一)　　　　　　　　　图 4-35　复阻抗电路(二)

4.5　正弦稳态电路的功率

4.5.1　有功功率

如图 4-36 所示的一端口网络(single port network),设其入端电压 u 及入端电流 i 是同频率的正弦量,并设电压 u 为参考正弦量,即

$$u=U_m\sin\omega t \quad 及 \quad i=I_m\sin(\omega t-\varphi)$$

式中,φ 是电压 u 超前于电流 i 的相位角。当电压 u 与电流 i 为关联参考方向时,该一端口网络吸收的瞬时功率为

$$p = ui = U_\mathrm{m}\sin\omega t\, I_\mathrm{m}\sin(\omega t - \varphi) = \frac{1}{2}U_\mathrm{m}I_\mathrm{m}[\cos\varphi - \cos(2\omega t - \varphi)]$$

$$= UI[\cos\varphi - \cos(2\omega t - \varphi)]$$

从上式可以看出,瞬时功率 p 由恒定分量 $UI\cos\varphi$ 和正弦分量两部分组成。正弦分量的频率是电压(或电流)频率的两倍。图 4-37 为电压 u、电流 i 和功率 p 的波形图,在 u 或 i 为零的瞬间 $p = 0$。由于 $\varphi \neq 0$,所以在每个周期内有两段时间 u 与 i 的方向相反,这时一端口网络输入的功率 $p < 0$,表明该网络不是从电源吸收能量,而是将能量送回电源。电路之所以有能量输出,是因为一端口网络中含有储能元件 L 或 C,它们在电路中周期性地"吞吐能量",与外部电路交换电磁能。

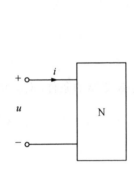

图 4-36　一端口网络

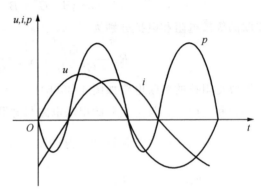

图 4-37　电压 u、电流之和功率 p 的波形图

在一个周期内一端口网络吸收的平均功率,即有功功率为

$$P = \frac{1}{T}\int_0^T p\,\mathrm{d}t = \frac{1}{T}\int_0^T UI[\cos\varphi - \cos(2\omega t - \varphi)]\mathrm{d}t = UI\cos\varphi = UI\lambda \tag{4-52}$$

可见,正弦交流电路中的有功功率一般并不等于电压与电流有效值的乘积,它还与电压、电流之间的相位差 φ 有关。当一端口网络内部不含独立电源时,$\lambda(=\cos\varphi)$ 称为该一端口网络的功率因数(power factor),φ 又称为功率因数角(power factor angle)。$\lambda > 0$ 时,表明该网络吸收有功功率;$\lambda < 0$ 时,表明该网络发出有功功率。当 $\varphi = 0$,即 $\lambda = 1$ 时,该网络吸收的有功功率等于电压与电流有效值的乘积,这是因为 $\varphi = 0$ 时,电压与电流同相位,从而该网络等效为一个电阻的缘故。当 $\varphi = \pi/2$,即 $\lambda = 0$ 时,表明该网络不吸收有功功率,这是因为 $\varphi = \pi/2$ 时,电压与电流相位正交,从而该网络等效为一个电抗的缘故。$I\cos\varphi$ 和 $U\cos\varphi$ 分别称为电流和电压的有功分量。

4.5.2　无功功率

在正弦交流电路中,除了有功功率,无功功率也是一个重要的量,特别是电力系统的正常运行与无功功率有着密切的关系,它反映了电路内部与外部交换能量的情况。

无功功率用 Q 来表示,其定义为

$$Q = UI\sin\varphi \tag{4-53}$$

式中,φ 仍是电压超前于电流的相位角。若 $\varphi = 0$ 时,该网络可等效为一个电阻,它吸收的无功功率为零,这是因为电阻总是从外电路获得能量,而与外电路并无能量交换的缘故。当 $\varphi \neq 0$ 时,说明该网络中必有储能元件,因此它与外电路有能量交换,从而构成了无功功率。从式(4-53)可知,当 $\varphi > 0$(感性电路),即电流滞后于电压时,$Q > 0$。当 $\varphi < 0$(容性电路),即电流超前于电压时,$Q < 0$。所以无功功率按电路的性质有正负之分。$I\sin\varphi$ 和 $U\sin\varphi$ 分别称为电流和电压的无功分量,无功功率的单位为乏(var)或千乏(kvar)。

4.5.3 视在功率

如果把电压与电流的有效值直接相乘,则其乘积也具有功率的量纲,称为视在功率(apparent power),用 S 表示,即

$$S = UI \tag{4-54}$$

为了与有功功率区别,视在功率的单位为伏安(VA)或千伏安(kVA)。电机和变压器的容量是由它们的额定电压和额定电流来决定的,因此可以用视在功率来表示。

有功功率与视在功率的比值就是功率因数,即

$$\lambda = \frac{P}{S} \tag{4-55}$$

关于功率因数的问题将在 4.7 中详细讨论。

从式(4-52)、式(4-53)和式(4-54)可得出视在功率、有功功率和无功功率之间有如下关系

$$S^2 = P^2 + Q^2$$

即

$$S = \sqrt{P^2 + Q^2} \tag{4-56}$$

$$\tan\varphi = \frac{Q}{P} \tag{4-57}$$

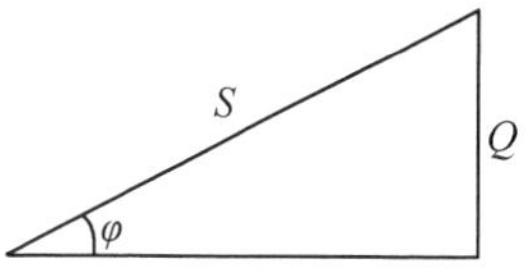

可见,P、Q 及 S 组成了一个直角三角形,如图 4-38 所示,称为功率三角形(power triangle),与前面提及的电压三角形、电流三角形都是相似三角形。

图 4-38 功率三角形

【例 4-9】 用电压表、电流表和功率表去测量一个线圈的参数 R 和 L,电路如图 4-39 所示。测得下列数据:电压表读数为 100 V,电流表读数为 2 A,功率表的读数(表示线圈所吸收的有功功率)为 60 W,试求 R 和 L。已知电源的频率为 50 Hz。

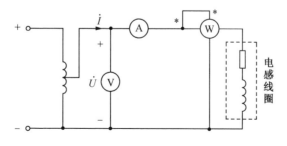

图 4-39 [例 4-9]图

解:电感线圈可以用电阻 R 和电感 L 的串联组合来表示。根据测量的数据计算如下:

设线圈的阻抗为 $\qquad Z = R + jX_L = |Z| \underline{/\varphi}$

则 $\qquad |Z| = \dfrac{U}{I} = \dfrac{100}{2} = 50 \ \Omega$

又因为 $\qquad P = UI\cos\varphi = 60 \ \text{W}$

所以 $\qquad \cos\varphi = \dfrac{60}{100 \times 2} = 0.3$

即 $\qquad \varphi = 72.54°$

因此 $\qquad Z = 50 \underline{/72.54°} \ \Omega = 15 + j47.7 \ \Omega$

从而求出 $\qquad R = 15 \ \Omega$

$$L = \frac{X_L}{\omega} = \frac{47.7}{2 \times 3.14 \times 50} = 0.152 \ \text{H}$$

【例 4-10】 在图 4-40 中,已知 $Z_1 = 10 + j20 \ \Omega$, $Z_2 = 15 - j5 \ \Omega$,外施正弦电压 $u = 220\sqrt{2}\sin\omega t$。试求各负载及全电路的 P、Q、S 及 λ。

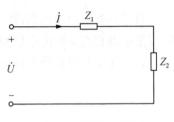

图 4-40　[例 4-10]图

解: 全电路的等效复阻抗为

$Z = Z_1 + Z_2 = 10 + j20 + 15 - j5 = 25 + j15 = 29.15 \underline{/30.96°} \ \Omega$

据题意,得

$$\dot{U} = 220\underline{/0°} \ \text{V}$$

所以 $\qquad \dot{I} = \dfrac{\dot{U}}{Z} = \dfrac{220\underline{/0°}}{29.15\underline{/30.96°}} = 7.55\underline{/-30.96°} \ \text{A}$

负载 Z_1 的 P_1、Q_1、S_1 及 λ_1 分别为

$$P_1 = I^2 R_1 = 7.55^2 \times 10 = 570 \ \text{W}$$

$$Q_1 = I^2 X_1 = 7.55^2 \times 20 = 1140 \ \text{var}$$

$$S_1 = \sqrt{P_1^2 + Q_1^2} = \sqrt{570^2 + 1140^2} = 1275 \ \text{VA}$$

$$\lambda_1 = \frac{P_1}{S_1} = \frac{570}{1275} = 0.447$$

负载 Z_2 的 P_2、Q_2、S_2 及 λ_2 分别为

$$P_2 = I^2 R_2 = 7.55^2 \times 15 = 855 \ \text{W}$$

$$Q_2 = -I^2 X_2 = -7.55^2 \times 5 = -285 \ \text{var}$$

$$S_2 = \sqrt{P_2^2 + Q_2^2} = \sqrt{855^2 + (-285)^2} = 901 \ \text{VA}$$

$$\lambda_2 = \frac{P_2}{S_2} = \frac{855}{901} = 0.949$$

全电路的 P、Q、S 及 λ 分别为

$$P = P_1 + P_2 = 570 + 855 = 1425 \ \text{W}$$

$$Q = Q_1 + Q_2 = 1140 - 285 = 855 \ \text{var}$$

$$S = \sqrt{P^2 + Q^2} = \sqrt{1425^2 + 855^2} = 1662 \ \text{VA}$$

$$\lambda = \frac{P}{S} = \frac{1425}{1662} = 0.857$$

4.5.4　复功率

正弦交流电路中的 P、Q、S 组成了一个直角三角形,因此为了计算方便,我们把有功功率 P 作为实部,无功功率 Q 作为虚部而组成复数,即

$$\overline{S} = P + jQ \tag{4-58}$$

式中,复数 $\overline{S}$ 称为一端口网络的复功率(complex power),它的模等于视在功率,而其辐角则等于功率因数角,即

$$S = |\overline{S}| = \sqrt{P^2 + Q^2} \tag{4-59}$$

$$\varphi = \arctan \frac{Q}{P} \tag{4-60}$$

复功率与复阻抗相似,它们都是一个计算用的复数,并不代表正弦量,所以也不能作为相量对待。

将 $P = UI\cos\varphi$ 及 $Q = UI\sin\varphi$ 代入式(4-59),得

$$\overline{S} = UI(\cos\varphi + j\sin\varphi) = UI \underline{/\varphi}$$

若　　　　　　　　$\dot{U} = U \underline{/\varphi_u}, \dot{I} = I \underline{/\varphi_i},$ 则 $\varphi = \varphi_u - \varphi_i$

所以　　　　$\overline{S} = UI \underline{/\varphi_u - \varphi_i} = U \underline{/\varphi_u} \, I \underline{/-\varphi_i} = \dot{U} \dot{I}^* \tag{4-61}$

式中,$\dot{I}^* = I \underline{/-\varphi_i}$ 称为 $\dot{I}$ 的共轭相量。因此电压相量与电流共轭相量的乘积等于复功率。

当计算某一复阻抗 Z 所吸收的复功率时,可把 $\dot{U} = Z\dot{I}$ 代入式(4-61),即有

$$\overline{S} = Z\dot{I}\dot{I}^* = ZI^2 = (R + jX)I^2$$

若已知某一复导纳 Y,则可将 $\dot{I} = Y\dot{U}$ 代入式(4-61),于是

$$\overline{S} = \dot{U}\dot{I}^* = \dot{U}(Y\dot{U})^* = Y * U^2 = (G - jB)U^2$$

引入复功率的目的是使我们能够直接应用电压相量和电流相量来求得电路的各种功率。

电路中复功率具有守恒性(证明从略),即有

$$\sum \overline{S} = 0$$

同时有

$$\sum P = \sum UI\cos\varphi = 0$$

$$\sum Q = \sum UI\sin\varphi = 0$$

对于任何复杂的正弦交流电路,电路中总的有功功率是电路各部分有功功率之和,总的无功功率是各部分的无功功率之和,总的复功率是各部分的复功率之和。但在一般情况下,总的视在功率并不是各部分视在功率之和。此结论可用来校验电路计算的结果。

【例 4-11】　在图 4-41 中,已知:$R_1 = 50\ \Omega$,$X_L = 200\ \Omega$,$R_2 = 100\ \Omega$,$X_C = 400\ \Omega$,$U = 100\underline{/45°}$ V。试求电路中各元件吸收的有功功率和无功功率,并验证复功率守恒。

解:支路 1 中的电流及复功率为

$$\dot{I}_1 = \frac{\dot{U}}{Z_1} = \frac{\dot{U}}{R_1 + jX_L} = \frac{100\underline{/45°}}{50 + j200} = 0.485\underline{/-30.96°}\ \text{A}$$

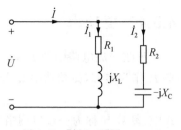

$$\overline{S}_1=\dot{U}\,\overset{*}{\dot{I}}_1=100\underline{/45^\circ}\times0.485\underline{/30.96^\circ}=48.5\underline{/75.96^\circ}=12+\mathrm{j}47\ \mathrm{VA}$$

式中，电阻 R_1 吸收的有功功率为 12 W，电感 L 吸收的无功功率为 47 var。

支路 2 中的电流及复功率为

$$\dot{I}_2=\frac{\dot{U}}{Z_2}=\frac{100\underline{/45^\circ}}{100-\mathrm{j}400}=0.243\underline{/120.96^\circ}\ \mathrm{A}$$

图 4-41　[例 4-11]图

$$\overline{S}_2=\dot{U}\,\overset{*}{\dot{I}}_2=100\underline{/45^\circ}\times0.243\underline{/-120.96^\circ}=24.3\underline{/-75.96^\circ}=6-\mathrm{j}24\ \mathrm{VA}$$

式中，电阻 R_2 吸收的有功功率为 6 W，电容 C 吸收的无功功率为 −24 var（即电容 C 发出的无功功率为 24 var）。

电源支路中的电流及发出的复功率为

$$\dot{I}=\dot{I}_1+\dot{I}_2=0.485\underline{/-30.96^\circ}+0.243\underline{/120.96^\circ}$$
$$=0.146-\mathrm{j}0.25-0.125+\mathrm{j}0.208$$
$$=0.291-\mathrm{j}0.042=0.294\underline{/-8.21^\circ}\ \mathrm{A}$$

$$\overline{S}=\dot{U}\,\overset{*}{\dot{I}}=100\underline{/45^\circ}\times0.294\underline{/8.21^\circ}=29.4\underline{/53.21^\circ}=18+\mathrm{j}24\ \mathrm{VA}$$

可见（考虑到计算误差）

$$\overline{S}=\overline{S}_1+\overline{S}_2$$

4.6　正弦稳态电路的计算

在正弦交流电路中引入电压、电流相量及复阻抗（复导纳）的概念后，得出了相量形式的基尔霍夫定律及欧姆定律。此后，又由这两个定律导出了复阻抗的串并联、分流（current division）及分压（voltage division）公式。这些公式在形式上与直流电路中相应的公式是相似的。由此可以推知，分析直流电路所使用的各种方法和定理，同样也适用于正弦交流电路，只是各正弦量一律用相量表示，得到的电路方程为相量形式的代数方程（复数方程）以及用相量描述的定理，而且计算为复数运算。本节将通过例题说明如何应用各种方法和定理来分析和计算复杂正弦交流电路。

【例 4-12】　试用网孔法求如图 4-42 中所示电路的各支路电流和各个电压源发出的复功率。已知 $\dot{U}_{S1}=50\underline{/0^\circ}$ V，$\dot{U}_{S2}=50\underline{/90^\circ}$ V，$R=10\ \Omega$，$X_L=5\ \Omega$，$X_C=10\ \Omega$。

解：与求解电阻电路的方法一样，设网孔电流分别为 $\dot{I}_a$ 和 $\dot{I}_b$，如图 4-42 所示。列出网孔电流方程如下：

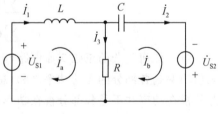

图 4-42　[例 4-12]图

$$Z_{11}\dot{I}_a+Z_{12}\dot{I}_b=\dot{U}_{S11}$$
$$Z_{12}\dot{I}_a+Z_{22}\dot{I}_b=\dot{U}_{S22}$$

式中

$$Z_{11}=R+jX_L=10+j5 \text{ Ω}$$

$$Z_{12}=Z_{21}=-R=-10 \text{ Ω}$$

$$Z_{22}=R-jX_C=10-j10 \text{ Ω}$$

$$\dot{U}_{S11}=\dot{U}_{S1}=50\underline{/0°} \text{ V}$$

$$\dot{U}_{S22}=\dot{U}_{S2}=j50 \text{ V}$$

将以上数据代入网孔电流方程,得

$$(10+j5)\dot{I}_a-10\dot{I}_b=50$$

$$-10\dot{I}_a+(10-j10)\dot{I}_b=j50$$

解方程,得

$$\dot{I}_a=\frac{50(10-j10)+j500}{(10-j10)(10+j5)-100}=\frac{500}{50-j50}=5+j5=7.07\underline{/45°} \text{ A}$$

$$\dot{I}_b=\frac{500+j50(10+j10)}{50-j50}=\frac{250+j500}{50-j50}=-2.5+j7.5=7.91\underline{/108.43°} \text{ A}$$

因此各支路电流分别为

$$\dot{I}_1=\dot{I}_a=7.07\underline{/45°} \text{ A}$$

$$\dot{I}_2=\dot{I}_b=7.91\underline{/108.43°}\text{A}$$

$$\dot{I}_3=\dot{I}_a-\dot{I}_b=7.5-j2.5=7.91\underline{/-18.43} \text{ A}$$

各电源发出的复功率分别为

$$\overline{S}_{S1}=\dot{U}_{S1}\dot{I}_1^*=50\times7.07\underline{/-45°}=353.5\underline{/-45°}=250-j250 \text{ VA}$$

$$\overline{S}_{S2}=\dot{U}_{S2}\dot{I}_2^*=50\underline{/90°}\times7.91\underline{/-108.43°}=395.5\underline{/-18.43°}=375-j125 \text{ VA}$$

可以验证,它们的和等于整个电路所吸收的复功率。

【例 4-13】 为了要知道一只线圈的电感和电阻,将它和一只电阻 R_1 串联接于 50 Hz 的正弦电源中,如图 4-43(a)所示,然后用电压表测得 $U=120$ V,电阻 R_1 上的电压 $U_1=60.5$ V,线圈两端的电压 $U_2=85$ V,又用电流表测得电路中的电流为 1.73 A。试求线圈的电阻 R 和电感 L。

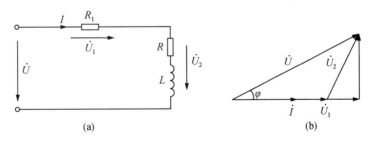

图 4-43　[例 4-13]图

解: 以电流为参考正弦量作出电路的相量图。因为 $\dot{U}=\dot{U}_1+\dot{U}_2$,所以 $\dot{U}$、$\dot{U}_1$ 和 $\dot{U}_2$ 必然构成一个闭合三角形如图 4-43(b)所示,应用余弦定理,可得

$$\cos\varphi = \frac{U^2 + U_1^2 - U_2^2}{2UU_1} = \frac{120^2 + 60.5^2 - 85^2}{2 \times 120 \times 60.5} = 0.746$$

即　　　　　　　　　　　　　　$\varphi = 42°$

因为　　　　　　　　　　　　$\omega LI = U\sin\varphi$

所以　　　　　　$L = \frac{U\sin\varphi}{\omega I} = \frac{120 \times 0.669}{2 \times 3.14 \times 50 \times 1.73} = 0.148 \text{ H}$

又　　　　　　　　　$R_1 = \frac{U_1}{I} = \frac{60.5}{1.73} = 35.0 \ \Omega$

　　　　　　　　　　　$(R_1 + R)I = U\cos\varphi$

所以　　　$R = \frac{U\cos\varphi}{I} - R_1 = \frac{120 \times 0.746}{1.73} - 35.0 = 51.7 - 35.0 = 16.7 \ \Omega$

　　〔例 4-13〕是利用相量的几何关系来求解的,这是一种常用的方法。如果按比例尺能比较准确地画出图 4-43(b)的相量图,那么 φ 角大小可以从图上直接量出,就是说这类问题也可以用作图法来求解。同时还可以用解析法列出以下两个方程:

$$\sqrt{R^2 + (\omega L)^2} = \frac{U_2}{I}$$

$$\sqrt{(R_1 + R)^2 + (\omega L)^2} = \frac{U}{I}$$

而　　　　　　　　$R_1 = \frac{U_1}{I} = \frac{60.5}{1.73} = 35.0 \ \Omega$

　　将 R_1 的值代入以上两个方程,即可解得 R 和 L 分别为

$$R = 16.7 \ \Omega \qquad L = 0.148 \text{ H}$$

　　分析正弦稳态电路的方法不是唯一的,〔例 4-13〕采用解析法显得较容易,有时利用相量图来求解会更简单,请看例〔4-14〕。

　　【例 4-14】　在图 4-44(a)中,$I_1 = I_2 = 10 \text{ A}$,$U = 100 \text{ V}$,而且 $\dot{U}$ 与 $\dot{I}$ 同相,试求 I、R、X_C 和 X_L。

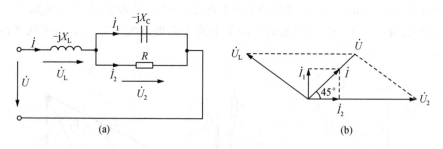

图 4-44　〔例 4-14〕图

　　解:设 $\dot{U}_2$ 为参考正弦量,作出相量图,如图 4-44(b)所示。由相量图中的电流三角形可得

$$I = \sqrt{I_1^2 + I_2^2} = \sqrt{10^2 + 10^2} = 10\sqrt{2} \text{ A}$$

$$\varphi = \arctan\frac{I_1}{I_2} = \arctan\frac{10}{10} = 45°$$

φ 是 $\dot{I}$ 与 $\dot{U}_2$ 之间的相位差。

根据已知条件，$\dot{U}$ 与 $\dot{I}$ 同相位，而 $\dot{U}_L$ 超前于 $\dot{I}$ 90°，$\dot{U}_2$ 与 $\dot{I}_2$ 同相位，所以从相量图中可知电压三角形为一等腰直角三角形。因此可得

$$U_2 = \frac{U}{\cos 45°} = 141 \text{ V}$$

$$U_L = U_2 \sin 45° = 100 \text{ V}$$

$$X_L = U_L / I = 100/10\sqrt{2} = 7.07 \ \Omega$$

$$X_C = U_2 / I_1 = 141/10 = 14.1 \ \Omega$$

$$R = U_2 / I_2 = 141/10 = 14.1 \ \Omega$$

顺便指出，用相量图求解正弦交流电路，在电力系统分析中尤为重要，首先要明确各元件的电压与电流的相量关系；其次是能正确地画出相量图，具体原则是：串联电路一般以电流作参考相量，并联电路一般以电压作参考相量，对于混联电路，按最后负载的连接方式来选择参考相量，如［例 4-14］中以 $\dot{U}_2$ 为参考相量，并从负载开始向电源端画出各元件上电压与电流关系的相量图，最后根据各种条件和有关知识，求解电路。

【例 4-15】　如图 4-45 所示电路中，$\dot{U}_S = 120\underline{/0°}$ V，$Z_1 = Z_2 = -j30 \ \Omega$，$Z_3 = 30 \ \Omega$，$Z_L = 45 \ \Omega$。试求 Z_L 中的电流 $\dot{I}_L$。

解：可把电路看作是由图中虚线所示含源一端口网络和负载 Z_L 组成，应用戴维宁定理求解。

一端口网络的开路电压 $\dot{U}_{OC}$ 为

$$\dot{U}_{OC} = \frac{Z_3}{Z_1 + Z_3} \dot{U}_S = \frac{30 \times 120\underline{/0°}}{30 - j30} = 84.85\underline{/45°} \text{ V}$$

戴维宁等效复阻抗 Z_{eq} 为

$$Z_{eq} = Z_2 + (Z_1 // Z_3) = Z_2 + \frac{Z_1 Z_3}{Z_1 + Z_3}$$

$$= -j30 + \frac{-j30 \times 30}{30 - j30}$$

$$= -j30 + 15 - j15 = 15 - j45 \ \Omega$$

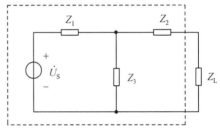

图 4-45　［例 4-15］图

电流 $\dot{I}_L$ 为

$$\dot{I}_L = \frac{\dot{U}_{OC}}{Z_{eq} + Z_L} = \frac{84.85\underline{/45°}}{15 - j45 + 45} = 1.13\underline{/81.87°} \text{ A}$$

在实际问题中，有时需要研究负载在什么条件下能获得最大功率。这类问题可以归结为一个一端口网络向负载输送功率的问题。根据戴维宁定理，最终可以简化为如图 4-46 所示的电路来进行分析。图中 $\dot{U}_{OC}$ 为一端口的开路电压，$Z_{eq} = R_1 + jX_1$ 为戴维宁等效电路的复阻抗，$Z_L = R_2 + jX_2$ 为负载的等效复阻抗。根据图 4-46 的等效电路，负载吸收的功率为

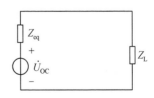

图 4-46　［例 4-15］的戴维宁
等效电路

$$P_2 = R_2 I^2 = \frac{R_2 U_{OC}^2}{(R_1 + R_2)^2 + (X_1 + X_2)^2}$$

式中，U_{OC}、R_1、X_1 一般是不变的，而 R_2、X_2 均能随意改变，因此负载要想获得最大功率，必须设法调节 R_2、X_2 的值。从上式中可以看出，负载此时获得最大功率的条件为

$$(X_1 + X_2)^2 = 0$$

$$\frac{\mathrm{d}P_2}{\mathrm{d}R_2} = 0$$

可得　　　　　　　　　　　$X_2 = -X_1, R_1 = R_2$

即　　　　　　　　　　　$Z_L = R_1 - jX_1 = Z_{eq}^*$

这一条件称为最佳匹配，此时的最大功率为

$$P_{max} = \frac{U_{OC}^2}{4R_1} \left| \begin{matrix} R_1 = R_2 \\ X_1 = -X_2 \end{matrix} \right.$$

【例 4-16】　求如图 4-45 所示电路负载获得最大功率时的负载阻抗 Z_L 及负载获得的最大功率。

解： 用代数形式来表示戴维宁复阻抗，得 $Z_{eq} = 15\ \Omega - j45\ \Omega$。

为了获得最大功率负载阻抗必须等于戴维宁复阻抗的共轭复数，所以

$$Z_L = Z_{eq}^* = (15\ \Omega - j45\ \Omega)^* = 15\ \Omega + j45\ \Omega$$

至此根据公式 $P_{max} = \dfrac{U_{OC}^2}{4R_1} \left| \begin{matrix} R_1 = R_2 \\ X_1 = -X_2 \end{matrix} \right.$ 很容易求出负载获得的最大功率 $P_{max} = \dfrac{U_{OC}^2}{4R_1} = \dfrac{(84.85)^2}{4 \times 15} = 120\ \mathrm{W}$。

4.7　功率因数的提高

在本章第 4.5 节中我们曾提出了功率因数的概念，它表示正弦交流电路中的有功功率 P 在总的视在功率 S 中所占的比例，即

$$\cos\varphi = \frac{P}{UI} = \frac{P}{S} = \frac{P}{\sqrt{P^2 + Q^2}}$$

4.7.1　功率因数的实质

如果电路中没有储能元件 L 或 C，那么电路中就没有无功功率 Q，这时电路中总的视在功率 S 全都是有功功率 P。而从电压、电流的相位关系上看，电路中只有 R 而没有 L 或 C 时，电流与电压同相位，即相位差 $\varphi = 0$，所以 $\cos\varphi = 1$。

反之，如果电路中 L 或 C 的作用较大，则电路中的无功功率 Q 就大，有功功率 P 在视在功率 S 中所占比例就小。从电压、电流的相位关系上看，由于 L 或 C 的"移相"作用，使电压与电流间出现较大的相位差 φ，从而使 $\cos\varphi$ 降低。

由上述分析可见，电压与电流间的相位差 φ 和电路中的无功功率 Q 之间存在着一定的内在联系。φ 越大，$\cos\varphi$ 越小，说明在总的视在功率 S 中，无功功率 Q 所占比例较大，而有功功率 P 所占比例较小；反之，φ 越小，$\cos\varphi$ 越大，则说明电路中无功功率 Q 的比例较小，

而有功功率 P 的比例较大。

4.7.2　提高功率因数的意义

既然无功功率是不消耗的功率,似乎功率因数的高低对电路的工作情况影响不大。其实不然,功率因数低将导致以下两方面的不良后果:

1.电源的容量不能充分利用

由于发电机、变压器等电气设备都有额定电压和额定电流,工作电压和电流都不允许超过其额定值,而电源的作用应当是将尽可能多的电能输送给负载,其所能输出的有功功率 $P = U_N I_N \cos\varphi$。电路的 $\cos\varphi$ 越低,电源的容量越得不到有效的利用。例如,容量为 1000 kVA 的发电机,当电路的 $\cos\varphi = 1$ 时能发出 1000 kW 的有功功率;而当 $\cos\varphi = 0.7$ 时却只能发出 700 kW 的有功功率。

2.增加线路和电源内阻的功率损耗

当电源的电压 U 和输出功率 P 一定时,输出电流 $I = \dfrac{P}{U\cos\varphi}$,功率因数越低,输出电流 I 越大,而线路及电源内阻上的功率损耗 $\Delta P = I^2 r = \left(\dfrac{P^2 r}{U^2}\right)\dfrac{1}{\cos^2\varphi}$,式中 r 表示电源内阻与线路电阻之和,ΔP 则与电流 I 的平方成正比。

综上所述,提高功率因数一方面可使电源得到更为有效的利用,即能输出更多的有功功率;另一方面可以减少电源及线路上的功率损耗,从而提高输电效率。因此,提高电网的功率因数对国民经济的发展有着极为重要的意义。

4.7.3　提高功率因数的方法

实际电网中功率因数小于 1 的原因,主要是由于电感性负载的存在。例如,生产中最常用的异步电动机在额定负载时的功率因数约为 0.7~0.9,如果在轻载时它的功率因数就更低了。其他如工频炉、电焊变压器以及日光灯等负载的功率因数也都是较低的。电感性负载的功率因数之所以小于 1,是由于负载本身需要一定的无功功率。如何减少电源与负载之间的能量交换,保证电感性负载所需的无功功率,是提高功率因数的实际问题。

提高功率因数的实质是设法减小电路中无功功率。常用的方法就是与电感性负载并联一个具有合适电容值的电容元件,如图 4-47(a)所示。

并联电容 C 前,电路中电流 $i = i_1$,比电压 u 滞后一个 φ 角。电流 i 可分解成两个分量 i_R 和 i_X,从图 4-47(b)的相量图可得

$$I_R = I_1 \cos\varphi_1 = \frac{P}{U}$$

$$I_X = I_1 \sin\varphi_1 = \frac{Q_L}{U}$$

可见,电流的两个分量分别与电路的有功功率 P 和无功功率 Q_L 相对应。与电压同相位的 i_R 称为电流 i_1 的有功分量,而与电压相位相差 90° 的 i_X 则称为电流 i_1 的无功分量。提高电路的功率因数,也就是减小电路中电流的无功分量。

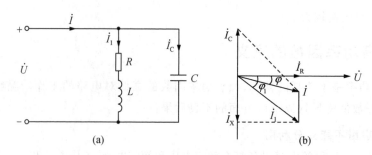

图 4-47 提高功率因数的电路图

并联电容 C 后,电路中电流 $i=i_1+i_C$,若用相量表示则为

$$\dot{I}=\dot{I}_1+\dot{I}_C=\dot{I}_R+\dot{I}_X+\dot{I}_C$$

由于 $\dot{I}_C$ 与 $\dot{I}_X$ 相位相反,故总电流,$I=\sqrt{\dot{I}_R^2+(\dot{I}_X-\dot{I}_C)^2}$ 将变小,功率因数角 $\varphi=$ $\arctan\dfrac{I_X-I_C}{I_R}$ 也将变小,即功率因数 $\cos\varphi$ 将变大。

必须指出,虽然并联电容后,感性负载中的电流 I_1、功率因数 $\cos\varphi_1$ 以及功率 $P=UI_1\cos\varphi_1$ 等没有发生变化,但是整个电路的功率因数 $\cos\varphi$ 得到了提高。

总电流变小,即视在功率变小,而有功功率保持不变,显然是电路中的无功功率变小了。由图 4-47(b)的相量图也可看出总电流的有功分量不变,而无功分量变小。感性负载所需的无功功率是一定的,只是这时其大部分或全部是由电容 C 供给的,就是说能量的互换主要或完全发生在感性负载与电容器之间,从而减轻了电源和输电线路的负担。

计算并联电容器的电容值,可从图 4-47(b)的相量图中导出一个公式。由图可得

$$I_C=I_1\sin\varphi_1-I\sin\varphi=\left(\frac{P}{U\cos\varphi_1}\right)\sin\varphi_1-\left(\frac{P}{U\cos\varphi}\right)\sin\varphi=\frac{P}{U}(\tan\varphi_1-\tan\varphi)$$

又因为

$$I_C=\frac{U}{X_C}=U\omega C$$

所以

$$U\omega C=\frac{P}{U}=(\tan\varphi_1-\tan\varphi)$$

即

$$C=\frac{P}{\omega U^2}(\tan\varphi_1-\tan\varphi) \tag{4-62}$$

式中,P 为感性负载吸收的有功功率;U 为负载两端的电压;φ_1 为并联电容 C 前负载的功率因数角;φ 为并联电容 C 后整个电路的功率因数角;ω 为电源的角频率。

【例 4-17】 当感性负载接于 380 V,50 Hz 的电源上时 吸收 20 kW 有功功率,功率因数为 0.6(滞后),若将功率因数提高到 0.95,求所需并联的电容值。

解:如果功率因数为 0.6,则有

$$\cos\varphi_1=0.6\Rightarrow\varphi_1=53°$$

式中,φ_1 是电压与电流间的相位差。根据有功功率和功率因数可得视在功率为

$$S_1=\frac{P}{\cos\varphi_1}=\frac{20000}{0.6}=33333.33 \text{ VA}$$

无功功率为

$$Q_1=S_1\sin\varphi_1=33333.33\sin53°=26621.18 \text{ var}$$

当功率因数提高到 0.95,则有

$$\cos\varphi_2 = 0.95 \Rightarrow \varphi_2 = 18°$$

有功功率 P 没有改变,但视在功率发生了变化。

其新值为

$$S_2 = \frac{P}{\cos\varphi_2} = \frac{20000}{0.95} = 21052.63 \text{ VA}$$

新的无功功率为

$$Q_2 = S_2 \sin\varphi_2 = 21052.63 \sin 18° = 6505.62 \text{ var}$$

新旧无功功率之差是由于在负载两端并联了电容器造成的。由多加的电容器产生的无功功率为

$$Q_C = Q_1 - Q_2 = 26621.18 - 6505.62 = 20115.56 \text{ var}$$

且

$$C = \frac{P}{\omega U^2}(\tan\varphi_1 - \tan\varphi_2) = \frac{Q_C}{\omega U^2} = \frac{20115.56}{2\pi \times 50 \times 380^2} = 443.64 \ \mu F$$

若要将该题的功率因数从 0.95 再提高到 1,试问并联电容器的电容值还需增加多少?

由题可知,此时 P,U,ω 不变,而 $\varphi_1 = 18°, \varphi = 0°$,则需要增加的电容值为

$$C = \frac{20 \times 10^3}{314 \times 380^2}(\tan 18° - \tan 0°) = 143 \ \mu F$$

可见在功率因数已接近 1 时再继续提高,所需增加的电容值较大,显然是不经济的。因此,在实际中一般不要求把功率因数提高到 1,通常只将功率因数提高到 $0.9 \sim 0.95$。

4.8　串联电路的谐振

谐振电路(resonant)在无线电和电工技术中有着广泛的应用。例如,收音机和电视机是利用谐振电路的特性来选择所要接收的电台信号,抑制某些干扰信号。在电子测量仪器中,利用谐振电路的特点来测量线圈和电容器的参数。在电力系统中由于发生谐振时有可能损坏设备,又必须设法避免这一现象的发生。所以,分析研究谐振现象有着十分重要的意义。

收音机调台

如图 4-48 所示的一端口网络,当 $\dot{U}$ 和 $\dot{I}$ 同相,即网络在某一频率下呈现纯电阻性时,电路的工作状态称为谐振。通常采用的谐振电路有三种,即串联谐振电路和并联谐振电路以及耦合谐振电路。下面首先介绍串联谐振电路。

4.8.1　串联电路的谐振现象

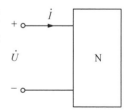

图 4-48　一端口网络

如图 4-49 所示 RLC 串联电路,在正弦交流电压作用下,该电路的复阻抗为

$$Z(j\omega) = R + j\omega L + \frac{1}{j\omega C} = R + j(X_L - X_C) = R + jX(\omega) = |Z| \underline{/\varphi}$$

上式的虚部即为复阻抗的电抗 $X(\omega)=X_L-X_C=\omega L-\dfrac{1}{\omega C}$，$X$ 随角频率变化的情况如图 4-50 所示。从该图可以很清楚地看出，当 $0<\omega<\omega_0$，$X(\omega)<0$ 时，整个电路呈现容性；当 $\omega>\omega_0$ 时，$X(\omega)>0$，整个电路呈现感性；当 $\omega=\omega_0$ 时，$X(\omega_0)=0$，即电抗为零

$$X(\omega_0)=\omega_0-\frac{1}{\omega_0 C}=0 \tag{4-63}$$

整个电路呈现纯电阻性，此时电压 $\dot U$ 与 $\dot I$ 同相，发生串联谐振。式(4-63)就是该串联电路发生谐振的条件，即 $I_m[Z(j\omega)]=0$。ω_0 称为谐振角频率(resonant angular frequency)。根据式(4-63)可推知角频率为

$$\omega_0=\frac{1}{\sqrt{LC}} \tag{4-64}$$

由于 $\omega_0=2\pi f_0$，所以谐振频率(resonant frequency)为

$$f_0=\frac{1}{2\pi\sqrt{LC}}$$

其中，L 的单位为亨利(H)；C 的单位为法拉(F)；f_0 的单位为赫兹(Hz)，即周/秒；ω_0 的单位为弧度/秒(rad/s)。

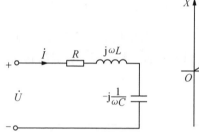 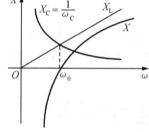

图 4-49　串联谐振电路　　　　图 4-50　X_L、X_C、X 与 ω 的关系

由上面的公式可知，谐振时的角频率和频率仅仅由电路的 L、C 参数决定，而与电阻 R 无关，它反映了串联电路的一种固有的性质，所以 f_0 和 ω_0 常称为电路的固有频率(inherent frequency)和固有角频率(inherent angular frequency)。

4.8.2　实现谐振的方法

串联电路实现谐振的方法如下：

(1)电感 L 和电容 C 的参数一定时，调节激励信号的频率，使信号频率 ω 等于电路的谐振频率 ω_0，即 $\omega=\omega_0$。

(2)当信号的频率 ω 一定时，可改变电路中电容或电感的参数，使电路的谐振频率 ω_0 等于信号频率 ω，如收音机在选择所需电台时，是采取调节电容 C 的方法来实现的。而电视机在选择频道时，则是采用调节电感的方法来实现的。

4.8.3　串联谐振的基本特征

串联谐振的基本特征如下：

(1)$\dot{U}$、$\dot{I}$ 同相,整个电路阻抗最小且呈纯电阻性。

因为谐振时,其电抗 $X(\omega_0)=0$,所以,谐振时串联电路的阻抗为

$$Z_0=Z(\omega_0)=R+\mathrm{j}X(\omega_0)=R$$

(2)谐振时,电路中的电流最大,整个电路消耗的功率最大。

谐振时电路中的电流为

$$I_0=\frac{U}{Z_0}=\frac{U}{R}$$

谐振时整个电路消耗的功率为

$$P_0=I_0^2R$$

谐振时 $\qquad\qquad\omega_0L=\frac{1}{\omega_0C}=\frac{1}{\sqrt{LC}}L=\sqrt{\frac{L}{C}}=\rho$

式中,ρ 称为电路的特性阻抗(characteristic impedance),单位为欧姆(Ω)。它的大小只由电路的元件参数 L 和 C 决定,而与谐振频率的大小无关。在无线电技术中,常常用谐振电路的特性阻抗 ρ 与回路电阻 R 的比值的大小来讨论谐振电路的性能,此比值称为谐振回路的品质因数(quality factor)或共振系数,用 Q 来表示,工程中简称为 Q 值,它是一个无量纲的量。

$$Q\stackrel{\text{def}}{=}\frac{\rho}{R}=\frac{1}{R}\sqrt{\frac{L}{C}}=\frac{\omega_0L}{R}=\frac{1}{\omega_0CR} \qquad (4\text{-}65)$$

(3)谐振时各元件上的电压分别为

$$\dot{U}_{L0}=\mathrm{j}\omega_0L\,\dot{I}_0=\mathrm{j}\omega_0L\,\frac{\dot{U}}{R}=\mathrm{j}\frac{\omega_0L}{R}\dot{U}=\mathrm{j}Q\,\dot{U}$$

$$\dot{U}_{C0}=-\mathrm{j}\frac{1}{\omega_0C}\dot{I}=-\mathrm{j}\frac{1}{\omega_0C}\frac{\dot{U}}{R}=-\mathrm{j}\frac{1}{\omega_0CR}\dot{U}=-\mathrm{j}Q\,\dot{U}$$

可见,谐振时 $\dot{U}_{L0}=-\dot{U}_{C0}$,即电感上和电容上的电压相量之和为零,正好相互完全抵消,外施电压 $\dot{U}$ 全部加在电阻 R 上。

此时 $\qquad\qquad U_{L0}=U_{C0}=QU$

谐振时串联电路的相量图如图 4-51 所示。

由于 $U_{L0}=U_{C0}$ 是外施电压 U 的 Q 倍,因此可以用测量电容上的电压的办法来获得谐振回路的 Q 值,即

$$Q=\frac{U_{C0}}{U}$$

图 4-51　串联谐振相量图

通常电路的 Q 值在 $40\sim200$ 之间。因此,谐振时电感元件上的电压 U_{L0} 和电容元件上的电压 U_{C0} 都大于电源电压 U,甚至是 U 的几十乃至几百倍,故串联谐振又称为电压谐振(voltage resonance)。在无线电通信方面正是利用这一特点,使微弱信号传输到串联谐振回路后,在 L 或 C 上可以获得一个比输入信号大许多倍的输出电压,以达到选择所需要的通信信号的目的。但在电力系统中,由于电源本身电压较高,而元件的耐压有限,在设计某些电路时,一定要适当选择其参数,避免产生谐振,以保证某些电气设备的安全运行。

【例 4-18】　如图 4-52(a)所示为收音机的接收电路,如图 4-52(b)所示电路为它的等

效电路。其中 $R=13\ \Omega, L=0.25\ \text{mH}$。

(1)现欲接收某一广播电台频率为 820 kHz,电压为 $U_1=0.1\ \text{mV}$ 的节目信号 u_1,电路中的电流 I_0 和输出电压 U_{C1} 为何值?

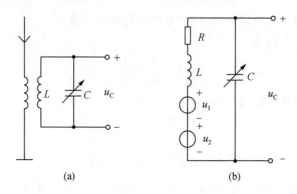

图 4-52　[例 4-18]图

(2)这时对另一频率为 1530 kHz 电台的幅值相同的广播节目信号 u_2,电路中的电流 I_2 和输出电压 U_{C2} 又为多大?

解:(1)欲接收某频率的节目信号,应调节可变电容,使电路发生谐振,谐振时电流为

$$I_0=\frac{U_1}{R}=\frac{0.1\times10^{-3}}{13}\approx7.7\ \mu\text{A}$$

$$Q=\frac{\omega_0 L}{R}=\frac{2\pi f_0 L}{R}=\frac{2\pi\times820\times10^3\times0.25\times10^{-3}}{13}=99.08$$

所以,可变电容元件上的电压为

$$U_{C1}=QU_1=99.08\times0.1\times10^{-3}=9.91\ \text{mV}$$

(2)当 $f_2=1530\ \text{kHz}$ 时,电路的复阻抗为

$$Z(\omega_2)=R+\text{j}(X_L-X_C)$$

其中

$$X_L=\omega_2 L=2\pi\times1530\times10^3\times0.25\times10^{-3}\approx2403.32\ \Omega$$

$$X_C=\frac{1}{\omega_2 C}$$

根据

$$Q=\frac{1}{R}\sqrt{\frac{L}{C}}$$

故

$$C=\frac{L}{(QR)^2}=\frac{0.25\times10^{-3}}{(99.08\times13)^2}\approx1.5\times10^{-10}=150\ \text{pF}$$

代入 X_C 可得

$$X_C=\frac{1}{2\pi\times1530\times10^3\times1.5\times10^{-10}}=693.485\ \Omega$$

因此

$$|Z(\omega_2)|=\sqrt{13^2+(2403.32-693.485)^2}\approx1710\ \Omega$$

此时电路中的电流为

$$I_2=\frac{U_2}{|Z(\omega_2)|}=\frac{0.1\times10^{-3}}{1710}\approx5.85\times10^{-8}=0.0585\ \mu\text{A}$$

电容上的电压为

$$U_{C2} = \frac{1}{\omega_2 C} \times I_2 = 693.485 \times 5.85 \times 10^{-8} = 4.056 \times 10^{-5} = 0.04056 \text{ mV}$$

两种情况下输出电压的比值为

$$\frac{U_{C1}}{U_{C2}} = \frac{9.91}{0.04056} = 244$$

由本例计算结果可以看出,当频率为 820 kHz 的信号 u_1,在收音机的接收电路中产生串联谐振时,电容 C 上的输出电压是输入电压 U_1 的 99 倍。而对频率为 1530 kHz 的另一信号 u_2,收音机的接收回路不发生谐振,此时电容 C 两端的输出电压只是输入电压 U_1 的 0.41倍,对大小相同,频率不同的信号产生的输出电压两者竟有两百多倍的差别。收音机的接收电路正是利用了串联谐振电路的选频作用,选择接收了信号 u_1 抑制了干扰信号 u_2。

4.8.4　串联谐振时的功率和能量

谐振时电路吸收的有功功率和无功功率分别为

$$P_0 = I_0^2 R \tag{4-66}$$

$$Q = Q_L + Q_C = 0 \tag{4-67}$$

上式说明,谐振时电感与电容之间进行着能量的交换而不与电源之间交换能量。

电感和电容中所储存的电磁场能量的总和为

$$W = W_L + W_C = \frac{1}{2}Li_L^2(t) + \frac{1}{2}Cu_C^2(t) = \frac{1}{2}L\,(I_m\sin\omega_0 t)^2 + \frac{1}{2}C\,(U_{cm}\cos\omega_0 t)^2$$

而谐振时

$$U_{cm} = \frac{1}{\omega_0 C}I_m = \sqrt{\frac{L}{C}}I_m$$

所以

$$\frac{1}{2}CU_{cm}^2 = \frac{1}{2}LI_m^2 \tag{4-68}$$

则

$$W = \frac{1}{2}LI_m^2 = \frac{1}{2}CU_{cm}^2 \tag{4-69}$$

又由于谐振时有

$$U_{cm}^2 = QU_m^2$$

所以

$$W = \frac{1}{2}CQ^2U_m^2$$

由此可见,串联谐振时,在电感和电容中所储存的磁场能量和电场能量的总和 W 是不随时间变化的常量,且与回路的品质因数 Q 值的平方成正比。

4.8.5　串联谐振电路的谐振曲线和选择性

对于 RLC 串联电路,当外施电压的频率改变时,电路中的电流、电压、阻抗、导纳等都将随之改变,这种随频率变化的特性,称为频率特性(frequency characteristic)。表明电流、电压与频率关系的曲线,称为谐振曲线(resonant curve)。

1.复阻抗和复导纳的频率特性

$$Z = R + j\left(\omega L - \frac{1}{\omega C}\right) = R + j(X_L - X_C) = R + jX$$

$$|Z| = \sqrt{R^2 + X^2}$$

$$\varphi(\omega) = \arctan \frac{X(\omega)}{R}$$

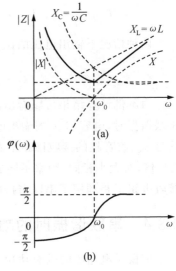

其中,X_L、X_C、X 和 $|Z|$ 的频率特性曲线如图 4-53(a)所示。从图上可以看出,$|Z|$ 的曲线形状为 V 形,且与表示不随频率变化的 R 的水平线在 $\omega = \omega_0$ 处相切。除了在谐振角频率 ω_0 附近外,$|Z|$ 随 ω 变化的规律大体上与 $|X|$ 接近。阻抗角 $\varphi(\omega)$ 的频率特性曲线如图 4-53(b)所示。当 ω 从零开始增大,经过 $\varphi(\omega)$(谐振)后再趋向无穷大时,则 $\varphi(\omega)$ 从 $-\frac{\pi}{2}$ 开始上升,经过零值(谐振)再趋向 $+\frac{\pi}{2}$。$|Y| = \frac{1}{|Z|}$,其频率特性曲线如图 4-54 所示。

图 4-53　复阻抗的频率特性曲线

2.电流、电压幅频特性曲线

串联谐振回路电流为

$$\dot{I} = \frac{\dot{U}}{Z} = \dot{U}Y$$

$$I = \frac{U}{|Z|} = \frac{U}{\sqrt{R^2 + \left(\omega L - \frac{1}{\omega C}\right)^2}} = U|Y| \tag{4-70}$$

所以,电流的幅频特性曲线同导纳的幅频特性曲线完全相似,如图 4-55 所示。此曲线说明,由于串联谐振回路的谐振特性,使它对 ω_0 附近的频率产生的电流最大,对远离 ω_0 的频率产生的电流却很小,这表明串联谐振回路具有选择所需频率信号的性能,即能把 ω_0 附近的无线电信号选择出来,同时也能把远离 ω_0 的频率信号加以削弱和抑制。这种性能在无线电技术中称为选择性(selectivity)。从曲线上不难看出,电路选择性的好坏与电流谐振曲线的尖锐程度有关。

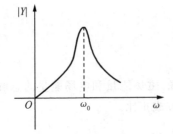

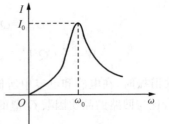

串联电路
的谐振

图 4-54　复导纳的频率特性曲线　　　图 4-55　I-ω 曲线

下面进一步研究当外加电压有效值 U 及回路参数 L 和 C 都不变,而 R 不同(即 Q 值不同)时的回路电流谐振曲线。

由式(4-70)知

$$I = \frac{U}{\sqrt{R^2 + \left(\omega L - \dfrac{1}{\omega C}\right)^2}} = \frac{U}{R\sqrt{1 + \left[\dfrac{\omega_0 L}{R}\left(\dfrac{\omega}{\omega_0} - \dfrac{\omega_0}{\omega}\right)\right]^2}} = \frac{I_0}{\sqrt{1 + Q^2\left(\dfrac{\omega}{\omega_0} - \dfrac{\omega_0}{\omega}\right)^2}}$$

为了使电流谐振曲线具有普遍意义和直观性,可采用相对值来作图,即以 I/I_0 作为纵坐标,以 $\omega/\omega_0 = \eta$(η 表明角频率 ω 偏离谐振频率 ω_0 的程度)作为横坐标,这样就可以得到

$$\frac{I}{I_0} = \frac{1}{\sqrt{1 + Q^2\left(\eta - \dfrac{1}{\eta}\right)^2}} \qquad (4\text{-}71)$$

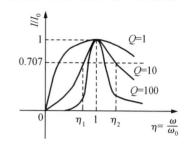

图 4-56　串联谐振回路的通用曲线

由上式画出了 $Q=1$、$Q=10$ 和 $Q=100$ 时的三条曲线,如图 4-56 所示。

因为对于 Q 值相同的任何 RLC 串联谐振回路只有一条这样的曲线与之对应,所以这种曲线称为串联谐振电路的通用曲线。

从这组曲线上可以很清楚地看到,Q 值越大,其对应的曲线越尖锐(sharpness),意味着电路对非谐振频率的信号具有较强的抑制能力,回路的选择性就越好。相反,Q 值越小,则其对应的曲线就越平坦,选择性就越差。

上述讨论只是定性的概述,而实际工程中,往往要求给出定量的衡量指标,以便进行比较和作为设计谐振电路的要求。一般规定,以电流的通用曲线上 $I(\eta)/I_0 = \dfrac{1}{\sqrt{2}} = \dfrac{\sqrt{2}}{2} = 0.707$ 这一点对应的两个频率点(对应 $|X| = R$)之间的宽度作为这种指标。这个宽度称为带宽,通常称为通频带,它规定了谐振电路允许通过信号的频率范围。

现在,我们用类似的方法来分析 U_L 和 U_C 的频率特性,它们分别为

$$U_L(\omega) = \omega L I$$

把式(4-71)代入上式,得

$$U_L(\omega) = \omega L \frac{I_0}{\sqrt{1 + Q^2\left(\eta - \dfrac{1}{\eta}\right)^2}}$$

又由于 $I_0 = \dfrac{U}{R}$,所以

$$U_L(\omega) = \frac{\omega L \dfrac{U}{R}}{\sqrt{1 + Q^2\left(\eta - \dfrac{1}{\eta}\right)^2}} = \frac{\dfrac{\omega_0 L}{R}\dfrac{\omega}{\omega_0}U}{\sqrt{1 + Q^2\left(\eta - \dfrac{1}{\eta}\right)^2}}$$

$$= \frac{Q\eta U}{\sqrt{1 + Q^2\left(\eta - \dfrac{1}{\eta}\right)^2}} = \frac{QU}{\sqrt{\dfrac{1}{\eta^2} + Q^2\left(1 - \dfrac{1}{\eta^2}\right)^2}}$$

$$U_C(\omega) = \frac{1}{\omega C}I = \frac{QU}{\sqrt{\eta^2 + Q^2(\eta^2 - 1)^2}}$$

当 $Q = 1.25$ 时,它们的曲线如图 4-57 所示。显然,它们的形状与 Q 值有关。可以证

明,当 $Q > 0.707$ 时,出现峰值时的频率和峰值为

对于 U_C,有

$$\eta_1 = \sqrt{1 - \frac{1}{2Q^2}} < 1$$

或者

$$\omega_1 = \omega_0 \sqrt{1 - \frac{1}{2Q^2}} < \omega_0$$

$$U_{Cmax} = U_C(\eta_1) = \frac{QU}{\sqrt{1 - \frac{1}{4Q^2}}} > QU$$

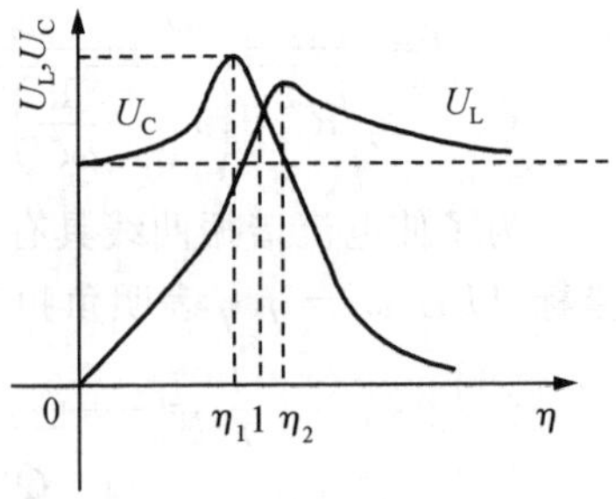

对于 U_L,有

$$\eta_2 = \sqrt{\frac{2Q^2}{2Q^2 - 1}} > 1$$

或者

$$\omega_2 = \omega_0 \sqrt{\frac{2Q^2}{2Q^2 - 1}} > \omega_0$$

$$U_{Lmax} = U_L(\eta_2) = \frac{QU}{\sqrt{1 - \frac{1}{4Q^2}}} > QU$$

显然,$U_{Lmax} = U_{Cmax}$,当 Q 值很大时,两峰值向谐振频率靠近。当 $Q = 0.707$ 时,U_C 和 U_L 都没有峰值。

图 4-57 串联谐振电路
U_L,U_C 的频率特性

4.9 并联电路的谐振

并联谐振与串联谐振的定义相同,即端口上的电压与输入电流同相时的工作状态称为谐振。由于发生在并联电路中,所以称为并联谐振。

如图 4-58 所示的 GLC 并联电路的谐振问题,可以用上述类似串联谐振电路的分析方法来进行分析。

由于 GLC 并联电路的性质是 RLC 串联电路性质的对偶,所以所有的公式符合下例对偶关系:

RLC 串联电路　　R、L、C、$\dot{U}$、$\dot{I}$

$$\downarrow \quad \downarrow \quad \downarrow \quad \downarrow \quad \downarrow$$

GLC 并联电路　　G、C、L、$\dot{I}$、$\dot{U}$

串联谐振电路的谐振角频率

$$\omega_0 = \frac{1}{\sqrt{LC}}$$

并联谐振电路的谐振角频率

$$\omega_0 = \frac{1}{\sqrt{CL}}$$

显然,GLC 并联谐振电路的角频率同串联谐振电路的角频率完全一样。

又如,RLC 串联电路的品质因数为

$$Q = \frac{\omega_0 L}{R} = \frac{1}{\omega_0 CR} = \frac{1}{R}\sqrt{\frac{L}{C}}$$

根据上面对偶关系,GLC 并联电路的品质因数应为

$$Q = \frac{\omega_0 C}{G} = \frac{1}{\omega_0 LG} = \frac{1}{G}\sqrt{\frac{C}{L}}$$

工程实际中被广泛应用的电感线圈和电容器组成的简单的并联谐振电路,如图 4-59 所示。

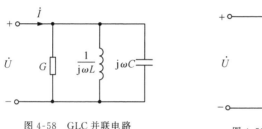

图 4-58　GLC 并联电路

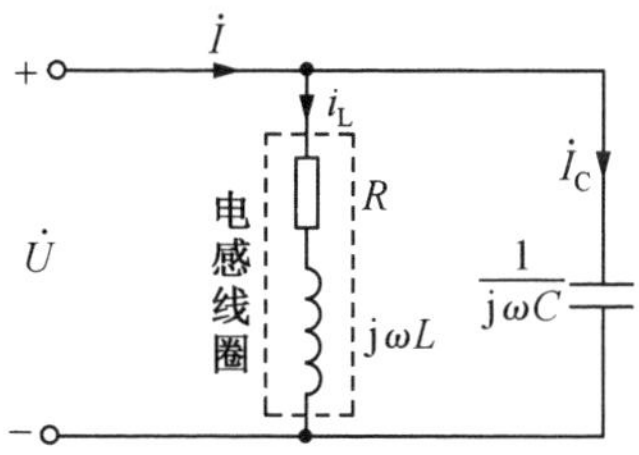

图 4-59　简单并联谐振电路

4.9.1　并联谐振的频率

如图 4-59 所示电路的输入导纳为

$$Y = \frac{1}{R + j\omega L} + j\omega C = \frac{R - j\omega L}{R^2 + (\omega L)^2} + j\omega C$$

$$= \frac{R}{R^2 + (\omega L)^2} + j\left[\omega C - \frac{\omega L}{R^2 + (\omega L)^2}\right] \qquad (4\text{-}72)$$

并联电路发生谐振的条件是 $I_m[Y] = 0$,即

$$\omega C - \frac{\omega L}{R^2 + (\omega L)^2} = 0$$

从上式可解得谐振角频率

$$\omega_0 = \sqrt{\frac{L - CR^2}{L^2 C}} = \frac{1}{\sqrt{LC}}\sqrt{1 - \frac{CR^2}{L}} \qquad (4\text{-}73)$$

谐振频率

$$f_0 = \frac{1}{2\pi\sqrt{LC}}\sqrt{1 - \frac{CR^2}{L}} \qquad (4\text{-}74)$$

由式(4-74)可以看出,电路的谐振频率完全由电路的参数来决定,并且只有当 $1 - \dfrac{CR^2}{L}$

> 0 ,即 $R < \sqrt{\dfrac{L}{C}}$ 时,f_0 才是实数,才有意义。也就是说,只有 $R < \sqrt{\dfrac{L}{C}}$ 时,电路才可能发生

谐振。反之,如果 $R>\sqrt{\dfrac{L}{C}}$,f_0 为虚数,电路是不可能发生谐振的。

在电子技术中使用的并联谐振电路,由于电路中电感线圈的电阻 R 一般都比较小,而 L/C 较大,即一般都能满足 $Q\gg1$ 的条件。因此,我们一般注意的是 $Q\gg1$ 条件下的谐振条件和谐振特性。

并联电路的 Q 值仍定义为在谐振时电路的感抗值(或容抗值)与电路的总电阻的比值。

$$Q=\frac{\omega_0 L}{R}=\frac{1}{\omega_0 CR} \tag{4-75}$$

并联电路的特性阻抗仍定义为

$$\rho=\sqrt{\frac{L}{C}} \tag{4-76}$$

当 $Q\gg1$ 时,式(4-73)中的 $\dfrac{CR^2}{L}$ 项可以忽略不计,便得出 $Q\gg1$ 时,并联谐振角频率和谐振频率分别为

$$\omega_0\approx\sqrt{\frac{1}{LC}} \tag{4-77}$$

$$f_0\approx\frac{1}{2\pi\sqrt{LC}} \tag{4-78}$$

4.9.2　并联谐振的特征

并联谐振具有如下特征:

(1)谐振时,回路端电压 $\dot{U}$ 和总电流 $\dot{I}$ 同相。

$$Z(\omega_0)=\frac{\dot{U}}{\dot{I}}=R_0\approx\frac{(\omega_0 L)^2}{R}=\frac{L}{CR}=Q\sqrt{\frac{L}{C}}=Q\omega_0 L=Q^2 R \tag{4-79}$$

Q 值一般在几十到几百,所以 $Z(\omega_0)$ 可高达几千欧或几百千欧。因此,当电流源 $\dot{I}_s$ 作用时,谐振回路是高阻抗,可以获得高电压,即

$$\dot{U}=\dot{U}(\omega_0)=\dot{I}_s R_0=\frac{L}{CR}\dot{I}_s=Q^2 R\,\dot{I}_s$$

(2)若输入电源电压 $\dot{U}$ 不变,则电路的输入电流最小,即

$$\dot{I}_0=\dot{I}(\omega_0)=\frac{\dot{U}}{R_0}=\frac{RC}{L}\dot{U}=\frac{1}{Q^2 R}\dot{U}$$

(3)谐振时,电感支路电流 I_{L0} 与电容支路电流 I_{C0} 近似相等并等于总电流 I_0 的 Q 倍。

$$I_{C0}=\dot{I}_C(\omega_0)=j\omega_0 C\,\dot{U}=j\omega_0 C(\dot{I}_0 R_0)$$

$$=j\omega_0 C\cdot\frac{L}{CR}\cdot\dot{I}_0=j\frac{\omega_0 L}{R}\dot{I}_0=jQ\,\dot{I}_0 \tag{4-80}$$

$$\dot{I}_{L0}=\dot{I}_L(\omega_0)=\frac{U}{R+j\omega_0 L}$$

当 $Q\gg1$ 时,$\omega_0 L\gg R$。所以

$$\dot{I}_{L0} \approx \frac{\dot{U}}{j\omega_0 L} = -jQ\dot{I}_0 \qquad (4-81)$$

故在 $Q \gg 1$ 条件下

$$I_{L0} \approx I_{C0} = QI_0$$

上式说明,并联电路发生谐振时,支路上的电流远远大于输入电流。因此,并联谐振又称为电流谐振。并联谐振电路的相量图如图 4-60 所示。

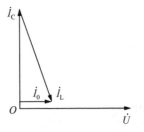

图 4-60　并联谐振电路的相量图

【例 4-19】　如图 4-59 所示并联谐振电路,已知 $R = 5\ \Omega$,$L = 50\ \mu\text{H}$,$C = 200\ \text{pF}$。

(1)求 ω_0 和 f_0;

(2)若输入电流 $I_1 = 0.1\ \text{mA}$,频率 $f_1 = f_0$ 的信号时,计算输入端的电压 U_1;

(3)若输入电流 $I_2 = I_1 = 0.1\ \text{mA}$,而频率变为 $f_2 = 1000\ \text{kHz}$ 时,计算输入端的电压 U_2。

解:(1)并联谐振电路的谐振角频率

$$\omega_0 \approx \frac{1}{\sqrt{LC}} = \frac{1}{\sqrt{50 \times 10^{-6} \times 200 \times 10^{-12}}} = 10^7\ \text{rad/s}$$

谐振频率

$$f_0 = \frac{\omega_0}{2\pi} \approx 1591.55\ \text{kHz}$$

(2)当 $f_1 = f_0$ 时,电路发生谐振,这时整个并联电路的阻抗为

$$Z(\omega_0) = R_0 = \frac{L}{CR} = \frac{50 \times 10^{-6}}{200 \times 10^{-12} \times 5} = 50\ \text{k}\Omega$$

所以输入端的电压 U_1 为

$$U_1 = I_1 R_0 = 0.1 \times 10^{-3} \times 50 \times 10^3 = 5\ \text{V}$$

(3)当 $f_2 = 1000\ \text{kHz}$ 时,整个并联电路的导纳为

$$Y(\omega_2) = \frac{R}{R^2 + (\omega_2 L)^2} + j\left[\omega_2 C - \frac{\omega_2 L}{R^2 + (\omega_2 L)^2}\right]$$

上式中

$$\omega_2 L = 2\pi f_2 L = 2\pi \times 1000 \times 10^3 \times 50 \times 10^{-6} = 100\pi\ \Omega$$

$$(\omega_2 L)^2 \approx 9.87 \times 10^4$$

$$\omega_2 C = 2\pi f_2 C = 2\pi \times 1000 \times 10^3 \times 200 \times 10^{-12} = 4\pi \times 10^{-4}\ \text{S}$$

把有关数据代入公式得

$$Y(\omega_2) = \frac{5}{5^2 + 9.87 \times 10^4} + j\left(4\pi \times 10^{-4} - \frac{100\pi}{25 + 9.87 \times 10^4}\right)$$

$$\approx 5.066 \times 10^{-5} - j19.26 \times 10^{-4}\ \text{S}$$

$$|Y| \approx 19.26 \times 10^{-4}\ \text{S}$$

电路的输入阻抗为

$$|Z| = \frac{1}{|Y|} \approx 519.2\ \Omega$$

所以,此时输入端的电压 U_2 为

$$U_2 = |Z|I_2 = 0.05192 \text{ mV}$$

将两种情况下的电压作比较,则有

$$\frac{U_1}{U_2} = \frac{5}{0.05192} = 96.3$$

通过本例计算结果可知,虽然输入电路的电流源电流大小相同,但频率不同,电路产生的响应竟有近百倍的差别,这表明并联谐振电路同串联谐振电路一样具有选频的作用。

4.10 实际应用电路

1.移相器

移相器(Phaser)是能够对波的相位进行调整的装置,分为模拟移相器和数字移相器。移相器常用来修正电路中不合要求的相移,或者使电路产生某种期望的特定效果。在雷达、导弹姿态控制、加速器、通信、仪器仪表、音乐音响等领域都有着广泛的应用。

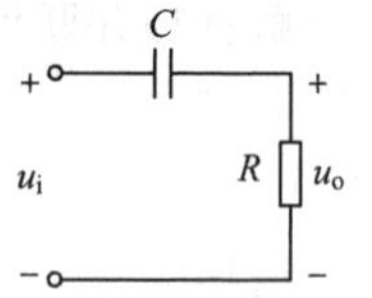

采用 RC 或 RL 电路就可以构成一个简单的模拟移相器,如图 4-61 所示 RC 移相电路和,由于电容电流超前千电压,改变 R 或 C 的参数就可以使输出信号相对于输入信号产生不同的相移。

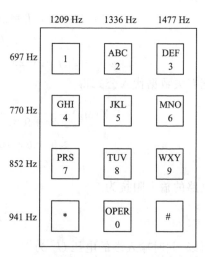
图 4-61 RC 移相电路

对图 4-61 的电路,其输出电压与输入电压关系为

$$\dot{U}_0 = \frac{R}{R + \frac{1}{j\omega C}}\dot{U}_i$$

设 $\dot{U}_0 = U_0 \angle \varphi_0, \dot{U}_i = U_i \angle \varphi_i$,则输出信号与输入信号的相位差为

$$\Delta\varphi = \varphi_0 - \varphi_i = \arctan\frac{1}{\omega RC}$$

上式说明,该电路产生了正相移,相移量的大小取决于 $R \setminus C$ 的值和信号频率。如果电路输出为电容两端电压,则电路产生负相移。

2.电话双音多品系统

打电话是日常经历的事情,那么是否想过系统是如何知道哪一个键被按下了呢? 又如何将按键与说话或唱歌的声音相区别的呢? 这是通过使用一个双音多频(Dual Tone Multiple Frequency,DTMF)系统完成的。下面就对此做一简单介绍。

一般按键式电话的键盘有 12 个按钮,排成 4 行 3 列,如图 4-62 所示。

按下任何一个按钮,则随着电话内部的电子电路选择的频率就将产生两个音调,如图 4-62 所示上部和左边所示的频率。例如,按下数字 5,产生 770 Hz 和 1336 Hz 的两个音调。行和列的安排及双音法使

图 4-62 按键式电话的键盘

得只用个音调就可表示 10 个数字（0 到 9）和两个符号（＊和♯），这 7 个音调分成两组：低频组（697～941 Hz）和高频组（1209～1477 Hz）。

一个 LC 谐振电路很容易产生每一个音调。低频组的 4 个音调通过将一个电容器连接到有 4 个不同抽头的螺线管上产生，同样的方法可以产生高频组的 3 个音调。当一个按钮被压下一半时，就有一个直流电流从中心处理室送到储能电路的螺线管。当按钮被安全按下时，直流电流中断。这个动作在 $1/\sqrt{LC}$ 频率处使得 LC 谐振储能电路产生正弦振荡。由于螺线管的电阻，使得储能电路的振荡逐渐消失。但是，按钮被安全按下时，也将储能电路与一个晶体管电路进行了连接，这就重新补充了能量，使得振荡能继续下去。

在中心处理室，用来检测音调及确定其频率的设备要复杂得多。需要两个滤波器，分别对应低频组和高频组。每个滤波器对应其标称频率（697～941 Hz 和 1209～1477 Hz）都必须有 $\pm 2\%$ 的余度。如果信号频率超过标称频率的 $\pm 3\%$，则就禁止通过。每一个滤波器的输出音调都经过数字处理从而确定其音调。

在电话交换设备中，DTMF 接收器中的带通滤波器首先检查是否低频信号和高频信号同时出现，从而确定信号是否来自电话按键。如果确定信号来自按键则下面就通过滤波器来确定对应的按键号码。例如，如果低频信号为 697 Hz，高频信号为 1477 Hz，则就可确定对应的按键号码是 3。下面以检测低频音调为例说明串联 RLC 带通滤波器的设计过程（标准电话系统的电阻为 $R = 6\,00\,\Omega$）。

低频的两个截止频率为

$$\omega_{c1} = 2\pi \times 697 = 4379.83 \text{ rad/s}$$

$$\omega_{c2} = 2\pi \times 941 = 5912.48 \text{ rad/s}$$

所以滤波器带宽为

$$BW = \omega_{c2} - \omega_{c1} = 1533.1 \text{ rad/s}$$

电感为

$$L = \frac{R}{BW} = \frac{600}{1533.1} = 0.39 \text{ H}$$

根据 $\omega_0 = \sqrt{\omega_{c1}\omega_{c2}} = \dfrac{1}{\sqrt{LC}}$ 可得电容为

$$C = \frac{1}{L\omega_{c1}\omega_{c2}} = \frac{1}{0.39 \times 4379.38 \times 5912.48} = 0.1 \ \mu F$$

输出信号为电阻电压，幅值为 U_m。根据截止频率的概念可知，在两个截止频率处信号的幅度为

$$U_{697} = U_{941} = \frac{U_m}{\sqrt{2}} = 0.707 U_m$$

根据网络函数 $|H(j\omega)| = \dfrac{1}{\sqrt{1 + Q^2\left(\dfrac{\omega}{\omega_0} - \dfrac{\omega_0}{\omega}\right)^2}}$，将 $BW = \dfrac{\omega_0}{Q}$ 代入并整理可得

$$|H(j\omega)| = \frac{\omega \cdot BW}{\sqrt{(\omega^2 - \omega_0^2)^2 + (\omega \cdot BW)^2}}$$

因此，在另外两个频率点处信号的幅度分别为

$$U_{770} = |H(j\omega)|_{\omega=2\pi\times770}U_m$$

$$= \frac{2\pi\times770\times1533.1U_m}{\sqrt{[(2\pi\times770)^2-4379.38\times5912.48]^2+(2\pi\times770\times1533.1)^2}}$$

$$= 0.948U_m$$

$$U_{852} = |H(j\omega)|_{\omega=2\pi852}U_m$$

$$= \frac{2\pi\times852\times1533.1U_m}{\sqrt{[(2\pi\times852)^2-4379.38\times5912.48]^2+(2\pi\times852\times1533.1)^2}}$$

$$= 0.948U_m$$

可见这两个值相同,但这并不是巧合,而是系统设计的考虑。

那么它是否可以将高频信号区分出来呢? 只需检查高频中的最低频率的信号即可。在 1209 Hz 处的信号幅度为

$$U_{1209} = |H(j\omega)|_{\omega=2\pi\times1209}U_m$$

$$= \frac{2\pi\times1209\times1533.1U_m}{\sqrt{[(2\pi\times1209)^2-4379.38\times5912.48]^2+(2\pi\times1209\times1533.1)^2}}$$

$$= 0.344U_m$$

可见远远小于低频信号的幅度,从而确保高频和低频之间有足够的区分空间。

拓展训练

习　题

4-1　按照如图 4-63 所示中所选定的参考方向,电流 i 的表达式为 $i=5\sin(314t+\frac{2}{3}\pi)$ A,若把参考方向选成相反的方向,则 i 的表达式应当如何写法? 如果把正弦量的选定参考方向改成相反的方向,将对相位有什么影响?

4-2　已知正弦电压 u 和电流 i 的波形图如图 4-64 所示,求电压 u 和电流 i 的初相及它们的相位差,若把纵坐标轴向右移 $\frac{\pi}{3}$ 后,它们的初相有何变化? 相位差是否改变,u 和 i 哪一个超前?

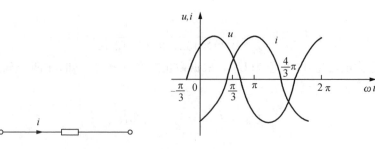

图 4-63　题 4-1 图　　　　　　　　　　图 4-64　题 4-2 图

第 4 章
习题答案

4-3　试计算下列各题,并说明电路的性质。

(1) $\dot{U}=10\underline{/30°}$ V,$Z=5+j5$ Ω,$\dot{I}=?$,$P=?$

(2) $\dot{U}=30\underline{/15°}$ V,$\dot{I}=-3\underline{/-165°}$ A,$R=?$,$X=?$,$P=?$

(3) $\dot{U} = -100\underline{/30°}$ V，$\dot{I} = 5\mathrm{e}^{-j60°}$ A，$R = ?$，$X = ?$，$P = ?$

4-4 如图 4-65 所示的各电路图中，除 Ⓐ₀ 和 Ⓥ₀ 外，其余安培计和伏特计的读数在图上都已标出（均为正弦量的有效值），试求安培计 Ⓐ₀ 或伏特计 Ⓥ₀ 的读数。

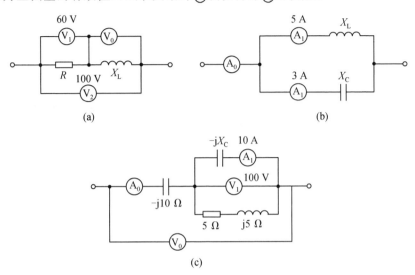

图 4-65 题 4-4 图

4-5 如图 4-66 所示正弦交流电路中，$I_1 = I_2 = I_3 = 10$ A，$U = 100$ V，试作出相量图并求 R、X_L 和 X_C。

4-6 某正弦交流电路，角频率 $\omega = 500$ rad/s，电压 u 和电流 i 的波形图如图 4-67 所示，试求电路的参数。

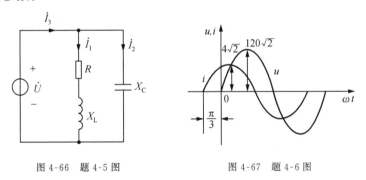

图 4-66 题 4-5 图　　　　图 4-67 题 4-6 图

4-7 如图 4-68 所示电路中，N 为线性无源动态网络，已知 $u = 200\sqrt{2}\sin(314t + 10°)$ V，$i = 500\sqrt{2}\sin(314t + 40°)$ A。试求等效复阻抗 Z，等效复导纳 Y，复功率 $\bar{S}$，有功功率 P，无功功率 Q，并画出端口处电压和电流的相量图，指出该网络是容性的还是感性的。

4-8 已知如图 4-69 所示电路中，$I_1 = 5$ A，$I_2 = 5\sqrt{2}$ A，$U = 220$ V，$R = 5$ Ω，$R_2 = X_L$。试求 I、X_C、X_L 及 R_2。

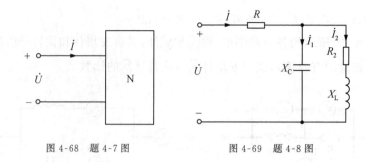

图 4-68　题 4-7 图　　　　　　图 4-69　题 4-8 图

4-9　在如图 4-70 所示电路中,已知 $\dot{I}=3\underline{/0°}$ A,$u=100\sqrt{2}\sin(314t+45°)$ V,电压表 ⓥ 读数为 50 V。试确定方块中是由哪两个元件串联而成?

4-10　如图 4-71 所示的移相电路中,若 $C=0.2\ \mu F$,输入电压 $u_1=5\sqrt{2}\sin314t$ V,现欲使输出电压 u_2 超前 u_1 60°,试求 R 和 U_2。

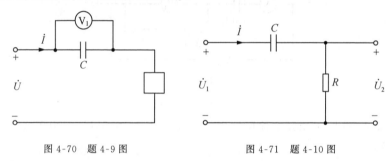

图 4-70　题 4-9 图　　　　　　图 4-71　题 4-10 图

4-11　如图 4-72 所示电路为晶闸管调压系统中的阻容移相电桥电路,如电源频率 $f=50$ Hz,$U=30$ V,$C=10\ \mu F$,若要使输出电压的最大相位移达 140°(输出电压与输入电压的相位差),问电位器 R 的阻值应为多大? 这时的输出电压 U_{ab} 为多少?

4-12　如图 4-73 所示电路中,已知负载 1:$S_1=10$ kVA,$\cos\varphi_1=0.8$(感性);负载 2:$S_2=8$ kVA,$\cos\varphi_2=0.9$(容性)。求负载 1 和 2 并联后的总功率因数 $\cos\varphi$,并说明性质。

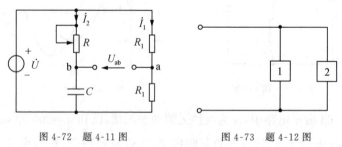

图 4-72　题 4-11 图　　　　　　图 4-73　题 4-12 图

4-13　如图 4-74 所示电路中,已知 $U_s=220$ V,$f=50$ Hz。

(1)改变 Z_L,但电流 $\dot{I}_L$ 的有效值始终保持在 10 A,试确定参数 L 及 C 值。

(2)当 $Z_L=11.7-j30.9\ \Omega$ 时,电压 $\dot{U}_L$ 及瞬时值 u_L 为多少?

4-14　为了确定负载阻抗 Z_2,可按如图 4-75 所示电路进行实验。在开关 S 闭合时,电压表、电流表和功率表的读数分别为 220 V、10 A 和 1 kW。为了进一步确定负载是感性还是容性,可将开关 S 断开,各表的读数分别为 220 V、12 A 和 1.6 kW。试求 Z_1 和 Z_2,并说明负载的性质。

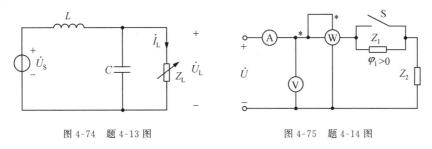

图 4-74　题 4-13 图　　　　　　图 4-75　题 4-14 图

4-15　正弦电路如图 4-76 所示,电压表 V_1 的读数为 $100\sqrt{2}$ V,电压表 V 的读数为 220 V,安培表 A_2 的读数为 30 A,安培表 A_3 的读数为 20 A,功率表 W 的读数为 1000 W。试求 R、X_1、X_2、X_3 的值。

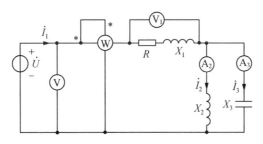

图 4-76　题 4-15 图

4-16　求出如图 4-77 所示电路中的电压 $\dot{U}_0$。

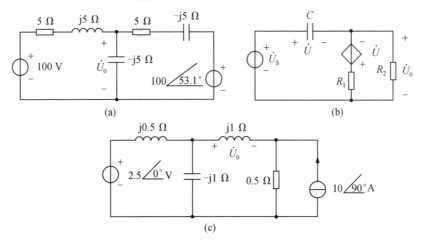

图 4-77　题 4-16 图

4-17　求出如图 4-78 所示一端口的戴维宁等效电路。

4-18　功率为 60 W,功率因数为 0.5 的日光灯(为感性负载),与功率为 100 W 的白炽灯各 50 只并联在电压为 220 V 的正弦交流电源上($f=50$ Hz)。如果要把电路的功率因数提高到 0.92,应并联多大的电容?能否用串联电容的办法来提高功率因数,为什么?

4-19　一个收音机接收线圈 $R=10$ Ω,$L=250$ μH,调节电容 C 收听电压为 $u=10\sqrt{2}\sin 4019\times 10^3 t$ μV 的广播节目信号,输入回路可视为 RLC 串联电路。求:(1)电容

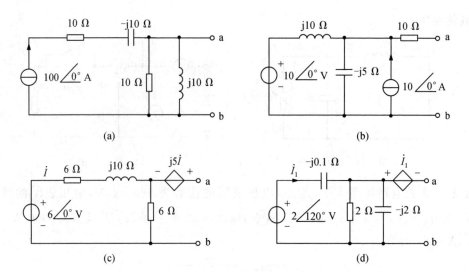

图 4-78 题 4-17 图

C 应调谐到何值？（2）回路的品质因数 $Q=$？（3）电容两端的输出电压 $U_{oc}=$？

4-20 RL 和 C 并联谐振电路，$R=10\ \Omega$，$L=0.1\ \mathrm{mH}$，$C=100\ \mathrm{pF}$，输入电流 $\dot{I}=1\underline{/0°}\ \mathrm{mA}$。求：（1）谐振角频率 ω_0；（2）并联谐振回路的品质因数 Q；（3）谐振时端电压 U_0。

4-21 求如图 4-79 所示电路的谐振角频率 ω_0 的表达式。

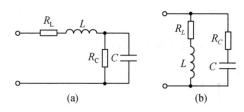

图 4-79 题 4-21 图

第5章

含有耦合电感的电路

【内容提要】 本章介绍耦合电感的电压和电流的关系以及含有耦合电感电路的分析计算方法,空心变压器、理想变压器的概念。

思政案例

5.1 互 感

单个线圈流过变化的电流时,将产生变化的磁通,变化的磁通会引起感应电压,这个感应电压叫作自感电压(self-induction voltage),这种现象叫作自感现象。如果在附近还有其他线圈与上述的磁场存在相互作用(即具有磁耦合),也会在其他线圈中引起感应电压,这个感应电压叫作互感电压(mutual voltage),这种现象叫作互感

互感现象

现象,这两个线圈叫作耦合线圈(coupling coil)。如果各线圈的位置是固定的,并且忽略线圈本身所具有的损耗电阻和匝间分布电容等次要参数,得到的耦合线圈的理想化模型叫作耦合电感(coupling inductance)。载流线圈之间通过彼此的磁场相互联系的物理现象称为磁耦合(magnetic coupling)。

如图 5-1 所示为两个相互有磁耦合关系的耦合线圈,线圈的匝数(turns)分别为 N_1、N_2,线圈中的电流分别为 i_1、i_2,在各自线圈的周围产生磁场,所以称其为励磁电流(excitation current)。励磁电流 i_1 所产生的磁通为 Φ_{11}(Φ_{11} 与 i_1 参考方向为右螺旋关系),称为自感磁通(self-inductance flux),穿过线圈 1 各匝的自感磁通之和为 Ψ_{11},称为自感磁链(self-inductance flux linkage)。由于线圈 2 与线圈 1 相距较近,因此磁通 Φ_{11} 中的一部分与线圈 2 相链,这部分磁通为 Φ_{21},称为线圈 1 对线圈 2 的互感磁通,把线圈 1 对线圈 2 的互感磁通之和称为线圈 1 对线圈 2 的互感磁链,用 Ψ_{21} 表示。

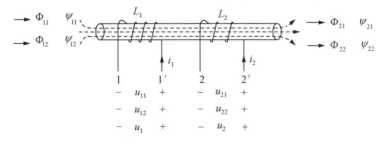

图 5-1 耦合线圈

同样地,励磁电流 i_2 所产生的磁通为 Φ_{22},自感磁链为 Ψ_{22},磁通 Φ_{22} 的一部分与线圈 1

相链,产生互感磁通 Φ_{12} 以及互感磁链 Ψ_{12}。

如果线圈周围没有铁磁物质,磁链与产生它的电流成正比例关系,且二者的方向为右螺旋关系。互感磁链 Ψ_{21} 与 i_1 的比值为线圈 1 对线圈 2 的互感系数,简称互感(mutual-inductance),用 M_{21} 表示,那么 M_{12} 表示线圈 2 对线圈 1 的互感。而自感磁链 Ψ_{11} 与 i_1 的比值,则称为线圈 1 的自感系数,简称自感(self-inductance)L_1,那么线圈 2 的自感为 L_2。根据电磁场理论,可以证明 $M_{12}=M_{21}$,因此可以用 M 表示线圈 1 与线圈 2 之间的互感。

这样,耦合线圈电磁现象三个参数,可以表示成

$$L_1=\frac{\Psi_{11}}{i_1}$$

$$L_2=\frac{\Psi_{22}}{i_2}$$

$$M=\frac{\Psi_{21}}{i_1}=\frac{\Psi_{12}}{i_2} \tag{5-1}$$

根据如图 5-1 所示电流判断,两个耦合线圈产生的磁通互相加强,所以每个线圈的总磁链为自感磁链和互感磁链之和。

$$\left.\begin{array}{l} \Psi_1=\Psi_{11}+\Psi_{12}=L_1 i_1+M i_2 \\ \Psi_2=\Psi_{22}+\Psi_{21}=L_2 i_2+M i_1 \end{array}\right\} \tag{5-2}$$

如果把线圈 2 的电流方向反之,电压 u_2 的参考方向也反之,如图 5-2 所示,那么两个耦合线圈产生的磁通是互相削弱的,所以每个线圈的总磁链为自感磁链与互感磁链之差。

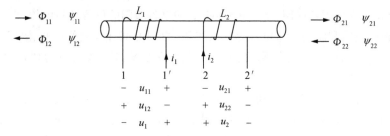

图 5-2　耦合线圈

$$\left.\begin{array}{l} \Psi_1=\Psi_{11}+\Psi_{12}=L_1 i_1-M i_2 \\ \Psi_2=\Psi_{22}+\Psi_{21}=L_2 i_2-M i_1 \end{array}\right\} \tag{5-3}$$

综上所述,当两个耦合线圈都通有电流时,每个线圈中的磁链是自感磁链与互感磁链的代数和。具体情况要根据线圈的绕向、励磁电流的方向以及两线圈的相互位置,按照右手螺旋定则来确定。

依据法拉第电磁感应定律可以确定,耦合线圈端口的电压 u_1、u_2 分别为

$$\left.\begin{array}{l} u_1=\dfrac{\mathrm{d}\Psi_1}{\mathrm{d}t}=L_1\dfrac{\mathrm{d}i_1}{\mathrm{d}t}\pm M\dfrac{\mathrm{d}i_2}{\mathrm{d}t} \\[2mm] u_2=\dfrac{\mathrm{d}\Psi_2}{\mathrm{d}t}=L_2\dfrac{\mathrm{d}i_2}{\mathrm{d}t}\pm M\dfrac{\mathrm{d}i_1}{\mathrm{d}t} \end{array}\right\} \tag{5-4}$$

耦合电感中每一线圈的电压均由自感电压和互感电压两部分组成。这两部分电压有时相加,有时相减,那么互感电压前面带正号还是带负号与线圈的相对位置和绕法有关,也跟

电压与电流的参考方向选择有关。而实际线圈都要包上绝缘层或者封装起来,那么在看不到线圈结构的情况下,或者不画出线圈的绕向下,电路中常用符号,例如,小圆点(·)或星号(＊)等,来标记出两个线圈绕向的关系,这样的方法称为同名端(dotted terminal)表示法。同名端标记的原则是:当两个线圈的电流由同名端流入或者流出时,两个电流所产生的磁通互相加强。例如,图 5-3 所示,两个带星号的端钮称为同名端,而不带星号的两个端钮也为同名端。同名端不仅与两个线圈的绕向有关,还与两个线圈的相对位置有关。

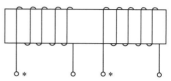

图 5-3　耦合线圈同名端

当有两个以上的线圈,同名端应当一对一对地加以标记,而且每一对必须用不同的符号以便区分。实际的耦合线圈在出厂之前都标注上同名端,如果同名端不明,且无法看清线圈的具体绕行方向的,只能通过实验的方法来判定。

当耦合线圈的同名端确定之后,互感电压表达式是带正号还是带负号就能确定了。耦合线圈也可以用如图 5-4 所示的电路模型来表示。从图 5-4(a)可以看出电流从线圈 1 的同名端流入,电流从线圈 2 的同名端流入,由此可以判断互感电压取正,而图 5-4(b)则反之,互感电压取负。

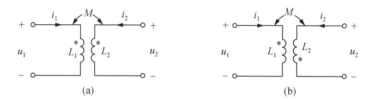

图 5-4　耦合线圈电路模型

值得注意的是,当耦合电感两线圈的励磁电流为同频率正弦电流并处于正弦稳态工作时,式(5-4)可以写成下列相量的形式

$$
\left.
\begin{aligned}
\dot{U}_1 &= j\omega L_1 \dot{I}_1 \pm j\omega M \dot{I}_2 \\
\dot{U}_2 &= j\omega L_2 \dot{I}_2 \pm j\omega M \dot{I}_1
\end{aligned}
\right\}
\tag{5-5}
$$

根据式(5-5),可以把如图 5-4 所示的耦合线圈电路模型用如图 5-5 所示的相量模型来表示。

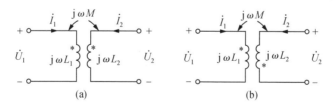

图 5-5　耦合线圈的相量模型

在分析耦合电感的正弦交流电路时,可以把耦合电感的两线圈看成两条支路,每条支路由两部分组成,一部分是线圈的自感,体现为自感电压;另一部分是电流控制的电压源,体现为互感电压,可以表示为如图 5-6 所示的含受控电源的等效电路。

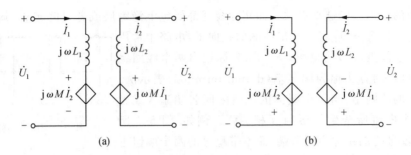

图 5-6　耦合线圈的含受控源等效电路

当分析含耦合电感的正弦交流电路时,只要把耦合电感用它的含受控源的等效电路来替代,然后就可以按照一般含受控源电路来进行分析。

5.2　含有耦合电感电路的计算

对于含耦合电感电路的计算,仍然按照一般交流电路的计算方法进行分析,只是需要注意有互感的线圈上的电压是自感电压和互感电压的代数和,正确判断互感电压取正取负,不要把互感电压漏掉。本节主要讨论耦合线圈的串联与并联,以及三端连接互感消去电路的分析方法。

首先,有耦合的两个线圈串联分顺接和反接两种连接方式。如图 5-7(a)中耦合线圈异名端相连,称为顺接;图 5-7(b)中耦合线圈同名端相连,称为反接。

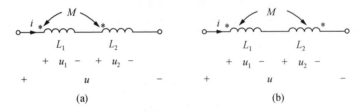

图 5-7　耦合线圈串联

图 5-7 中,耦合线圈的自感分别为 L_1 和 L_2,M 为两线圈之间的互感。可以根据基尔霍夫电压定律列出电压方程。

对于图 5-7(a)两线圈顺接,电流 i 既从 L_1 的同名端流入也从 L_2 的同名端流入,所以互感电压取正。列电压方程有

$$u = u_1 + u_2 = \left(L_1 \frac{\mathrm{d}i}{\mathrm{d}t} + M \frac{\mathrm{d}i}{\mathrm{d}t}\right) + \left(L_2 \frac{\mathrm{d}i}{\mathrm{d}t} + M \frac{\mathrm{d}i}{\mathrm{d}t}\right)$$

$$= (L_1 + L_2 + 2M) \frac{\mathrm{d}i}{\mathrm{d}t}$$

所以,可知顺接等效电感为

$$L_a = L_1 + L_2 + 2M \tag{5-6}$$

对于图 5-7(b)两线圈反接,电流 i 从 L_1 的同名端流入,而从 L_2 的同名端流出,所以互感电压取负。列电压方程有

$$u = u_1 + u_2 = \left(L_1\frac{\mathrm{d}i}{\mathrm{d}t} - M\frac{\mathrm{d}i}{\mathrm{d}t}\right) + \left(L_2\frac{\mathrm{d}i}{\mathrm{d}t} - M\frac{\mathrm{d}i}{\mathrm{d}t}\right)$$

$$= (L_1 + L_2 - 2M)\frac{\mathrm{d}i}{\mathrm{d}t}$$

所以,可知反接等效电感为

$$L_o = L_1 + L_2 - 2M \tag{5-7}$$

所以两耦合电感串联时,顺接的等效电感大于两线圈自感之和,两磁通互感相互增强,总磁链增多;反接的等效电路情况反之。那么,两耦合线圈相量形式的电压方程为

$$\dot{U} = \dot{U}_1 + \dot{U}_2 = (\mathrm{j}\omega L_1 \dot{I} \pm \mathrm{j}\omega M\dot{I}) + (\mathrm{j}\omega L_2\dot{I} \pm \mathrm{j}\omega M\dot{I})$$

$$= \mathrm{j}\omega(L_1 + L_2 \pm 2M)\dot{I} \tag{5-8}$$

【例 5-1】　将两个线圈串联接到工频 220 V 的正弦电源上,顺向串联时电流为 2.7 A,功率为 218.7 W,反向串联时电流为 7 A,求互感 M。

解: 正弦交流电路中,可以得到关系如下

$$Z = (R_1 + R_2) + \mathrm{j}\omega L_{\mathrm{eq}} \qquad R_1 + R_2 = \frac{P}{I^2} = \frac{218.7}{2.7^2} = 30\ \Omega$$

$$|Z| = \sqrt{(R_1 + R_2)^2 + (\omega L_{\mathrm{eq}})^2} = \frac{U}{I}$$

当顺接时,等效电感 L_a 为

$$L_a = L_1 + L_2 + 2M = \frac{1}{2\pi f}\sqrt{\left(\frac{U}{I_a}\right)^2 - (R_1 + R_2)^2}$$

$$= \frac{1}{100\pi}\sqrt{\left(\frac{220}{2.7}\right)^2 - 30^2} = 0.24\ \mathrm{H}$$

当反接时,线圈电阻不变,等效电感 L_o 为

$$L_o = L_1 + L_2 - 2M = \frac{1}{100\pi}\sqrt{\left(\frac{U}{I_o}\right)^2 - (R_1 + R_2)^2}$$

$$= \frac{1}{100\pi}\sqrt{\left(\frac{220}{7}\right)^2 - 30^2} = 0.03\ \mathrm{H}$$

因此, $M = \dfrac{L_a - L_o}{4} = \dfrac{0.24 - 0.03}{4} = 0.053\ \mathrm{H}$。

下面分析有耦合的两个线圈并联,并联也有两种连接方式,同名端并联,如图 5-8(a)所示;异名端并联,如图 5-8(b)所示。

在正弦电流情况下,可根据图中参考方向列出下列方程

$$\dot{U}_1 = \mathrm{j}\omega L_1\dot{I}_1 \pm \mathrm{j}\omega M\dot{I}_2$$

$$\dot{U}_2 = \mathrm{j}\omega L_2\dot{I}_2 \pm \mathrm{j}\omega M\dot{I}_1$$

$$\dot{I} = \dot{I}_1 + \dot{I}_2$$

上式中,互感电压前面的正号对应同名端并联,负号对应异名端并联。联立上式可得,并联电路的等效阻抗和等效电感分别为

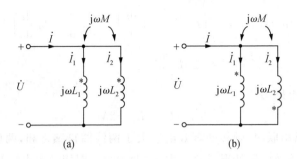

图 5-8　耦合线圈并联

$$Z=\frac{\dot{U}}{\dot{I}}=\frac{\mathrm{j}\omega(L_1L_2-M^2)}{L_1+L_2\mp2M}=\mathrm{j}\omega L \tag{5-9}$$

$$L=\frac{L_1L_2-M^2}{L_1+L_2\mp2M} \tag{5-10}$$

上式分母中负号对应同名端并联,正号对应异名端并联。

可见,耦合电感的特性主要由 L_1、L_2 和 M 三个参数来体现。其中互感系数 M 虽然能反映互感磁链的大小,但一般不能反映两个线圈耦合的紧密程度,耦合电感两线圈间的耦合程度通常用耦合系数 k 来表示。式(5-7)为耦合两线圈串联反接以后的等效电感,显然这个等效电感一定大于或者等于零。

$$L_\circ=L_1+L_2-2M\geqslant0\Rightarrow M\leqslant\frac{L_1+L_2}{2}$$

上式说明 M 小于或等于 L_1 和 L_2 的算术平均值。

另外,式(5-10)中取两耦合线圈同名端并联等效电感为

$$L=\frac{L_1L_2-M^2}{L_1+L_2-2M}$$

显然,这个等效电感一定大于或者等于零,根据上面分析可知,分母部分一定大于零,所以分子部分一定也大于或者等于零。

$$L_1L_2-M^2\geqslant0\Rightarrow M\leqslant\sqrt{L_1L_2}$$

上式说明 M 小于或等于 L_1 和 L_2 的几何平均值。说明 M 的最大值为

$$M_{\max}=\sqrt{L_1L_2}$$

M 的实际值与由上式确定的 M 的最大值之比就是耦合系数(coupling coefficient) k,表达式为

$$k=\frac{M}{\sqrt{L_1L_2}} \tag{5-11}$$

耦合系数 k 的取值范围为 0 与 1 之间。当 $k=0$ 时,表示两线圈之间无互感,称为无耦合(no coupled);当 $k=1$ 时,表示两线圈之间互感达到最大值,称为全耦合(perfectly coupled);当 $k<0.5$ 时,称为松耦合(loosely coupled);当 $k>0.5$ 时,称为紧耦合(tightly coupled)。

耦合电感对外有四个连接端钮,如果将其两个线圈各取一个端钮连接起来,则成了耦合电感的三端连接电路。三端连接电路也有两种连接方式,一种公共端是同名端,如图 5-9(a)所

示;另一种公共端是异名端,如图 5-9(b)所示。

现以公共端是同名端为例进行分析,公共端是同名端的相量模型如图 5-9(c)所示,从图中可以得到下列方程

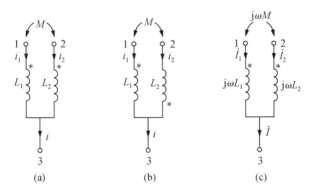

图 5-9　耦合线圈三端连接

$$\dot{U}_{13} = j\omega L_1 \dot{I}_1 + j\omega M \dot{I}_2$$

$$\dot{U}_{23} = j\omega L_2 \dot{I}_2 + j\omega M \dot{I}_1$$

$$\dot{I} = \dot{I}_1 + \dot{I}_2$$

上面式子可以整理为

$$\dot{U}_{13} = j\omega L_1 \dot{I}_1 + j\omega M(\dot{I} - \dot{I}_1) = j\omega(L_1 - M)\dot{I}_1 + j\omega M \dot{I}$$

$$\dot{U}_{23} = j\omega L_2 \dot{I}_2 + j\omega M(\dot{I} - \dot{I}_2) = j\omega(L_2 - M)\dot{I}_2 + j\omega M \dot{I}$$

由此可得公共端是同名端相量形式的互感消去等效电路,如图 5-10(a)所示。公共端是异名端相量形式的互感消去等效电路,如图 5-10(b)所示,推导同理。去耦电路应用很广,当两个耦合线圈既不是串联也不是并联,只有一个公共端时,可以利用互感消去将电路等效成为既无耦合又无受控源的电路。

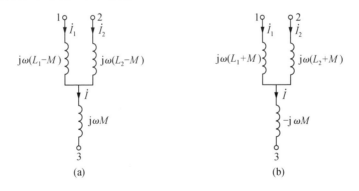

图 5-10　耦合线圈三端连接的互感消去等效电路图

【例 5-2】　如图 5-11 所示正弦电流电路中,已知 $u_S(t) = 12\sqrt{2}\cos 2t$ V。

(1)画出电路的相量模型。

(2)求含源一端口网络的戴维宁等效电路。

(3)负载阻抗为何值时可以获得最大平均功率,并计算此最大功率。

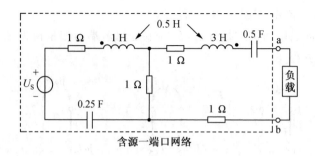

图 5-11　［例 5-2］图

解:(1)电路的相量模型如图 5-12 所示。

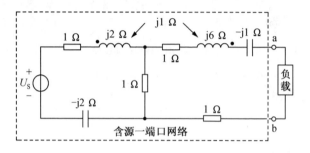

图 5-12　［例 5-2］电路的相量模型

(2)互感消去之后的相量模型如图 5-13 所示。戴维宁等效电路的开路电压和等效复阻抗为

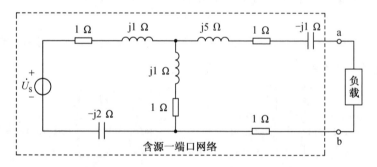

图 5-13　［例 5-2］互感消去的相量模型

$$\dot{U}_{oc}=\frac{1+j1}{2}\times12\underline{/0°}=6\sqrt{2}\underline{/45°}\ \text{V}$$

$$Z_{eq}=\left[2+j4+\frac{(1+j1)(1-j1)}{2}\right]=(3+j4)\ \Omega$$

(3)当负载为一端口网络等效复阻抗的共轭复数时,获得最大平均功率,即

$$Z_{L}=Z_{eq}^{*}=(3-j4)\Omega \qquad P_{max}=\frac{U_{oc}^{2}}{4R_{0}}=\frac{(6\sqrt{2})^{2}}{4\times3}=6\ \text{W}$$

5.3　空心变压器

变压器(transformer)作为能量传输器件或信号转换器件,在实际中得到了广泛的应用,变压器除了可以改变电压之外,还可以变换电流,变换阻抗。常用变压器一般由两个(或两个以上)有磁耦合的绕组组成,一个绕组与电源相接,称为初级绕组或原边绕组(primary winding),另一个绕组与负载相连,称为次级绕组或副边绕组(secondary winding)。

变压器根据不同的用途可以分很多种类。就其有无铁芯来分,可分为铁芯变压器(iron-core transformer)和空心变压器(air-core transformer)。铁芯变压器是指以具有高磁导率的铁磁性物质作为心子的变压器,它的耦合系数可接近于 1,属于紧耦合。空心变压器是指以空气或任何非铁磁物质作为心子的变压器,它的耦合系数虽然很低,但电磁特性是线性的,所以常用于高频电路中,属于松耦合。

变压器在原副边线圈之间一般没有电路直接相连,而是通过磁耦合把能量从电源传送到负载,所以可以用耦合电感来构成它的模型。这一模型通常用于分析空心变压器。本节将分析空心变压器模型,从而得到一种分析空心变压器的简便方法——引入阻抗法(反映阻抗法)(reflected impedance method)。

图 5-14 为空心变压器相量模型。图中 R_1 和 R_2 分别为原副边线圈的电阻;L_1 和 L_2 分别为原副边线圈的电感;M 为两线圈的互感;$\dot U_1$ 为原边电压源;Z_L 为副边负载阻抗,$\dot U_2$ 为负载阻抗电压。那么按照图 5-14 中所示电流及同名端位置,列出基尔霍夫电压方程为

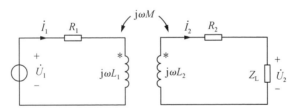

图 5-14　空心变压器相量模型

$$\dot U_1 = \dot I_1 R_1 + j\omega L_1 \dot I_1 - j\omega M \dot I_2 \Rightarrow (R_1 + j\omega L_1)\dot I_1 - j\omega M \dot I_2 = \dot U_1$$

$$j\omega M \dot I_1 = j\omega L_2 \dot I_2 + \dot I_2 R_2 + Z_L \dot I_2 \Rightarrow -j\omega M \dot I_1 + (j\omega L_2 + R_2 + Z_L)\dot I_2 = 0 \tag{5-12}$$

令 $Z_{11} = R_1 + j\omega L_1$,为原边回路不考虑互感时的复阻抗,$Z_{22} = R_2 + j\omega L_2 + Z_L$,为副边回路不考虑互感时的复阻抗。那么式(5-12)可以写为

$$Z_{11} \dot I_1 - j\omega M \dot I_2 = \dot U_1$$

$$-j\omega M \dot I_1 + Z_{22} \dot I_2 = 0$$

联立求解可得

$$\dot I_1 = \frac{Z_{22} \dot U_1}{Z_{11} Z_{22} + (\omega M)^2} = \frac{\dot U_1}{Z_{11} + \dfrac{(\omega M)^2}{Z_{22}}} \tag{5-13}$$

$$\dot{I}_2 = \frac{j\omega M \dot{U}_1}{Z_{11}Z_{22} + (\omega M)^2} \tag{5-14}$$

由此可知原边的输入阻抗为

$$\frac{\dot{U}_1}{\dot{I}_1} = Z_{11} + \frac{(\omega M)^2}{Z_{22}} \tag{5-15}$$

式(5-15)分析原边的输入阻抗是不考虑互感时原边阻抗 Z_{11} 与阻抗 $\frac{(\omega M)^2}{Z_{22}}$ 之和，$\frac{(\omega M)^2}{Z_{22}}$ 为副边回路反映到原边的反映阻抗或引入阻抗，用符号 Z_{ref} 表示。由式(5-13)和式(5-14)可做出空心变压器的原副边等效电路图，如图 5-15 所示。

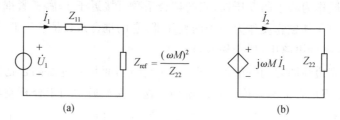

图 5-15　空心变压器原、副边等效电路图

以后对空心变压器的计算就可以直接应用空心变压器原副边等效电路进行分析。值得注意的是，图 5-15 等效电路的参考方向是根据图 5-14 空心变压器的相量模型推导出来的，参考方向跟同名端的位置及电流方向有关，注意判断正、负号。

【例 5-3】　如图 5-16(a)所示，$L_1 = 3.6$ H，$L_2 = 0.06$ H，$M = 0.465$ H，$R_1 = 20$ Ω，$R_2 = 0.08$ Ω，$Z_L = 42$ Ω，$\omega = 314$ rad/s，$\dot{U}_1 = 115\underline{/0°}$，求 $\dot{I}_1$、$\dot{I}_2$ 及 $\dot{U}_2$。

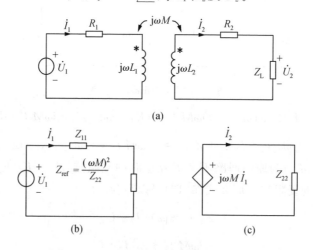

图 5-16　[例 5-3]图

解： 图 5-16(a)所示空心变压器原副边等效电路图如图 5-16(b)、图 5-16(c)所示，其中各参数如下

$$Z_{11} = R_1 + j\omega L_1 = 20 + j1130.4 \ \Omega$$

$$Z_{22}=R_2+Z_L+j\omega L_2=42.08+j18.85 \ \Omega$$

$$Z_{ref}=\frac{(\omega M)^2}{Z_{22}}=\frac{146^2}{46.1\underline{/124.1^\circ}}=422-j188.8 \ \Omega$$

根据式(5-13)及式(5-14)可得原边、副边电流分别为

$$\dot{I}_1=\frac{\dot{U}_1}{Z_{11}+Z_{ref}}=\frac{115\underline{/0^\circ}}{20+j1130.4+422-j188.8}=0.111\underline{/-64.9^\circ} \ A$$

$$\dot{I}_2=\frac{j\omega M \dot{I}_1}{Z_{22}}=\frac{j146\times0.111\underline{/-64.9^\circ}}{42.08+j18.85}=\frac{16.2\underline{/25.1^\circ}}{46.11\underline{/24.1^\circ}}=0.351\underline{/1^\circ} \ A$$

那么 $\dot{U}_2=Z_L \dot{I}_2=42\times0.351\underline{/1^\circ}=14.74\underline{/1^\circ} \ V$。

【例 5-4】　如图 5-17(a)所示,求 Z_L 为多大时,它能获得的功率最大,并求其最大功率是多少。

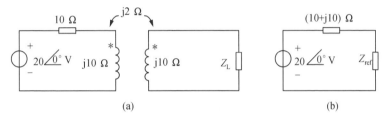

图 5-17　[例 5-4]图

解:利用空心变压器原边等效电路图,如图 5-17(b)所示。可得反映阻抗为

$$Z_{ref}=\frac{(\omega M)^2}{Z_{xx}}=\frac{2^2}{j10+Z_L}$$

显然,Z_{ref} 在原边等效电路当中获得的功率应等于 Z_L 在副边回路获得的功率,那么如果 Z_L 想获得最大功率,也就是说 Z_{ref} 也必须获得最大功率,根据最大传输定理,Z_{ref} 应该为

$$Z_{ref}=\frac{2^2}{j10+Z_L}=10-j10$$

可得

$$j10+Z_L=\frac{4}{10-j10}=0.2+j0.2$$

那么,当 $Z_L=(0.2-j9.8) \ \Omega$ 时,它可以获得最大功率,最大功率为

$$P_{max}=\frac{U_1^2}{4R}=\frac{20^2}{4\times10}=10 \ W$$

5.4　理想变压器

实际变压器大都含有铁芯,为了便于对实际变压器进行分析,我们将实际变压器忽略一些次要因素,提出其模型为理想变压器(ideal transformer)。理想变压器有三个理想化条件:(1)变压器本身不消耗能量,即变压器原副边绕组 R_1、R_2 均为零,没有铜耗;(2)耦合系数 $k=1$,即没有漏磁通;(3)两个绕组的自感 L_1、L_2 为无穷大,但比值为 $L_1/L_2=n^2$,其中 n

为匝数比$(N_1/N_2=n)$。

理想变压器的电路模型如图 5-18(a)所示,相量模型如图 5-18(b)所示。

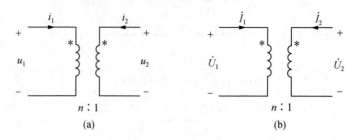

图 5-18　理想变压器

根据理想化条件(2)可知,耦合系数为 1,称为全耦合变压器。设原边线圈电流产生的磁通为 Φ_{11},副边线圈电流产生的磁通为 Φ_{22},那么可知互感磁通分别为 $\Phi_{12}=\Phi_{22}$,$\Phi_{21}=\Phi_{11}$

根据式(5-2)可得

$$\Psi_1=\Psi_{11}+\Psi_{12}=N_1(\Phi_{11}+\Phi_{12})=N_1(\Phi_{11}+\Phi_{22})=N_1\Phi$$

$$\Psi_2=\Psi_{22}+\Psi_{21}=N_2(\Phi_{21}+\Phi_{22})=N_2(\Phi_{11}+\Phi_{22})=N_2\Phi$$

其中,$\Phi=\Phi_{11}+\Phi_{22}$。

根据理想化条件(1)可知,R_1、R_2 均为零,可得

$$u_1=\frac{\mathrm{d}\Psi_1(t)}{\mathrm{d}t}=N_1\frac{\mathrm{d}\Phi}{\mathrm{d}t}$$

$$u_2=\frac{\mathrm{d}\Psi_2(t)}{\mathrm{d}t}=N_2\frac{\mathrm{d}\Phi}{\mathrm{d}t}$$

则可知

$$\frac{u_1}{u_2}=\frac{N_1}{N_2}=n$$

或者

$$\frac{\dot{U}_1}{\dot{U}_2}=\frac{N_1}{N_2}=n \tag{5-16}$$

根据图 5-18(a)可知

$$\dot{U}_1=\mathrm{j}\omega L_1\dot{I}_1+\mathrm{j}\omega M\dot{I}_2$$

那么

$$\dot{I}_1=\frac{\dot{U}_1}{\mathrm{j}\omega L_1}-\frac{M}{L_1}\dot{I}_2=\frac{\dot{U}_1}{\mathrm{j}\omega L_1}-\frac{\sqrt{L_1L_2}}{L_1}\dot{I}_2=\frac{\dot{U}_1}{\mathrm{j}\omega L_1}-\sqrt{\frac{L_2}{L_1}}\dot{I}_2$$

根据条件(3)可知,L_1、L_2 为无穷大,比值为 $L_1/L_2=n^2$,所以可得

$$\dot{I}_1=-\sqrt{\frac{L_2}{L_1}}\dot{I}_2=-\frac{1}{n}\dot{I}_2$$

即

$$\frac{\dot{I}_1}{\dot{I}_2}=-\frac{1}{n}$$

那么

$$\frac{i_1}{i_2} = -\frac{1}{n} \tag{5-17}$$

由此可得图 5-18(a)所示的理想变压器的电压和电流关系式为式(5-16)和式(5-17)。如果图中同名端或者电压、电流的参考方向改变之后,其电压和电流的正负号也有所变动。具体判断正负号原则如下:

(1)确定电压关系式中正负号的原则:当两边电压参考极性与同名端的位置一致时,取正号,否则取负号。

(2)确定电流关系式中正负号的原则:当两个电流皆为流入或流出同名端时,取负号,否则取正号。

根据上面所述原则判断如图 5-19 所示三种不同理想变压器伏安关系如下

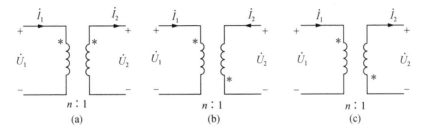

图 5-19　三种不同理想变压器伏安关系

$$(a)\begin{cases} \dfrac{\dot{U}_1}{\dot{U}_2} = n \\[2mm] \dfrac{\dot{I}_1}{\dot{I}_2} = \dfrac{1}{n} \end{cases} \qquad (b)\begin{cases} \dfrac{\dot{U}_1}{\dot{U}_2} = -n \\[2mm] \dfrac{\dot{I}_1}{\dot{I}_2} = \dfrac{1}{n} \end{cases} \qquad (c)\begin{cases} \dfrac{\dot{U}_1}{\dot{U}_2} = -n \\[2mm] \dfrac{\dot{I}_1}{\dot{I}_2} = -\dfrac{1}{n} \end{cases}$$

理想变压器不但有变换电压和变换电流的作用,而且还有变换阻抗的作用。如图 5-20(a)所示,若在副边接上负载阻抗 Z_L,则从理想变压器初级看进去的复阻抗,即输入复阻抗为

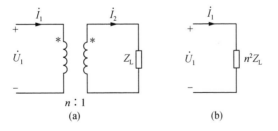

图 5-20　三种不同理想变压器复阻抗

$$Z_{in} = \frac{\dot{U}_1}{\dot{I}_1} = \frac{n\dot{U}_2}{(1/n)\dot{I}_2} = n^2 \frac{\dot{U}_2}{\dot{I}_2} = n^2 Z_L \tag{5-18}$$

可以这样认为,副边复阻抗 Z_L 乘以 n^2 之后,就可以转移到原边去,或者说 $n^2 Z_L$ 是副边到原边的折合阻抗(referred impedance)。这里需要注意,无论伏安关系取正取负,折合阻抗都为正,也就是说,折合阻抗与同名端及电压、电流的参考方向无关。

【例 5-5】 如图 5-21 所示,求 $\dot{U}_2$。

解: 由题意可以列出原边、副边基尔霍夫电压方程如下

$$1 \times \dot{I}_1 + \dot{U}_1 = 10\underline{/0°}$$

$$50 \dot{I}_2 + \dot{U}_2 = 0$$

同时可列出理想变压器伏安关系

$$\dot{U}_1 = \frac{1}{10}\dot{U}_2 \qquad \dot{I}_1 = -10\dot{I}_2$$

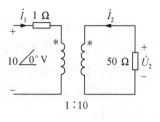

综上,联立求解可得 $\dot{U}_2 = 33.33\underline{/0°}$ V。

图 5-21 [例 5-5]图

5.5 实际应用电路

在无线电接收机中,天线接收到的是多个电台信号,为从中选出我们所需要的某个电台,必须调节接收机谐振电路的谐振频率,以使电路与所需接收的某个信号发生谐振,即滤除其他电台信号获得需要的电台信号。接收机选台是一种调谐操作,选台过程就是改变电路的电容或电感参数的过程。

RLC 串联和并联谐振电路普遍应用于收音机调谐和电视机选台技术中。图 5-22(a)所示是收音机磁性天线耦合谐振电路的示意图,对应的电路模型如图 5-22(b)所示,构成 RLC 串联谐振电路。其中电台 f_1,f_2,f_3,…。调节电容 C 可以改变电路谐振频率使之与某个电台信号发生谐振,此时电路对该信号的阻抗最小,即

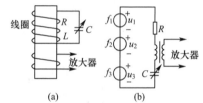

图 5-22 串联谐振选频电路

该信号的电流最大,在电感线圈两端得到最大电压输出,经变压器耦合到后级电路进行放大检波等处理后,就可以通过扬声器播放该电台节目。其他处于失谐状态的电台信号,由于电路阻抗很大,受到强抵制,输出很小。谐振电路的 Q 值越大,谐振曲线越陡峭,选频特性越好。

由 RLC 串联(GLC 并联)构成的谐振电路只存在一个谐振点,工程上通常称其为单谐振电路。在通信技术中,单谐振电路是最基本且应用最广泛的选频网络,它可以从各种输入频率分量中选择出有用信号而抑制掉无用信号和噪声,这对于提高整个电路输出信号的质量,提高电路的抗干扰能力是极其重要的。但考虑到在多数情况下,要传输的电信号并不是单一频率的信号,而是含有许多频率成分,占有一定频带宽度的频谱信号。所以,要求选频网络的频谱特性应具有平坦的顶部特性和陡峭的衰减,即具有理想的带通特性。在这种情况下,单谐振电路的选频特性便不够理想,其带内不平坦,带外衰减变化很慢,频带较窄,不能满足实际需要。为此,引出双调谐电路来解决以上问题。常用的双调谐电路如图 5-23 所示,它由两个参数相同的 RLC 并联谐振电路,通过电感 L 间的磁耦合而形成。

双调谐电路的幅频特性与单谐振电路相比,其通频带加宽了,曲线出现双峰。如果调节电路的元件参数,则可改变双频的位置,得到平坦的顶部特性。

画出图 5-23 所示电路的相量模型如图 5-24 所示,其耦合系数 $k=M/L$,即 $M=kL$。
由图可得

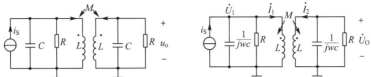

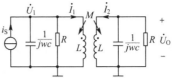

图 5-23　双调谐电路　　　　　图 5-24　双谐振电路的相量模型

$$\begin{cases} \mathrm{j}\omega L\,\dot{I}_1+\mathrm{j}\omega Lk\,\dot{I}_2=\dot{U} \\ \mathrm{j}\omega Lk\,\dot{I}_1+\mathrm{j}\omega L\,\dot{I}_2=\dot{U}_0 \end{cases}$$

$$\dot{I}_s=\left(\mathrm{j}\omega C+\frac{1}{R}\right)\dot{U}_1+\dot{I}_1$$

且

$$\dot{I}_2+\left(\mathrm{j}\omega C+\frac{1}{R}\right)\dot{U}_0=0$$

解得电路的频率特性

$$H(\mathrm{j}\omega)=\frac{\dot{U}_0}{\dot{I}_s}=H_1(\mathrm{j}\omega)+H_2(\mathrm{j}\omega)$$

$$=\frac{R/2}{1+\mathrm{j}Q_1\left(\dfrac{\omega}{\omega_{01}}-\dfrac{\omega_{01}}{\omega}\right)}-\frac{R/2}{1+\mathrm{j}Q_2\left(\dfrac{\omega}{\omega_{02}}-\dfrac{\omega_{02}}{\omega}\right)}$$

式中

$$H_1(\mathrm{j}\omega)=\frac{R/2}{1+\mathrm{j}Q_1\left(\dfrac{\omega}{\omega_{01}}-\dfrac{\omega_{01}}{\omega}\right)},\omega_{01}=\frac{1}{\sqrt{LC(1+k)}},Q_1=\omega_{01}CR$$

$$H_2(\mathrm{j}\omega)=-\frac{R/2}{1+\mathrm{j}Q_2\left(\dfrac{\omega}{\omega_{02}}-\dfrac{\omega_{02}}{\omega}\right)},\omega_{02}=\frac{1}{\sqrt{LC(1-k)}},Q_2=\omega_{02}CR$$

分别对应初级和次级 RLC 并联等效电路的频率特性、谐振
频率和品质因数。

　　画出 $H_1(\mathrm{j}\omega)$ 和 $H_2(\mathrm{j}\omega)$ 们的频率特性曲线,将两条曲
线逐点相加,即可得到电路的幅频特性曲线,如图 5-25 所
示。随着电感耦合程度的增长(k 增大),双峰间距变大,通
频带增大,峰间谷值变小,通频带内响应越不均匀。若减小
电感耦合程度,双峰逐渐靠拢,在一定情况下,可近似得到平坦的顶部特性。当两电感耦合
时,初级和次级电路相互独立,频率特性曲线不出现双峰,与单调谐电路一致。

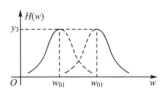

图 5-25　双谐振电路的谐振曲线

习　题

5-1　试标出如图 5-26 所示耦合电感的同名端。

5-2　求如图 5-27 所示各电路的等效电感。

5-3　各参数如图 5-28 所示，求开关打开与闭合时的电流 $\dot{I}_1$。

5-4　如图 5-29 所示电路，$\omega = 2$ rad/s，$M = 2$ H，求 $\dot{U}_2$。

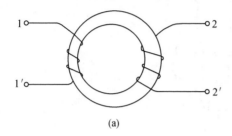

(a)

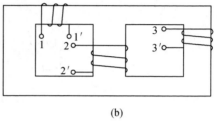

(b)

图 5-26　题 5-1 图

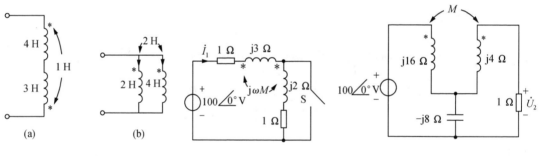

(a)　　　　　　　　(b)

图 5-27　题 5-2 图　　　　　图 5-28　题 5-3 图　　　　　图 5-29　题 5-4 图

5-5　如图 5-30 所示电路，$R_1 = 50$ Ω，$M = 25$ H，$L_1 = 70$ mH，$L_2 = 25$ mH，$C = 1$ μF，电源电压 $U = 500$ V，$\omega = 104$ rad/s。求 $\dot{I}_1$、$\dot{I}_2$ 和 $\dot{I}_3$。

5-6　如图 5-31 所示电路，$R_1 = 5$ Ω，$R_2 = 15$ Ω，$\omega L_1 = 30$ Ω，$\omega L_2 = 120$ Ω，$\omega M = 50$ Ω，$U_1 = 10$ V。次级回路中接一纯电阻负载 $R_L = 100$ Ω，$X_L = 0$ Ω。求空心变压器原、副边电流 $\dot{I}_1$ 和 $\dot{I}_2$。

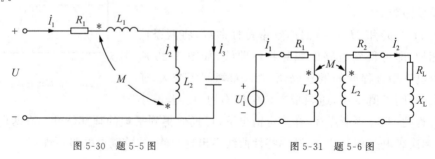

图 5-30　题 5-5 图　　　　　　　　图 5-31　题 5-6 图

5-7 求如图 5-32 所示电路中原边电流 $\dot{I}_1$ 和 $\dot{U}_2$。

5-8 求如图 5-33 所示电路中 $\dot{U}_2$。

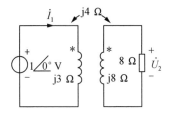

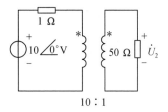

图 5-32 题 5-7 图   图 5-33 题 5-8 图

5-9 在如图 5-34 所示电路中,求:

(1)当 1 Ω 电阻负载获得最大功率时,变压器的变比 n 应为多大?

(2)1 Ω 电阻负载获得的最大功率为多少?

5-10 如图 5-35 所示电路,其中 $\dot{U}=2\sqrt{2}\underline{/0°}$,求 $\dot{I}_1$、$\dot{I}_2$ 和 $\dot{U}_2$。

5-11 如图 5-36 所示为理想变压器电路,求电压 $\dot{U}_0$。

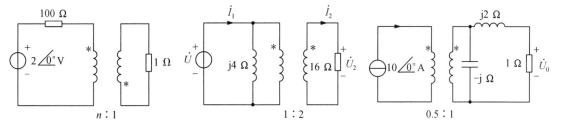

图 5-34 题 5-9 图   图 5-35 题 5-10 图   图 5-36 题 5-11 图

第6章

三相电路

【内容提要】 本章重点介绍三相电路的组成和分析方法;三相电路的电压和电流相值和线值之间的关系,对称三相电路归结为单相计算方法;简要介绍不对称三相电路的分析方法和三相电路的功率及其测量方法。

6.1 三相电路的概念

目前,世界各国的电力系统中电能的生产、传输和供电方式绝大多数都采用三相制。三相电路用来发电、传输和分配大功率电能,三相交流电远距离输送在 19 世纪末得到实现后,取得了很大的发展。它主要是由三相电源、三相负载和三相输电线路三部分组成。在输电方面,三相制比单相制节约材料;在配电方面,三相变压器比单相变压器经济效益高,便于接入三相和单相两种负载;在用电设备方面,三相电动机则具有结构简单、维护方便、价格便宜、运行可靠以及性能好等优点。

三相电压由三相发电机产生,发电机由三个缠绕在定子上的独立线圈构成,每个线圈即为发电机的一相。对称三相电源是由三个频率相同、幅值相等、相位彼此相差 120°的正弦电压源连接成星形(Y)或三角形(△)组成的电源,如图 6-1(a)、图 6-1(b)所示。这三个电源依次称为 A 相、B 相和 C 相,它们的电源瞬时表达式及其相量分别为

$$u_A = \sqrt{2}U\cos\omega t \qquad\qquad \dot{U}_A = U\underline{/0°}$$

$$u_B = \sqrt{2}U\cos(\omega t - 120°) \qquad \dot{U}_B = U\underline{/-120°} = a^2\dot{U}_A$$

$$u_C = \sqrt{2}U\cos(\omega t + 120°) \qquad \dot{U}_C = U\underline{/120°} = a\dot{U}_A$$

式中,以 A 相电压 u_A 作为参考相量。在工程中为了使用方便而引入的单位相量算子:$a = 1\underline{/120°} = -\dfrac{1}{2} + j\dfrac{\sqrt{3}}{2}$,这样的三个电压源按一定方式连接起来,就称为对称三相电源(balanced three-phase sources)。

各相电压依次达到最大值的先后次序称为相序(phase sequence)。三相电压的相序(次序)A,B,C 称为正序系统(positive sequence)或顺序系统。与此相反,如 B 相超前 A 相120°,C 相超前 B 相 120°,这种相序称为负序系统(negative sequence)或逆序系统。在电力系统中通常采用正序。三相电路的基本结构包括电压源、负载、变压器以及传输线。其中,负载也由三部分组成,每部分称为负载的一个相。

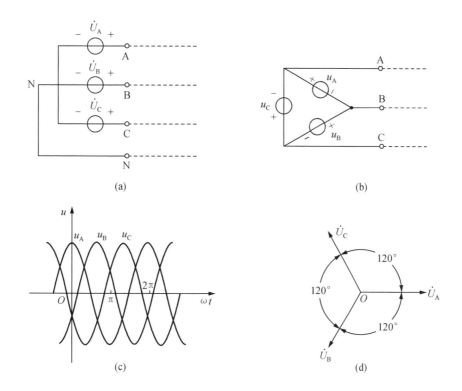

图 6-1　对称三相电压源连接及其电压波形和相量图

对称三相电源电压各相的波形和相量图如图 6-1(c)、图 6-1(d)所示。从对称三相电压瞬时值表达式和相量表达式中可以看出,对称三相电压的瞬时值和相量之和等于零。即

$$u_A + u_B + u_C = 0$$

或

$$\dot{U}_A + \dot{U}_B + \dot{U}_C = 0$$

如图 6-1(a)所示为三相电压源的星形连接方式,简称星形或 Y 形电源。三相电源的负极接成一点,从三个电压源正极性端子 A,B,C 向外引出的导线称为端线(line),俗称火线;从中性点 N 引出的导线称为中线(neutral line),俗称零线。这时三相电源可以用三相四线制或三相三线制的方式向外供电。把三相电压源每相正负极依次顺接成一个回路,再从端子 A,B,C 向外引出端线,如图 6-1(b)所示,就成为三相电源的三角形连接,简称三角形或△形电源。△形电源不能引出中线。三相负载也有星形和三角形两种连接方式。三个阻抗连接成星形(或三角形)就构成星形(或三角形)负载,如图 6-2 所示。当这三个阻抗相等时,就称为对称三相负载(balanced three-phase loads)。三相电源与三相负载相接后的电路,称为三相电路。当电源和负载都对称时,称为对称三相电路(balanced three-phase circuit);否则,就是不对称三相电路(unbalanced three-phase circuit)。图 6-2(a)、图 6-2(b)为两个对称三相电路的示例。

图 6-2(a)中的三相电源为星形电源,负载为星形负载,称为 Y-Y 连接方式(实线所示部分);图 6-2(b)中,三相电源为星形电源,负载为三角形负载,称为 Y-△连接方式。还有△-Y 和△-△连接方式。

在 Y-Y 连接中,如把三相电源的中点 N 和负载的中点 N′用一条具有阻抗为 Z_N 的中线连接起来,如图 6-2(a)中虚线所示,这种连接方式称为三相四线制(three-phase four-wire

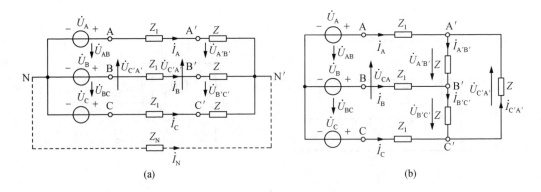

图 6-2　对称三相电路连接方法

system)方式。上述其余连接方式均属于三相三线制(three-phase three-wire system)。

6.2　线电压(电流)与相电压(电流)的关系

　　三相电路中,端线上的电流称为线电流(line current),如图 6-2 所示的 $\dot{I}_A$、$\dot{I}_B$、$\dot{I}_C$,而中线上的电流 $\dot{I}_N$ 称为中线电流(neutral line current)。端线与端线之间的电压,如图 6-2 中所示电源端 $\dot{U}_{AB}$、$\dot{U}_{BC}$、$\dot{U}_{CA}$ 和负载上的电压 $\dot{U}_{A'B'}$、$\dot{U}_{B'C'}$、$\dot{U}_{C'A'}$,都称为线电压(line voltage)。三相电源和三相负载中每一相的电压、电流称为相电压(phase voltage)和相电流(phase current)。三相系统中的线电压和相电压、线电流和相电流之间的关系都与连接方式有关。下面在指定的顺序和参考方向的条件下,研究关于电压、电流的对称性以及对称相值和对称线值之间的关系。

　　对于对称星形电源,依次设其线电压为 $\dot{U}_{AB}$、$\dot{U}_{BC}$、$\dot{U}_{CA}$,相电压为 $\dot{U}_A$、$\dot{U}_B$、$\dot{U}_C$(或 $\dot{U}_{AN}$、$\dot{U}_{BN}$、$\dot{U}_{CN}$),如图 6-1(a)所示,根据 KVL,有

$$\left.\begin{array}{l} \dot{U}_{AB}=\dot{U}_A-\dot{U}_B=(1-a^2)\dot{U}_A=\sqrt{3}\dot{U}_A\underline{/30°} \\[2mm] \dot{U}_{BC}=\dot{U}_B-\dot{U}_C=(1-a^2)\dot{U}_B=\sqrt{3}\dot{U}_B\underline{/30°} \\[2mm] \dot{U}_{CA}=\dot{U}_C-\dot{U}_A=(1-a^2)\dot{U}_C=\sqrt{3}\dot{U}_C\underline{/30°} \end{array}\right\} \tag{6-1}$$

另有 $\dot{U}_{AB}+\dot{U}_{BC}+\dot{U}_{CA}=0$。因此式(6-1)中,只有两个方程是独立的。对称的星形三相电源端的线电压与相电压之间的关系,可用一种特殊的电压相量图表示,如图 6-3(a)所示。它是由式(6-1)三个公式的相量图拼接而成,图中实线所示部分表示 $\dot{U}_{AB}$ 的图解方法,它是以 B 为原点画出 $\dot{U}_{AB}=(-\dot{U}_{BN})+\dot{U}_{AN}$,其他线电压的图解求法类同。从图中可以看出,线电压与对称相电压之间的关系可以用图示正三角形说明。相电压对称时,线电压也一定依序对称,它是相电压的 $\sqrt{3}$ 倍,依次超前 $\dot{U}_A$、$\dot{U}_B$、$\dot{U}_C$ 相位 30°,实际计算时,只要算出 $\dot{U}_{AB}$,就可以依序写出 $\dot{U}_{BC}=a^2\dot{U}_{AB}$,$\dot{U}_{CA}=a\dot{U}_{AB}$。

对于三角形电源(图 6-1(b)),有

$$\dot{U}_{AB}=\dot{U}_A,\dot{U}_{BC}=\dot{U}_B,\dot{U}_{CA}=\dot{U}_C$$

所以线电压等于相电压,相电压对称时,线电压也一定对称。

以上有关线电压和相电压的关系也适用于对称星形负载端和三角形负载端。

对称三相电源和三相负载中性线电流和相电流之间的关系叙述如下。

容易看出,对于星形连接,线电流等于相应的相电流,对于三角形连接则不是如此。以图 6-2(b)所示三角形负载为例,设每相负载中的对称相电流分别为 $\dot{I}_{A'B'}$、$\dot{I}_{B'C'}$、$\dot{I}_{C'A'}$,三个线电流分别为 $\dot{I}_A$、$\dot{I}_B$、$\dot{I}_C$,电流的参考方向如图所示。根据 KCL,有

$$\left.\begin{array}{l}\dot{I}_A=\dot{I}_{A'B'}-\dot{I}_{C'A'}=(1-a)\dot{I}_{A'B'}=\sqrt{3}\,\dot{I}_{A'B'}\underline{/-30^\circ}\\[2mm]\dot{I}_B=\dot{I}_{B'C'}-\dot{I}_{A'B'}=(1-a)\dot{I}_{B'C'}=\sqrt{3}\,\dot{I}_{B'C'}\underline{/-30^\circ}\\[2mm]\dot{I}_C=\dot{I}_{C'A'}-\dot{I}_{B'C'}=(1-a)\dot{I}_{C'A'}=\sqrt{3}\,\dot{I}_{C'A'}\underline{/-30^\circ}\end{array}\right\} \tag{6-2}$$

另有 $\dot{I}_A+\dot{I}_B+\dot{I}_C=0$,所以上述公式中,只有两个方程是独立的。线电流与对称相电流之间的关系,也可以用一种特殊的电流相量图表示,如图 6-3(b)所示,图中实线部分表示 $\dot{I}_A$ 的图解求法,其他线电流的图解求法类同。从图中可以看出,线电流与对称的三角形负载相电流之间的关系,可以用一个电流正三角形说明。相电流对称时,线电流也一定对称,它是相电流的 $\sqrt{3}$ 倍,依次滞后 $\dot{I}_{A'B'}$、$\dot{I}_{B'C'}$、$\dot{I}_{C'A'}$ 的相位为 30°。实际计算时,只要计算出 $\dot{I}_A$,就可以依次写出 $\dot{I}_B=a^2\,\dot{I}_A,\dot{I}_C=a\,\dot{I}_A$。

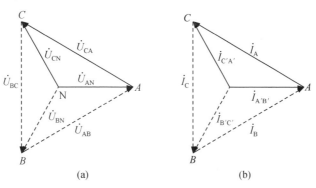

图 6-3 线值和相值之间的关系

三角形接法的电源分析方法和上面的方法相同。

6.3 对称三相电路的计算

对称三相电路是一类特殊类型的正弦交流电路,因此,分析正弦交流电路的相量法对对称三相电路完全适用。本节将根据对称三相电路的一些特点,来简化对称三相电路的分析和计算。

现在以对称三相四线制电路为例来进行分析,如图 6-2(a)所示,其中 Z_1 为线路阻抗, Z_N 为中线阻抗,N 和 N′ 为中点。对于这种电路,一般可用节点电压法先求出中点 N′ 与 N 之间的电压。以 N 为参考节点,可得

$$\left(\frac{1}{Z_N}+\frac{3}{Z+Z_1}\right)\dot{U}_{N'N}=\frac{1}{Z_1+Z}(\dot{U}_A+\dot{U}_B+\dot{U}_C)$$

由于 $\dot{U}_A+\dot{U}_B+\dot{U}_C=0$,所以 $\dot{U}_{N'N}=0$,各相电源和负载中的相电流和线电流相等,它们是

$$\dot{I}_A=\frac{\dot{U}_A-\dot{U}_{N'N}}{Z+Z_1}=\frac{\dot{U}_A}{Z+Z_1}$$

$$\dot{I}_B=\frac{\dot{U}_B}{Z+Z_1}=a^2\,\dot{I}_A$$

$$\dot{I}_C=\frac{\dot{U}_C}{Z+Z_1}=a\,\dot{I}_A$$

可以看出,对称三相电源作用于对称的三相负载上,得到的三个相电流和线电流也是对称的。另外,中线的电流为 $\dot{I}_N=\dot{I}_A+\dot{I}_B+\dot{I}_C=0$。

这表明,对称的 Y-Y 三相电路,中线电流为零,可以把中线断开而不影响电路的工作状态。去掉中线后即构成了三相三线制供电系统。而在任一时刻,i_A、i_B、i_C 中至少有一个为负值。从上面的分析可以看出,三相电路只要分析计算三相中的任一相,而其他两线(相)的电流就能按对称顺序写出。这就是对称的 Y-Y 三相电路归结为一相的计算方法。图 6-4 为单相计算电路(A 相)。注意,在单相计算电路中,连接 N、N′ 的短路线是 $\dot{U}_{N'N}=0$ 的等效线,与中线阻抗 Z_N 无关。

对于其他连接方式的对称三相电路,可以根据星形和三角形的等效变换,化成对称的 Y-Y 三相电路,然后用单相计算法求解。需要指出的是,不对称的情形下,三相四线制的中线电流不等于零,这时切记中线不可去掉。否则,负载得到的电路是不对称的,造成的后果是严重的,具体情况在下一节中介绍。

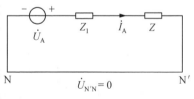

图 6-4 单相计算电路

【例 6-1】 对称三相电路如图 6-2(a)所示,已知:$Z_1=1+j2\ \Omega$,$Z=5+j6\ \Omega$,$u_{AB}=380\sqrt{2}\cos(\omega t+30°)$ V,试求负载中各电流相量。

解:可设一组对称电压源与该组对称线电压对应。根据式(6-1)的关系,有

$$\dot{U}_A=\frac{\dot{U}_{AB}}{\sqrt{3}}\underline{/-30°}=220\underline{/0°}\ \text{V}$$

采用归结为一相的计算方法,单相(A 相)计算电路如图 6-4 所示。可以求得

$$\dot{I}_A=\frac{\dot{U}_A}{Z+Z_1}=\frac{220\underline{/0°}}{6+j8}=22\underline{/-53.1°}\ \text{A}$$

根据三相电路的对称性可以直接写出

$$\dot{I}_B=a^2\,\dot{I}_A=22\underline{/-173.1°}\ \text{A},\ \dot{I}_C=a\,\dot{I}_A=22\underline{/66.9°}\ \text{A}$$

【例 6-2】 对称三相电路如图 6-2(b)所示。已知三相电路负载每相阻抗

$Z=19.2+j14.4\ \Omega, Z_1=3+j4\ \Omega$，对称线电压 $U_{AB}=380\ V$。求负载端线电压和供电线中的电流。

解：该电路可以变换为对称的 Y-Y 电路，将三角形连接的负载等效转换成星形连接，其每相阻抗为 Z'，即

$$Z'=\frac{Z}{3}=\frac{19.2+j14.4}{3}=6.4+j4.8\ \Omega$$

电路如图 6-5 所示。令 $\dot{U}_A=220\underline{/0°}\ V$。按单相(A)计算电路，则有

$$\dot{I}_A=\frac{\dot{U}_A}{Z_1+Z'}=17.1\underline{/-43.2°}\ A$$

而

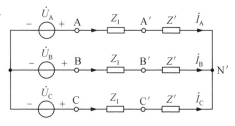

图 6-5 〔例 6-2〕图

$$\dot{I}_B=a^2\dot{I}_A=17.1\underline{/-163.2°}\ A$$

$$\dot{I}_C=a\dot{I}_A=17.1\underline{/76.8°}\ A$$

这些电流即为负载端的线电流。利用线电压与相电压的关系可得到负载端的电压。$\dot{U}_{A'N'}$ 为

$$\dot{U}_{A'N'}=\dot{I}_A Z'=136.8\underline{/-6.3°}\ V$$

按照星形接法，由对称三相电压与三线电压的对应关系可得

$$\dot{U}_{A'B'}=\sqrt{3}\dot{U}_{A'N'}\underline{/30°}=236.9\underline{/23.7°}\ V$$

$$\dot{U}_{B'C'}=a^2\dot{U}_{A'B'}=236.9\underline{/96.3°}\ V$$

$$\dot{U}_{C'A'}=a\dot{U}_{A'B'}=236.9\underline{/143.7°}\ V$$

如图 6-2(b)所示，根据负载端的线电压可以求得负载中的相电流，有

$$\dot{I}_{A'B'}=\frac{\dot{U}_{A'B'}}{Z}=9.9\underline{/-13.2°}\ A$$

$$\dot{I}_{B'C'}=a^2\dot{I}_{A'B'}=9.9\underline{/-133.2°}\ A$$

$$\dot{I}_{C'A'}=a\dot{I}_{A'B'}=9.9\underline{/106.8°}\ A$$

【例 6-3】 由对称三相高压电网经配电线向某工厂变电站供电。电路如图 6-6(a)所示，已知电网线电压 $U_1=6000\ V$，每条配电线的复阻抗 $Z_1=1+j1.5\ \Omega$，变电站的变压器初级作星形连接，每相等效复阻抗 $Z=30+j20\ \Omega$，试计算变压器相电压和线电压。

解：对用户而言，高压电网可看作是对称的三相电源，假设为星形连接，并且假想有中线，取出 A 相进行计算，如图 6-6(b)所示。

电源的相电压为

$$U_A=\frac{U_1}{\sqrt{3}}=\frac{6000}{\sqrt{3}}=3464\ V$$

设以 $\dot{U}_A$ 为参考相量，即

$$\dot{U}_A=3464\underline{/0°}\ V$$

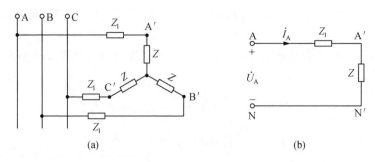

图 6-6 ［例 6-3］图

则

$$\dot{I}_A = \frac{\dot{U}_A}{Z_1 + Z} = \frac{3464\underline{/0°}}{1 + j1.5 + 30 + j20} = \frac{3464}{37.73\underline{/34.74°}} = 91.81\underline{/-34.74°} \text{ A}$$

变压器的相电压相量为

$$\dot{U}'_A = Z\dot{I}_A = (30 + j20) \times 91.81\underline{/-34.74°} = 3311\underline{/-1.05°} \text{ V}$$

变压器的线电压

$$U_1 = \sqrt{3}U_P = \sqrt{3} \times 3311 = 5735 \text{ V}$$

　　归纳以上的分析与计算结果,在对称三相电路的星形接法和三角形接法中,电压和电流的线值和相值之间的关系:三角形连接时,线电压等于相电压,线电流等于相电流的 $\sqrt{3}$ 倍,线电流滞后于后序相的相电流 30°;星形连接时,线电流等于相电流,线电压是相电压的 $\sqrt{3}$ 倍,线电压超前先行相的相电压 30°。

6.4　不对称三相电路的计算

　　前面讨论的是对称三相电路,实际上对称是相对的,供电系统中没有绝对的对称。在三相电路中,只要有一部分不对称就称为不对称三相电路。例如,对称三相电路的某一条端线断开,或某一相负载发生短路或开路,它就失去了对称性,成为不对称的三相电路。不对称三相电路的三相电压和电流是不对称的,因此不能采用上一节介绍的单相计算电路的方法,而要用分析一般的正弦稳态电路的方法,用得较多的是节点电压法。

　　图 6-7(a) 的 Y-Y 连接电路中三相电源是对称的,但负载不对称。先讨论开关 S 打开(即不接中线)时的情况。用节点电压法,可以求得节点电压 $\dot{U}_{N'N}$ 为

$$\dot{U}_{N'N} = \frac{\dot{U}_A Y_A + \dot{U}_B Y_B + \dot{U}_C Y_C}{Y_A + Y_B + Y_C}$$

　　由于负载不对称,一般情况下 $\dot{U}_{N'N} \neq 0$,即 N′ 点和 N 点电位不同了。从图 6-7(b) 的相量关系可以清楚看出,N′ 点和 N 点不重合,这一现象称为中点位移(neutral point displacement)。在电源对称的情况下,可以根据中点位移的情况判断负载端不对称的程度。当中点位移较大时,会造成负载的端电压的不对称,从而可能使负载的工作不正常。另外,如果负载变动时,由于三

相电源的工作相互关联,因此彼此都互有影响。合上开关 S(接上中线),如果 $Z_N \approx 0$,则可强使 $\dot{U}_{N'N}=0$。尽管电路不对称,但在这个条件下,可强使各相保持独立性,各相的工作互不影响,可以分别独立计算各相电路。能确保各相负载在相电压下安全工作,也就克服了无中线时产生的缺点。因此,如果负载不对称,中线的存在非常必要,它可以起到保证安全供电的作用。由于线(相)电流的不对称,中线电流一般也不为零,即

$$\dot{I}_N = \dot{I}_A + \dot{I}_B + \dot{I}_C \neq 0$$

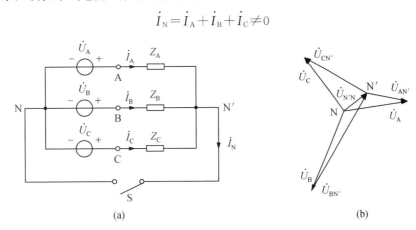

(a)　　　　　　　　　　　　　　　(b)

图 6-7　不对称三相电路

【例 6-4】　三相对称电源的相电压为 220 V,A 相负载是一只 220 V、40 W 的灯泡,B 相与 C 相负载各是一只 220 V、100 W 的灯泡。假设中线和端线的阻抗均为零,其电路如图 6-7(a)所示。求:(1)每相负载电流和中线电流;(2)若中线断开,求各相负载的相电压和电流。

解:(1)有中线且中线阻抗为零,所以 N′ 点和 N 点两点间电位相同且为零。使 $\dot{U}_a = \dot{U}_A, \dot{U}_b = \dot{U}_B, \dot{U}_c = \dot{U}_C$,各相负载阻抗为

$$Z_a = R_a = \frac{U_a^2}{P} = \frac{48400}{40} = 1210 \ \Omega$$

$$Z_b = Z_c = R_b = R_c = \frac{U_b^2}{P} = \frac{48400}{100} = 484 \ \Omega$$

若 $\dot{U}_a = 220\underline{/0°}$ V 时,有

$$\dot{I}_a = \frac{\dot{U}_a}{Z_a} = \frac{220\underline{/0°}}{1210} = 0.182\underline{/0°} \ A$$

$$\dot{I}_b = \frac{\dot{U}_b}{Z_b} = \frac{220\underline{/-120°}}{484} = 0.455\underline{/-120°} \ A$$

$$\dot{I}_c = \frac{\dot{U}_c}{Z_c} = \frac{220\underline{/120°}}{484} = 0.455\underline{/120°} \ A$$

按图示电流参考方向在 N′ 点列 KCL,有

$$\dot{I}_N = \dot{I}_A + \dot{I}_B + \dot{I}_C = 0.182\underline{/0°} + 0.455\underline{/-120°} + 0.455\underline{/120°} = 0.273\underline{/180°} = -0.273 \ A$$

由计算结果可见,不对称的三相电路有中线存在,且中线阻抗可以忽略时,负载的相电压还

是对称的,只是各相电流不同,中线电流也不为零。

(2)当中线断开时,$Z_N=\infty$。要先求解 $U_{N'N}$,即

$$\dot{U}_{N'N}=\frac{\dot{U}_A\dfrac{1}{Z_a}+\dot{U}_B\dfrac{1}{Z_b}+\dot{U}_C\dfrac{1}{Z_c}}{\dfrac{1}{Z_a}+\dfrac{1}{Z_b}+\dfrac{1}{Z_c}+\dfrac{1}{Z_N}}=55\underline{/180°}=-55\ V$$

各相负载电压为

$$\dot{U}_a=\dot{U}_A-\dot{U}_{N'N}=220-(-55)=275\ V$$

$$\dot{U}_b=\dot{U}_B-\dot{U}_{N'N}=220\underline{/-120°}-(-55)\approx200\underline{/-106°}\ V$$

$$\dot{U}_c=\dot{U}_C-\dot{U}_{N'N}=220\underline{/120°}-(-55)\approx200\underline{/106°}\ V$$

各相负载电流为

$$\dot{I}_a=\frac{\dot{U}_a}{Z_a}=\frac{275}{1210}=0.227\ A$$

$$\dot{I}_b=\frac{\dot{U}_b}{Z_b}=\frac{200\underline{/-106°}}{484}=0.413\underline{/-106°}\ A$$

$$\dot{I}_c=\frac{\dot{U}_c}{Z_c}=\frac{200\underline{/106°}}{484}=0.413\underline{/106°}\ A$$

由计算结果可见,不对称的三相电路无中线时,负载的相电压是不对称的,出现了有的相电压偏高,有的相电压偏低的现象,这会造成负载因电压偏高而损坏,有的负载因电压偏低而不能正常工作。因此,为了使负载正常工作,应使负载尽量对称。然而,负载总是有不对称的,特别是低压配电系统中多数负载是不对称的,所以在低压配电系统中广泛采用三相四线制的供电系统。

6.5　三相电路的功率及其测量方法

在三相电路中,用相(线)电压、相(线)电流表示三相总功率,三相负载吸收的复功率等于各相复功率之和,即

$$\overline{S}=\overline{S}_A+\overline{S}_B+\overline{S}_C$$

在对称的三相电路中,每相负载的复功率相同,有 $\overline{S}_A=\overline{S}_B=\overline{S}_C$,这样三相负载总的复功率为 $\overline{S}=3\overline{S}_A$。

三相电路的瞬时功率为各相负载瞬时功率之和。如图 6-2(a)所示的对称三相电路,有

$$p_A=u_{AN}i_A=\sqrt{2}U_{AN}\cos\omega t\times\sqrt{2}I_A\cos(\omega t-\varphi)$$
$$=U_{AN}I_A[\cos\varphi+\cos(2\omega t-\varphi)]$$
$$p_B=u_{BN}i_B=\sqrt{2}U_{AN}\cos(\omega t-120°)\times\sqrt{2}I_A\cos(\omega t-\varphi-120°)$$
$$=U_{AN}I_A[\cos\varphi+\cos(2\omega t-\varphi-240°)]$$
$$p_C=u_{CN}i_C=\sqrt{2}U_{AN}\cos(\omega t+120°)\times\sqrt{2}I_A\cos(\omega t-\varphi+120°)$$

$$= U_{AN}I_A[\cos\varphi + \cos(2\omega t - \varphi + 240°)]$$

它们的和为

$$p = p_A + p_B + p_C = 3U_{AN}I_A\cos\varphi = 3p_A$$

上式表明,在任一时刻 t,对称三相电路的瞬时功率之和是一个定值,其值等于三相总的平均功率。瞬时功率之和不随时间变化,将使三相电动机的瞬时机械转矩也为常数,这是对称三相电路一个优越的性能。习惯上把这一性能称为瞬间功率平衡或平衡制。

在三相三线制电路中,不论对称与否,都可以使用两个功率表的方法测量三相功率(称为二瓦计法)(two-wattmeter method)。两个功率表的一种连接方式如图 6-8 所示。使线电流从 ∗ 端分别流入两个功率表的电流线圈(图示为 $\dot{I}_A$、$\dot{I}_B$),它们的电压线圈的非 ∗ 端共同接到非电流线圈所在的第三条端线上(图示为 C 端线)。可以看出,这种测量方法中功率表的接线只触及端线,而与负载和电源的连接方式无关。

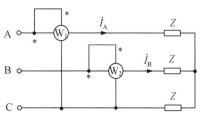

图 6-8　二瓦计法

可以证明图中两个功率表读数的代数和为三相三线制中右侧电路吸收的平均功率。

设两个功率表的读数分别用 P_1 和 P_2 表示,根据功率表的工作原理,有

$$P_1 = \mathrm{Re}[\dot{U}_{AC}\dot{I}_A^{*}] \quad P_2 = \mathrm{Re}[\dot{U}_{BC}\dot{I}_B^{*}]$$

所以

$$P_1 + P_2 = \mathrm{Re}[\dot{U}_{AC}\dot{I}_A^{*} + \dot{U}_{AB}\dot{I}_B^{*}]$$

因为 $\dot{U}_{AC} = \dot{U}_A - \dot{U}_C$,$\dot{U}_{BC} = \dot{U}_B - \dot{U}_C$,$\dot{I}_A^{*} + \dot{I}_B^{*} = -\dot{I}_C^{*}$,代入上式有

$$P_1 + P_2 = \mathrm{Re}[\dot{U}_A\dot{I}_A^{*} + \dot{U}_B\dot{I}_B^{*} + U_C\dot{I}_C^{*}] = \mathrm{Re}[\overline{S}_A + \overline{S}_B + \overline{S}_C] = \mathrm{Re}[\overline{S}]$$

而 $\mathrm{Re}[\overline{S}]$ 表示右侧三相负载的有功功率。在对称三相制中令 $\dot{U}_A = U_A\underline{/0°}$,$\dot{I}_A = I_A\underline{/-\varphi}$,则有

$$\left.\begin{array}{l} P_1 = \mathrm{Re}[\dot{U}_{AC}\dot{I}_A^{*}] = U_{AC}I_A\cos(\varphi - 30°) \\ P_2 = \mathrm{Re}[\dot{U}_{BC}\dot{I}_B^{*}] = U_{BC}I_B\cos(\varphi + 30°) \end{array}\right\} \tag{6-3}$$

式中,φ 为负载的阻抗角。应当注意,在一定的条件下(例如 $|\varphi| > 60°$),两个功率表之一的读数可能为负,求代数和时该读数应取负值。一般来讲,单独一个功率表的读数是没有意义的。

不对称的三相四线制不能用二瓦计法测量三相功率,这是因为在一般情况下,$\dot{I}_A + \dot{I}_B + \dot{I}_C \neq 0$。

【例 6-5】　三相对称电路和两表法测量平均功率接线如图 6-8 所示。负载复阻抗 $Z = |Z|\underline{/\varphi_Z} = 10\underline{/30°}$ Ω,线电压为 $100\sqrt{3}$ V,试确定功率表的读数和总的平均功率。

解:(1)求线电流 $\dot{I}_A$,对于 Y 形接法,有

$$I_L = I_P$$

则

$$\dot{I}_A = \frac{\dot{U}_{AN'}}{Z} = \frac{100\sqrt{3} \times \dfrac{1}{\sqrt{3}}}{10\underline{/30°}} = 10\underline{/-30°}$$

因为是对称电路,所以有

$$I_B = I_A$$

(2) Ⓦ的电压是U_{AC},电流为I_A,其夹角为$30° - \varphi_z = 30° - 30° = 0$;Ⓦ的电压为$U_{BC}$,电流为$I_B$,其夹角为$30° + \varphi_z = 30° + 30° = 60°$。

(3) Ⓦ的读数为

$$U_{AC} I_A \cos 0° = 100 \sqrt{3} \times 10 \times \cos 0° = 1000 \sqrt{3} \text{ W}$$

Ⓦ的读数为

$$U_{BC} I_B \cos 60° = 500 \sqrt{3} \text{ W}$$

(4) 总的平均功率为

$$P = 1000 \sqrt{3} + 500 \sqrt{3} = 1500 \sqrt{3} \text{ W}$$

在三相四线制电路中,对称电路每相功率相等,测得单相功率便可知三相总功率。负载不对称电路每相功率不一定相同,测量三相总功率就要用三只功率表。三相三线制电路不管是否对称,用两只功率表均可以测量三相的平均功率。日常供电系统中,把零线的两个作用分开,即一根为工作零线,另一根专做保护零线,这样的供电接线方式称为三相五线制。这种接线的特点是,工作零线和保护零线除在变压器中性点共同接地外,两线不再用任何的电气连接。

6.6 实际应用电路

有时候不知道三相电源的相序,而工程应用中必须知道三相电源的相序,因为如果电源的相序接反,会造成电路不能正常工作甚至造成严重的事故。

可以用一个电容元件和两个阻值相等的白炽灯作为三相负载,并且取$R = \dfrac{1}{\omega C}$,当三相负载与三相电源相接时,如图6-9所示,则根据两个灯泡的明亮程度可以确定电源的相序。如果将连接电容元件的一相定为A相,则灯泡较亮的一相就是B相,灯泡较暗的一相为C相。这就是一个相序测定器电路。下面对此电路进行理论分析。

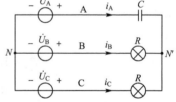

图6-9 相序指示器电路

设$\dot{U}_A = U \angle 0° \text{V}$,则中点电压为

$$\dot{U}_{N'N} = \frac{j\omega C \dot{U}_A + \dfrac{\dot{U}_B}{R} + \dfrac{\dot{U}_C}{R}}{\dfrac{1}{R} + \dfrac{1}{R} + j\omega C} = \frac{(j + 1\angle -120° + 1\angle 120°)\omega C \dot{U}_A}{(j + 2)\omega C}$$

$$= (-0.2 + j0.6)\dot{U}_A = 0.63 U \angle 108.4° \text{V}$$

B相灯泡上的电压为

$$\dot{U}_{BN'} = \dot{U}_B - \dot{U}_{N'N} = 1.5 U \angle -101.5° \text{V}$$

即 $U_{BN'} = 1.5U$。

C 相灯泡上的电压为

$$\dot{U}_{CN'} = \dot{U}_C - \dot{U}_{NN'} = 0.4U\angle138°V$$

即 $U_{VN'} = 0.4U$。

由此可以看出,B 相灯泡上的电压比 C 相灯泡上的电压高,因此 B 相的灯泡应比 C 相的灯泡亮,据此可以判断三相的相序。

拓展训练

习　题

第 6 章
习题答案

6-1　已知对称三相电源的线电压 380 V,Z_L=j Ω,Z=12+j6 Ω,求 I_1、I_2 和 I_3。

6-2　已知对称三相电路的线电压 U_1=380 V(电源端),三角形负载阻抗 Z=4.5+j14 Ω,端线阻抗 Z_1=1.5+j2 Ω。求线电流和负载的相电流,并作相量图。

6-3　如图 6-10 所示,已知对称三相电源相电压为 220 V,加到两组对称三相负载上,Z_N=j20 Ω,Z_1=12+j5 Ω,Z_2=−j15 Ω,求线电流和负载的相电流,并作相量图。

6-4　如图 6-11 所示,对称三相耦合电路接于对称三相电源,电源频率为 50 Hz,线电压 U_1=380 V,R=30 Ω,L=0.29 H,M=0.12 H。求相电流和负载所吸收的总功率。

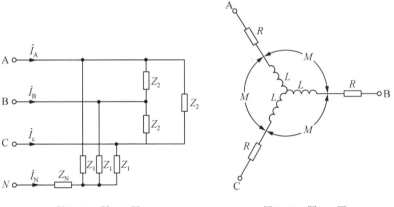

图 6-10　题 6-3 图　　　　　　图 6-11　题 6-4 图

6-5　如图 6-12 所示对称 Y-Y 三相电路中,电源的相电压为 220 V,Z=18+j12 Ω,Z_1=12+j8 Ω。求图中电流表 Ⓐ 的读数、电压表的读数及线电压 U_{AB}。

6-6　对称三相发电机的三个绕组可以看成是三个有公共参考相量又各自独立的电压源连接在一起,如图 6-13 所示,相电压为 220 V,求 U_{AB}、U_{BC} 和 U_{CA}。

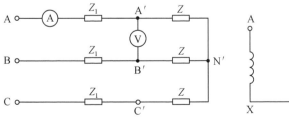
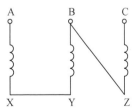

图 6-12　题 6-5 图　　　　　　图 6-13　题 6-6 图

6-7 已知对称三相电路如图 6-14 所示,相电压为 220 V。求(1)线电流和中线电流;(2)两块功率表的读数;(3)三相电源提供的有功功率和无功功率。

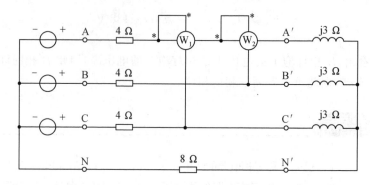

图 6-14 题 6-7 图

6-8 如图 6-15 所示电路中,对称三相电源,试求:

(1)开关打开时的线电流;

(2)若用二瓦计法测量电源端的三相功率,试画出接线图,并求两个功率表的读数(S 闭合时)。

6-9 如图 6-16 所示电路中,电源为对称三相电源,试求:L、C 满足什么条件时,线电流对称?

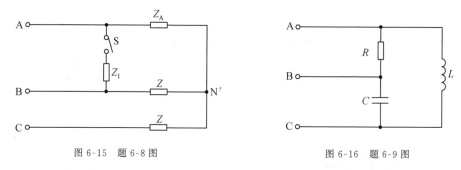

图 6-15 题 6-8 图

图 6-16 题 6-9 图

6-10 供给功率较小的三相电路(如测量仪器和继电器等)可以利用所谓的相数变换器,从单相电源获得对称三相电压。如图 6-17 所示电路中,若已知每相电阻 $R = 20\ \Omega$,所加单相电源频率为 50 Hz。试计算为使负载上得到对称三相电流(电压)所需的 L、C 的值。

6-11 如图 6-18 所示为对称三相电路,线电压为 380 V,$R = 6\ \Omega$,$Z_1 = 10\ \Omega$,$Z = 1 + \mathrm{j}4\ \Omega$。求三相电源供给电路的总的有功功率。

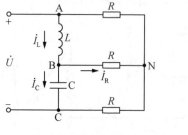

图 6-17 题 6-10 图

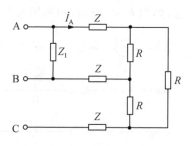

图 6-18 题 6-11 图

6-12　如图 6-19 所示三相四线制电路中,对称三相电源的线电压为 380 V,图中电阻 R 吸收的功率为 24200 W(S 闭合时)。试求:

(1)开关 S 闭合时图中各表的读数。根据功率表的读数能否求得整个负载吸收的总功率?

(2)开关 S 打开时图中各表的读数有无变化,功率表的读数有无意义?

6-13　如图 6-20 所示为对称三相电路,线电压为 380 V,负载吸收的无功功率为 $1520\sqrt{3}$ var。试求:

(1)各线电流;

(2)电源发出的复功率。

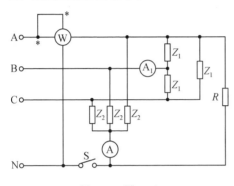

图 6-19　题 6-12

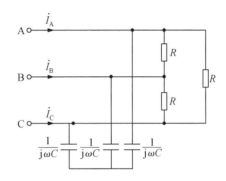

图 6-20　题 6-13

6-14　已知不对称三相四线制系统中的对称三相电源的线电压 $U_1 = 380$ V,不对称的星形连接负载分别是 $Z_A = 3 + j2\ \Omega, Z_B = 4 + j4\ \Omega, Z_C = 2 + j1\ \Omega$。试求:

(1)当中线阻抗 $Z_N = 4 + j3\ \Omega$ 时,中性点电压、线电流和负载吸收的总功率。

(2)当 $Z_N = 0$ 时,A 相开路时的线电流。如果无中线(即 $Z_N = \infty$)又会怎样?

第7章

非正弦周期电流电路和信号的频谱

【内容提要】 本章介绍周期函数分解为傅立叶级数和信号的频谱,周期信号的有效值、平均值和平均功率;对非正弦周期电流电路的分析和计算。

思政案例

7.1 非正弦周期信号

在理论分析交流电路时,一般认为电路中的电源与各部分稳态电流和电压都是按同频率的正弦量变化的。但在实际生产、工程实践和科学实验中,常常会遇到按非正弦规律变化的电源和信号。例如,从交流发电机发出的电压以及电网内任何一处的电压都不可能完全按照正弦规律变化,而往往是接近正弦函数的非正弦周期函数。当电路中含有非线性元件时,即使是理想的正弦激励也将导致非正弦波形的响应。

在无线电工程方面传输的语言、音乐、图像等信号,自动控制、雷达、电子计算机中大量使用的脉冲信号以及经过整流后的正弦交流电都是非正弦波。

非正弦周期电压或电流同样是周期性的,有频率、角频率、幅值或初相角等指标,周期函数的一般定义是:对于时间函数 $f(t)$,若满足 $f(t-nT)=f(t)(n=0,\pm1,\pm2,\cdots)$,则称 $f(t)$ 为周期函数,其中 T 为常数,称为 $f(t)$ 的重复周期,简称周期。非正弦电流又可分为周期的与非周期的两种。本章将主要讨论线性电路在非正弦周期电源作用下,如何计算电路的稳态响应。这里主要是利用傅立叶级数(Fourier series)展开法,将非正弦周期电压(电流)分解为恒定分量和一系列不同频率的正弦量,然后分别计算出恒定分量和各频率正弦量单独作用下电路中产生的响应,根据叠加定理,将前面所得响应的时域形式叠加,就可以得到电路中实际的稳态响应。这种方法称为谐波分析(harmonic analysis)法(或称傅立叶分析法)。

7.2 周期函数分解为傅立叶级数

假设非正弦周期函数(nonsinusoidal periodic function) 的周期为 T,当函数满足狄里赫利条件时,就可以分解为一个收敛的三角级数。所谓狄里赫利条件就是:在一个周期内只有有限个第一类间断点和有限个极大值与极小值。电工和无线电技术中所遇到的周期函数,通常都能满足这个条件。按上述内容,$f(t)$ 可展开成

$$f(t)=a_0+[a_1\cos\omega t+b_1\sin\omega t]+[a_2\cos2\omega t+b_2\sin2\omega t]+\cdots+[a_k\cos k\omega t+b_k\sin k\omega t]+$$

…

$$= a_0 + \sum_{k=1}^{\infty} \left[a_k \cos k\omega t + b_k \sin k\omega t \right] \qquad (7\text{-}1)$$

式中, $\omega = \dfrac{2\pi}{T}$。

如果我们将式(7-1)中各个同频率的正弦项和余弦项合并成一项,就可以得到下面的表达式

$$f(t) = A_0 + A_{1m}\cos(\omega t + \varphi_1) + A_{2m}\cos(2\omega t + \varphi_2) + \cdots + A_{km}\cos(k\omega t + \varphi_k) + \cdots$$

$$= A_0 + \sum_{k=1}^{\infty} A_{km}\cos(k\omega t + \varphi_k) \qquad (7\text{-}2)$$

式中

$$\left. \begin{array}{l} A_0 = a_0 \\[4pt] A_{km} = \sqrt{a_k^2 + b_k^2} \\[4pt] \tan\varphi_k = \dfrac{-b_k}{a_k} \end{array} \right\} \qquad (7\text{-}3)$$

以上的无穷三角级数就称为傅立叶级数。式(7-1)和式(7-2)中的 ω 与原周期函数 $f(t)$ 的频率相同,称为周期函数的基波频率(first harmonic frequency),2ω 称为二次谐波(secondary harmonic)频率,$\cdots$,$k\omega$ 称为 k 次谐波频率。a_0,a_k,b_k 与 A_0,A_{km} 称为傅立叶系数。式(7-2)的第一项 A_0 称为周期函数 $f(t)$ 的恒定分量(直流分量);第二项 $A_{1m}\cos(\omega t + \varphi_1)$ 称为一次谐波(基波分量);其余各项依次称为 2 次,3 次,$\cdots$,k 次谐波,并统称为高次谐波(high order harmonic)。这个过程称为谐波分析。

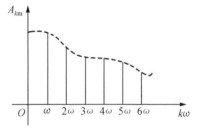

图 7-1　幅度频谱

为了既方便又直观地表达周期函数分解为傅立叶级数后包括的谐波分量和各谐波分量所占的比例以及对应的初相位关系,在实际工程技术领域中我们常根据式(7-3)把 A_{km} 对 $k\omega$ 的函数关系绘成如图 7-1 所示的线图,用以表明各次谐波的相对大小。图中每条线代表一个谐波分量的振幅。这种图形就是非正弦周期函数的振幅频谱,简称频谱(frequency spectrum)。图中每条线称为谱线(spectral line)。如果我们把各次谐波的初相与 $k\omega$ 的关系绘制成类似于图 7-1 所示的线图,就可以得到相位频谱。通常所说的频谱都是指振幅频谱。

式(7-1)中系数 a_0,a_k,b_k 的计算公式如下

$$\left. \begin{array}{l} a_0 = \dfrac{1}{T}\int_0^T f(t)\,\mathrm{d}t = \dfrac{1}{T}\int_{-T/2}^{T/2} f(t)\,\mathrm{d}t \\[10pt] a_k = \dfrac{2}{T}\int_0^T f(t)\cos k\omega t\,\mathrm{d}t = \dfrac{1}{\pi}\int_0^{2\pi} f(t)\cos k\omega t\,\mathrm{d}(\omega t) \\[10pt] \quad = \dfrac{1}{\pi}\int_{-\pi}^{\pi} f(t)\cos k\omega t\,\mathrm{d}(\omega t) \\[10pt] b_k = \dfrac{2}{T}\int_0^T f(t)\sin k\omega t\,\mathrm{d}t = \dfrac{1}{\pi}\int_0^{2\pi} f(t)\sin k\omega t\,\mathrm{d}(\omega t) \\[10pt] \quad = \dfrac{1}{\pi}\int_{-\pi}^{\pi} f(t)\sin k\omega t\,\mathrm{d}(\omega t) \end{array} \right\} \qquad (7\text{-}4)$$

式中，$k = 1, 2, 3, \cdots$

下面举例说明周期函数展开为傅立叶级数的过程。

【例 7-1】将如图 7-2 所示的周期函数 $f(t)$ 展开成傅立叶级数并画出频谱。

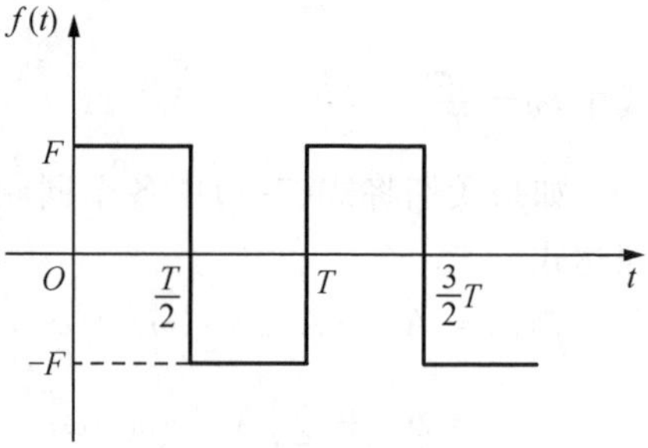

解：$f(t)$ 在一个周期内的表达式为

$$f(t) = \begin{cases} F, & 0 \leqslant t \leqslant \dfrac{T}{2} \\ -F, & \dfrac{T}{2} < t \leqslant T \end{cases}$$

计算傅立叶系数如下

$$a_0 = \frac{1}{T} \int_0^T f(t) \mathrm{d}t = 0$$

$$\begin{aligned} a_k &= \frac{1}{\pi} \int_{-\pi}^{\pi} f(t) \cos k\omega t \, \mathrm{d}(\omega t) \\ &= \frac{1}{\pi} \int_{-\pi}^{0} (-F) \cos k\omega t \, \mathrm{d}(\omega t) + \frac{1}{\pi} \int_{0}^{\pi} F \cos k\omega t \, \mathrm{d}(\omega t) = 0 \end{aligned}$$

$$b_k = \frac{1}{\pi} \int_{-\pi}^{\pi} f(t) \sin k\omega t \, \mathrm{d}(\omega t) = \frac{1}{-\pi} \int_{\pi}^{0} (-F) \sin k\omega t \, \mathrm{d}(\omega t) + \frac{1}{\pi} \int_{0}^{\pi} F \sin k\omega t \, \mathrm{d}(\omega t)$$

$$= \frac{F}{\pi} \left[\frac{\cos k\omega t}{k} \right]_{-\pi}^{0} + \frac{F}{\pi} \left[-\frac{\cos k\omega t}{k} \right]_{0}^{\pi} = \frac{F}{k\pi} [1 - \cos k\pi - \cos k\pi + 1]$$

$$= \frac{2F}{k\pi} [1 - (-1)^k] = \begin{cases} \dfrac{4F}{k\pi} & \text{（当 } k \text{ 为奇数时）} \\ 0 & \text{（当 } k \text{ 为偶数时）} \end{cases}$$

将求得的系数代入式（7-1）有

$$f(t) = \frac{4F}{\pi} \left[\sin \omega t + \frac{1}{3} \sin 3\omega t + \frac{1}{5} \sin 5\omega t + \cdots \right]$$

图 7-2　［例 7-1］图

其频谱如图 7-3 所示。

由此可见，通过傅立叶分析法可以将非正弦周期函数分解成一系列谐波分量的叠加。这样，电路对非正弦周期激励的响应就可以应用前面学过的相量法和叠加定理求出。但由于傅立叶级数是一个无穷的三角级数，因此，从理论上讲，应用相量法求电路的响应时，尽管傅立叶级数是无穷的，但由于这个级数的收敛性，周期函数中各谐波振幅随着谐波次数的增高而逐渐减小。因此在工程实际中，利用傅立叶级数对周期函数进行谐波分析时，一般只需取为数不多的前面几项叠加起来就可以近似地表达原有的周期函数了。至于截取的谐波数目，应视分解后级数的收敛程度和具体误差要求而定。通常，5 次以上的谐波可以略去。并且函数的波形越光滑或越接近正弦波形，展开级数时收敛得就越快。

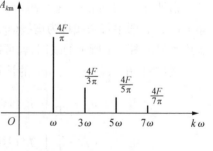

图 7-3　［例 7-1］频谱图

图 7-4(a)～图 7-4(d) 表示了［例 7-1］中的方波在分解后的级数分别取前 2 项、前 3 项

和前 4 项所叠加后的波形。从图中可以看出,级数取前 4 项的叠加已经接近方波的图形。

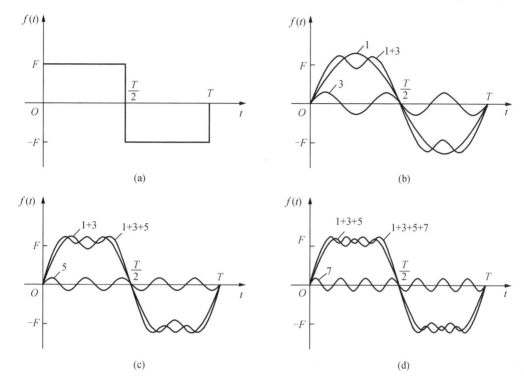

图 7-4　矩形波的叠加

另外,我们从以上矩形波周期函数的傅立叶级数表达式中还可以看出,式中 a_0 和 a_k 都为零,且式中没有偶数项。造成这一结果的原因是周期函数的波形具有某种对称性,这在电工电子技术中常常遇到。利用周期函数的对称性质可使傅立叶系数 a_0,a_k,b_k 的计算简化。具体简述如下:

(1)在一个周期内,如果 $f(t)$ 波形对横轴正、负面积相等,如图 7-5(a)所示,则 $a_0=0$,即展开的傅立叶级数中没有常数项。

(2)如果函数 $f(t)$ 是关于原点对称的奇函数,即 $f(t)=-f(-t)$,如图 7-5(a)所示,则 $a_k=0$,即展开的傅立叶级数中只有正弦项,没有余弦项。

(3)如果函数 $f(t)$ 是关于纵轴对称的偶函数,即 $f(t)=f(-t)$,如图 7-5(b)所示,则 $b_k=0$,即展开的傅立叶级数中只有余弦项,没有正弦项。

(4)如果函数 $f(t)$ 是关于镜像对称的奇谐波函数,即 $f(t)=-f\left(t+\dfrac{T}{2}\right)$,如图 7-5(c)所示,则 $a_{2k}=b_{2k}=0$,即只有奇次谐波项,没有偶次谐波项。

(5)如果函数 $f(t)$ 是关于偶半波对称的偶谐波函数,即 $f(t)=f\left(t+\dfrac{T}{2}\right)$,如图 7-5(d)所示,则 $a_{2k-1}=b_{2k-1}=0$,即只有偶次谐波项,没有奇次谐波项。

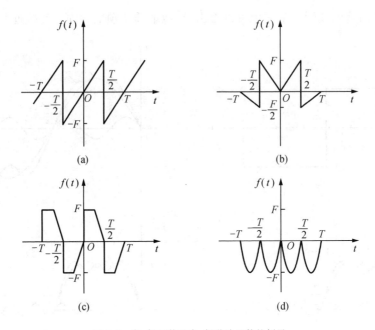

图 7-5　奇、偶函数及奇、偶谐波函数的例子

7.3　有效值、平均值和平均功率

前面介绍过,任何周期性的电流和电压的有效值就是它们的均方根值。例如,周期电流 i 的有效值为

$$I = \sqrt{\frac{1}{T}\int_0^T i^2\,\mathrm{d}t}$$

将电流 i 分解为傅立叶级数,即

$$i(t) = I_0 + \sum_{k=1}^{\infty} I_{k\mathrm{m}}\cos(k\omega t + \varphi_k)$$

式中,I_0 为直流分量;$I_{k\mathrm{m}}$ 为第 k 次谐波分量的电流最大值;φ_k 为初相位。把 i 代入前式,得 i 的有效值为

$$I = \sqrt{\frac{1}{T}\int_0^T \left[I_0 + \sum_{k=1}^{\infty} I_{k\mathrm{m}}\cos(k\omega t + \varphi_k)\right]^2\,\mathrm{d}t} = \sqrt{I_0^2 + \sum_{k=1}^{\infty} I_k^2} = \sqrt{I_0^2 + I_1^2 + I_2^2 + \cdots}$$

上式中所包含各项分别计算如下

$$\frac{1}{T}\int_0^T I_0^2\,\mathrm{d}t = I_0^2$$

$$\frac{1}{T}\int_0^T I_{k\mathrm{m}}^2\cos^2(k\omega t + \varphi_k)\,\mathrm{d}t = \frac{I_{k\mathrm{m}}^2}{2} = I_k^2$$

$$\frac{1}{T}\int_0^T I_0 I_{k\mathrm{m}}\cos(k\omega t + \varphi_k)\,\mathrm{d}t = 0$$

$$\frac{1}{T}\int_0^T 2I_{k\mathrm{m}}\cos(k\omega t + \varphi_k) I_{q\mathrm{m}}\cos(q\omega t + \varphi_q)\,\mathrm{d}t = 0 \quad (当\ k \neq q\ 时)$$

同理,非正弦周期电压 $u(t)$ 的有效值为

$$U = \sqrt{U_0^2 + U_1^2 + U_2^2 + \cdots}$$

即非正弦周期电流(或电压)的有效值等于恒定分量的平方与各次谐波有效值的平方和的平方根。

平均值这个概念在实际应用中也经常使用,以电流为例,其定义为

$$I_{\mathrm{av}} = \frac{1}{T} \int_0^T |i| \, \mathrm{d}t$$

即非正弦周期电流平均值等于该电流绝对值的平均值。

下面讨论非正弦周期电流电路的功率问题。

如果某一端口网络的非正弦电压和电流分别为

$$u = U_0 + \sum_{k=1}^{\infty} U_{k\mathrm{m}} \cos(k\omega t + \varphi_{ku})$$

$$i = I_0 + \sum_{k=1}^{\infty} I_{k\mathrm{m}} \cos(k\omega t + \varphi_{ki})$$

则一端口网络吸收的平均功率定义为

$$P = \frac{1}{T} \int_0^T p \, \mathrm{d}t = \frac{1}{T} \int_0^T ui \, \mathrm{d}t$$

将傅立叶级数形式的 u 和 i 代入上式就可计算出 P。这里将涉及 ui 乘积的展开式在一个周期内的积分问题。在求非正弦周期量的有效值时知道,不同频率的电压、电流乘积的积分为零;直流分量与任何谐波乘积的积分也为零;同频率电压、电流乘积的积分不为零,故

$$P = \frac{1}{T} \int_0^T U_{k\mathrm{m}} \left[\cos(k\omega t + \varphi_{ku}) I_{k\mathrm{m}} \cos(k\omega t + \varphi_{ki}) \right] \mathrm{d}t$$

$$= \frac{1}{T} \int_0^T \frac{1}{2} U_{k\mathrm{m}} I_{k\mathrm{m}} \left[\cos(2k\omega t + \varphi_{ku} + \varphi_{ki}) + \cos(\varphi_{ku} - \varphi_{ki}) \right] \mathrm{d}t$$

$$= \frac{1}{2} U_{k\mathrm{m}} I_{k\mathrm{m}} \cos(\varphi_{ku} - \varphi_{ki}) = U_k I_k \cos\varphi_k$$

式中,$U_k = \dfrac{U_{k\mathrm{m}}}{\sqrt{2}}$,$I_k = \dfrac{I_{k\mathrm{m}}}{\sqrt{2}}$,$\varphi_k = \varphi_{ku} - \varphi_{ki}$,$k = 1, 2, \cdots$

所以

$$P = U_0 I_0 + \sum_{k=1}^{\infty} U_k I_k \cos\varphi_k$$

即

$$P = U_0 I_0 + U_1 I_1 \cos\varphi_1 + U_2 I_2 \cos\varphi_2 + \cdots + U_k I_k \cos\varphi_k + \cdots$$

由此可见,非正弦周期电流电路中的平均功率等于恒定分量构成的功率与各次谐波构成的平均功率之和。这里必须指出,不同频率的电压与电流只能构成瞬间功率,不能构成平均功率。

7.4 非正弦周期电流电路的计算

在 7.1 节中我们已简述了线性电路在非正弦周期激励作用下稳态响应的计算过程,现进一步把具体原则和步骤归纳如下:

(1)将给定的非正弦周期激励函数分解为傅立叶级数。

（2）分别求出激励的恒定分量和各次谐波分量单独作用时的响应。对于恒定分量，相当于计算直流电路，此时电感相当于短路，电容相当于开路。对于各次谐波分量，则用相量法计算正弦交流电路，此时要注意感抗和容抗都与频率有关。

（3）根据叠加定理把上一步中计算出的各个响应的瞬时值表达式相加，就可得到所要求的结果。这里需指出，相加时，相量的频率必须相同，不同频率的相量相加是没有意义的。

【例 7-2】 振幅为 200 V，周期为 1 ms 的方波电压作用于 RLC 串联电路，$u_S(t)$ 波形和电路如图 7-6 所示，$R=50\ \Omega$，$L=25\ \text{mH}$，$C=2\ \mu\text{F}$。求电流 $i(t)$。

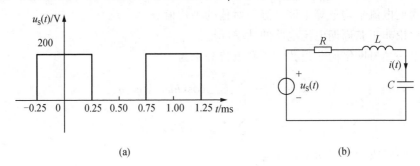

(a)　　　　　　　　　　　　(b)

图 7-6　［例 7-2］图

解：方波（基波）频率

$$\omega=\frac{2\pi}{T}=2\pi\times10^3\ \text{rad/s}$$

首先将图 7-6(a)所示的方波分解成傅立叶级数，即

$$u_S(t)=100+\frac{400}{\pi}\left(\cos\omega t-\frac{1}{3}\cos3\omega t+\frac{1}{5}\cos5\omega t-\cdots\right)\ \text{V}$$

这里取到 5 次谐波，即

$$u_S(t)=100+127.32\cos\omega t-42.44\cos3\omega t+25.46\cos5\omega t\ \text{V}$$

当直流分量作用时，电容相当于开路，即 $I_0=0$。

当 1，3，5 次谐波作用时，电路的复阻抗可表示为

$$Z_{(k)}=R+\text{j}\left(k\omega L-\frac{1}{k\omega C}\right),k=\ 1,3,5$$

故

$$Z_{(1)}=R+\text{j}\left(\omega L-\frac{1}{\omega C}\right)$$

$$=50+\text{j}\left(1\times2\pi\times10^3\times25\times10^{-3}-\frac{1}{1\times2\pi\times10^3\times2\times10^{-6}}\right)$$

$$=50+\text{j}77.5=92.23\underline{/57.17°}$$

$$Z_{(3)}=R+\text{j}\left(3\omega L-\frac{1}{3\omega C}\right)$$

$$=50+\text{j}\left(3\times2\pi\times10^3\times25\times10^{-3}-\frac{1}{3\times2\pi\times10^3\times2\times10^{-6}}\right)$$

$$=50+\text{j}444.71=447.51\underline{/83.59°}$$

$$Z_{(5)}=R+\text{j}\left(5\omega L-\frac{1}{5\omega C}\right)$$

$$= 50 + j\left(5 \times 2\pi \times 10^3 \times 25 \times 10^{-3} - \frac{1}{5 \times 2\pi \times 10^3 \times 2 \times 10^{-6}}\right)$$

$$= 50 + j769.48 = 771.10\underline{/86.35°}$$

又因为
$$\dot{I}_{(k)\mathrm{m}} = \frac{\dot{U}_{(k)\mathrm{m}}}{Z_{(k)}}, k = 1,3,5$$

$$\dot{I}_{(1)\mathrm{m}} = \frac{\dot{U}_{(1)\mathrm{m}}}{Z_{(1)}} = \frac{127.32\underline{/0°}}{92.23\underline{/57.17°}} = 1.38\underline{/-57.17°} \text{ A}$$

所以
$$i_{(1)} = 1.38\cos(\omega t - 57.17°) \text{ A}$$

$$\dot{I}_{(3)\mathrm{m}} = \frac{\dot{U}_{(3)\mathrm{m}}}{Z_{(3)}} = \frac{-42.44\underline{/0°}}{447.51\underline{/83.59°}} = -0.0948\underline{/-83.59°} \text{ A}$$

所以
$$i_{(3)} = -0.0948\cos(3\omega t - 83.59°) \text{ A}$$

$$\dot{I}_{(5)\mathrm{m}} = \frac{\dot{U}_{(5)\mathrm{m}}}{Z_{(5)}} = \frac{25.46\underline{/0°}}{771.10\underline{/86.35°}} = 0.033\underline{/-86.35°} \text{ A}$$

所以
$$i_{(5)} = 0.033\cos(5\omega t - 86.35°) \text{ A}$$

由叠加定理得

$$i(t) = I_0 + i_{(1)} + i_{(3)} + i_{(5)}$$
$$= 1.38\cos(\omega t - 57.17°) - 0.0948\cos(3\omega t - 83.59°) + 0.033\cos(5\omega t - 86.35°) \text{ A}$$

【例 7-3】　如图 7-7 所示,已知 N 为无源网络,其中

$$u(t) = 100\cos 314t + 50\cos(942t - 30°) \text{V},$$
$$i(t) = 10\cos 314t + 1.75\cos(942t + \theta_3) \text{ A}。$$

当 N 为 RLC 串联时,求 R、L、C 的值,并求 θ_3 的值和电路消耗的平均功率。

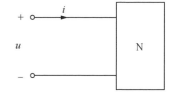

图 7-7　[例 7-3]图

解: 从电压和电流的表达式可以看出,基波的电压和电流同相位,可知该电路对基波发生串联谐振。

因为 $R = \dfrac{100}{10} = 10 \ \Omega$,且有 $\omega L = \dfrac{1}{\omega C}$,所以三次谐振阻抗的模符合下面的表达式

$$10^2 + \left(3\omega L - \frac{1}{3\omega C}\right)^2 = \left(\frac{50}{1.75}\right)^2$$

可求出 $L = 31.96 \text{ mH}$,$C = 31.29 \ \mu\text{F}$

设三次谐波电路呈现的阻抗角为

$$\varphi_{z3} = -30° - \theta_3 = \arctan \frac{3\omega L - \dfrac{1}{3\omega C}}{R} = 69.51°$$

得
$$\theta_3 = -99.51°$$

设电路消耗的平均功率为 P,则

$$P = \frac{1}{2} \times 100 \times 10 + \frac{1}{2} \times 50 \times 1.75\cos 69.51° = 515.3 \text{ W}$$

【例 7-4】　如图 7-8 所示,已知 $i_1 = 18\sqrt{2}\cos(\omega t + 120°) \text{ A}$,$i_2 = 12\sqrt{2}\sin(\omega t + 30°) \text{ A}$,

$i_3 = 8\sqrt{2}\cos(2\omega t + 30°)$ A。求电流表Ⓐ的读数。

解：求有效值时，注意同次谐波分量要合成一个分量，即

$$i_2 = 12\sqrt{2}\sin(\omega t + 30°) = 6\sqrt{2}\cos(\omega t - 60°) \text{ A}$$

可以看出，i_2 与 i_1 频率相同、相位相反。

由 KCL 知，$i = i_1 + i_2 + i_3$，所以其有效值为

$$I = \sqrt{(18-12)^2 + 8^2} = 10 \text{ A}$$

即电流表Ⓐ的读数为 10 A。改变 i_3 的电流方向将不影响电流表的读数。

供电系统谐波的定义是对周期性非正弦电量进行傅立叶级数分解，除了得到与电网基波频率相同的分量外，还得到一系列频率大于电网基波频率的分量，这部分分量称为谐波。电网谐波主要由发电设备质量不高、输电配电系统以及用电设备等产生。谐波实际上是一种干扰量，使电网受到"污染"。

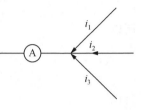

图 7-8　［例 7-4］图

7.5　实际应用电路

收音机、电视机、音响、计算机及所有的小型电子仪器都需要一个直流电源来驱动其工作。由于一般引入家庭中的电源都是交流的，而且为 220 V 的电压，而有的电子仪器所使用的直流电源的电压小于这个数值，所以需要一个将交流电源变为直流电源的装置，称为适配器。通常这样的一个装置由变压器、整流电路、滤波电路和稳压电路组成。稳压电路将在后续课程中介绍，这里只介绍整流电路和滤波电路，电路如图 7-9 所示，电压波形示意图如图 7-10 所示。下面对其进行分析。

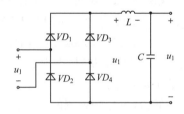

图 7-9　整流、滤波电路

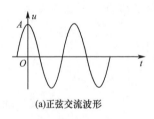

(a)正弦交流波形

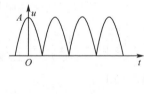

(b)整流后波形

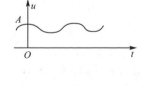

(c)滤波后波形

图 7-10　波形示意图

根据二极管的单向导电性质，当输入电压 u_i 处于正半周，即 $u_i > 0$ 时，二极管 VD_1、VD_4 导通，VD_2、VD_3 截止，$u_1 = u_i$；当输入电压 u_i 处于负半周，即 $u_i < 0$ 时，二极管 VD_2、VD_3 导通，VD_1、VD_4 截止，$u_1 = -u_i$，由此得到如图 7-10(b)所示的波形。

u_1 为非正弦周期信号，对其进行傅立叶展开可得

$$u_1(t) = \frac{2A}{\pi} + \frac{4A}{\pi}\left(\frac{1}{3}\cos 2\omega_1 t - \frac{1}{15}\cos 4\omega_1 t + \frac{1}{35}\cos 6\omega_1 t + \cdots\right)$$

根据我国的一般工业电压和频率可知：$A = 220\sqrt{2}$ V，$\omega_1 = 100\pi$ rad/s，所以有

$$u_1(t) = \frac{440\sqrt{2}}{\pi} + \frac{880\sqrt{2}}{\pi}\left(\frac{1}{3}\cos 200\pi t - \frac{1}{15}\cos 400\pi t + \frac{1}{35}\cos 600\pi t + \cdots\right)$$

输出电压 u_0 与电压 u_1 的相量关系为

$$\dot{U}_0 = \frac{\dfrac{1}{\mathrm{j}\omega C}}{\mathrm{j}\omega L + \dfrac{1}{\mathrm{j}\omega C}}\dot{U}_1 = \frac{1}{1 - \omega^2 LC}\dot{U}_1$$

如果取 $L = 1H$，$C = 220\ \mu\text{F}$，则

$$u_0(t) = \frac{440\sqrt{2}}{\pi} - \frac{880\sqrt{2}}{\pi}\left(\frac{1}{3}\times\frac{1}{86.85}\cos 200\pi t - \frac{1}{15}\times\right.$$

$$\left.\frac{1}{347.41}\cos 400\pi t + \frac{1}{35}\times\frac{1}{781.67}\cos 600\pi t + \cdots\right)$$

由 u_0 的表达式可以看出，经过滤波后，输出电压中除直流分量保持不变外，其余各谐波分量都度减小，频率越高，减小得越多，这正是人们所期望的。

拓展训练

习　题

第 7 章
习题答案

7-1　求如图 7-11 所示等腰三角形的傅立叶级数。

7-2　求如图 7-12 所示波形的傅立叶级数的系数。

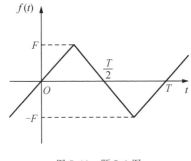

图 7-11　题 7-1 图

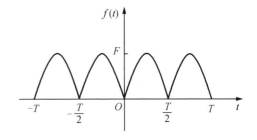

图 7-12　题 7-2 图

7-3　已知某信号半个周期的波形如图 7-13 所示。试在下列各不同条件下画出整个周期的波形。

(1)没有常数项，即 $a_0 = 0$；

(2)对所有的 k，只有余弦项，即 $b_k = 0$；

(3)对所有的 k，只有正弦项，即 $a_k = 0$；

(4)a_k 和 b_k 只有出现在 k 为奇数时。

7-4　已知：$u = 30 + 120\cos 1000t + 60\cos\left(2000t + \dfrac{\pi}{4}\right)$ V。求如图 7-14 所示电路中各表读数(有效值)及电路吸收的功率。

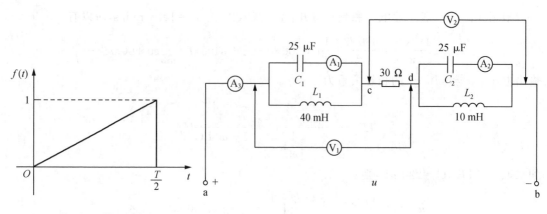

图 7-13　题 7-3 图　　　　　　　　　　　图 7-14　题 7-4 图

7-5　如图 7-15 所示,已知 $i_S(t)=6+36\sqrt{2}\cos1000t$ A,求 $u_{AB}(t)$ 为多少。

7-6　如图 7-16 所示,已知 $R=15$ Ω,$L=100$ mH,$i_S(t)=5+3\sin100t+\sin200t$ A,$u(t)$ 中只有直流二次谐波分量。求电容 C 的值以及 $u(t)$ 的有效值和电阻消耗的功率。

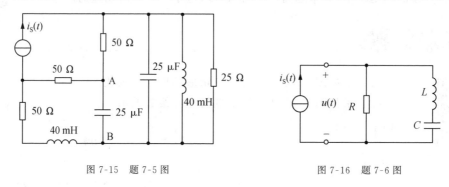

图 7-15　题 7-5 图　　　　　　　　　图 7-16　题 7-6 图

7-7　如图 7-17 所示,电路中 $i_S(t)=15+30\cos(10t-20°)-15\sin(30t+60°)$ A,$L_1=L_2=2$ H,$M=0.5$ H。求图中交流电表的读数和 $u(t)$。

7-8　如图 7-18 所示电路中 $u_{S1}(t)=[3+10\sqrt{2}\sin(2t+90°)]$ V,电流源电流 $i_{S2}(t)=2\sin1.5t$ A。求 u_R。

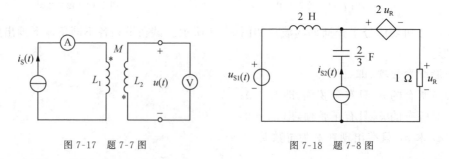

图 7-17　题 7-7 图　　　　　　　　　图 7-18　题 7-8 图

7-9　如图 7-19 所示电路中,$u_S(t)=141\cos\omega_1 t+14.1\cos(3\omega_1 t+30°)$ V,基波频率 $f_1=500$ Hz,$C_1=C_2=3.18$ μF,$R=10$ Ω。当基波电压单独作用时,电流表读数为 0;当三次谐波电压单独作用时,电压表读数为 0。求电感 L_1、L_2 的值和电容 C_2 两端的电压 u_0。

第8章

一阶电路的时域分析

【内容提要】本章主要介绍一阶动态电路的方程、初始条件、时间常数和各类响应,分析响应与特征根的关系,以及用三要素法求一阶电路全响应。

思政案例

描述动态电路(含有储能元件的电路)的方程是常系数线性微分方程。微分方程为一阶的电路称为一阶电路。用解微分方程的方法来分析动态电路又称为经典法或时域分析法。

8.1 动态电路的方程及其初始条件

8.1.1 电路的过渡过程

过渡过程

前面所讲的直流电路是在电路达到稳定状态下进行分析的,简称稳态(steady state)。电路从一种稳态过渡到另一种稳态,一般不是立刻完成的,而是需要一个过程,这一过程在工程上常被称为过渡过程(transient process)。

以如图 8-1 所示的 RC 充电电路为例,电容原来未被充电,当开关 S 打开时,i_C $=0,u_C=0$,电容储存的电场能量 $W_C=\dfrac{1}{2}Cu_C^2=0$,这时电路处于稳态。当开关 S 闭合一段时间后,由于电容对直流电路相当于开路,因此电路中 $i_C=0,u_C=U_S$,电容中储存了能量,这又是一种新的稳态。那么电容电压 u_C 是怎样从 0 达到 U_S 的呢? 电流 i_C 又是怎样变化的呢? 定性画出变化曲线,如图 8-2(a)、8-2(b)所示,这就是一个过渡过程。

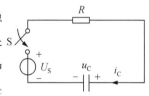

图 8-1 RC 充电电路

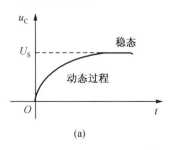

(a)

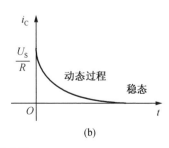

(b)

图 8-2 u_C 和 i_C 变化曲线

8.1.2　换路定律

电路中经常会发生电源的突然变化,开关的接通或断开,某些元件参数的改变以及短路、开路等,凡此种情况统称为换路(switchover)。

如果把换路的时刻记作 $t=0$,而 $t=0_-$ 为换路前的瞬间,$t=0_+$ 为换路后的初始瞬间。在 $t=0_-$ 到 $t=0_+$ 时刻,如果元件上的数值不同,就称为跃变(abrupt)。比如,一滴水掉进火红的炉子里,水滴立刻变成水蒸气,这就是瞬间跃变,水滴的跃变是因为炉火相当于无穷大的能量。而不能跃变的例子在实际当中尤为多见,例如汽车由一个速度变到另一个速度,中间总要有个过程;电的速度尽管很快,但通常仍然要有一个过渡过程。

反映电路储能状况的电容电压 u_C 和电感电流 i_L 在换路瞬间也有个过程,也不能跃变,这一事实称为换路定律(switchover law),记做

$$u_C(0_-)=u_C(0_+) \text{ 或 } q(0_-)=q(0_+) \tag{8-1}$$

$$i_L(0_-)=i_L(0_+) \text{ 或 } \Psi(0_-)=\Psi(0_+) \tag{8-2}$$

换路定律可进行如下推导。在讨论线性电容和电感元件特性时已经知道

$$u_C(t)=u_C(t_0)+\frac{1}{C}\int_{t_0}^{t} i(\xi)\mathrm{d}\xi$$

$$i_L(t)=i_L(t_0)+\frac{1}{L}\int_{t_0}^{t} u(\xi)\mathrm{d}\xi$$

电感特性

设换路在 $t=0$ 时刻发生,若计算 $t=0_+$ 时刻的 u_C 和 i_L 则有

$$u_C(0_+)=u_C(0_-)+\frac{1}{C}\int_{0_-}^{0_+} i(\xi)\mathrm{d}t \tag{8-3}$$

$$i_L(0_+)=i_L(0_-)+\frac{1}{L}\int_{0_-}^{0_+} u(\xi)\mathrm{d}t \tag{8-4}$$

因为电荷 $q=Cu_C$,磁通链 $\Psi=Li_L$,所以式(8-3)和式(8-4)也可以用 q 和 Ψ 表示。在换路瞬间若 i_C 和 u_L 为有限值,则式(8-3)和式(8-4)右边积分项 $\int_{0_-}^{0_+} i(\xi)\mathrm{d}t=0$;$\int_{0_-}^{0_+} u(\xi)\mathrm{d}t=0$,因此

$$u_C(0_+)=u_C(0_-)$$

$$i_L(0_+)=i_L(0_-)$$

换路定律说明电容电压 u_C 和电感电流 i_L 在换路瞬间不发生跃变,即换路前瞬间的数值等于换路后瞬间的初始值。原因在于电容元件和电感元件都是储能元件,电容储存的电场能为 $W_C=\frac{1}{2}Cu_C^2(t)$,电感储存的磁场能为 $W_L=\frac{1}{2}Li_L^2(t)$,如果 u_C 和 i_L 在换路瞬间发生跃变,则 W_C 和 W_L 也会发生跃变,这就需要功率为无限大$\left(\text{即 } p=\dfrac{\mathrm{d}W}{\mathrm{d}t}\right)$,这在实际电路中是不可能的,所以 u_C 和 i_L 不发生跃变的实质是能量不能发生跃变。另外,对图 8-1 所示电路,当开关闭合后,由基尔霍夫电压定律,得

$$Ri_C+u_C=U_s$$

将 $i_C=C\dfrac{\mathrm{d}u_C}{\mathrm{d}t}$ 代入上式,得

$$RC\frac{\mathrm{d}u_C}{\mathrm{d}t}+u_C=U_s$$

如果在换路时 u_C(电感电路为 i_L)可以跃变,即$\dfrac{\mathrm{d}u_C}{\mathrm{d}t}\Big|_{t=0}=\infty$,就违背了基尔霍夫定律,即上式等号左边为无限大,右边为有限值。

如果换路瞬间 i_C 和 u_L 出现无限值,比如冲激函数,在这种特殊情况下,u_C 和 i_L 就要发生跃变。也就是说,如果电容电压 u_C 发生跃变一定伴随有冲激电流 i_C;如果电感电流 i_L 发生跃变一定伴随有冲激电压 u_L,这也说明 u_C 和 i_L 遵守的换路定律是有条件的。

8.1.3　初始条件

因为经典法是直接求解微分方程的方法,所以必须要用初始条件确定积分常数(integration constant)。初始条件就是所求变量及其各阶导数在换路后瞬间($t=0_+$)时刻的值,也称为初始值(initial value)。

电容元件的初始电压 $u_C(0_+)$ 及电感元件的初始电流 $i_L(0_+)$ 是一组独立的初始值。所谓独立就是说该初始值不能用其他初始条件推导出来,而网络中任何其他初始条件和响应,都可以用电容电压 $u_C(0_+)$ 的初始值和电感电流的初始值 $i_L(0_+)$ 以及激励来表示。

确定初始值的方法,可利用替代定理画出 0_+ 时刻的等效电路,再用计算稳态电路的方法求出所需要的其他非独立的初始值。替代的原则见表 8-1。

表 8-1　　　　　　　　　　储能元件 0_+ 时刻的等效电路

	换路前瞬间 0_-	换路后瞬间 0_+		换路前瞬间 0_-	换路后瞬间 0_+
无储能	u_C $+\quad-$ $u_C=0$	短路	有储能	u_C $+\quad-$ $u_C=U_0$	$+\quad-$ U_0
	i_L $i_L=0$	开路		i_L $i_L=I_0$	I_0

在实际工程当中,有时人们要利用过渡过程的现象,例如,靠储能元件的充放电过程可以产生强大的脉冲信号;在电子技术中常利用暂态电路来改善波形或产生特定的波形。有时人们还要避免它,以减少由于换路造成的不利因素。例如,某些电路在接通或断开瞬间,要产生过电压和过电流从而导致电气设备或元器件损坏,所以要研究防止过电压和过电流的保护措施,避免换路造成的不良后果。

电容充放电过程

【例 8-1】　如图 8-3(a)所示电路,已知 $U_S=10$ V,$R_1=3$ kΩ,$C=10$ μF,$R_2=2$ kΩ。$t<0$ 时电路已达稳态,$t=0$ 时,开关 S 闭合,试求各元件电流和电压的初始值。

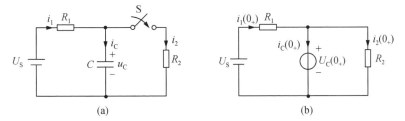

图 8-3　[例 8-1]图

解:因 $t<0$ 时电路已达稳态,电容相当于开路,即

$$u_C(0_-)=U_S=10 \text{ V} \quad , \quad i_C(0_-)=i_1(0_-)=0 \text{ A}$$

由换路定律得

$$u_C(0_-)=u_C(0_+)=10 \text{ V}$$

换路后的 $t=0_+$ 等效电路如图 8-3(b)所示。

据 KVL 有

$$u_{R_1}(0_+)=U_S-u_C(0_+)=10-10=0 \text{ V}$$

$$i_1(0_+)=\frac{u_{R_1}(0_+)}{R_1}=0 \text{ mA}$$

$$u_{R_2}(0_+)=u_C(0_+)=10 \text{ V}$$

$$i_2(0_+)=\frac{u_{R_2}(0_+)}{R_2}=\frac{10}{2}\times10^{-3} \text{ A}=5 \text{ mA}$$

据 KCL 有

$$i_C(0_+)=i_1(0_+)-i_2(0_+)=0-5=-5 \text{ mA}$$

计算结果说明,电容中电流 i_C 发生了跃变。

【例 8-2】　电路如图 8-4(a)所示,$t<0$ 时,电路处于稳态,$t=0$ 时,将开关由 1 合向 2,试求各元件电压、电流的初始值。

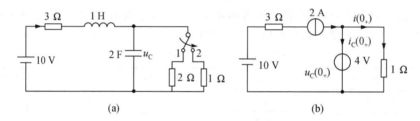

图 8-4　[例 8-2]图

解:首先求 $t<0$ 时,$u_C(0_-)$ 和 $i_L(0_-)$ 的值

$$i_L(0_-)=\frac{10}{3+2}=2 \text{ A}$$

$$u_C(0_-)=2i_L(0_-)=4 \text{ V}$$

由换路定律得

$$i_L(0_-)=i_L(0_+)=2 \text{ A}$$

$$u_C(0_-)=u_C(0_+)=4 \text{ V}$$

$t=0_+$ 时刻的等效电路图,如图 8-4(b)所示,可求出

$$i(0_+)=\frac{u_C(0_+)}{1}=4 \text{ A}$$

$$i_C(0_+)=i_L(0_+)-i(0_+)=2-4=-2 \text{ A}$$

$$u_L(0_+)=-3i_L(0_+)-4+10=0 \text{ V}$$

【例 8-3】　如图 8-5(a)所示电路,开关 S 原来是打开的,电路达稳态。已知 $U_S=48$ V,$R_1=R_2=2$ Ω,$R_3=3$ Ω,$L=0.1$ H,$C=10$ μF。试求当开关 S 闭合后瞬间各支路电流及电感端电压。

解:开关 S 闭合前电路达稳态,则电感相当于短路,电容相当于开路,因而有

$$u_L(0_-)=0 \text{ V} \quad , \quad i_3(0_-)=0 \text{ A}$$

$$i_1(0_-)=i_2(0_-)=\frac{U_S}{R_1+R_2}=\frac{48}{2+2}=12 \text{ A}$$

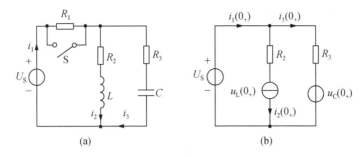

图 8-5　[例 8-3]图

$$u_C(0_-) = R_2 i_2(0_-) = 2 \times 12 = 24 \text{ V}$$

根据换路定律,有

$$i_2(0_-) = i_2(0_+) = 12 \text{ A}$$

$$u_C(0_-) = u_C(0_+) = 24 \text{ V}$$

画出 $t = 0_+$ 时刻等效电路,如图 8-5(b)所示,由此可以求出

$$i_3(0_+) = \frac{U_S - u_C(0_+)}{R_3} = \frac{48 - 24}{3} = 8 \text{ A}$$

$$i_1(0_+) = i_2(0_+) + i_3(0_+) = 12 + 8 = 20 \text{ A}$$

$$u_L(0_+) = U_S - R_2 i_2(0_+) = 48 - 2 \times 12 = 24 \text{ V}$$

从上述结果可以看出,在开关 S 闭合时,电感电压由零跃变到 24 V,电容中电流由零跃变到 8 A。

8.2　一阶电路的零输入响应

只含有一个等效储能元件(电感和电容)的电路是一阶电路(first-order circuit)。如果电路的输入为零,即无外加激励,此时响应仅仅是由初始储能引起的,则称该响应为零输入响应(zero-input response)。零输入响应是一种放电状态。

以如图 8-6 所示 RC 放电电路为例,电容器原已充电,$t = 0$ 时开关 S 闭合,即 $u_C(0_-) = u_C(0_+) = U_0$,换路后,电容器通过电阻进行放电。$t = \infty$ 时,u_C 降到零,即 $u_C(\infty) = 0$,为了寻求 u_C 以及其他响应的变化规律,就要进行数学分析。对换路后的电路列写 KVL 方程,有

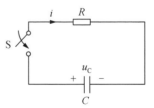

$$u_C = u_R = Ri \tag{8-5}$$

图 8-6　RC 放电电路

在图示参考方向下

$$i = -C \frac{\mathrm{d}u_C}{\mathrm{d}t}$$

将上式代入式(8-5),并以 u_C 为变量,得一阶线性齐次微分方程

$$RC \frac{\mathrm{d}u_C}{\mathrm{d}t} + u_C = 0 \tag{8-6}$$

令 $u_C = A\mathrm{e}^{pt}$ 得相应的特征方程

$$RCp + 1 = 0$$

其特征根

$$p = -\frac{1}{RC}$$

则

$$u_C = A\mathrm{e}^{-\frac{t}{RC}}$$

式中，常数 A 由初始条件确定，将 $u_C(0_+) = U_0$ 代入上式，得 $A = U_0$，于是得到满足初始条件的微分方程的解

$$u_C = u_C(0_+)\mathrm{e}^{-\frac{t}{RC}} = U_0\mathrm{e}^{-\frac{t}{RC}} \tag{8-7}$$

式(8-7)就是电容放电电压的表达式。

电路中的放电电流

$$i = -C\frac{\mathrm{d}u_C}{\mathrm{d}t} = -C\frac{\mathrm{d}}{\mathrm{d}t}(U_0\mathrm{e}^{-\frac{t}{RC}}) = \frac{U_0}{R}\mathrm{e}^{-\frac{t}{RC}} \tag{8-8}$$

电阻上的电压与 u_C 相同，即

$$u_R = u_C = U_0\mathrm{e}^{-\frac{t}{RC}} \tag{8-9}$$

u_C 和 i 的变化曲线如图 8-7 所示。可以看出 u_C、i 和 u_R 都是按相同指数规律变化的，因 $p = -\frac{1}{RC} < 0$，所以这些响应都是对时间衰减的，最终趋于零。

令 $RC = \tau$，其中 τ 叫作 RC 电路的时间常数(time constant)，式(8-7)、式(8-8)可表示为

$$u_C = U_0\mathrm{e}^{-\frac{t}{\tau}} \tag{8-10}$$

$$i = \frac{U_0}{R}\mathrm{e}^{-\frac{t}{\tau}} \tag{8-11}$$

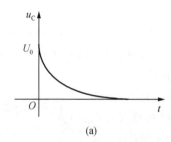
(a)

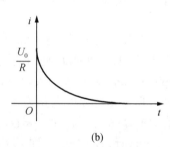
(b)

图 8-7　u_C 和 i 的变化曲线

对时间常数 τ 有以下几点说明：

(1) τ 的单位为秒，因为 $\tau = RC$，单位是欧·法＝欧·库/伏＝欧·$\dfrac{安·秒}{伏}$＝秒，它只与电路结构和元件参数有关，而与激励无关，因此时间常数又被称为电路的固有频率(natural frequency)。

(2) 把 u_C 和 i 不同时刻的数值列于表 8-2 中，可见换路后经过一个 τ 的时间，u_C 衰减为初值 U_0 的 36.8%。换句话说，u_C 衰减到原值的 36.8% 所经历的时间是一个时间常数 τ。

表 8-2			u_C 和 i 不同时刻的数值				
t	$e^{-t/\tau}$	u_C	i	t	$e^{-t/\tau}$	u_C	i
0	$e^0=1$	U_0	U_0/R	4τ	$e^{-4}=0.018$	$0.018U_0$	$0.018U_0/R$
τ	$e^{-1}=0.368$	$0.386U_0$	$0.386U_0/R$	5τ	$e^{-5}=0.007$	$0.007U_0$	$0.007U_0/R$
2τ	$e^{-2}=0.135$	$0.135U_0$	$0.135U_0/R$	$\vdots$	$\vdots$	$\vdots$	$\vdots$
3τ	$e^{-3}=0.050$	$0.050U_0$	$0.050U_0/R$	∞	$e^{-\infty}=0$	0	0

从理论上讲,需要经历无限长的时间电压才衰减到零,电路才能达到稳定状态,但实际工程上,一般认为只要经过 $3\tau\sim5\tau$ 的时间,电压就已经衰减到忽略不计了,这时可认为过渡过程基本结束。由此可见,动态过程的快慢是由时间常数的大小来决定的,τ 越小,衰减过程越快;反之,τ 越大,衰减过程就越慢。

(3)$\tau=RC$ 是电容电路的时间常数,其中 C 是等效电容器的电容量,而 R 是换路后从储能元件两端看进去的戴维宁等效电路的等效电阻。

(4)当网络的结构和参数未知,无法计算时间常数时,可用图解法进行求解,方法如下:在实际测量得到的 u_C(或 i_C)响应动态曲线上任意点 c 作切线 cb,其切距的长度 ab 就是 τ,如图 8-8 所示。

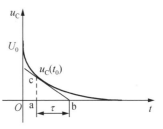

图 8-8　时间常数图解法

【例 8-4】　电路如图 8-9 所示,开关 S 闭合前电路已处于稳态。$t=0$ 时 S 闭合,求 $t\geq0$ 时,u_C,i_C,i_1 和 i_2,并画出 u_C 和 i_C 变化曲线。

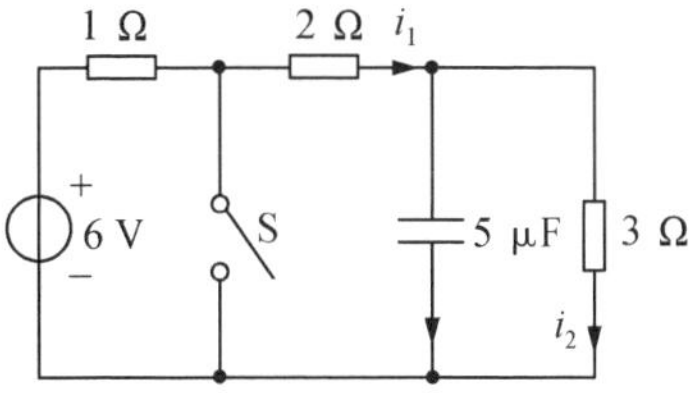

解:开关未闭合前可求出 $u_C(0_-)$ 值,$u_C(0_-)$ 值就是 3 Ω 电阻上的电压,即

$$u_C(0_-)=\frac{6}{1+2+3}\times3=3 \text{ V}$$

在开关闭合后,6 V 电压源与 1 Ω 电阻串联的支路被开关短路,对右边电路不起作用。这时电容器经两个支路放电,时间常数为

$$\tau=RC=\frac{2\times3}{2+3}\times5\times10^{-6}=6\times10^{-6} \text{ s}$$

求时间常数 τ 的等效电路是根据换路后的电路,从储能元件两端看进去的戴维宁等效电路(电压源短路,电流源开路)的等效电阻。

由式(8-7)可得

$$u_C=U_0e^{-\frac{t}{RC}}=3e^{-\frac{10^6}{6}t}=3e^{-1.7\times10^5t} \text{ V}$$

再求得

$$i_C=C\frac{\mathrm{d}u_C}{\mathrm{d}t}=-2.5e^{-1.7\times10^5t} \text{ A}$$

$$i_2=\frac{u_C}{3}=e^{-1.7\times10^5t} \text{ A}$$

$$i_1=i_2+i_C=-1.5e^{-1.7\times10^5t} \text{ A}$$

u_C 和 i_C 随时间变化的曲线如图 8-10 所示。

图 8-9　[例 8-4]图

可以注意到,在同一个一阶电路中,无论哪条支路的电流,哪两点的电压都按同一规律变化,即它们的时间常数相同,这是所有一阶电路的特点。因为电阻元件的电压和电流关系满足欧姆定律,电容和电感元件的电压和电流关系是微分或积分关系,而一个指数函数的导数或积分仍然是一个指数,所以在同一个一阶电路中所有的电压和电流都具有相同的时间常数。

动态过程中能量转换的关系是:电容储存的电场能量全部变成了电阻消耗的能量。即

$$W_R = \int_0^\infty i^2 R \, dt = \int_0^\infty \frac{U_0^2}{R^2} R e^{-\frac{2t}{RC}} \, dt = \frac{1}{2} C U_0^2 = W_C(0_+)$$

下面讨论 RL 电路的零输入响应。以如图 8-11 所示 RL 放电电路为例,其动态过程和上面讨论的 RC 电路放电过程是类似的。

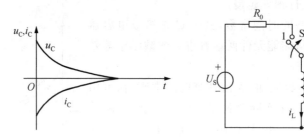

图 8-10　u_C 和 i_C 变化曲线　　　　图 8-11　RL 放电电路

已知换路前 S 在 1 端,$i_L(0_-) = \dfrac{U_S}{R_0} = I_0$,换路后 S 在 2 端,据 KVL 有

$$L \frac{di_L}{dt} + R i_L = 0$$

这也是一个一阶齐次微分方程。

令 $i_L = A e^{pt}$,可得到相应的特征方程

$$Lp + R = 0$$

其特征根为

$$p = -\frac{R}{L}$$

则

$$i_L = A e^{-\frac{R}{L}t}$$

代入初始条件 $i_L(0_-) = i_L(0_+) = \dfrac{U_S}{R_0} = I_0$,确定常数 $A = I_0$,于是可得

$$i_L = i_L(0_+) e^{-\frac{R}{L}t} = \frac{U_S}{R_0} e^{-\frac{R}{L}t} = I_0 e^{-\frac{R}{L}t} \tag{8-12}$$

式(8-12)就是电感放电电流表达式。

电感电压为

$$u_L = L \frac{di_L}{dt} = -R I_0 e^{-\frac{R}{L}t} \tag{8-13}$$

i_L 和 u_L 随时间变化曲线绘于图 8-12 中。

令 $L/R = \tau$,其中 τ 叫作 RL 电路的时间常数,式(8-12)和式(8-13)又可写为

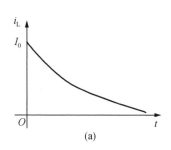 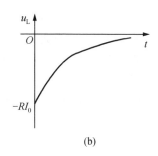

图 8-12 i_L 和 u_L 变化曲线

$$i_L = i_L(0_+)e^{-\frac{t}{\tau}} = I_0 e^{-\frac{t}{\tau}} \tag{8-14}$$

$$u_L = -RI_0 e^{-\frac{t}{\tau}} \tag{8-15}$$

要注意的是,在 RL 电路中,时间常数 τ 与电阻 R 成反比($\tau = L/R$),R 越大,τ 越小,这一点与 RC 电路的时间常数不同。而电阻 R 仍然是从储能元件两端看进去的换路后的戴维宁等效电路的等效电阻。

在 RL 电路放电过程中,电感储存的磁场能全部变成了电阻消耗的能量。

$$W_R = \int_0^\infty i_L^2 R\,dt = \int_0^\infty I_0^2 R e^{-\frac{2t}{\tau}}\,dt = \frac{1}{2}LI_0^2 = W_L(0_+)$$

从以上分析的 u_C, i_C, i_L 和 u_L 的结果可见,一阶电路的零输入响应都是从初始值按指数规律衰减到零的变化过程。

一阶电路零输入响应即储能元件放电过程,u_C 和 i_L 的通用表达式可写为

$$f(t) = f(0_+)e^{-\frac{t}{\tau}} \tag{8-16}$$

【例 8-5】 如图 8-13 所示为测量发电机励磁绕组的直流电路。已知电压表读数为 100 V,内阻 $R_V = 5$ kΩ,电流表读数为 200 A,内阻 $R_A = 0$,励磁绕组的电感 $L = 0.4$ H。求开关 S 打开瞬间电压表所承受的电压及时间常数 τ。

解: 由已知条件可求出励磁绕组的电阻

$$R = \frac{100}{200} = 0.5 \ \Omega$$

电感电流初始值为

$$i_L(0_-) = i_L(0_+) = 200 \ \text{A}$$

根据式(8-16)可得

$$i_L = 200e^{-\frac{t}{\tau}} \ \text{A}$$

电压表端电压

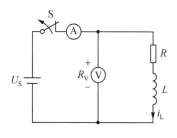

图 8-13 [例 8-5]图

$$u_V = -R_V i_L = -5 \times 10^3 \times 200 e^{-\frac{t}{\tau}} = -1 \times 10^6 e^{-\frac{t}{\tau}} \ \text{V}$$

开关打开瞬间,电压表端电压为

$$u_V = -1000 \ \text{kV}$$

时间常数 τ 为

$$\tau = \frac{L}{R + R_V} = \frac{0.4}{0.5 + 5000} = 0.08 \ \text{ms}$$

由此可见,在开关打开瞬间,电压表承受很高的电压,必将造成电压表损坏。因此,在工

程实际当中,对于感性负载,开关动作时,必须考虑磁场能量的释放及保护问题。解决此类问题的常用办法是:在感性负载两端并接续流二极管或小阻值的电阻。

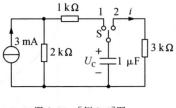

图 8-14 ［例 8-6］图

【例 8-6】 如图 8-14 所示电路,开关 S 长期合在 1 端,$t=0$ 时,将开关合向 2 端,试求电容电压 u_C 及放电电流 i 的表达式。

解:换路前电容相当于开路,其电压等于 2 kΩ 电阻上的电压降,即

$$u_C(0_-) = u_C(0_+) = 3 \times 10^{-3} \times 2 \times 10^3 = 6 \text{ V}$$

时间常数 τ 为

$$\tau = RC = 3 \times 10^3 \times 1 \times 10^{-6} = 0.003 \text{ s}$$

由式(8-10)和式(8-11)得

$$u_C = u_C(0_+) e^{-\frac{t}{\tau}} = 6e^{-\frac{t}{0.003}} = 6e^{-333t} \text{ V}$$

$$i = \frac{u_C(0_+)}{3} e^{-\frac{t}{\tau}} = \frac{6}{3} \times 10^{-3} e^{-\frac{t}{0.003}} = 2e^{-333t} \text{ mA}$$

8.3 一阶电路的零状态响应

电路中储能元件的初始值为零,即 $u_C(0_+)$ 或 $i_L(0_+)$ 等于零,响应仅是由外加激励引起的,则称为零状态响应(zero-state response)。显然零状态响应是一种充电状态。

如图 8-15(a)所示电路 S 原来闭合,$t=0$ 时打开,换路前 $u_C(0_-)=0$,换路后据 KCL 有

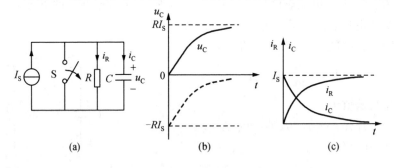

图 8-15 RC 充电电路

$$i_C + i_R = I_S$$

而

$$i_C = C \frac{du_C}{dt} \quad , \quad i_R = \frac{u_C}{R}$$

所以

$$C \frac{du_C}{dt} + \frac{u_C}{R} = I_S$$

$$RC \frac{du_C}{dt} + u_C = RI_S \tag{8-17}$$

式(8-17)是一阶线性非齐次微分方程,它的全解由其特解 u'_C 和齐次微分方程的通解 u''_C 组

成,即

$$u_C = u'_C + u''_C \tag{8-18}$$

其中特解应满足

$$RC\frac{du'_C}{dt} + u'_C = RI_S \tag{8-19}$$

因 RI_S 是常数,故恒定值可以满足式(8-19),即特解为

$$u'_C = RI_S = u_C(\infty)$$

通解应满足

$$RC\frac{du''_C}{dt} + u''_C = 0 \tag{8-20}$$

它的解应为

$$u''_C = Ae^{-\frac{t}{RC}} = Ae^{-\frac{t}{\tau}}$$

所以全解为

$$u_C = RI_S + Ae^{-\frac{t}{\tau}}$$

由初始条件 $u_C(0_-) = u_C(0_+) = 0$,代入后得

$$A = -RI_S$$

最后可得

$$u_C = RI_S - RI_S e^{-\frac{t}{\tau}} = RI_S(1 - e^{-\frac{t}{\tau}}) \tag{8-21}$$

式(8-21)就是电容充电表达式。

而

$$i_R = \frac{u_C}{R} = I_S(1 - e^{-\frac{t}{\tau}}) \tag{8-22}$$

$$i_C = I_S - i_R = I_S e^{-\frac{t}{\tau}} \tag{8-23}$$

u_C, i_C, i_R 的变化曲线绘于图 8-15(b)、图 8-15(c)。

　　分析结果表明,换路瞬间 $u_C(0_-) = u_C(0_+) = 0$,电容相当于短路,$i_R(0_+) = 0$,I_S 流经电容,给电容充电。随着 u_C 增长,i_R 增长,而 i_C 减小,当 $t = \infty$ 时,$i_C(\infty) = 0$,电容相当于开路,I_S 流经电阻,$u_C(\infty) = RI_S$,电容电压不再变化,电路达到新的稳态。

　　在这个动态过程中,u_C 有两个分量,特解 $u'_C = RI_S$,它是电容电压达到稳态时的值,也叫稳态分量(steady component)。另一个分量 u''_C 是相应齐次微分方程的通解,它只存在于电路的动态过程中,其变化规律与外加激励无关,即总是按指数规律衰减到零,因此,称为暂态分量(transient component)或自由分量。

　　RL 电路在直流电源作用下,所产生的零状态响应,其分析结果与 RC 电路相似。

　　以图 8-16 为例,开关 S 原来打开,$t = 0$ 时刻闭合,电路的微分方程为

$$L\frac{di_L}{dt} + Ri_L = U_S \tag{8-24}$$

它的全解包含两部分

$$i_L = i'_L + i''_L \tag{8-25}$$

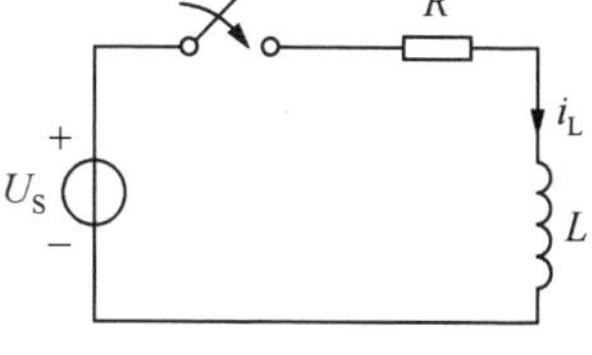

图 8-16　RL 充电电路

式中
$$i'_L = \frac{U_S}{R} = i_L(\infty)$$

$$i''_L = A e^{-\frac{t}{L/R}} = A e^{-\frac{t}{\tau}}$$

所以
$$i_L = \frac{U_S}{R} + A e^{-\frac{t}{\tau}}$$

由初始条件确定常数
$$i_L(0_-) = i'_L(0_+) = 0$$

则
$$A = -\frac{U_S}{R}$$

因此
$$i_L = \frac{U_S}{R} - \frac{U_S}{R} e^{-\frac{t}{\tau}} = \frac{U_S}{R}(1 - e^{-\frac{t}{\tau}}) \tag{8-26}$$

式(8-26)就是电感充电电流表达式。

而
$$u_L = L \frac{\mathrm{d}i_L}{\mathrm{d}t} = U_S e^{-\frac{t}{\tau}} \tag{8-27}$$

由于电感中电流不能跃变,换路瞬间 $i_L(0_+) = 0$,相当于开路,$u_R(0_+) = 0$,外加电源电压全加在电感两端,使电感中电流增加,u_R 增加,同时 u_L 减小,当 $t = \infty$ 时,$u_R = U_S$,$i_L(\infty) = \frac{U_S}{R}$ 不再变化,$u_L(\infty) = 0$,电感相当于短路,电路又达到新的稳态。

零状态电路的动态过程,其能量转换关系是电源提供的能量,一部分被电阻消耗,一部分转换成电容储存电场能或电感储存磁场能。

从以上分析可见,一阶电路的零状态响应,是以初始值为零向稳态值变化的过程。u_C 和 i_L 的充电过程通用表达式可写为
$$f(t) = f(\infty)(1 - e^{-\frac{t}{\tau}}) \tag{8-28}$$

【例 8-7】 在如图 8-17(a)所示电路中,开关 S 原是闭合的,已知 $I = 10$ A,$L = 2$ H,$R_1 = 80$ Ω,$R_2 = 200$ Ω,$R_3 = 300$ Ω,$t = 0$ 时将开关 S 打开,求换路后的 i_L 和 u_L。

解:把 ab 右部电路用等效电阻 R_{ab} 代替,得到图 8-17(b)的等效电路。

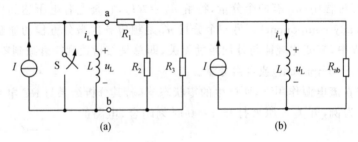

图 8-17 [例 8-7]图

$$R_{ab} = R_1 + \frac{R_2 R_3}{R_2 + R_3} = 80 + \frac{200 \times 300}{200 + 300} = 200 \ \Omega$$

$$\tau = \frac{L}{R_{ab}} = \frac{2}{200} = 0.01 \ \text{s}$$

$$i_L(0_-) = i_L(0_+) = 0$$

$$i_L(\infty)=I=10 \text{ A}$$

根据式(8-28),可得

$$i_L=10(1-e^{-\frac{t}{\tau}})=10(1-e^{-100t}) \text{ A}$$

根据式(8-27),得

$$u_L=L\frac{di_L}{dt}=2000e^{-100t} \text{ V}$$

【例 8-8】　在如图 8-18 所示电路中,电容原未充电。已知 $E=100$ V,$R=500$ Ω,$C=10$ μF。在 $t=0$ 时将 S 闭合,求:(1)$t\geqslant0$ 的 u_C 和 i;(2)u_C 达到 80 V 所需要的时间。

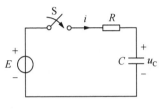

图 8-18　[例 8-8]图

解:(1)时间常数

$$\tau=RC=500\times10\times10^{-6}=5\times10^{-3}=5 \text{ ms}$$
$$u_C(0_+)=u_C(0_-)=0$$
$$u_C(\infty)=E=100 \text{ V}$$

所以

$$u_C=100(1-e^{-200t}) \text{ V}$$
$$i=C\frac{du_C}{dt}=0.2e^{-200t} \text{ A}$$

(2)设换路后经 t_1 秒 u_C 充电到 80 V,则

$$80=100(1-e^{-200t_1})$$
$$100e^{-200t_1}=20$$
$$-200t_1=\ln0.2=-1.61$$
$$t_1=\frac{1.61}{200}=8.05\times10^{-3}=8.05 \text{ ms}$$

8.4　一阶电路的全响应及三要素法

换路后电路中的激励和储能元件的初始值均不为零时的响应,称为全响应(complete response)。下面以 RC 串联电路为例,在如图 8-19 所示的电路中,S 接通前电容电压 $u_C(0_-)=U_0$,$t=0$ 时闭合,电路有 U_S 激励作用,所产生的响应就是全响应。换路后电路的微分方程为

$$RC\frac{du_C}{dt}+u_C=U_S$$

其解可写成

$$u_C=U_S+Ae^{-\frac{t}{\tau}}$$

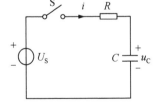

图 8-19　RC 电路的全响应

根据换路定律

$$u_C(0_-)=u_C(0_+)=U_0$$

则得

$$A=U_0-U_S$$

电路的全响应为

$$u_C = \underset{\text{稳态分量}}{U_S} + (U_0 - \underset{\text{暂态分量}}{U_S})e^{-\frac{t}{\tau}} \qquad (8\text{-}29)$$

式(8-29)又改写成

$$u_C = \underset{\text{零输入响应}}{U_0 e^{-\frac{t}{\tau}}} + \underset{\text{零状态响应}}{U_S(1-e^{-\frac{t}{\tau}})} \qquad (8\text{-}30)$$

显然，一阶电路的全响应由两部分组成，用文字表示为

全响应＝稳态分量＋暂态分量

或　　　全响应＝零输入响应＋零状态响应

图 8-20 中，曲线 1 是稳态分量，曲线 2 是暂态分量，曲线 3 是零输入响应，曲线 4 是零状态响应。曲线 1、2 相加和曲线 3、4 相加结果都是 u_C 的全响应。

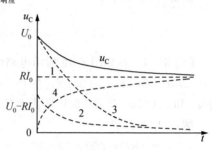

图 8-20　RC 电路的全响应曲线

无论是把全响应分解为稳态分量与暂态分量的叠加，还是分解为零输入响应与零状态响应的叠加，只是不同分法而已，其结果是一致的。

结果分析表明，全响应的两种表达式中都含有响应的初始值 $f(0_+)$、稳态值 $f(\infty)$ 和时间常数 τ 这三个要素。根据式(8-29)可以写出当激励是直流时，求解一阶电路的三要素公式为

$$f(t) = f(\infty) + [f(0_+) - f(\infty)]e^{-t/\tau} \qquad (8\text{-}31)$$

其中，$f(\infty)$ 是电路达到新的稳态时的稳态值，对于直流电源作用时，电容视为开路，电感视为短路；$f(0_+)$ 为初始值可按 8.1 节介绍的方法求解；τ 是时间常数，对于电容电路 $\tau = RC$，对于电感电路 $\tau = \dfrac{L}{R}$，只要求出以上三个要素，则一阶电路中任何参数的全响应可按式(8-31)直接求出，这就是求解一阶电路的三要素法(three-factor method)。同时指出，三要素公式同样适用于零输入响应和零状态响应。

【例 8-9】　图 8-21 中，开关 S 原是打开的，$t = 0$ 时 S 闭合，求 i_2 的表达式。已知 $i_2(0_-) = 1$ A，$E = 120$ V，$R_1 = 20\ \Omega$，$R_2 = 30\ \Omega$，$R_3 = 60\ \Omega$，$L = 1$ H。

解：i_2 初始值为

$$i_2(0_+) = i_2(0_-) = 1 \text{ A}$$

稳态值为

$$i_2(\infty) = \frac{E}{R_1 + \dfrac{R_2 R_3}{R_2 + R_3}} \times \frac{R_3}{R_2 + R_3} = \frac{120}{20 + \dfrac{30 \times 60}{30 + 60}} \times \frac{60}{30 + 60} = 2 \text{ A}$$

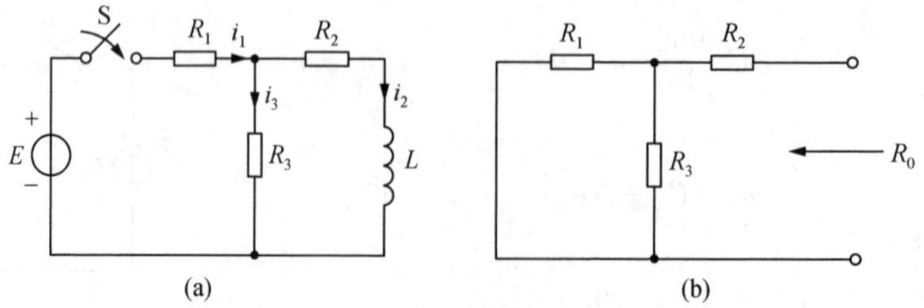

图 8-21　［例 8-9］图

求 τ 的等效电路，如图 8-21(b)所示，即

$$R_0 = R_2 + \frac{R_1 R_3}{R_1 + R_3} = 30 + \frac{20 \times 60}{20 + 60} = 45 \ \Omega$$

$$\tau = \frac{L}{R_0} = \frac{1}{45} \ \text{s}$$

根据三要素公式

$$i_2 = i_2(\infty) + [i_2(0_+) - i_2(\infty)] e^{-\frac{t}{\tau}} = 2 + (1-2) e^{-45t} = 2 - e^{-45t} \ \text{A}$$

【例 8-10】　如图 8-22 所示电路原已稳定，$t=0$ 时将 S 闭合，求 u_C 变化规律。已知 $I=10 \ \text{A}$，$R_1=6 \ \Omega$，$E=10 \ \text{V}$，$R_2=4 \ \Omega$，$R_3=4 \ \Omega$，$C=2 \ \mu\text{F}$。

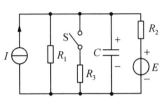

图 8-22　[例 8-10]图

解：用节点电压法求 $u_C(0_-)$

$$\left(\frac{1}{R_1} + \frac{1}{R_2} \right) u_C(0_-) = I + \frac{E}{R_2}$$

$$\left(\frac{1}{6} + \frac{1}{4} \right) u_C(0_-) = 10 + \frac{10}{4}$$

解出

$$u_C(0_-) = u_C(0_+) = \frac{50}{4} \times \frac{12}{5} = 30 \ \text{V}$$

再求 S 闭合后的稳态值 $u_C(\infty)$

$$\left(\frac{1}{R_1} + \frac{1}{R_2} + \frac{1}{R_3} \right) u_C(\infty) = I + \frac{E}{R_2}$$

$$\left(\frac{1}{6} + \frac{1}{4} + \frac{1}{4} \right) u_C(\infty) = 10 + \frac{10}{4}$$

解出

$$u_C(\infty) = \frac{50}{4} \times \frac{12}{8} = 18.75 \ \text{V}$$

把电容支路断开，电流源开路，电压源短路，从电容两端看进去的等效电阻为

$$\frac{1}{R_0} = \frac{1}{R_1} + \frac{1}{R_2} + \frac{1}{R_3} = \frac{1}{6} + \frac{1}{4} + \frac{1}{4} = \frac{2}{3}$$

即

$$R_0 = 1.5 \ \Omega$$

$$\tau = R_0 C = 1.5 \times 2 \times 10^{-6} = 3 \times 10^{-6} \ \text{s}$$

所以

$$u_C = 18.75 + (30 - 18.75) e^{-\frac{t}{3 \times 10^{-6}}} = 18.75 + 11.25 e^{-\frac{1}{3} \times 10^6 t} \ \text{V}$$

【例 8-11】　如图 8-23(a)所示，已知 $U=300 \ \text{V}$，$C_1=50 \ \mu\text{F}$，$C_2=100 \ \mu\text{F}$，$R_3=5 \ \text{k}\Omega$，$R_4=10 \ \text{k}\Omega$，电路原已达稳态，$t=0$ 时 S 闭合，求 C_1 上的电压 u_{C1}。

解：
$$u_{C1}(0_-) = u_{C1}(0_+) = \frac{C_2}{C_1 + C_2} U = \frac{100}{50 + 100} \times 300 = 200 \ \text{V}$$

$$u_{C1}(\infty) = \frac{R_3}{R_3 + R_4} U = \frac{5}{5 + 10} \times 300 = 100 \ \text{V}$$

由图 8-23(b)、图 8-23(c)求 τ，即

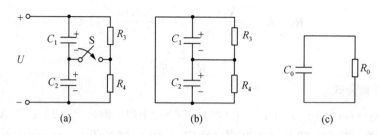

图 8-23 [例 8-11]图

$$\tau = R_0 C_0 = \frac{R_3 R_4}{R_3 + R_4}(C_1 + C_2) = \frac{5 \times 10}{5 + 10} \times 10^3 \times (50 + 100) \times 10^{-6} = 0.5 \text{ s}$$

所以

$$u_{C1} = u_{C1}(\infty) + [u_{C1}(0_+) - u_{C1}(\infty)]e^{-\frac{t}{\tau}} = 100 + (200 - 100)e^{-\frac{t}{\tau}} = 100 + 100e^{-2t} \text{ V}$$

【例 8-12】 如图 8-24 所示电路中,开关 S 原为打开,电路
已达稳态,$t = 0$ 时 S 闭合,求通过开关 S 的电流 i。已知 $R_1 = 100 \ \Omega$,$R_2 = 200 \ \Omega$,$L = 0.5 \text{ H}$,$C = 20 \ \mu\text{F}$,$U_S = 100 \text{ V}$。

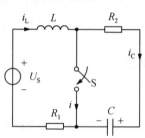

图 8-24 [例 8-12]图

解:换路后闭合的开关形成两个储能元件,其分别构成各自
的一阶电路,所以分别用三要素法求解。

$$u(0_-) = u(0_+) = 100 \text{ V}$$
$$u(\infty) = 0$$
$$\tau_C = R_2 C = 4 \times 10^{-3} \text{ s}$$

所以

$$u_C = u_C(0_+)e^{-\frac{t}{\tau C}} = 100e^{-250t} \text{ V}$$

$$i_C = C \frac{\mathrm{d}u_C}{\mathrm{d}t} = -0.5e^{-250t} \text{ A}$$

$$i_L(0_-) = i_L(0_+) = 0$$

$$i_L(\infty) = \frac{U_S}{R_1} = 1 \text{ A}$$

$$\tau_L = \frac{L}{R_1} = 5 \times 10^{-3} \text{ s}$$

所以
$$i_L = 1 - e^{-200t} \text{ A}$$

根据 KCL

$$i = i_L - i_C = 1 - e^{-200t} + 0.5e^{-250t} \text{ A}$$

【例 8-13】 如图 8-25(a)所示电路中,电容 C 原没充电,$t = 0$ 时开关 S 闭合,求 S 闭合
后的 u_C。已知 $E = 10 \text{ V}$,$R_1 = 4 \ \Omega$,$R_2 = 4 \ \Omega$,$R_3 = 2 \ \Omega$,$C = 1 \text{ F}$。

解:电路稳态时电容支路电流为零,因此 R_3 中电流为 $2u_1(\infty)$,而 R_1 中的电流为
$\dfrac{u_1(\infty)}{R_2} + 2u_1(\infty)$,所以

$$E = R_1 \left[\frac{u_1(\infty)}{R_2} + 2u_1(\infty) \right] + u_1(\infty)$$

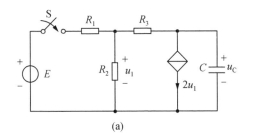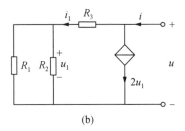

图 8-25　[例 8-13]图

$$10=4\left[\frac{u_1(\infty)}{4}+2u_1(\infty)\right]+u_1(\infty)$$

求得

$$u_1(\infty)=1\ \mathrm{V}$$

而

$$u_C(\infty)=u_1(\infty)-R_3 2u_1(\infty)=1-2\times2\times1=-3\ \mathrm{V}$$

为了求出时间常数 τ，首先求出从电容两端看进去的无源一端口网络的等效电阻，如图 8-25(b)所示，则

$$i=i_1+2u_1$$

而

$$i_1=\frac{u}{R_3+\dfrac{R_1R_2}{R_1+R_2}}=\frac{u}{4}$$

$$u_1=\frac{R_1R_2}{R_1+R_2}i_1=2i_1=\frac{u}{2}$$

所以

$$i=\frac{u}{4}+2\times\frac{u}{2}=\frac{5}{4}u$$

等效电阻

$$R_0=\frac{u}{i}=\frac{4}{5}=0.8\ \Omega$$

$$\tau=R_0C=0.8\times1=0.8\ \mathrm{s}$$

$$u_C=-3+3\mathrm{e}^{-1.25t}=-3(1-\mathrm{e}^{-1.25t})\ \mathrm{V}$$

8.5　一阶电路的阶跃响应和冲激响应

8.5.1　阶跃函数和冲激函数

1.单位阶跃函数(unit step function)

单位阶跃函数的符号用 $1(t)$ 表示，定义为

$$1(t)=\begin{cases}0,&t<0\\1,&t>0\end{cases}\tag{8-32}$$

其波形如图 8-26(a)所示，在 $t=0$ 时函数值由 0 跃变到 1。这个函数可以描述 8-25(b)的开

关动作,如图 8-26(c),它表示 $t=0$ 时,电路接到 1 V 的直流电压源上,所以,只要把激励写成单位阶跃函数的形式就可以了,不必再画出开关 S。如果理想电压源或理想电流源是 U_s 或 I_s,则应写成 $U_s 1(t)$ 或 $I_s 1(t)$。

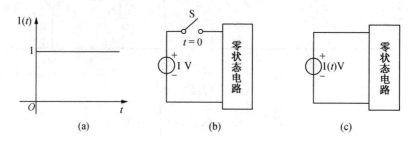

图 8-26　单位阶跃函数及开关作用

当单位阶跃函数是从 $t=t_0$ 开始的,可记作

$$1(t-t_0)=\begin{cases}0, & t<t_0 \\ 1, & t>t_0\end{cases} \tag{8-33}$$

式(8-33)叫作延迟的单位阶跃函数,如图 8-27 所示。

此外,单位阶跃函数还可以用来"起始"任意一个函数 $f(t)$。设 $f(t)$ 是对所有 t 都有定义的一个任意函数,如果在 $t=t_0$ 起始这个函数,其数学表达式为

$$f(t)1(t-t_0)=\begin{cases}0, & t<t_0 \\ f(t), & t>t_0\end{cases}$$

它的波形如图 8-28 所示。

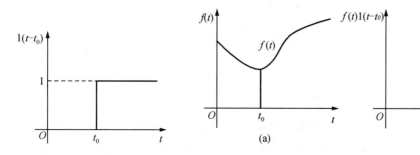

图 8-27　延迟的单位阶跃函数　　　　图 8-28　单位阶跃函数的"起始"作用

对于一个幅值为 1 的矩形脉冲波如图 8-29(a)所示,可以把它看成是两个阶跃函数的合成,如图 8-29(b)、图 8-29(c),其数学表示式为

$$f(t)=1(t)-1(t-t_0)$$

2.单位冲激函数(unit impulse function)

单位冲激函数的符号用 $\delta(t)$ 表示,定义为

$$\delta(t)=0, \quad t\neq 0$$

$$\int_{-\infty}^{\infty}\delta(t)\mathrm{d}t=1 \tag{8-34}$$

其波形如图 8-30(a)所示,1 表示单位冲激函数的强度或面积。当强度不等于 1 时,则冲激函数用 $k\delta(t)$ 表示。

如果单位冲激函数是在 $t=t_0$ 开始,则叫作延迟单位冲激函数,记做 $\delta(t-t_0)$,如图

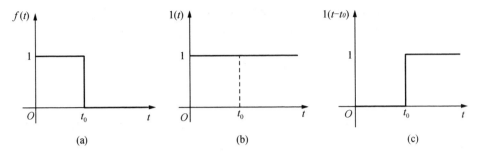

图 8-29 矩形波的合成

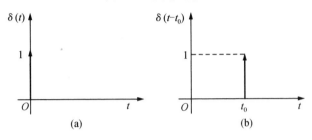

图 8-30 单位冲激函数

8-30(b)所示。

δ 函数可以看作是单位脉冲函数的一个极限。当单位脉冲函数的宽度变得极小时,它对电路所起的作用取决于脉冲面积的大小,而不是单独地取决于它的高度或宽度。当脉冲宽度变为零时,函数的高度就变为无限大,但其面积仍为 1,这时就定义为单位冲激函数。

单位冲激函数有一个重要的性质——筛分性质,因为当 $t \neq 0$ 时,$\delta(t)=0$,所以对任意在 $t=0$ 时的连续函数 $f(t)$,将有

$$f(t)\delta(t)=f(0)\delta(t)$$

$$\int_{-\infty}^{\infty} f(t)\delta(t)\mathrm{d}t = f(0)\int_{-\infty}^{\infty} \delta(t)\mathrm{d}t = f(0) \tag{8-35}$$

同理,对于任意在 $t=t_0$ 处连续的函数 $f(t)$,将有

$$\int_{-\infty}^{\infty} f(t)\delta(t-t_0)\mathrm{d}t = f(t_0) \tag{8-36}$$

式(8-35)和式(8-36)说明,δ 函数能把 $f(t)$ 在某一瞬间的值筛分出来。

根据 $1(t)$ 和 $\delta(t)$ 的定义,两者存在以下重要关系

$$\int_{-\infty}^{t} \delta(t)\mathrm{d}t = \begin{cases} 0, & t<0 \\ 1, & t>0 \end{cases} = 1(t) \tag{8-37}$$

而

$$\frac{\mathrm{d}1(t)}{\mathrm{d}t} = \delta(t) \tag{8-38}$$

如果用 $s(t)$ 表示阶跃响应,$h(t)$ 表示冲激响应,则有

$$\frac{\mathrm{d}s(t)}{\mathrm{d}t} = h(t) \tag{8-39}$$

$$\int_{0}^{t} h(\tau)\mathrm{d}\tau = s(t) \tag{8-40}$$

描述线性电路状态的是线性常系数微分方程,若所加激励是 $e(t)$,产生的响应是 $r(t)$,

则当激励变成 $e(t)$ 的导数或积分时,所得的响应将相应地变成 $r(t)$ 的导数或积分。即冲激激励是阶跃激励的一阶导数,因此冲激响应应当是阶跃响应的一阶导数。

8.5.2 一阶电路对阶跃信号的响应

零状态电路对阶跃信号产生的响应叫阶跃响应(step response)。

对于前面讨论过的如图 8-15(a)所示电路,开关在 $t=0$ 时动作,引用阶跃信号后可不必再画开关,电路图可简化为图 8-31(a)的形式,其响应为

$$u_C = RI_s(1-e^{-t/\tau})1(t)$$

式中,$1(t)$ 表示响应的时域,它的波形如图 8-31(b)所示。

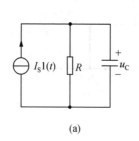 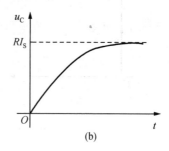

(a) (b)

图 8-31 阶跃响应

如果所加激励是 $I_s1(t-t_0)$(电路图如图 8-32(a)所示),其波形绘于图 8-32(b),产生的响应为延迟阶跃响应,若用 $s(t-t_0)$ 表示,则

$$s(t-t_0) = u_C = RI_s(1-e^{-\frac{t-t_0}{\tau}})1(t-t_0) \tag{8-41}$$

波形如图 8-32(c)所示。显然阶跃响应是在零状态响应的表达式上加上相应的时域 $1(t)$ 或 $1(t-t_0)$ 就可以了。

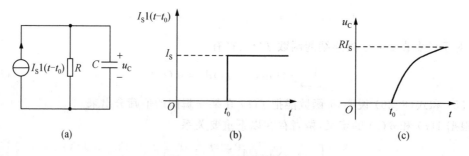

(a) (b) (c)

图 8-32 延迟阶跃响应

【例 8-14】 如图 8-33(a)所示零状态电路,激励是幅度为 E,脉冲宽度为 t_0 的矩形脉冲电压,如图 8-33(b)所示,试求输出电压 u_C。

解法一 在 $0 \leqslant t \leqslant t_0$ 时,u_C 是电路的零状态响应,这时有

$$u_C = E(1-e^{-\frac{t}{\tau}}) \quad (0 \leqslant t \leqslant t_0)$$

当 $t=t_0$ 时

$$u_C(t_0) = E(1-e^{-\frac{t_0}{\tau}})$$

当 $t \geqslant t_0$ 时,$e(t)=0$,u_C 是电路的零输入响应,因为

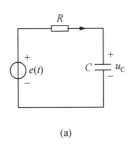 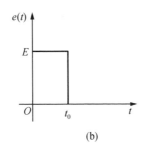 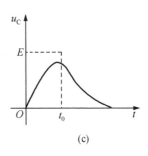

(a)　　　　　　　　　(b)　　　　　　　　　(c)

图 8-33　[例 8-14]及解法一 u_C 的波形

$$u_C(t_{0-}) = E(1 - e^{-\frac{t_0}{\tau}}) = u_C(t_{0+})$$

所以

$$u_C = E(1 - e^{-t_0/\tau})e^{-\frac{t-t_0}{\tau}} \quad (t \geqslant t_0)$$

u_C 的波形绘于图 8-33(c)。

解法二　把矩形脉冲看作两个阶跃函数之差,如图 8-34(a)所示,即

$$e(t) = E[1(t) - 1(t - t_0)]$$

然后利用叠加原理分别计算电路对阶跃函数和延迟阶跃函数的响应,将所得结果叠加起来就得到电路在矩形脉冲激励下的响应。

当 $E1(t)$ 作用时

$$u'_C = E(1 - e^{-t/\tau})1(t)$$

当 $-E1(t - t_0)$ 作用时

$$u''_C = -E(1 - e^{-\frac{t-t_0}{\tau}})1(t - t_0)$$

$$u_C = u'_C + u''_C = E(1 - e^{-\frac{t}{\tau}})1(t) - E(1 - e^{-\frac{t-t_0}{\tau}})1(t - t_0)$$

其波形绘于图 8-34(b)～图 8-34(d)中。

在解法二的解答中,当 $0 \leqslant t \leqslant t_0$ 时,$1(t - t_0) = 0$,$1(t) = 1$,故 $u_C = E(1 - e^{-\frac{t}{\tau}})$;而当 $t \geqslant t_0$ 时,$1(t - t_0) = 1$,$1(t) = 1$,故

$$u_C = E(1 - e^{-\frac{t}{\tau}}) - E(1 - e^{-\frac{t-t_0}{\tau}}) = Ee^{-\frac{t-t_0}{\tau}} - Ee^{-\frac{t}{\tau}} = E(e^{\frac{t_0}{\tau}} - 1)e^{-\frac{t}{\tau}}$$

说明两种解法结果相同。

8.5.3　一阶电路对冲激信号的响应

零状态电路对冲激信号所产生的响应叫冲激响应。

1.RC 电路的冲激响应

以如图 8-35 所示为例,RC 电路并联加冲激电流源,根据式(8-39),冲激响应是阶跃响应求导数,可先求此电路的阶跃响应,为

$$s(t) = KR(1 - e^{-\frac{t}{\tau}})1(t)$$

冲激响应为

$$h(t) = \frac{\mathrm{d}s(t)}{\mathrm{d}t} = \frac{K}{C}e^{-\frac{t}{RC}}1(t) + KR(1 - e^{-\frac{t}{RC}})\delta(t)$$

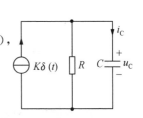

图 8-35　RC 电路并联加
冲激电流源

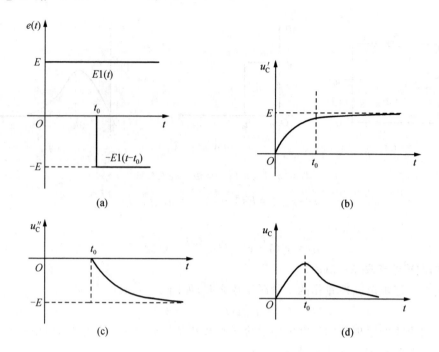

图 8-34 ［例 8-14］解法二 u_C 的波形

因为 $\delta(t)$ 只有在 $t=0$ 时存在,而上式右边第二项在 $t=0$ 时为零,所以

$$u_C = h(t) = \frac{K}{C} e^{-\frac{t}{\tau}} \cdot 1(t) \tag{8-42}$$

$$i_C = C \frac{\mathrm{d}u_C}{\mathrm{d}t} = -\frac{K}{RC} e^{-\frac{t}{\tau}} \cdot 1(t) + K\delta(t) \tag{8-43}$$

图 8-36 画出了 u_C 和 i_C 随时间变化的曲线。

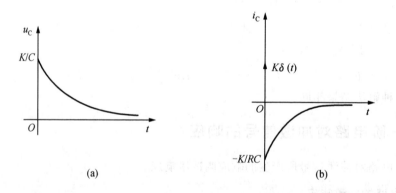

图 8-36 图 8-35 所示电路的 u_C 和 i_C 变化曲线

结果表明电容中的电流在 $t=0$ 瞬间是一个冲激电流,随后立即变成绝对值按指数规律衰减的放电电流。由于冲激电流的作用,$u_C(0_-) \neq u_C(0_+)$,这种情况称为电容电压的跃变。

2.RL 电路的冲激响应

以图 8-37 为例,RL 电路串联加冲激电压源,其 i_L 的阶跃响应为

$$s(t)=\frac{K}{R}(1-e^{-\frac{t}{\tau}})1(t)$$

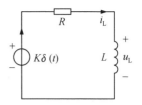

冲激响应为

$$i_L=h(t)=\frac{ds(t)}{dt}=\frac{K}{L}e^{-\frac{t}{\tau}}\cdot1(t) \qquad (8-44)$$

$$u_L=L\frac{di_L}{dt}=-\frac{KR}{L}e^{-\frac{t}{\tau}}\cdot1(t)+K\delta(t) \qquad (8-45)$$

图 8-37　RL 电路串联加冲激电压源

i_L 和 u_L 随时间变化曲线绘于图 8-38 中。

同样在这种情况下，$i_L(0_-)\neq i_L(0_+)$，这是因为冲激电压使电感中电流发生了跃变。

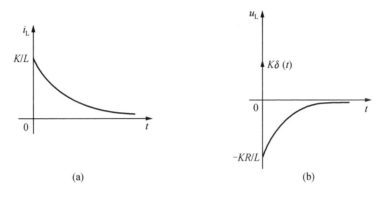

图 8-38　图 8-37 所示电路 i_L 和 u_L 变化曲线

判断电容电压和电感电流是否跃变，是一个复杂问题。一般来讲，当换路时只有电容或电容和理想电压源构成的回路，将发生电容电压的跃变；若换路时只有电感或电感和理想电流源构成的节点，将发生电感电流的跃变。其原因是电容中流有冲激电流，电感两端出现了冲激电压，即在换路瞬间，相当于有无限大的功率作用于储能元件，使它们的储能发生了跃变。

图 8-39 中的电路在换路瞬间，储能元件中的 u_C 和 i_L 都将发生跃变。

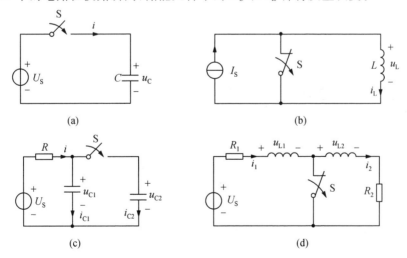

图 8-39　储能元件发生跃变的电路

【例 8-15】　求如图 8-40 所示电路中的 u_C 和 i_C。

解：先求 u_C 的阶跃响应，因为

$$u_C(\infty)=\frac{6}{3+6}\times3=2\ \text{V}$$

$$s(t)=2(1-\text{e}^{-\frac{t}{\tau}})\cdot1(t)$$

$$\tau=RC=\frac{3\times6}{3+6}\times0.1=0.2\ \text{s}$$

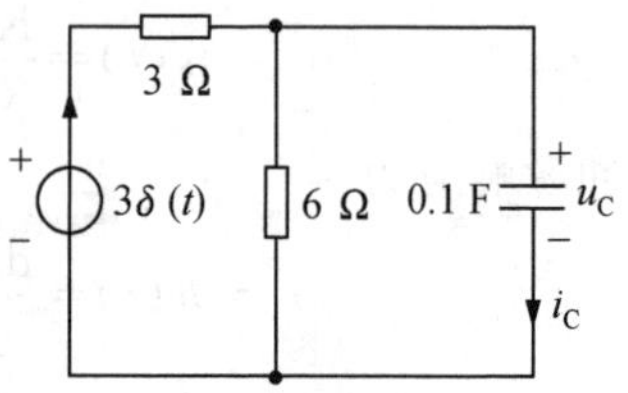

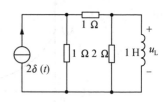

图 8-40　[例 8-15]图

再求冲激响应

$$u_C=h(t)=\frac{\text{d}s(t)}{\text{d}t}=10\text{e}^{-5t}\cdot1(t)\ \text{V}$$

$$i_C=C\frac{\text{d}u_C}{\text{d}t}=-5\text{e}^{-5t}\cdot1(t)+\delta(t)\ \text{A}$$

【例 8-16】　求如图 8-41 所示电路的 $u_L(t)$。

解:应用戴维宁定理可求出电感两端的开路电压为

$$u_{OC}=2\times\frac{1}{1+1+2}\times2\delta(t)=\delta(t)\ \text{V}$$

$$R_{eq}=\frac{(1+1)\times2}{1+1+2}=1\ \Omega$$

图 8-41　[例 8-16]图

根据式(8-44)得

$$i_L=h(t)=\frac{K}{L}\text{e}^{-\frac{t}{\tau}}1(t)$$

其中,$\tau=\dfrac{L}{R_{eq}}=1\ \text{s},K=1$。

所以

$$i_L=\text{e}^{-t}\cdot1(t)\text{A}$$

再根据式(8-45)得

$$u_L=L\frac{\text{d}i_L}{\text{d}t}=-\frac{KR}{L}\text{e}^{-\frac{t}{\tau}}1(t)+K\delta(t)$$

即冲激响应为

$$u_L=h(t)=\delta(t)-\text{e}^{-t}\cdot1(t)\text{V}$$

8.6　一阶电路对正弦激励的响应

以 RL 串联电路加正弦激励的响应为例。如图 8-42 所示电路,原始 $i(0_-)=0,t=0$ 时 S 闭合,电压源 $u(t)=U_m\sin(\omega t+\varphi_u)$ V,φ_u 是 S 闭合时电源电压的初相角,即接入相位角。接通电路的时刻不同,φ_u 不同,$u(t)$ 的值也不同,当 $\varphi_u=\dfrac{\pi}{2}$ 时接入,$u(t)$ 达到正的最大值,当 $\varphi_u=0$ 时接入,$u(t)$ 由负到正过零点。列写换路后的 KVL 方程有

$$L\frac{\text{d}i}{\text{d}t}+Ri=U_m\sin(\omega t+\varphi_u)\tag{8-46}$$

非齐次微分方程的解仍由两部分组成

$$i=i'+i''$$

稳态分量 i' 为

$$i' = I_m \sin(\omega t + \varphi_u - \varphi)$$

暂态分量 i'' 为

$$i'' = A e^{-\frac{t}{\tau}}$$

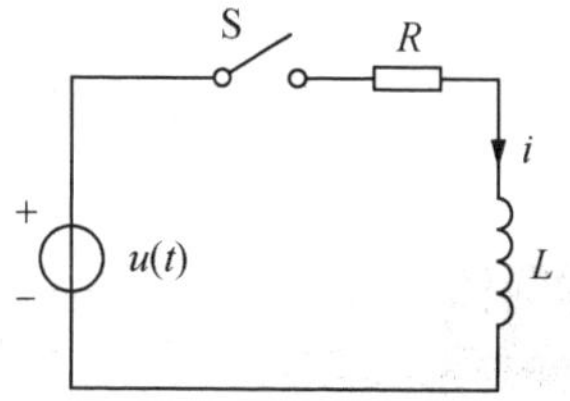

图 8-42　RL 串联电路加正弦激励

所以

$$i = i' + i'' = I_m \sin(\omega t + \varphi_u - \varphi) + A e^{-\frac{t}{\tau}}$$

因为 $i(0_-) = i(0_+) = 0$，代入上式得

$$A = -I_m \sin(\varphi_u - \varphi)$$

因此

$$i = I_m \sin(\omega t + \varphi_u - \varphi) - I_m \sin(\varphi_u - \varphi) e^{-\frac{t}{\tau}} \tag{8-47}$$

一阶电路加正弦激励的响应也可以应用三要素法求解，其中

$$i(0_-) = i(0_+) = 0$$

$$i(\infty) = I_m \sin(\omega t + \varphi_u - \varphi)$$

$$i(\infty)|_{t=0} = I_m \sin(\varphi_u - \varphi)$$

对于含有电感 L 的电路有

$$\tau = \frac{L}{R}$$

所以根据三要素公式有

$$i = i(\infty) + [i(0_+) - i(\infty)|_{t=0}] e^{-\frac{t}{\tau}}$$

由以上结果可知，因为电流的初始值为零，所以暂态分量的初始值必然与稳态分量的初始值和电源电压的初相位有关，即与开关闭合的时刻有关。

当 $\varphi_u = \varphi$ 时，电流稳态分量的初始值为零，暂态分量的初始值也为零，即

$$I_m \sin(\varphi_u - \varphi) = 0$$

电路中不存在暂态分量，说明无过渡过程，立刻达到稳态。

当 $\varphi_u - \varphi = \pm \dfrac{\pi}{2}$ 时，电流稳态分量的初始值极大，即

$$I_m \sin(\varphi_u - \varphi) = \pm I_m$$

电流暂态分量的初始值为

$$I_m \sin(\varphi_u - \varphi) = \mp I_m$$

这时电路中电流为

$$i = I_m \sin\left(\omega t \pm \frac{\pi}{2}\right) \mp I_m e^{-\frac{t}{\tau}} \tag{8-48}$$

由此可见，在换路后经过大约半个周期 $\dfrac{T}{2}$ 的时间，如果时间常数 τ 又很大，则 RL 电路中的电流接近其稳态分量最大值的两倍，称为过电流现象。

同理对于 RC 并联零状态加正弦电流激励时，在换路后大约经过半个周期时间，而时间常数 τ 又很大，将出现过电压现象。

由上述结论可知,一阶电路在接通正弦激励时,在初始值一定的条件下,电路的过渡过程与开关动作时刻或接通时相位角有关。

8.7　实际应用电路

1.闪光灯电路分析

电路中的闪光灯只有在其端电压达到一定值(U_{max})时才导通,当电压下降到一定值(U_{min})时就断开。闪光灯导通时等效为一个电阻 R_L(R_L 很小),可以用如图 8-43 所示的电路模型表示。其中 R 为限流电阻,通常很大;开关可以是手动方式也可以是自动方式(电子开关)。

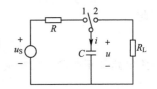

图 8-43　闪光灯简化电路

假设初始时开关置于位置 1,电源对电容器充电,由于时间常数 $\tau_{充电}=RC$ 很大,电容器电压 u 缓慢上升,大约 $4\sim5\tau_{充电}$ 时间后,达到稳定电压 U_S($U_S>U_{max}$),而电流 i 则由最大值 U_S/R 下降为零。

当开关置于位置 2 时,电容器向闪光灯放暖,放电时间常数 $\tau_{放电}=R_LC$ 很小,所以放电过程很快,电路在短时间内产生很大的放电电流,其峰值为 U_S/R_L。当电容电压下降到 U_{min} 时,闪光灯断开,放电停止。

下一次充电时电容电压 u 将由初始值 U_{min} 开始上升,如此反复。电容充放电的电压、电流波形如图 8-44 所示。由于此类电路能产生短时间的大电流脉冲,所以还被用于电子焊机和雷达发射管等装置中。

由于通过改变 R 的值就可以控制电容的充电时间,RC 充放电电路在很多领域都有应用。例如,在多谐振荡器电路中用以调节振荡器的振荡频率和波形的占空比;在积分电路中改变正向积分和反向积分常数以得到不同的锯齿波波型;还可以用作延时电路等。

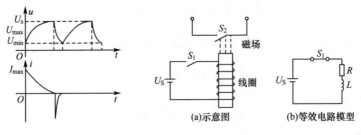

图 8-44　电容充放电波形　　　　　图 8-45　继电器电路

2.继电器电路

继电器是一种以磁力来控制通断的开关,如图 8-45(a)所示。当图中开关 S_1 闭合时,通过电感线圈的电流逐渐加强产生磁场,当磁场增加到足够强时,就拉动处于另一电路中的可动触片使开关 S_2 闭合,即继电器吸合。从开关 S_1 闭合到开关 S_2 闭合的时间间隔 t_d 称为继电器的吸合时间。

继电器线圈与电源构成的电路是典型的 RL 电路,电路模型如图 8-45(b)所示,其中 R

和 L 是线圈的电阻和电感。td 大小取决于线圈充电的快慢,即时间常数 $\tau=L/R$ 和开关 S_2 闭合所需力的大小。继电器常用于大功率的开关电路中和早期的数字电路中。

拓展训练

习 题

第 8 章
习题答案

8-1 如图 8-46 所示各电路中开关 S 在 $t=0$ 时动作,试求各电路在 $t=0_+$ 时刻的电压、电流,其中图 8-46(d)的 $e(t)=100\sin\left(\omega t+\dfrac{\pi}{3}\right)$ V,$u_C(0_-)=20$ V。

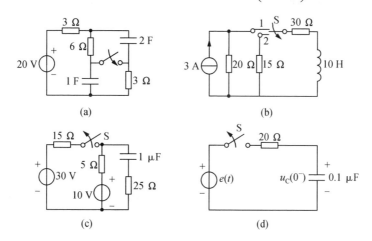

图 8-46 题 8-1 图

8-2 一个高压电容器原先已充电,其电压为 9 kV,从电路中断开后,经过 15 min 它的电压降为 3.2 kV,问:

(1)再过 15 min 电压将降为多少?

(2)如果电容 $C=15$ μF,那么它的绝缘电阻是多少?

(3)再经过多少时间,可使电压降至 30 V 以下?

(4)如果用一根电阻为 0.2 Ω 的导线将电容接地放电,最大放电电流是多少? 若认为在 5τ 时间内放电完毕,那么放电的平均功率是多少?

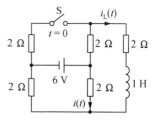

图 8-47 题 8-3 图

(5)如果以 100 Ω 的电阻将其放电,应放电多长时间?

8-3 如图 8-47 所示电路原处于稳态,$t=0$ 时闭合开关 S,求:

(1)S 闭合后的初始值 $i_L(0_+)$,$i(0_+)$;

(2)S 闭合后的稳态值 $i_L(\infty)$,$i(\infty)$;

(3)$i_L(t)$,$i(t)$。

8-4 如图 8-48 所示电路,$t<0$ 时已处于稳态。在 $t=0$ 时开关从"1"打到"2",试求 $t\geqslant0$ 时的电流 $i(t)$。

8-5 如图 8-49 所示电路,在 $t<0$ 时处于稳定状态,$t=0$ 时断开开关 S,经 0.5 s 电容电压降为 48.5 V;经 1 s 降为 29.4 V。求 R、C 的值及 $u_C(t)$。

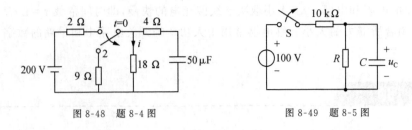

图 8-48　题 8-4 图　　　　　　图 8-49　题 8-5 图

8-6　如图 8-50 所示电路,若 $t=0$ 时开关 S 闭合,求电流 i。

8-7　如图 8-51 所示电路,在开关打开前已处于稳态。求 $t \geqslant 0$ 时电感中的电流 $i_L(t)$。

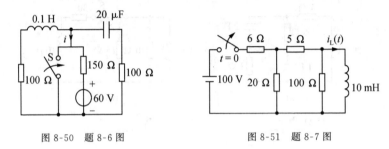

图 8-50　题 8-6 图　　　　　　图 8-51　题 8-7 图

8-8　如图 8-52 所示电路,$t<0$ 时电路已稳定,试求 $t \geqslant 0$ 时的响应 $i(t)$。

8-9　如图 8-53 所示电路,开关 S 打开前已处于稳态。$t=0$ 时开关打开,求 $t \geqslant 0$ 时的 $u_L(t)$ 和电压源发出的功率。

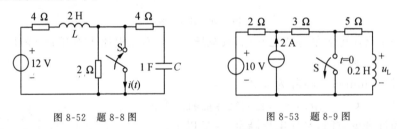

图 8-52　题 8-8 图　　　　　　图 8-53　题 8-9 图

8-10　如图 8-54 所示电路,开关在 $t=0$ 时刻闭合,已知 $i_L(0_-)=0$,求 $i_L(t)$,$i_R(t)$。

8-11　如图 8-55 所示电路,开关闭合前电容无初始储能,$t=0$ 时开关闭合,求 $t \geqslant 0$ 时的电容电压 $u_C(t)$。

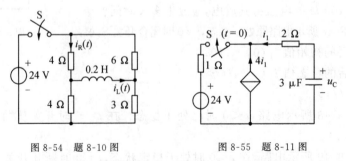

图 8-54　题 8-10 图　　　　　　图 8-55　题 8-11 图

8-12　如图 8-56 所示电路,开关在 $t=0$ 时刻由位置 1 合向位置 2,求 $t \geqslant 0$ 时的 $u_L(t)$。

8-13　如图 8-57 所示电路,$i(0)=0$,求 $i(t)$ 和 $\varepsilon(t)$。

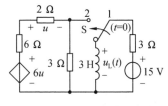

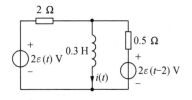

图 8-56　题 8-12 图　　　　　　图 8-57　题 8-13 图

8-14　求如图 8-58 所示电路中的阶跃响应电流 $i_L(t)$ 和电压 $u_L(t)$。

8-15　设电流源电流 $i_S(t)$ 的波形如图 8-59(b) 所示，试求零状态响应 $u(t)$。

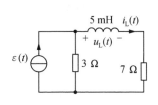

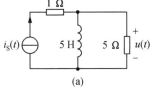

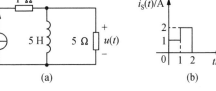

图 8-58　题 8-14 图　　　　　　图 8-59　题 8-15 图

8-16　试求如图 8-60 所示电路的零状态响应 $u(t)$。

8-17　试求如图 8-61 所示电路的零状态响应 $i(t)$。

8-18　试求如图 8-62 所示电路的冲激响应 $u(t)$、$u_1(t)$ 和 $u_2(t)$。

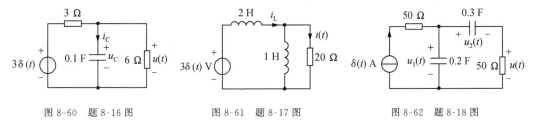

图 8-60　题 8-16 图　　　　图 8-61　题 8-17 图　　　　图 8-62　题 8-18 图

第9章

二阶电路的时域分析

【内容提要】本章将介绍分析线性时不变二阶电路的基本方法,阐明二阶电路的零输入响应、零状态响应、全响应、阶跃响应和冲激响应等基本概念。

9.1　二阶电路的零输入响应

本节以 RLC 串联电路为例,讨论二阶电路(second-order circuit)的零输入响应。

图 9-1 为 RLC 串联电路,当 $t<0$ 时,假设电容 C 已充电,初始电压为 U_0,电感 L 处于初始状态,即 $u_C(0_-)=U_0$,$i_L(0_-)=0$。在 $t=0$ 时刻,开关 S 闭合,求零输入响应 $u_C(t)$、$i(t)$ 与 $u_L(t)$。

如图 9-1 所示选取各电压、电流的参考方向。开关 S 闭合后,根据基尔霍夫电压定律列写描述电路的微分方程

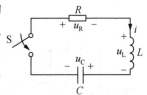

$$Ri+L\frac{\mathrm{d}i}{\mathrm{d}t}+u_C=0 \tag{9-1}$$

图 9-1　RLC 串联电路

式(9-1)中有两个未知变量 i 和 u_C。将 $i=C\dfrac{\mathrm{d}u_C}{\mathrm{d}t}$ 代入上式,消去 i 得

$$RC\frac{\mathrm{d}u_C}{\mathrm{d}t}+LC\frac{\mathrm{d}^2u_C}{\mathrm{d}t^2}+u_C=0$$

即

$$\frac{\mathrm{d}^2u_C}{\mathrm{d}t^2}+\frac{R}{L}\frac{\mathrm{d}u_C}{\mathrm{d}t}+\frac{1}{LC}u_C=0 \tag{9-2}$$

也可以利用 $u_C=\dfrac{1}{C}\displaystyle\int i\,\mathrm{d}t$ 代入式(9-1)消去 u_C,得

$$Ri+L\frac{\mathrm{d}i}{\mathrm{d}t}+\frac{1}{C}\int i\,\mathrm{d}t=0$$

对上式两边同时求导,得

$$L\frac{\mathrm{d}^2i}{\mathrm{d}t^2}+R\frac{\mathrm{d}i}{\mathrm{d}t}+\frac{1}{C}i=0$$

即

$$\frac{\mathrm{d}^2i}{\mathrm{d}t^2}+\frac{R}{L}\frac{\mathrm{d}i}{\mathrm{d}t}+\frac{1}{LC}i=0 \tag{9-3}$$

可见式(9-2)与式(9-3)形式上完全一致,都是线性常系数二阶齐次微分方程,由此可见,$u_C(t)$ 与 $i(t)$ 的特征方程和特征根是相同的,具有相同的通解形式。可任选其中一式求解,现选择式(9-2),求解二阶微分方程,需要两个初始条件来确定积分常数。

根据换路定律

$$u_C(0_+) = u_C(0_-) = U_0, i(0_+) = i(0_-) = 0$$

特征方程为

$$p^2 + \frac{R}{L}p + \frac{1}{LC} = 0$$

特征根为

$$\begin{cases} p_1 = -\dfrac{R}{2L} + \sqrt{\left(\dfrac{R}{2L}\right)^2 - \dfrac{1}{LC}} \\ p_2 = -\dfrac{R}{2L} - \sqrt{\left(\dfrac{R}{2L}\right)^2 - \dfrac{1}{LC}} \end{cases} \tag{9-4}$$

特征根只与电路结构和参数有关。

下面分三种情况讨论方程的解。

(1)当 $\left(\dfrac{R}{2L}\right)^2 > \dfrac{1}{LC}$,即 $R > 2\sqrt{\dfrac{L}{C}}$ 时,过渡过程为非周期情况,也称为过阻尼情况(overdamped case)。此时特征方程的根为两个不相等的负实根。通解 $u_C(t)$ 的一般式为

$$u_C(t) = A_1 e^{p_1 t} + A_2 e^{p_2 t} \tag{9-5}$$

流过电容的电流

$$i(t) = C\frac{du_C}{dt} = CA_1 p_1 e^{p_1 t} + CA_2 p_2 e^{p_2 t} \tag{9-6}$$

上式中积分常数 A_1、A_2 由初始条件来确定,对式(9-5)、式(9-6)取 $t = 0_+$ 时刻的值

$$u_C(0_+) = A_1 + A_2, i(0_+) = CA_1 p_1 + CA_2 p_2$$

由初值

$$A_1 + A_2 = U_0, CA_1 p_1 + CA_2 p_2 = 0$$

联立求解以上两个方程得

$$A_1 = \frac{p_2 U_0}{p_2 - p_1}, A_2 = \frac{-p_1 U_0}{p_2 - p_1} \tag{9-7}$$

将 A_1、A_2 代入式(9-5)、式(9-6)得

电容的电压 $\quad u_C(t) = \dfrac{U_0}{p_2 - p_1}(p_2 e^{p_1 t} - p_1 e^{p_2 t})$ $\tag{9-8}$

电容的电流 $\quad i(t) = \dfrac{CU_0 p_1 p_2}{p_2 - p_1}(e^{p_1 t} - e^{p_2 t})$

电感的电压 $\quad u_L(t) = L\dfrac{di}{dt} = \dfrac{LCU_0 p_1 p_2}{p_2 - p_1}(p_1 e^{p_1 t} - p_2 e^{p_2 t})$

又因 $\quad p_1 p_2 = \dfrac{1}{LC}$

于是 $\quad i(t) = \dfrac{U_0}{L(p_2 - p_1)}(e^{p_1 t} - e^{p_2 t})$ $\tag{9-9}$

$$u_L(t) = \frac{U_0}{p_2 - p_1}(p_1 e^{p_1 t} - p_2 e^{p_2 t}) \tag{9-10}$$

$u_C(t)$、$i(t)$、$u_L(t)$ 随时间变化的曲线如图 9-2 所示。在式(9-8)中,$u_C(t)$ 包含两个分量,p_1、p_2 都为负值,且 $|p_2|>|p_1|$,故 e^{p_2t} 比 e^{p_1t} 衰减得快,这两个单调下降的指数函数决定了电容电压 $u_C(t)$ 的放电过程是非周期性的。

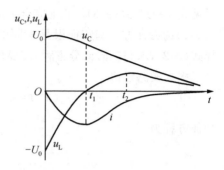

在式(9-9)中,由于 $p_2-p_1<0$,$e^{p_1t}-e^{p_2t}\geqslant0$,所以 $i\leqslant0$,可见电流只有大小变化而始终不会改变方向。在图 9-1 所示电路中,电流 i 的参考方向与电容电压 $u_C(t)$ 的参考方向不一致,电流为正,说明电路接通后,电容一直处于放电状态。当 $t=$

图 9-2 非振荡放电过程中 u_C、i 和 u_L 随时间变化的曲线

0_+ 时,$i(0_+)=0$;当 $t\to\infty$ 时,电容放电完毕,电流也等于零。在放电过程中,$|i|$ 必然经历由小到大然后趋于零的过程,其中在 $t=t_1$ 时,$|i|$ 达到最大值。

令 $\dfrac{\mathrm{d}i}{\mathrm{d}t}\Big|_{t=t_1}=0$,得

$$p_1e^{p_1t_1}-p_2e^{p_2t_1}=0$$

则

$$t_1=\dfrac{\ln\dfrac{p_2}{p_1}}{p_1-p_2}$$

$t=t_1$ 是 i 的极值点,也是 u_C 波形的转折点,因为 $\dfrac{\mathrm{d}^2u_C}{\mathrm{d}t^2}\Big|_{t=t_1}=0$。

电感电压在 $t=0_+$ 时初值为 $-U_0$;在 $0<t<t_1$ 时,由于电流 i 不断负向增加,u_L 为负;在 $t>t_1$ 后,电流负向减少,u_L 为正,最终 u_L 衰减至零。

令 $\dfrac{\mathrm{d}u_L}{\mathrm{d}t}\Big|_{t=t_2}=0$,得

$$p_1^2e^{p_1t_2}-p_2^2e^{p_2t_2}=0$$

可求得 u_L 达到最大值的时刻 t_2 为

$$t_2=\dfrac{2\ln\dfrac{p_2}{p_1}}{p_1-p_2}=2t_1$$

$t=t_2$ 是 u_L 的极值点,也是 i 波形的转折点,因为 $\dfrac{\mathrm{d}^2i_L}{\mathrm{d}t^2}\Big|_{t=t_2}=0$。

现从能量转换的角度来分析电容通过电阻和电感非周期放电的过程。分两个阶段进行分析:$0\leqslant t\leqslant t_1$ 为第一阶段,在该阶段,电容电压逐渐降低,电场能量逐渐释放,电流的绝对值逐渐增加,电感的磁场能逐渐增加,只有电阻消耗能量,即电容释放的电场能转化为电感中的磁场储能供电阻消耗;$t>t_1$ 为第二阶段,在此阶段,电容电压继续降低,电场能量继续释放,电流的绝对值逐渐变小,电感转变为释放磁场储能,即电容、电感共同释放电磁能量,供给电阻消耗,直至能量耗尽,过渡过程结束。

当 $u_C(0_+)=0$,$i(0_+)\neq0$ 或 $u_C(0_+)\neq0$,$i(0_+)\neq0$ 时,分析过程与以上分析相同,只要 $R>2\sqrt{\dfrac{L}{C}}$,响应都是非周期性的和非振荡性的。

(2)当$\left(\dfrac{R}{2L}\right)^2=\dfrac{1}{LC}$，即$R=2\sqrt{\dfrac{L}{C}}$时，此时的过渡过程为临界阻尼情况（critically damped case），在这种情况下特征方程有两个相等的负实根。

$$p_1=p_2=-\frac{R}{2L}=p \tag{9-11}$$

电容电压$u_C(t)$的一般形式为

$$u_C(t)=(A_3+A_4t)e^{pt} \tag{9-12}$$

电流

$$i(t)=-C\frac{\mathrm{d}u_C}{\mathrm{d}t}=-C[(A_3+A_4t)p+A_4]e^{pt} \tag{9-13}$$

根据初始条件来确定积分常数A_3、A_4

$$u_C(0_+)=A_3=U_0$$

$$i(0_+)=-C(A_3p+A_4)=0$$

解得

$$A_3=U_0,A_4=-U_0p$$

因此

$$u_C(t)=U_0(1-pt)e^{pt} \tag{9-14}$$

$$i(t)=\frac{U_0}{L}te^{pt} \tag{9-15}$$

$$u_L(t)=L\frac{\mathrm{d}i}{\mathrm{d}t}=U_0(1+pt)e^{pt} \tag{9-16}$$

$u_C(t)$、$i(t)$、$u_L(t)$随时间变化的曲线与图 9-2 所示的曲线相似，响应仍然是非周期性的和非振荡性的。

(3)当$\left(\dfrac{R}{2L}\right)^2<\dfrac{1}{LC}$，即$R<2\sqrt{\dfrac{L}{C}}$时，过渡过程为周期性振荡情况，也称为欠阻尼情况（underdamped case），此时特征方程有两个实部为负的共轭复根。令$\delta=\dfrac{R}{2L}$为衰减系数（damping factor），$\omega_0=\dfrac{1}{\sqrt{LC}}$为谐振角频率（resonant angular frequency），$\omega_d=\sqrt{\omega_0^2-\delta^2}$为振荡角频率（oscillation angular frequency），则特征根为

$$p_{1,2}=-\frac{R}{2L}\pm\sqrt{\left(\frac{R}{2L}\right)^2-\frac{1}{LC}}=-\delta\pm\mathrm{j}\sqrt{\omega_0^2-\delta^2}=-\delta\pm\mathrm{j}\omega_d \tag{9-17}$$

电容电压$u_C(t)$的一般形式为

$$u_C(t)=Ae^{-\delta t}\sin(\omega_d t+\theta) \tag{9-18}$$

电流

$$i(t)=C\frac{\mathrm{d}u_C}{\mathrm{d}t}=CAe^{-\delta t}[-\delta\sin(\omega_d t+\theta)+\omega_d\cos(\omega_d t+\theta)] \tag{9-19}$$

由初值确定积分常数A、θ，对式(9-18)、式(9-19)取$t=0_+$时刻的值，得

$$u_C(0_+)=A\sin\theta=U_0$$

$$i(0_+)=CA[-\delta\sin\theta+\omega_d\cos\theta]=0$$

联立求解得

$$\theta = \arctan \frac{\omega_d}{\delta}, A = U_0 \frac{\omega_0}{\omega_d} \tag{9-20}$$

于是

$$u_C(t) = U_0 \frac{\omega_0}{\omega_d} e^{-\delta t} \sin(\omega_d t + \theta) \tag{9-21}$$

$$i(t) = CU_0 \frac{\omega_0}{\omega_d} e^{-\delta t} [-\delta \sin(\omega_d t + \theta) + \omega_d \cos(\omega_d t + \theta)] = \frac{U_0}{L\omega_d} e^{-\delta t} \sin(\omega_d t + \pi) \tag{9-22}$$

$$u_L(t) = L\frac{di}{dt} = \frac{U_0}{\omega_d} e^{-\delta t}[-\delta \sin(\omega_d t + \pi) + \omega_d \cos(\omega_d t + \pi)] = U_0 \frac{\omega_0}{\omega_d} e^{-\delta t} \sin(\omega_d t - \theta)$$

$$\tag{9-23}$$

$u_C(t)$、$i(t)$、$u_L(t)$ 随时间变化的曲线如图 9-3 所示,它们都是振幅按指数规律衰减的正弦波,图中虚线为包络线(envelop curve)。当 u_C 达到极大值时,i 为零;当 i 达到极大值时,u_L 为零。这种幅值逐渐减小的振荡称为阻尼振荡或衰减振荡。衰减系数 δ 越大,振幅衰减越快;反之,振幅衰减越慢。阻尼振荡角频率 $\omega_d = \sqrt{\omega_0^2 - \delta^2} = \sqrt{\frac{1}{LC} - \left(\frac{R}{2L}\right)^2}$ 由电路本身的参数来决定,如果 L 和 C 固定不变,那么随着电阻 R 的增大,振荡角频率逐渐减小,振荡减慢,阻尼振荡周期 $T_d = \frac{2\pi}{\omega_d}$ 将增大;当增大到 $R = 2\sqrt{\frac{L}{C}}$ 时,则 $\omega_d = 0$,$T_d \rightarrow \infty$,于是响应从周期性振荡情况变为非周期性振荡情况;电阻 R 减小,则衰减系数 δ 减小,衰减减慢,ω_d 增大,振荡加快。在 $R = 0$ 的极限情况下,衰减系数 $\delta = 0$,响应则变成等幅振荡,即无阻尼振荡。无阻尼振荡角频率 ω_d 等于谐振角频率 ω_0,这时式(9-21)~(9-23)变为

$$u_C(t) = U_0 \sin\left(\omega_0 t + \frac{\pi}{2}\right) \tag{9-24}$$

$$i(t) = \frac{U_0}{L\omega_0} \sin(\omega_0 t + \pi) \tag{9-25}$$

$$u_L(t) = U_0 \sin\left(\omega_0 t - \frac{\pi}{2}\right) \tag{9-26}$$

上述无阻尼振荡不是由激励源强制作用所形成的,是零输入响应,因此称为自由振荡。从能量转换角度看串联电路中的自由振荡,实质上是电容所存储的电场能量和电感所存储的磁场能量反复进行交换的过程。因为 $R = 0$,所以无损耗,振荡一旦形成,将持续下去。其实只依靠储能元件的初始储能而产生的振荡是不可能长久维持下去的,因为实际电路中总是有电阻存在的。正弦波信号发生器是有振荡的电路,同时利用反馈原理补充能量,用来补偿实际电路中电阻的能量消耗,从而实现了等幅振荡。

下面从能量转换角度分析 RLC 电路的欠阻尼周期性振荡过程。如图 9-3 所示,在第一个衰减振荡的半个周期内 $\left(0 \leqslant t \leqslant \frac{T_d}{2}\right)$,分三个阶段进行分析:

第一阶段 $0 \leqslant t \leqslant \frac{\theta}{\omega_d}$,电容电压 u_C 逐渐减小,从零增加到最大值,电容释放的电场能量转化为电感中存储的磁场能和电阻损耗,由于电阻较小,电容释放的电场能大部分转化为磁场能。

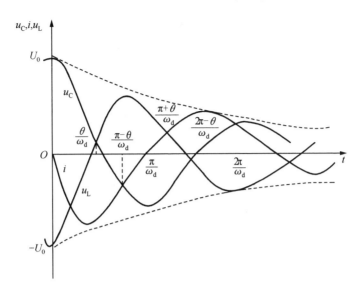

图 9-3 振荡放电过程中 $u_C(t)$、$i(t)$ 和 $u_L(t)$ 随时间变化的曲线

第二阶段 $\dfrac{\theta}{\omega_d} < t \leqslant \dfrac{\pi-\theta}{\omega_d}$，电容电压继续减小，电流 i 的绝对值 $|i|$ 也逐渐减小，电容、电感均释放能量，供电阻消耗。此时，$u_C = 0$，电容电场储能已放完，电感还有磁场储能。

第三阶段 $\dfrac{\pi-\theta}{\omega_d} < t \leqslant \dfrac{\pi}{\omega_d}$，电流 i 的绝对值 $|i|$ 继续减少，电感继续释放磁场能量，一部分转换为电容上的电场储能，迫使电容反向充电，一部分供电阻消耗。在 $t = \dfrac{\pi}{\omega_d} = \dfrac{T_d}{2}$ 时，电容反向充电结束。电容反向充电的最高电压低于初始电压 U_0。在第二个衰减振荡的半个周期内，能量的转换情况与第一个半周期相似，只是电容在正向放电。如此循环往复，直至能量耗尽，过渡过程结束。

【例 9-1】 如图 9-4 所示电路，开关 S 在 $t = 0$ 时刻闭合。已知 $u_C(0_-) = 0$ V，$i(0_-) = 1$ A，$C = 1$ F，$L = 1$ H。试分别计算 $R = 3$ Ω、$R = 2$ Ω 及 $R = 1$ Ω 时的 $u_C(t)$。

解： 如图 9-4 所示电路是一个 RLC 串联电路，利用前面的分析结果求解。

$$2\sqrt{\dfrac{L}{C}} = 2 \ \Omega$$

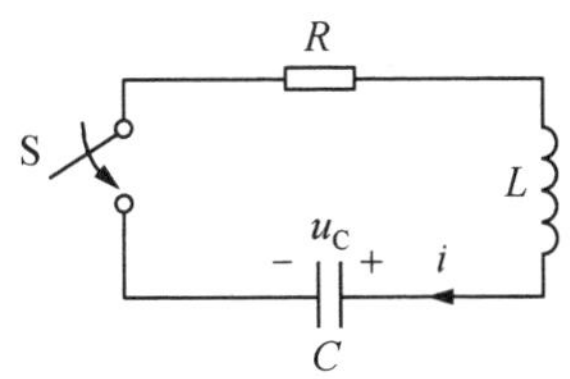

(1) 当 $R = 3$ Ω 时，$R > 2\sqrt{\dfrac{L}{C}}$，过渡过程为过阻尼情况。

图 9-4 [例 9-1]图

$$p_{1,2} = -\dfrac{R}{2L} \pm \sqrt{\left(\dfrac{R}{2L}\right)^2 - \dfrac{1}{LC}} = -1.5 \pm \sqrt{(1.5)^2 - 1}$$

$$p_1 = -0.382, \ p_2 = -2.618$$

$$u_C(t) = A_1 e^{-0.382t} + A_2 e^{-2.618t}$$

$$i(t) = C\dfrac{du_C}{dt} = C(-0.382A_1 e^{-0.382t} - 2.618A_2 e^{-2.618t})$$

根据换路定律，有

$$u_C(0_+) = u_C(0_-) = 0 \text{ V}, \quad i(0_+) = i(0_-) = 1 \text{ A}$$

因此
$$u_C(0_+) = A_1 + A_2 = 0 \text{ V}$$
$$i(0_+) = C(-0.382A_1 - 2.618A_2) = 1 \text{ A}$$

解得
$$A_1 = 0.447, \quad A_2 = -0.447$$

所以
$$u_C(t) = 0.447e^{-0.382t} - 0.447e^{-2.618t} \text{ V}$$

(2) 当 $R = 2 \ \Omega$ 时,$R = 2\sqrt{\dfrac{L}{C}}$,过渡过程为临界阻尼情况。

$$p_{1,2} = -\frac{R}{2L} = -1$$

$$u_C(t) = (A_3 + A_4 t)e^{-t}$$

$$i(t) = C\frac{\mathrm{d}u_C}{\mathrm{d}t} = C[A_4 e^{-t} - (A_3 + A_4 t)e^{-t}]$$

根据换路定律,有
$$u_C(0_+) = u_C(0_-) = 0, \quad i(0_+) = i(0_-) = 1 \text{ A}$$

因此
$$u_C(0_+) = A_3 = 0 \text{ V}$$
$$i(0_+) = C(A_4 - A_3) = 1 \text{ A}$$

解得
$$A_3 = 0 \quad , \quad A_4 = 1$$

所以
$$u_C(t) = t e^{-t} \text{ V}$$

(3) 当 $R = 1 \ \Omega$ 时,$R < 2\sqrt{\dfrac{L}{C}}$,过渡过程为欠阻尼情况。

$$p_{1,2} = -\frac{R}{2L} \pm \mathrm{j}\sqrt{\frac{1}{LC} - \left(\frac{R}{2L}\right)^2} = -\frac{1}{2} \pm \mathrm{j}\frac{\sqrt{3}}{2}$$

$$u_C(t) = A\,e^{-\frac{t}{2}}\sin\left(\frac{\sqrt{3}}{2}t + \theta\right)$$

$$i(t) = C\frac{\mathrm{d}u_C}{\mathrm{d}t} = CA\left[-\frac{1}{2}e^{-\frac{t}{2}}\sin\left(\frac{\sqrt{3}}{2}t + \theta\right) + \frac{\sqrt{3}}{2}e^{-\frac{t}{2}}\cos\left(\frac{\sqrt{3}}{2}t + \theta\right)\right]$$

根据换路定律,有
$$u_C(0_+) = u_C(0_-) = 0 \text{ V}, \quad i(0_+) = i(0_-) = 1 \text{ A}$$

因此
$$u_C(0_+) = A\sin\theta = 0 \text{ V}$$
$$i(0_+) = CA\left(-\frac{1}{2}\sin\theta + \frac{\sqrt{3}}{2}\cos\theta\right) = 1 \text{ A}$$

解得
$$\theta = 0 \quad , \quad A = \frac{2\sqrt{3}}{3}$$

所以
$$u_C(t) = \frac{2\sqrt{3}}{3}e^{-\frac{t}{2}}\sin\frac{\sqrt{3}}{2}t \text{ V}$$

9.2　二阶电路的零状态响应和全响应

9.2.1　二阶电路的零状态响应

本节仍以 RLC 串联电路为例,讨论二阶电路的零状态响应。当 RLC 串联电路接通正弦交流或其他形式的电压源时,自由分量与零输入响应情况完全一样,强制分量按微分方程求解的方法确定。与一阶电路一样,当激励是直流或正弦交流函数时,特解就是相应的稳态解。然后根据零初始条件确定积分常数,最终求出零状态响应。

如图 9-5 所示 RLC 串联电路,当 $t=0$ 时,开关 S 闭合,求零状态响应 $u_C(t)$。当 $t>0$ 时,列写回路的 KVL 方程

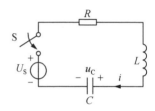

图 9-5　二阶电路的零状态响应

$$LC\frac{\mathrm{d}^2 u_C}{\mathrm{d}t^2}+RC\frac{\mathrm{d}u_C}{\mathrm{d}t}+u_C=U_S \tag{9-27}$$

初值　　　　$u_C(0_+)=u_C(0_-)=0$ V
　　　　　　$i(0_+)=i(0_-)=0$ A

方程的特解即为稳态解

$$u_{Cp}(t)=U_S \tag{9-28}$$

按照特征方程的根的不同情况,方程的通解即暂态解也分为三种情况:

(1)设 $R>2\sqrt{\dfrac{L}{C}}$,则

$$u_{Ch}(t)=A_1\mathrm{e}^{p_1 t}+A_2\mathrm{e}^{p_2 t} \tag{9-29}$$

(2)设 $R=2\sqrt{\dfrac{L}{C}}$,则

$$u_{Ch}(t)=(A_3+A_4 t)\mathrm{e}^{pt} \tag{9-30}$$

(3)设 $R<2\sqrt{\dfrac{L}{C}}$,则

$$u_{Ch}(t)=A\,\mathrm{e}^{-\delta t}\sin(\omega_d t+\theta) \tag{9-31}$$

式中,$\delta=\dfrac{R}{2L}$;$\omega_d=\sqrt{\omega_0^2-\delta^2}=\sqrt{\dfrac{1}{LC}-\left(\dfrac{R}{2L}\right)^2}$。

对于第一种情况 $R>2\sqrt{\dfrac{L}{C}}$,全解为

$$u_C(t)=u_{Cp}(t)+u_{Ch}(t)=U_S+A_1\mathrm{e}^{p_1 t}+A_2\mathrm{e}^{p_2 t} \tag{9-32}$$

$$i(t)=C\frac{\mathrm{d}u_C}{\mathrm{d}t}=C(A_1 p_1\mathrm{e}^{p_1 t}+A_2 p_2\mathrm{e}^{p_2 t}) \tag{9-33}$$

由初始条件

$$u_C(0_+)=U_S+A_1+A_2=0$$
$$i(0_+)=C(A_1 p_1+A_2 p_2)=0$$

联立方程得

$$A_1 = \frac{-p_2 U_s}{p_2 - p_1}, \quad A_2 = \frac{p_1 U_s}{p_2 - p_1} \tag{9-34}$$

将 A_1、A_2 代入式(9-32)得

$$u_C(t) = U_s + \frac{U_s}{p_1 - p_2}(p_2 e^{p_1 t} - p_1 e^{p_2 t}) \tag{9-35}$$

对于第二、第三种情况,可按同样方法求解,不再赘述。

在如图 9-5 所示电路中,若接通的直流电压源 $U_s = 1$ V,则对应的零状态响应即为单位阶跃响应。

9.2.2 二阶电路的全响应

在二阶动态电路中,既有激励电源储能元件又有初始储能元件,则此时电路的响应就是全响应。全响应的全解等于强制分量与自由分量之和,也等于零输入响应与零状态响应的叠加。全响应可以通过求解二阶非齐次方程的方法求得。

仍以如图 9-5 所示电路为例,而将初值改为 $u_C(0_-) = U_0$,$i(0_-) = 0$,再求全响应 $u_C(t)$。

对于 $R > 2\sqrt{\dfrac{L}{C}}$ 的过阻尼情况,$u_C(t)$、$i(t)$ 的全响应即是式(9-32)与式(9-33),由初始条件得

$$u_C(0_+) = U_s + A_1 + A_2 = U_0$$
$$i(0_+) = C(A_1 p_1 + A_2 p_2) = 0$$

解得

$$A_1 = \frac{-p_2(U_0 - U_s)}{p_1 - p_2}, \quad A_2 = \frac{p_1(U_0 - U_s)}{p_1 - p_2} \tag{9-36}$$

于是全响应 $u_C(t)$ 为

$$u_C(t) = U_s - \frac{p_2(U_0 - U_s)}{p_1 - p_2}e^{p_1 t} + \frac{p_1(U_0 - U_s)}{p_1 - p_2}e^{p_2 t} \tag{9-37}$$

式(9-37)就等于式(9-8)与式(9-35)之和,由此说明了全响应等于零输入响应与零状态响应之和。

【例 9-2】 如图 9-6 所示电路中,$u_C(0_-) = 0$ V,$i_L(0_-) = 0$ A,$G = 2 \times 10^{-3}$ S,$C = 1\ \mu$F,$L = 1$ H,$i_s = 1$ A,当 $t = 0$ 时把开关 S 打开。试求响应 i_L、u_C 和 i_C。

解:列出开关 S 打开后的电路微分方程为

$$LC\frac{d^2 i_L}{dt^2} + GL\frac{di_L}{dt} + i_L = i_s$$

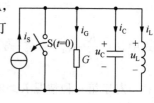

图 9-6 [例 9-2]图

特征方程为

$$p^2 + \frac{G}{C}p + \frac{1}{LC} = 0$$

代入数据后可求得特征根为

$$p_1 = p_2 = p = -10^3$$

由于 p_1、p_2 是重根,为临界阻尼情况,其解为

$$i_L = i'_L + i''_L$$

式中,i'_L 为特解即强制分量 $i'_L = 1$ A;i''_L 为所对应的齐次方程的解 $i''_L = (A_1 + A_2 t) \mathrm{e}^{pt}$。

所以通解为

$$i_L = 1 + (A_1 + A_2 t) \mathrm{e}^{-10^3 t}$$

$t = 0_+$ 时的初始值为

$$i_L(0_+) = i_L(0_-) = 0 \text{ A}$$

$$\left. \frac{\mathrm{d}i_L}{\mathrm{d}t} \right|_{t=0+} = \frac{1}{L} u_L(0_+) = \frac{1}{L} u_C(0_+) = \frac{1}{L} u_C(0_-) = 0$$

代入初始条件可得

$$1 + A_1 + 0 = 0$$
$$-10^3 A_1 + A_2 = 0$$

解得

$$A_1 = -1$$
$$A_2 = -10^3$$

所求得的零状态响应为

$$i_L = 1 - (1 + 10^3 t) \mathrm{e}^{-10^3 t} \text{ A}$$

$$u_C = u_L = L \frac{\mathrm{d}i_L}{\mathrm{d}t} = 10^6 t \mathrm{e}^{-10^3 t} \text{ V}$$

$$i_C = C \frac{\mathrm{d}u_C}{\mathrm{d}t} = (1 - 10^3 t) \mathrm{e}^{-10^3 t} \text{ A}$$

过渡过程是临界阻尼情况,为非振荡情况,i_L、i_C、u_C 随时间变化的曲线如图 9-7 所示。

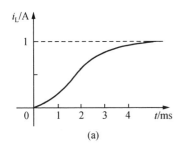 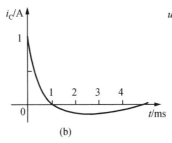 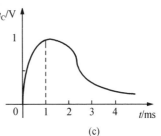

图 9-7　非振荡情况,i_L,i_C,u_C 随时间变化曲线

【例 9-3】　在如图 9-8 所示电路中,S 闭合前,$i_L(0_-) = 0$ A,$u_C(0_-) = 0$ V,激励为正弦交流电流源 $i_S(t) = \sqrt{2} \sin t$ A,$L = 1$ H,$C = 1$ F,$R = 1$ Ω,$t = 0$ 时,S 闭合,求开关上的电流 $i(t)$。

解: 如图选择各电流参考方向,$t > 0$ 后,由 KCL 得

$$i_L + i_C + i_R = i_S$$

$$i_L + C \frac{\mathrm{d}u_C}{\mathrm{d}t} + \frac{u_C}{R} = \sqrt{2} \sin t$$

又由 $u_C = u_L = L \dfrac{\mathrm{d}i_L}{\mathrm{d}t}$,则

$$i_L + LC \frac{d^2 i_L}{dt^2} + \frac{L}{R} \frac{di_L}{dt} = \sqrt{2}\sin t$$

代入数据得

$$\frac{d^2 i_L}{dt^2} + \frac{di_L}{dt} + i_L = \sqrt{2}\sin t \qquad (9-38)$$

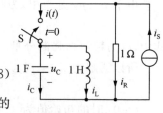

图 9-8　［例 9-3］图

式(9-38)的特解即是稳态分量,可利用求解正弦交流稳态电路的相量法进行计算

$$\dot{U}_L = \dot{U}_C = \dot{I}_s \left(\frac{1}{\frac{1}{R} + j\omega C - j\frac{1}{\omega L}} \right) = 1 \text{ V}$$

$\omega C = \dfrac{1}{\omega L}$,出现了并联谐振情况

$$i_p(t) = 0$$

$$\dot{I}_L = \frac{\dot{U}_L}{j\omega L} = \frac{1}{j1} = 1\underline{/-90°} \text{ A}$$

$$i_{Lp}(t) = \sqrt{2}\sin(t - 90°) \text{ A}$$

由式(9-38)得到相应的特征方程

$$p^2 + p + 1 = 0$$

$$p_{1,2} = -\frac{1}{2} \pm j\frac{\sqrt{3}}{2}$$

是一对实部为负的共轭复根,则对应的通解为

$$i_{Lh}(t) = A e^{-\frac{t}{2}} \sin\left(\frac{\sqrt{3}}{2}t + \theta \right)$$

全解为　$i_L(t) = i_{Lp}(t) + i_{Lh}(t) = \sqrt{2}\sin(t - 90°) + A e^{-\frac{t}{2}} \sin\left(\frac{\sqrt{3}}{2}t + \theta \right)$

$i_L(t)$ 的导数为

$$\frac{di_L}{dt} = \sqrt{2}\sin t + A e^{-\frac{t}{2}} \left[-\frac{1}{2}\sin\left(\frac{\sqrt{3}}{2}t + \theta \right) + \frac{\sqrt{3}}{2}\cos\left(\frac{\sqrt{3}}{2}t + \theta \right) \right]$$

利用初始条件确定积分常数 A、θ。

$$i_L(0_+) = i_L(0_-) = 0$$

$$\left. \frac{di_L}{dt} \right|_{t=0+} = \frac{u_L(0_+)}{L} = \frac{u_C(0_+)}{L} = \frac{u_C(0_-)}{L} = 0$$

则

$$i_L(0_+) = -\sqrt{2} + A\sin\theta = 0 \qquad (9-39)$$

$$i'_L(0_+) = \left. \frac{di_L}{dt} \right|_{t=0+} = A\left(-\frac{1}{2}\sin\theta + \frac{\sqrt{3}}{2}\cos\theta \right) = 0 \qquad (9-40)$$

联立式(9-39)和式(9-40)求解得

$$\theta = 60°, A = \frac{2\sqrt{6}}{3}$$

$$i_L(t) = \sqrt{2}\sin(t-90°) + \frac{2\sqrt{6}}{3}e^{-\frac{t}{2}}\sin\left(\frac{\sqrt{3}}{2}t+60°\right) \text{ A}$$

故
$$u_L(t) = u_C(t) = L\frac{\mathrm{d}i_L}{\mathrm{d}t} = \sqrt{2}\sin t + \frac{2\sqrt{6}}{3}e^{-\frac{t}{2}}\sin\left(\frac{\sqrt{3}}{2}t+180°\right) \text{ V}$$

$$i_C(t) = C\frac{\mathrm{d}u_C}{\mathrm{d}t} = \sqrt{2}\sin(t+90°) + \frac{2\sqrt{6}}{3}e^{-\frac{t}{2}}\sin\left(\frac{\sqrt{3}}{2}t-60°\right) \text{ A}$$

开关电流

$$i(t) = i_L(t) + i_C(t) = \frac{2\sqrt{6}}{3}e^{-\frac{t}{2}}\sin\frac{\sqrt{3}}{2}t \text{ A}$$

在如图 9-8 所示电路中，LC 恰好处于并联谐振状态，虽然开关电流的稳态分量为零，但仍存在暂态分量，直到过渡过程结束后，开关电流才为零，相当于开路。

【例 9-4】　如图 9-9(a) 所示电路已达稳态，当 $t=0$ 时开关 S 合上，求响应 $i_L(t)$。

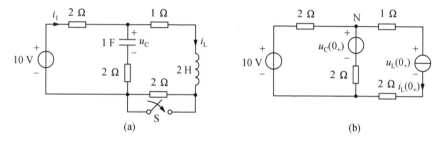

图 9-9　[例 9-4]图

解： 当 $t<0$ 时，S 断开，有

$$i_L(0_-) = \frac{10}{2+2+1} = 2 \text{ A}$$

$$u_C(0_-) = 2\times(1+2) = 6 \text{ V}$$

则
$$i_L(0_+) = i_L(0_-) = 2 \text{ A}$$

$$u_C(0_+) = u_C(0_-) = 6 \text{ V}$$

为求 $\left.\dfrac{\mathrm{d}i_L}{\mathrm{d}t}\right|_{t=0_+}$，将电容用电压源替代，电感用电流源替代，画出 $t=0_+$ 时刻的等效电路，如图 9-9(b)所示。由节点电压法知

$$u_N(0_+) = \frac{\dfrac{10}{2}+\dfrac{6}{2}-2}{\dfrac{1}{2}+\dfrac{1}{2}} = 6 \text{ V}$$

$$u_L(0_+) = u_N(0_+) - 1\times 2 = 6-2 = 4 \text{ V}$$

$$\left.\frac{\mathrm{d}i_L}{\mathrm{d}t}\right|_{t=0} = \frac{4}{2} = 2 \text{ A/s}$$

当 $t>0$ 后，列写 KVL 与 KCL 方程

$$2i_1 + u_C + 2i_C = 10 \tag{9-41}$$

$$2i_1 + i_L + u_L = 10 \tag{9-42}$$

$$i_1 = i_C + i_L \tag{9-43}$$

将式(9-43)代入式(9-41)得

$$2i_1 + \frac{1}{1}\int(i_1 - i_L)\mathrm{d}t + 2(i_1 - i_L) = 10$$

其中，$u_C = \dfrac{1}{1}\int(i_1 - i_2)\mathrm{d}t$。

对上式两边同时求导得

$$(2+2)\frac{\mathrm{d}i_1}{\mathrm{d}t} - 2\frac{\mathrm{d}i_L}{\mathrm{d}t} + \frac{1}{1}(i_1 - i_L) = 0 \tag{9-44}$$

由式(9-42)得

$$i_1 = \frac{10 - 2\dfrac{\mathrm{d}i_L}{\mathrm{d}t} - 1i_L}{2} \tag{9-45}$$

其中 $u_L = 2\dfrac{\mathrm{d}i_L}{\mathrm{d}t}$。

将式(9-45)代入式(9-44)，并代入数据整理得

$$4\frac{\mathrm{d}^2 i_L}{\mathrm{d}t^2} + 5\frac{\mathrm{d}i_L}{\mathrm{d}t} + \frac{3}{2}i_L = 5 \tag{9-46}$$

式(9-46)是以 i_L 为变量的二阶常系数非齐次微分方程，其特解为

$$i'_L(t) = \frac{10}{3}\ \mathrm{A}$$

式(9-46)对应的特征方程为

$$4p^2 + 5p + \frac{3}{2} = 0$$

$$p_1 = -\frac{1}{2}, \quad p_2 = -\frac{3}{4}$$

式(9-46)对应的齐次方程的通解为

$$i''_L(t) = A_1 \mathrm{e}^{-\frac{t}{2}} + A_2 \mathrm{e}^{-\frac{3t}{4}}$$

全解为

$$i_L(t) = i'_L(t) + i''_L(t) = \frac{10}{3} + A_1 \mathrm{e}^{-\frac{t}{2}} + A_2 \mathrm{e}^{-\frac{3t}{4}}$$

求导得

$$\frac{\mathrm{d}i_L}{\mathrm{d}t} = -\frac{A_1}{2}\mathrm{e}^{-\frac{t}{2}} - \frac{3}{4}A_2 \mathrm{e}^{-\frac{3t}{4}}$$

由初始条件

$$i_L(0_+) = \frac{10}{3} + A_1 + A_2 = 2\ \mathrm{A}$$

$$\frac{\mathrm{d}i_L}{\mathrm{d}t}(0_+) = -\frac{A_1}{2} - \frac{3}{4}A_2 = 2$$

联立求解得

$$A_1 = 4, \quad A_2 = -\frac{16}{3}$$

最终求得

$$i_L(t) = \frac{10}{3} + 4e^{-\frac{t}{2}} - \frac{16}{3}e^{-\frac{3t}{4}} \text{ A} \quad (t \geqslant 0)$$

9.3 二阶电路的冲激响应

冲激响应(impulse response)的概念在一阶电路中已介绍过,现在研究二阶电路的冲激响应。冲激激励 $\delta(t)$ 的作用是使储能元件在 0_- 到 0_+ 无限短的时间里建立起初始状态,然后电路依靠储能元件的初始储能产生零输入响应。与一阶电路一样,求二阶电路冲激响应的关键是求储能元件换路后瞬间的初始值。

如图 9-10 所示 RLC 串联电路,求单位冲激响应 $u_C(t)$ 和 $i(t)$。在 $t = 0$ 时刻,列写电路 KVL 方程

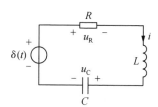

图 9-10 二阶电路冲激响应

$$u_R + u_L + u_C = \delta(t)$$

$$RC\frac{du_C}{dt} + LC\frac{d^2 u_C}{dt^2} + u_C = \delta(t) \tag{9-47}$$

初始条件为

$$u_C(0_-) = 0, i(0_-) = 0 \tag{9-48}$$

分析式(9-47)知,方程右边是冲激函数 $\delta(t)$,故左方 $\frac{d^2 u_C}{dt^2}$ 中包含冲激, $\frac{du_C}{dt}$ 中包含有限值的跳变, u_C 应连续。因为倘若 $\frac{du_C}{dt}$ 中包含冲激,那么 $\frac{d^2 u_C}{dt^2}$ 中包含冲激的一阶导数,而方程的右边不含冲激的一阶导数,方程两边不能平衡。因此 u_C 连续而不跳变,即 $u_C(0_+) = u_C(0_-) = 0$。

对式(9-47)两边从 $t = 0_-$ 到 0_+ 积分

$$\int_{0_-}^{0_+} RC\frac{du_C}{dt}dt + \int_{0_-}^{0_+} LC\frac{d^2 u_C}{dt^2}dt + \int_{0_-}^{0_+} u_C dt = \int_{0_-}^{0_+} \delta(t)dt$$

$$RC[u_C(0_+) - u_C(0_-)] + LC\left[\frac{du_C}{dt}\bigg|_{t=0_+} - \frac{du_C}{dt}\bigg|_{t=0_-}\right] = 1$$

因为

$$i(0_-) = 0, \frac{du_C}{dt}\bigg|_{t=0_-} = \frac{i(0_-)}{C} = 0$$

所以

$$\frac{du_C}{dt}\bigg|_{t=0_+} = \frac{1}{LC}$$

即

$$i(0_+) = \frac{1}{L}$$

当 $t > 0$、$\delta(t) = 0$,电路方程变为

$$LC\frac{d^2 u_C}{dt^2} + RC\frac{du_C}{dt} + u_C = 0 \tag{9-49}$$

初始条件为

$$u_C(0_+) = 0, i(0_+) = \frac{1}{L} \tag{9-50}$$

求式(9-47)、式(9-48)描述的冲激响应转化为求式(9-49)、式(9-50)描述的零输入响应问题。按照 9.1 节介绍的方法,得到如下三种不同情况的解:

(1)当 $R > 2\sqrt{\dfrac{L}{C}}$ 时,为过阻尼情况(overdamped case)。

$$u_C(t) = \frac{1}{LC(p_1 - p_2)}(e^{p_1 t} - e^{p_2 t}) \quad (t > 0)$$

$$i(t) = \frac{1}{L(p_1 - p_2)}(p_1 e^{p_1 t} - p_2 e^{p_2 t}) \quad (t > 0)$$

(2)当 $R = 2\sqrt{\dfrac{L}{C}}$ 时,为临界阻尼情况(critically damped case)。

$$u_C(t) = \frac{t}{LC}e^{pt} \quad (t > 0)$$

$$i(t) = \frac{1}{L}(1 + pt)e^{pt} \quad (t > 0)$$

(3)当 $R < 2\sqrt{\dfrac{L}{C}}$ 时,为欠阻尼情况(underdamped case)。

$$u_C(t) = \frac{\omega_0^2}{\omega_d}e^{-\delta t}\sin\omega_d t \quad (t > 0)$$

$$i(t) = \frac{\omega_0}{L\omega_d}e^{-\delta t}\sin(\omega_d t - \theta + \pi) \quad (t > 0)$$

式中,$\delta = \dfrac{R}{2L}$;$\omega_0 = \dfrac{1}{\sqrt{LC}}$;$\omega_d = \sqrt{\omega_0^2 - \delta^2}$;$\theta = \arctan\dfrac{\omega_d}{\delta}$。

与一阶电路一样,求冲激响应还可以先求阶跃响应,然后求导得到对应的冲激响应。

【例 9-5】 如图 9-11 所示电路中,已知 $R = 0.2\ \Omega, L = 0.25\ \text{H}, C = 1\ \text{F}$,求冲激响应 $i_L(t)$。

解:先求阶跃响应,根据换路定律,有

$$u_C(0_+) = u_C(0_-) = 0, i_L(0_+) = i_L(0_-) = 0$$

对电路应用 KCL 列写节点电流方程有

$$i_R + i_C + i_L - 0.5i_C = \varepsilon(t)$$

即 $\qquad\qquad i_R + i_L + 0.5i_C = \varepsilon(t)$

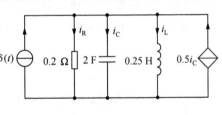

图 9-11 [例 9-5]图

其中

$$i_R = \frac{u_R}{R} = \frac{L}{R}\frac{di_L}{dt}$$

$$i_C = C\frac{du_C}{dt} = LC\frac{d^2 i_L}{dt^2}$$

代入已知参数整理得

$$0.25\frac{d^2 i_L}{dt^2} + 1.25\frac{di_L}{dt} + i_L = \varepsilon(t)$$

即

$$\frac{d^2 i_L}{dt^2} + 5\frac{di_L}{dt} + 4i_L = 4\varepsilon(t)$$

此方程为 i_L 的二阶线性非齐次方程,该方程的解如下

$$i_L = i' + i''$$

其中特解

$$i' = 1$$

通解

$$i'' = A_1 e^{p_1 t} + A_2 e^{p_2 t}$$

特征方程为

$$p^2 + 5p + 4 = 0$$

解特征方程得特征根

$$p_1 = -1, p_2 = -4$$

所以

$$i_L = 1 + A_1 e^{-t} + A_2 e^{-4t}$$

代入初始条件有

$$1 + A_1 + A_2 = 0$$
$$-A_1 - 4A_2 = 0$$

解得

$$A_1 = -\frac{4}{3}, A_2 = \frac{1}{3}$$

所以阶跃响应 $i_L(t)$ 为

$$i_L(t) = s(t) = \left(1 - \frac{4}{3}e^{-t} + \frac{1}{3}e^{-4t}\right)\varepsilon(t) \ \text{A}$$

再根据冲激响应是阶跃响应的导数,可求得冲激响应为

$$i_L(t) = h(t) = \frac{\mathrm{d}s(t)}{\mathrm{d}t}$$

$$= \delta(t)\left(1 - \frac{4}{3}e^{-t} + \frac{1}{3}e^{-4t}\right) + \left(\frac{4}{3}e^{-t} - \frac{4}{3}e^{-4t}\right)\varepsilon(t) \ \text{A}$$

上式中的第一项由于 $\delta(t)$ 在 $t \geqslant 0_+$ 时为零,所以冲激响应在 $t \geqslant 0_+$ 时为

$$h(t) = \left(\frac{4}{3}e^{-t} - \frac{4}{3}e^{-4t}\right)\varepsilon(t) \ \text{A}$$

9.4　实际应用电路

汽车点火电路

由于二阶电路具有振荡特性,通过电感线圈上形成的电压振荡就可以在短时间内连续多次点火。而由于振荡的振幅有限,也不会造成冲击性的点火电压。所以,实际汽车点火电路的电压发生系统采用了两类储能元件,其等效简化电路模型为如图 9-12 所示的二阶 RLC 电路。图 9-12 中 12 V 电源为汽车蓄电池,4 Ω 电阻为导线电阻,在开关(电子点火器)上并联 1 μF 的汽车电容。下面来分析点火线圈上电压振荡情况。

电路为二阶 RLC 串联电路,可仿照 9.1 节的结论进行求解。

先求电路的初始值:在点火之前,电子开关是闭合的,电路处于直流稳态、有 $i(0_-) = $

$12/4=3$ A,$u_c(0_-)=0$ V;设 $t=0$ 时点火,开关断开,有 $i(0_+)=i(0_-)=3$ A,$u_c(0_+)=u_c(0_-)=0$ V;得 $u_L(0_+)=0$ V,$di(0_+)/dt=u_L(0_+)/L=0$。

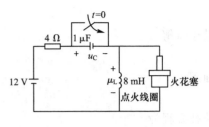

图 9-12　汽车点火电路

由于 $\alpha=\dfrac{R}{2L}=250$,$\omega_0=\dfrac{1}{\sqrt{LC}}=1.118\times10^4$ rad/s,$\alpha\ll\omega_0$,为欠阻尼情况(近似为无阻尼),$\omega_d=\sqrt{\omega_0^2-\alpha^2}\approx1.118\times10^4$ rad/s,所以

$$i(t)=e^{-at}[A\cos(\omega_d(t)+B\sin(\omega_d t)]$$
$$=e^{-250t}[A\cos(1.118\times10^4t)+B\sin(1.118\times10^4t)]$$

$$\frac{di}{dt}=-250e^{-250t}[A\cos(1.118\times10^4t)+B\sin(1.118\times10^4t)]+$$
$$e^{-250t}\{1.118\times10^4[-A\sin(1.118\times10^4t)+B\cos(1.118\times10^4t)]\}$$

将初始值 $i(0_+)=3$ A 和 $di(0_+)/dt=0$ 代入 1 式和 2 式,可解得 $A=3.b=0.067$。故

$$i(t)=e^{-250t}[3\cos(1.118\times10^4t)+0.067\sin(1.118\times10^4t)]$$

$$u_L(t)=L\frac{di}{dt}=-268e^{-250t}\sin(1.118\times10^4t),t\geqslant0$$

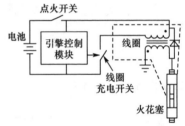

振荡周期 $T=\dfrac{2\pi}{1.118\times10^4}\approx561.7$ μS。振荡的第一个最大值点 $t=T/4\approx140.4$ μs

$$u_{Lmax}=-268e^{-250\times140.4\times10^{-6}}\approx-259\text{ V}$$

这个电压远小于点火电压要求,实际点火系统通过变压器将它提高到所需电压水平,如图 9-13 所示。

图 9-13　汽车点火加压电路

拓展训练

习题

9-1　如图 9-14 所示电路中,判断哪些电路是二阶电路,并指出其中哪些电路的零输入响应可能出现振荡;给出出现振荡的条件。

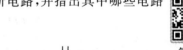

第 9 章
习题答案

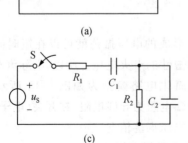

(a)　　　　　　　　　　(b)

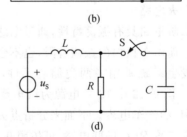

(c)　　　　　　　　　　(d)

图 9-14　题 9-1 图

9-2　已知电路如图 9-15 所示，S 断开时已达稳态，求闭合后的 $i(t)$。

9-3　已知电路如图 9-16 所示，开关 S 闭合时达稳态，$t=0$ 时打开 S，试求电感中的过渡电流和电容上的过渡电压。

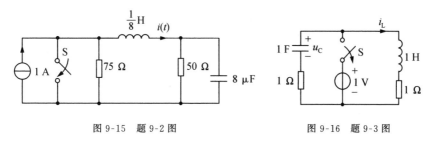

图 9-15　题 9-2 图　　　　　　图 9-16　题 9-3 图

9-4　已知二阶电路的特征根分别为 $(1) p_1=-2, p_2=-3; (2) p_1=p_2=-2;$ $(3) p_1=j2, p_2=-j2; (4) p_1=-2+j3, p_2=-2-j3$。试分别写出电路的零输入响应 $y(t)$ 的一般解答式。

9-5　如图 9-17 所示电路在开关 S 打开前已达稳态；$t=0$ 时，开关 S 打开，求 $t>0$ 时的 u_C。

9-6　如图 9-18 所示电路中，$L=1$ H，$R=10$ Ω，$C=\dfrac{1}{16}$ F，$u_C(0_-)=0$，$i_L(0_-)=0$，试求 $i_L(0_+)$、$u_C(0_+)$ 与 $i_L(t)$。

9-7　如图 9-19 所示电路中 $L=1$ H，$R=2$ kΩ，$C=2494$ μF，$u_C(0_-)=2$ V，$i_L(0_-)=0$，$t=0$ 时闭合开关 S。求 $u_C(t)$ 和 $i(t)$。

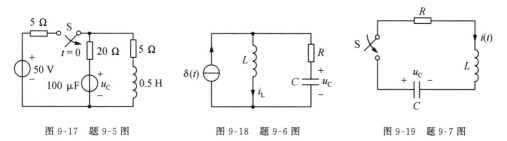

图 9-17　题 9-5 图　　　　图 9-18　题 9-6 图　　　　图 9-19　题 9-7 图

9-8　如图 9-20 所示电路中 $R=3$ Ω，$L=6$ mH，$C=1$ μF，$U_0=12$ V，电路已处于稳态。设开关 S 在 $t=0$ 时打开，试求 $u_L(t)$。

9-9　如图 9-21 所示电路在开关 S 动作前已达稳态；$t=0$ 时 S 由 1 接至 2，求 $t>0$ 时的 i_L。

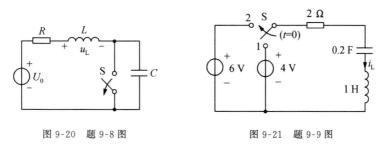

图 9-20　题 9-8 图　　　　　　图 9-21　题 9-9 图

9-10　如图 9-22 所示电路中电容已充电，$u_C(0_-)=150$ V，电感无初始储能。$t=0$ 时开关闭合。列写 $i_L(t)$ 所满足的微分方程，分别在以下所给定的电阻值下求解 $i_L(t)$：

(1)$R=500\ \Omega$;(2)$R=20\ \Omega$。

9-11 已知电路如图 9-23 所示,已知 $u_C(0_-)=1$ V,求开关闭合后的 $i(t)$。

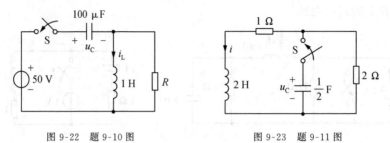

图 9-22 题 9-10 图   图 9-23 题 9-11 图

9-12 如图 9-24 所示电路中 $E=8$ V,$R=5\ \Omega$,$R_1=1\ \Omega$,$R_2=2\ \Omega$,$C=2$ F,$L=1$ H。开关闭合前电路处于稳态,$t=0$ 时闭合开关 S;(1)列写 u_C 所满足的微分方程;(2)求 $u_C(t)$。

9-13 如图 9-25 所示电路,开关 S 置于 1 达稳态,$t=0$ 时,开关由 1 切换到 2,求 $u_C(t)$、$i_L(t)$。

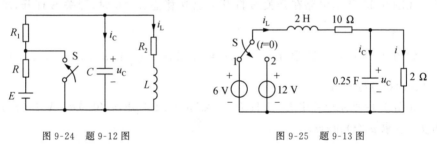

图 9-24 题 9-12 图   图 9-25 题 9-13 图

9-14 如图 9-26 所示为一包含互感元件的电路,$t=0$ 时开关闭合,列写 i_2 所满足的微分方程。

9-15 如图 9-27 所示电路,原电路已处于稳态,现在 $t=0$ 时闭合开关 S,求 S 闭合后流过开关 S 的电流 $i(t)$。

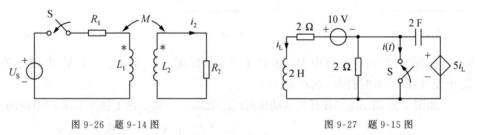

图 9-26 题 9-14 图   图 9-27 题 9-15 图

9-16 已知电路如图 9-28 所示,求:(1)$i_S(t)=\varepsilon(t)$ A 时,电路的阶跃响应 $i_L(t)$;
(2)$i_S(t)=\delta(t)$ A 时,电路的冲激响应 $u_C(t)$。

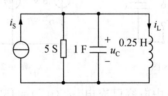

图 9-28 题 9-16 图

第 10 章

拉普拉斯变换和网络函数

【内容提要】本章介绍拉普拉斯变换的定义,拉普拉斯变换的主要性质,常用函数的拉普拉斯变换和应用部分分式展开法进行拉普拉斯反变换;电路的两大约束的运算形式,运算电路模型的建立及分析方法;网络函数的概念以及其零点和极点分布对电路响应的影响。

思政案例

10.1 拉普拉斯变换的定义

前面我们讨论了一阶和二阶动态电路的分析方法,主要采用的是求解微分方程的方法,但是当电路中含有多个动态元件,描述动态电路的方程就是 n 阶微分方程,求解方程十分困难。下面讨论拉普拉斯变换(Laplace transform)在动态电路分析中的应用,即把时域电路的分析变换到 s 域。拉普拉斯变换的定义如下:

一个定义在 $[0,\infty]$ 区间的函数 $f(t)$,其拉普拉斯变换为

$$F(s)=\int_{0-}^{\infty}f(t)\mathrm{e}^{-st}\mathrm{d}t \tag{10-1}$$

式中,$s=\sigma+\mathrm{j}\omega$ 为复数,称为复频率(complex frequency),e^{-st} 为收敛因子(convergence factor),$F(s)$ 为 $f(t)$ 的象函数,$f(t)$ 称为 $F(s)$ 的原函数,拉普拉斯变换简称为拉氏变换。

由式(10-1)拉氏变换公式可知,函数 $f(t)$ 存在拉氏变换 $F(s)$ 的条件是 $\int_{0-}^{\infty}f(t)\mathrm{e}^{-st}\mathrm{d}t$ 为有限值,若存在有限常数 M 和 c,使得对于所有的 t,满足 $|f(t)|\leqslant M\mathrm{e}^{ct}$,则函数 $f(t)$ 一定存在拉氏变换 $F(s)$,今后假设所涉及的电路变量的拉氏变换都满足该条件。

如果 $F(s)$ 已知,可求得其拉氏反变换(inverse Laplace transform) 为

$$f(t)=\frac{1}{2\pi\mathrm{j}}\int_{c-\mathrm{j}\infty}^{c+\mathrm{j}\infty}F(s)\mathrm{e}^{st}\mathrm{d}s \tag{10-2}$$

式中,c 为正的有限常数。

常用符号"L"表示拉氏变换,"L^{-1}"表示拉氏反变换。式(10-1)和式(10-2)可写作

$$F(s)=L[f(t)]$$
$$f(t)=L^{-1}[F(s)]$$

【例 10-1】 求下列函数的象函数 $F(s)$,

(1)单位阶跃函数 $f(t)=\varepsilon(t)$;

(2)单位冲激函数 $f(t)=\delta(t)$;

(3)指数函数 $f(t)=\mathrm{e}^{-\alpha t}\varepsilon(t)$,其中 α 为实常数;

(4) $f(t)=t^n\varepsilon(t)$。

解:(1)单位阶跃函数的象函数

$$F(s)=L[\varepsilon(t)]=\int_{0-}^{\infty}\varepsilon(t)\mathrm{e}^{-st}\mathrm{d}t=\int_{0-}^{\infty}\mathrm{e}^{-st}\mathrm{d}t=\frac{1}{s}\mathrm{e}^{-st}\Big|_{0-}^{\infty}=\frac{1}{s}$$

(2)单位冲激函数的象函数

$$F(s)=L[\delta(t)]=\int_{0-}^{\infty}\delta(t)\mathrm{e}^{-st}\mathrm{d}t=\int_{0-}^{0+}\delta(t)\mathrm{e}^{-st}\mathrm{d}t=\mathrm{e}^0=1$$

(3)指数函数 $f(t)=\mathrm{e}^{-\alpha t}\varepsilon(t)$ 的象函数

$$F(s)=L[\mathrm{e}^{-\alpha t}\varepsilon(t)]=\int_{0-}^{\infty}\mathrm{e}^{-\alpha t}\varepsilon(t)\mathrm{e}^{-st}\mathrm{d}t=\int_{0-}^{\infty}\mathrm{e}^{-\alpha t}\mathrm{e}^{-st}\mathrm{d}t$$

$$=\int_{0-}^{\infty}\mathrm{e}^{-(\alpha+s)t}\mathrm{d}t=\frac{1}{s+\alpha}\mathrm{e}^{-(\alpha+s)t}\Big|_{0-}^{\infty}=\frac{1}{s+\alpha}$$

(4) $f(t)=t^n\varepsilon(t)$ 的象函数

$$F(s)=L[t^n\varepsilon(t)]=\int_{0-}^{\infty}t^n\varepsilon(t)\mathrm{e}^{-st}\mathrm{d}t=\int_{0-}^{\infty}t^n\mathrm{e}^{-st}\mathrm{d}t=-\frac{1}{s}\int_{0-}^{\infty}t^n\mathrm{d}\mathrm{e}^{-st}$$

$$=\frac{1}{s}t^n\mathrm{e}^{-st}\Big|_{\infty}^{0-}+\frac{n}{s}\int_{0-}^{\infty}t^{n-1}\mathrm{e}^{-st}\mathrm{d}t=\frac{n}{s}L[t^{n-1}\varepsilon(t)]$$

当 $n=1$ 时,$F(s)=\frac{1}{s}L[\varepsilon(t)]=\frac{1}{s^2}$

当 $n=2$ 时,$F(s)=\frac{2}{s}L[t\varepsilon(t)]=\frac{2}{s^3}$

$\vdots$

依次类推,得

$$L[t^n\varepsilon(t)]=\frac{n!}{s^{n+1}}$$

10.2　拉普拉斯变换的基本性质

拉普拉斯变换(简称拉氏变换)的性质很多,本节仅讨论与线性电路分析有关的一些性质。掌握和应用这些性质可加深对拉氏变换和拉氏反变换的理解。

1.线性性质(Linearity)

已知 $f_1(t)$ 和 $f_2(t)$ 是任意两个随时间变化的函数,k_1 和 k_2 为两个任意常数,若 $L[f_1(t)]=F_1(s)$,$L[f_2(t)]=F_2(s)$,则有

$$L[k_1f_1(t)+k_2f_2(t)]=k_1F_1(s)+k_2F_2(s)$$

根据这一性质可知,当原函数扩大或缩小 k 倍,其象函数也同时扩大或缩小 k 倍;两个原函数的和的象函数等于这两个原函数象函数的和。

证明如下

$$L[k_1f_1(t)+k_2f_2(t)]=\int_{0-}^{\infty}(k_1f_1(t)+k_2f_2(t))\mathrm{e}^{-st}\mathrm{d}t$$

$$= k_1 \int_{0-}^{\infty} f_1(t) e^{-st} dt + k_2 \int_{0-}^{\infty} f_2(t) e^{-st} dt$$

$$= k_1 F_1(s) + k_2 F_2(s)$$

【例 10-2】　求下面函数的象函数：

(1) $f(t) = \varepsilon(t) \cos \omega t$；

(2) $f(t) = (1 + e^{-\alpha t}) \varepsilon(t)$。

解：(1) 因为 $f(t) = \varepsilon(t) \cos \omega t = \dfrac{1}{2} (e^{j\omega t} + e^{-j\omega t}) \varepsilon(t)$

所以

$$F(s) = L[f(t)] = \int_{0-}^{\infty} \frac{1}{2} (e^{j\omega t} + e^{-j\omega t}) \varepsilon(t) e^{-st} dt$$

$$= \frac{1}{2} \left(\frac{1}{s - j\omega} + \frac{1}{s + j\omega} \right) = \frac{s}{s^2 + \omega^2}$$

(2) 因为 $L[\varepsilon(t)] = \dfrac{1}{s}$，$L(e^{-\alpha t}) = \dfrac{1}{s + \alpha}$

根据拉氏变换的线性性质，可得

$$F(s) = L[f(t)] = \frac{1}{s} + \frac{1}{s + \alpha}$$

2.微分性质(Differential properties)

若函数 $f(t)$ 的象函数 $F(s) = L[f(t)]$，则 $L[f'(t)] = sF(s) - f(0_-)$。

证明如下：$L[f'(t)] = \displaystyle\int_{0-}^{\infty} f'(t) e^{-st} dt$

$$= \int_{0-}^{\infty} e^{-st} df(t) = f(t) e^{-st} \Big|_{0-}^{\infty} + s \int_{0-}^{\infty} f(t) e^{-st} dt$$

$$= sF(s) - f(0_-)$$

【例 10-3】　利用拉氏变换的微分性质求下面函数的象函数：

(1) $f(t) = \sin \omega t$；

(2) $f(t) = \delta(t)$。

解：(1) 因为 $\dfrac{d}{dt} \cos \omega t = -\omega \sin \omega t$，根据拉普拉斯变换的微分性质可得

$$F(s) = L[f(t)] = -\frac{1}{\omega} \left(s \frac{s}{s^2 + \omega^2} - 1 \right) = \frac{\omega}{s^2 + \omega^2}$$

(2) 因为 $\dfrac{d}{dt} \varepsilon(t) = \delta(t)$，$L[\varepsilon(t)] = \dfrac{1}{s}$，所以 $F(s) = L[\delta(t)] = 1 - \varepsilon(0_-) = 1$。

3.积分性质(Integral properties)

若函数 $f(t)$ 的象函数 $F(s) = L[f(t)]$，则 $L\left[\displaystyle\int_{0-}^{t} f(\xi) d\xi \right] = \dfrac{F(s)}{s}$。

证明如下：

$$L\left[\int_{0-}^{t} f(\xi) d\xi \right] = \int_{0-}^{\infty} \left(\int_{0-}^{t} f(\xi) d\xi \right) e^{-st} dt = -\frac{1}{s} \int_{0-}^{\infty} \int_{0-}^{t} f(\xi) d\xi de^{-st}$$

$$= -\frac{1}{s}\Big[\int_{0-}^{t} f(\xi)\mathrm{d}\xi\Big]\mathrm{e}^{-st}\,\Big|_{0-}^{\infty} + \frac{1}{s}\int_{0-}^{\infty} f(t)\mathrm{e}^{-st}\,\mathrm{d}t$$

$$= \frac{F(s)}{s}$$

【例 10-4】 已知 $L[\delta(t)]=1$,利用拉氏变换的积分性质求 $f(t)=\varepsilon(t)$ 的象函数。

解:因为 $\int_{0-}^{t}\delta(\xi)\mathrm{d}\xi=\varepsilon(t)$,根据拉氏变换的积分性质可得

$$L\Big[\int_{0-}^{t} f(\xi)\mathrm{d}\xi\Big] = \frac{L[\delta(t)]}{s} = \frac{1}{s}$$

4. 延迟性质(Time-delay properties)

若函数 $f(t)$ 的象函数 $F(s)=L[f(t)]$,则 $L[f(t-t_0)]=\mathrm{e}^{-st_0}F(s)$。其中,当 $t<t_0$ 时,$f(t-t_0)=0$。

证明:$L[f(t-t_0)] = \int_{0-}^{\infty} f(t-t_0)\mathrm{e}^{-st}\,\mathrm{d}t$

$$\xrightarrow{\diamondsuit \tau = t-t_0} \int_{0-}^{\infty} f(\tau)\mathrm{e}^{-s(\tau+t_0)}\,\mathrm{d}\tau$$

$$= \mathrm{e}^{-st_0}\int_{0-}^{\infty} f(\tau)\mathrm{e}^{-s\tau}\,\mathrm{d}\tau = \mathrm{e}^{-st_0}F(s)$$

【例 10-5】 求如图 10-1 所示函数的象函数。

解:如图 10-1 所示函数可用下面的解析式来表示:

$$f(t) = 2\varepsilon(t) - \varepsilon(t-1) - \varepsilon(t-2)$$

$$F(s) = L[f(t)]$$

$$= \frac{2}{s} - \frac{1}{s}\mathrm{e}^{-s} - \frac{1}{s}\mathrm{e}^{-2s}$$

$$= \frac{1}{s}(2 - \mathrm{e}^{-s} - \mathrm{e}^{-2s})$$

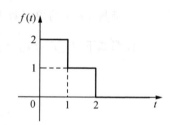

图 10-1 [例 10-5]图

前面通过拉氏变换的定义和性质得到了一些函数的象函数,表 10-1 给出了一些常用函数的象函数。

表 10-1　　　　　　　　　　　常用函数及其象函数

原函数 $f(t)$	象函数 $F(s)$	原函数 $f(t)$	象函数 $F(s)$
$\delta(t)$	1	$\mathrm{e}^{-at}\sin\omega t$	$\dfrac{\omega}{(s+\alpha)^2+\omega^2}$
$\varepsilon(t)$	$\dfrac{1}{s}$	$\mathrm{e}^{-at}\cos\omega t$	$\dfrac{s+\alpha}{(s+\alpha)^2+\omega^2}$
e^{-at}	$\dfrac{1}{s+\alpha}$	$t\mathrm{e}^{-at}$	$\dfrac{1}{(s+\alpha)^2}$

（续表）

原函数 $f(t)$	象函数 $F(s)$	原函数 $f(t)$	象函数 $F(s)$
$\sin\omega t$	$\dfrac{\omega}{s^2+\omega^2}$	t^n	$\dfrac{n!}{s^{n+1}}$
$\cos\omega t$	$\dfrac{s}{s^2+\omega^2}$	$t^n e^{-\alpha t}$	$\dfrac{n!}{(s+\alpha)^{n+1}}$
t	$\dfrac{1}{s^2}$	$\dfrac{1}{n!}t^n e^{-\alpha t}$	$\dfrac{1}{(s+\alpha)^{n+1}}$

10.3 拉普拉斯反变换的部分分式展开式

在利用拉氏变换求得线性电路的 s 域响应后,为了求得时域响应,还需将所求的响应拉氏反变换后变为时间的函数。拉氏反变换可用下面的式子求得

$$f(t)=\frac{1}{2\pi \mathrm{j}}\int_{c-\mathrm{j}\infty}^{c+\mathrm{j}\infty}F(s)\mathrm{e}^{st}\,\mathrm{d}s$$

但是利用该式来求解拉氏反变换涉及复数的积分,这样的运算一般都比较复杂。对于一些简单的函数,可用表 10-1 求得其原函数。如果不能由表 10-1 求得原函数,可采用下面的部分分式法（partial fraction expansion）把象函数分解为若干简单象函数之和,再在表 10-1 中找到其原函数,并利用其线性组合求得原函数。

线性电路的象函数通常可表示为两个实系数的多项式之比,即

$$F(s)=\frac{N_1(s)}{N_2(s)}=\frac{a_0 s^m+a_1 s^{m-1}+\cdots+a_m}{b_0 s^n+b_1 s^{n-1}+\cdots+b_n} \tag{10-3}$$

式中,m 和 n 为正整数。因为当 $n<m$ 时,可采用多项式除法,将上式化成一个常数项和一个真分式,即分母多项式的次数高于分子的次数,所以一般设 $n\geqslant m$。

用部分分式展开该真分式,需要先求出 $N_2(s)=0$ 的根,当 $n\leqslant 4$ 时,可直接解方程求根;当 $n>4$ 时可以用数值分析的方法计算。$N_2(s)=0$ 的根可以是实单根、共轭复根和重根三种情况,下面就这三种情况的根进行讨论。

1.若 $N_2(s)=0$ 有 n 个不同的实根,设这 n 个实根分别为 $s_1,s_2,\cdots,s_n$,这样可将 $F(s)$ 分解成下面的形式:

$$F(s)=\frac{N_1(s)}{N_2(s)}=\frac{A_1}{s-s_1}+\frac{A_2}{s-s_2}+\cdots+\frac{A_n}{s-s_n} \tag{10-4}$$

式中,$A_1,A_2,\cdots,A_n$ 为实常数,下面讨论如何确定这些实常数。

将上式的两边同乘 $s-s_1$,可得

$$(s-s_1)F(s)=A_1+\left(\frac{A_2}{s-s_2}+\cdots+\frac{A_n}{s-s_n}\right)(s-s_1)$$

令 $s=s_1$,等式的右边除第一项外都变为零,这样就可求得

$$A_1=\lim_{s\to s_1}(s-s_1)F(s)$$

同理可求得 $A_2,A_3,\cdots,A_n$,所以确定这些实常数的公式可归纳为

$$A_i=\lim_{s\to s_i}(s-s_i)F(s)\quad(i=1,2,\cdots,n)$$

系数 $A_1, A_2, \cdots, A_n$ 确定后，就可得到象函数的原函数为

$$f(t) = L^{-1}[F(s)] = \sum_{i=1}^{n} A_i e^{s_i t} \tag{10-5}$$

【例 10-6】　求 $F(s) = \dfrac{s^2 + 5s + 4}{s^3 + 10s^2 + 16s}$ 的原函数。

解：令 $s^3 + 10s^2 + 16s = 0$，可求得其根为

$$s_1 = 0, s_2 = -2, s_3 = -8$$

根据 $A_i = \lim\limits_{s \to s_i} (s - s_i) F(s)$ 可求得

$$A_1 = \lim_{s \to 0} s \frac{s^2 + 5s + 4}{s^3 + 10s^2 + 16s} = \frac{1}{4}$$

$$A_2 = \lim_{s \to -2} (s + 2) \frac{s^2 + 5s + 4}{s^3 + 10s^2 + 16s} = \frac{1}{6}$$

$$A_3 = \lim_{s \to -8} (s + 8) \frac{s^2 + 5s + 4}{s^3 + 10s^2 + 16s} = \frac{7}{12}$$

所以 $f(t) = \dfrac{1}{4} + \dfrac{1}{6} e^{-2t} + \dfrac{7}{12} e^{-8t}$。

2.若 $N_2(s) = 0$ 含有一对共轭复根 $s_1 = \alpha + j\omega$ 和 $s_2 = \alpha - j\omega$，则

$$F(s) = \frac{N_1(s)}{N_2(s)} = \frac{N_1(s)}{(s - \alpha - j\omega)(s - \alpha + j\omega) N_3(s)}$$

$$= \frac{A_1}{s - \alpha - j\omega} + \frac{A_2}{s - \alpha + j\omega} + \frac{N_4(s)}{N_3(s)}$$

式中，$N_3(s) \neq 0, N_4(s) \neq 0, A_1$ 和 A_2 是一对共轭复数(complex conjugate)。

$$A_1 = \lim_{s \to \alpha + j\omega} (s - \alpha - j\omega) F(s)$$

$$A_2 = \lim_{s \to \alpha - j\omega} (s - \alpha + j\omega) F(s)$$

因为 A_1 和 A_2 是一对共轭复数，可设 $A_1 = |A| e^{j\theta}, A_2 = |A| e^{-j\theta}$。

$$f(t) = A_1 e^{(\alpha + j\omega)t} + A_2 e^{(\alpha - j\omega)t} + \sum_{i=3}^{n} A_i e^{s_i t}$$

$$= |A| e^{\alpha t} (e^{j(\theta + \omega t)} + e^{-j(\theta + \omega t)}) + \sum_{i=3}^{n} A_i e^{s_i t}$$

$$= 2|A| e^{\alpha t} \cos(\omega t + \theta) + \sum_{i=3}^{n} A_i e^{s_i t} \tag{10-6}$$

【例 10-7】　求 $F(s) = \dfrac{s+2}{s^2 - 6s + 25}$ 的原函数。

解：令 $s^2 - 6s + 25 = 0$，可得其根为一对共轭复根

$$s_1 = 3 + j4, s_2 = 3 - j4$$

则

$$A_1 = \lim_{s \to 3 + j4} (s - 3 - j4) \frac{s+2}{s^2 - 6s + 25} = \frac{1}{2} - j \frac{5}{8} = \frac{\sqrt{41}}{8} e^{j51.3°}$$

$$A_2 = \lim_{s \to 3 - j4} (s - 3 + j4) \frac{s+2}{s^2 - 6s + 25} = \frac{1}{2} + j \frac{5}{8} = \frac{\sqrt{41}}{8} e^{-j51.3°}$$

根据式(10-6),可得

$$f(t) = \frac{\sqrt{41}}{4} e^{3t} \cos(4t + 51.3°)$$

3.若 $N_2(s) = 0$ 具有实重根,假设重根的次数为 p,则

$$F(s) = \frac{N_1(s)}{N_2(s)} = \frac{N_1(s)}{(s-s_1)^p (s-s_2) \cdots (s-s_n)}$$

$$= \frac{A_{11}}{(s-s_1)^p} + \frac{A_{12}}{(s-s_1)^{p-1}} + \cdots + \frac{A_{1p}}{s-s_1} + \frac{A_2}{s-s_2} + \cdots + \frac{A_n}{s-s_n}$$

为了确定 A_{11} 可将上式的两边同乘以 $(s-s_1)^p$,得

$$(s-s_1)^p F(s) = \frac{N_1(s)}{(s-s_2) \cdots (s-s_n)}$$

$$= A_{11} + \left[\frac{A_{12}}{(s-s_1)^{p-1}} + \cdots + \frac{A_{1p}}{s-s_1} + \frac{A_2}{s-s_2} + \cdots + \frac{A_n}{s-s_n} \right] (s-s_1)^p \quad (10-7)$$

则 A_{11} 可被单独分离出来。可得

$$A_{11} = \lim_{s \to s_1} (s-s_1)^p F(s)$$

为了求得 A_{12} 可将式(10-7)两边对 s 求导,得

$$\frac{\mathrm{d}}{\mathrm{d}s} (s-s_1)^p F(s) = A_{12} + \frac{\mathrm{d}}{\mathrm{d}s} \left[\frac{A_{13}}{(s-s_1)^{p-2}} + \cdots + \frac{A_{1p}}{s-s_1} + \sum_{k=2}^{n} \frac{A_k}{s-s_k} \right] (s-s_1)^p$$

$$A_{12} = \lim_{s \to s_1} \left[\frac{\mathrm{d}}{\mathrm{d}s} (s-s_1)^p F(s) \right]$$

依次类推,可得

$$A_{1j} = \lim_{s \to s_1} \frac{1}{(j-1)!} \left[\frac{\mathrm{d}^{j-1}}{\mathrm{d}s^{j-1}} (s-s_1)^p F(s) \right] \quad (10-8)$$

【例 10-8】 求 $F(s) = \dfrac{s^2+s+1}{s^3+4s^2+5s+2}$ 的原函数。

解:因为 $s^3+4s^2+5s+2 = (s+1)^2(s+2)$,所以 $s^3+4s^2+5s+2 = 0$ 的根为

$$s_1 = -1(为二重根), s_2 = -2$$

则

$$A_{11} = \lim_{s \to -1} (s+1)^2 F(s) = \lim_{s \to -1} (s+1)^2 \frac{s^2+s+1}{s^3+4s^2+5s+2} = 1$$

$$A_{12} = \lim_{s \to -1} \left[\frac{\mathrm{d}}{\mathrm{d}s} (s+1)^2 F(s) \right] = \lim_{s \to -1} \left[\frac{\mathrm{d}}{\mathrm{d}s} (s+1)^2 \frac{s^2+s+1}{s^3+4s^2+5s+2} \right]$$

$$= \lim_{s \to -1} \left[\frac{\mathrm{d}}{\mathrm{d}s} \frac{s^2+s+1}{s+2} \right] = -2$$

$$A_2 = \lim_{s \to -2} (s+2) F(s) = \lim_{s \to -2} (s+2) \frac{s^2+s+1}{s^3+4s^2+5s+2} = 3$$

所以

$$F(s) = \frac{1}{(s+1)^2} + \frac{-2}{s+1} + \frac{3}{s+2}$$

根据表 10-1 可得

$$f(t)=t\mathrm{e}^{-t}-2\mathrm{e}^{-t}+3\mathrm{e}^{-2t}$$

10.4　运算电路

　　线性电路如含有动态元件,描述电路的时域方程为微分方程,为求解该微分方程,可先将该微分方程拉氏变换为代数方程,解出响应的象函数后再通过拉氏反变换后即可求得响应的时域表达式。引入拉氏变换后,将电路的分析由时域转换到 s 域进行,为了分析方便我们首先讨论两类约束在 s 域的代数表现形式,简称运算电路(arithmetic circuit)。

1.元件约束的运算电路

（1）电阻元件

　　如图 10-2(a)所示为电阻元件的时域电路模型,其电压与电流关系为 $u_R=Ri_R$,两边取拉氏变换可得

$$U(s)=RI(s) \tag{10-9}$$

该式为电阻的 VCR 的运算形式,图 10-2(b)所示为电阻元件的运算电路模型。

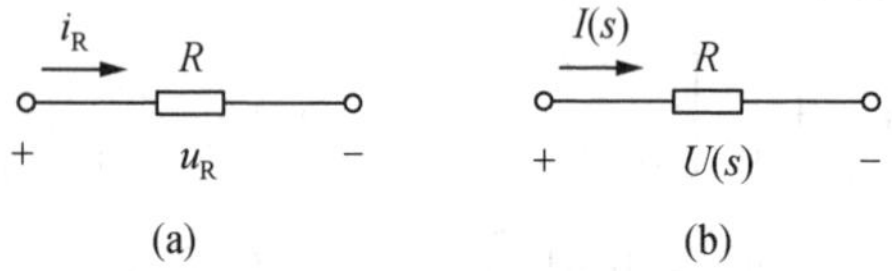

图 10-2　电阻元件的运算电路

（2）电感元件

　　如图 10-3(a)所示为电感元件的时域电路模型,其电压与电流关系为 $u_L=L\dfrac{\mathrm{d}i_L}{\mathrm{d}t}$,两边取拉氏变换可得电感的 VCR 的运算形式如下

$$U(s)=sLI(s)-Li(0_-) \tag{10-10}$$

式中,sL 称为电感元件的运算阻抗;$i(0_-)$ 为电感的初始电流,$Li(0_-)$ 为附加的电感电压,反映电感初始电流的作用,由此可得电感元件的运算电路如图 10-3(b)所示,上式也可写成

$$I(s)=\frac{1}{sL}U(s)+\frac{i(0_-)}{s} \tag{10-11}$$

　　由此可得电感元件运算电路的另一种形式如图 10-3(c)所示。$\dfrac{1}{sL}$ 为电感的运算导纳,$\dfrac{i(0_-)}{s}$ 为附加电流源的电流。

（3）电容元件

　　如图 10-4(a)所示为电容元件的时域电路模型,其电压与电流关系为 $i_C=C\dfrac{\mathrm{d}u_C}{\mathrm{d}t}$,两边取拉氏变换可得电容元件的 VCR 的运算形式为

$$I(s)=sCU(s)-Cu(0_-) \tag{10-12}$$

变换后可得另一种形式为

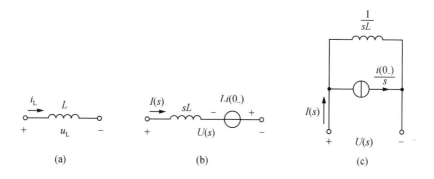

图 10-3　电感元件的运算电路

$$U(s) = \frac{1}{sC}I(s) + \frac{u(0_-)}{s} \tag{10-13}$$

式中，$\frac{1}{sC}$ 和 sC 分别为电容的运算阻抗和运算导纳；$u(0_-)$ 为电容的初始电压；$Cu(0_-)$ 和 $\frac{u(0_-)}{s}$ 分别为附加电流源的电流和附加电压源的电压，由此可得电容元件的运算电路模型如图 10-4(b) 和图 10-4(c) 所示。

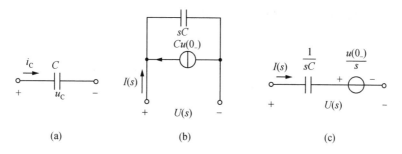

图 10-4　电容元件的运算电路

（4）耦合电感元件

如图 10-5(a) 所示为耦合电感元件的时域电路模型，其电压与电流关系为

$$u_1 = L_1 \frac{\mathrm{d}i_1}{\mathrm{d}t} + M \frac{\mathrm{d}i_2}{\mathrm{d}t}$$

$$u_2 = L_2 \frac{\mathrm{d}i_2}{\mathrm{d}t} + M \frac{\mathrm{d}i_1}{\mathrm{d}t}$$

取拉氏变换可得耦合电感元件的 VCR 的运算形式如下

$$U_1(s) = sL_1 I_1(s) - L_1 i_1(0_-) + sM I_2(s) - M i_2(0_-) \tag{10-14}$$

$$U_2(s) = sL_2 I_2(s) - L_2 i_2(0_-) + sM I_1(s) - M i_1(0_-) \tag{10-15}$$

式中，sM 为互感的运算阻抗；$M i_1(0_-)$ 和 $M i_2(0_-)$ 也为附加的互感电压，方向与电流的方向和同名端有关，图 10-5(b) 为含耦合电感元件的运算电路。

2.基尔霍夫定律的运算形式

基尔霍夫定律的时域表示形式为 $\sum i = 0$ 和 $\sum u = 0$，根据拉氏变换的线性性质可得基

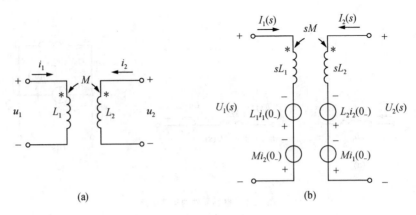

图 10-5　含耦合电感元件的运算电路

尔霍夫定律的运算形式如下

$$\sum I(s) = 0$$

$$\sum U(s) = 0$$

由上面的两类约束的运算表达式和运算模型,可建立实际电路的运算模型。

10.5 应用拉普拉斯变换法分析线性电路

通过前面的学习,可按照下面的方法建立时域电路的运算模型,首先把电路中的独立源(包括电压源和电流源)用拉普拉斯变换表示,其次把电路元件用其运算模型(运算阻抗和附加电源)代替,就得到实际电路的运算模型,或叫复频域模型。这样就可在复频域对线性动态电路进行分析。分析的步骤如下:

(1)求解动态元件的初始值,即电感的初始电流 $i(0_-)$ 和电容的初始电压 $u(0_-)$;

(2)建立原电路的运算模型(即将激励函数进行拉氏变换,电路中的元件用其运算模型代替);

(3)由电路的运算模型列写复频域方程并求解;

(4)将求得的象函数拉氏反变换为原函数。

【例 10-9】　如图 10-6(a)所示电路原处于稳态,$t > 0$ 时,开关闭合,求换路后的 $i_L(t)$ 和 $u_C(t)$。

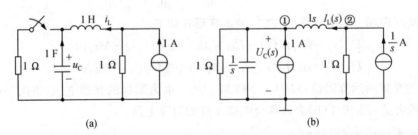

(a)　　　　　　　　　　　　(b)

图 10-6　[例 10-9]图

解: 直流激励下,换路前电路处于稳态,即电容开路,电感短路,可得

$$i_L(0_-) = 0 \text{ A}$$

$$u_C(0_-) = 1 \text{ V}$$

可得原电路的运算电路如图 10-6(b)所示。

应用节点法,可列出方程

$$(1+s+\frac{1}{s})U_1(s) - \frac{1}{s}U_2(s) = 1, \quad -\frac{1}{s}U_1(s) + (1+\frac{1}{s})U_2(s) = \frac{1}{s}$$

解得

$$U_C(s) = U_1(s) = \frac{s^2+s+1}{s(s^2+2s+2)}, \quad U_2(s) = \frac{s^2+2s+1}{s(s^2+2s+2)}$$

$$I_L(s) = \frac{U_2(s) - U_1(s)}{s} = \frac{1}{s(s^2+2s+2)}$$

将 $U_C(s)$ 和 $I_L(s)$ 进行拉氏反变换可得

$$u_C(t) = \frac{1}{2}(1 + e^{-t}\cos t - e^{-t}\sin t) \text{ V}$$

$$i_L(t) = \frac{1}{2}(1 - e^{-t}\cos t - e^{-t}\sin t) \text{ A}$$

【例 10-10】　如图 10-7(a)所示的 RLC 串联电路,已知 $R=4$ Ω,$L=2$ H,$C=0.5$ F,$u_C(0_-)=1$ V,$i(0_-)=0.5$ A,求 $t \geqslant 0$ 时的 $u_C(t)$ 和 $i(t)$。

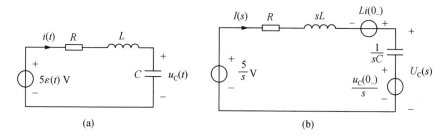

图 10-7　[例 10-10]图

解: 由图 10-7(a)和初始条件作出其运算电路如图 10-7(b)所示。根据 KVL 可得

$$\left(R + sL + \frac{1}{sC}\right)I(s) = \frac{5}{s} + Li(0_-) - \frac{u_C(0_-)}{s}$$

代入参数可得

$$I(s) = \frac{1}{2}\frac{s+4}{s^2+2s+1}$$

将其拉氏反变换可得

$$i(t) = 0.5e^{-t} + 1.5te^{-t} \text{ A}$$

$$u_C(t) = (5 - 4e^{-t} - 3te^{-t})\varepsilon(t) \text{ V}$$

【例 10-11】　如图 10-8(a)所示为 RL 串联交流电路,激励为电压源 $u_S(t)$,试求解下面两种情况下的 $i(t)$:(1)$u_S(t) = \varepsilon(t)$ V;(2)$u_S(t) = \delta(t)$ V。

解: 如图 10-8(b)所示为其运算电路。

(1)当 $u_S(t) = \varepsilon(t)$ V 时

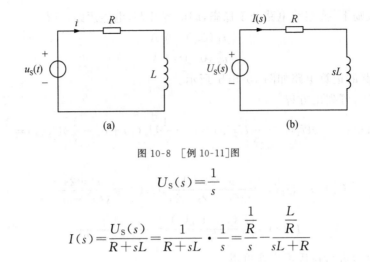

图 10-8　[例 10-11]图

$$U_S(s) = \frac{1}{s}$$

$$I(s) = \frac{U_S(s)}{R+sL} = \frac{1}{R+sL} \cdot \frac{1}{s} = \frac{\frac{1}{R}}{s} - \frac{\frac{L}{R}}{sL+R}$$

所以

$$i(t) = \left(-\frac{1}{R}e^{-\frac{R}{L}t} + \frac{1}{R}\right)\varepsilon(t)\ \text{A}$$

（2）当 $u_S(t) = \delta(t)$ V 时，$U_S(s) = 1$，则

$$I(s) = \frac{U_S(s)}{R+sL} = \frac{1}{R+sL}$$

$$i(t) = \frac{1}{L}e^{-\frac{R}{L}t}\varepsilon(t)\ \text{A}$$

上述结果正好为一阶 RL 串联电路的单位阶跃响应和单位冲激响应。与前面分析一阶动态电路的方法求得的结果相同。

10.6　网络函数

单一独立源作用的线性时不变网络，其零状态响应 $r(t)$ 的象函数 $R(s)$ 与激励 $e(t)$ 的象函数 $E(s)$ 之比定义为该电路的网络函数（network function）$H(s)$，即

$$H(s) \stackrel{\text{def}}{=} \frac{R(s)}{E(s)}$$

在电路中，激励 $e(t)$ 可以是独立的电压源或独立的电流源，响应 $r(t)$ 可以是电路中任意一个支路的电压或电流。网络函数反映了零状态下，动态电路的输入和输出的象函数之间的关系，仅取决于电路的结构和参数，与 $E(s)$ 无关，因此网络函数反映了电路的基本特性。如果激励和响应加在同一个端口上，则为策动点网络函数；反之，若激励和响应加在不同的端口上，则为转移网络函数，具体分类情况见表 10-2。

在前面讨论的过程中，可知当输入激励为单位冲激函数时，即 $e(t) = \delta(t)$，响应为单位冲激响应 $h(t)$。因为 $e(t) = \delta(t)$ 的象函数 $E(s) = 1$，可得 $H(s) = R(s)$，即网络函数为单位冲激响应的象函数。

表 10-2		线性电路网络函数的分类	
	响应 $R(s)$	激励 $E(s)$	名称
策动点网络函数	电流	电压	策动点运算导纳 $Y_i(s)$
	电压	电流	策动点运算阻抗 $Z_i(s)$
转移网络函数	电流	电压	转移运算导纳 $Y_T(s)$
	电压	电压	转移电压比 $H_u(s)$
	电流	电流	转移电流比 $H_i(s)$
	电压	电流	转移运算阻抗 $Z_T(s)$

【例 10-12】 给定运算电路如图 10-9 所示,已知 $R_1 = R_2 = 2$ $\Omega, C = 0.1$ F, $L = 2$ H,求解策动点运算导纳 $Y_i(s) = \dfrac{I_1(s)}{U_1(s)}$ 和转移电压比 $H_u(s) = \dfrac{U_2(s)}{U_1(s)}$。

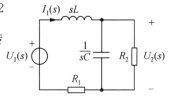

图 10-9　[例 10-12]图

解:根据 KVL 列写方程

$$U_1(s) = \left(R_1 + sL + \frac{R_2 \cdot \dfrac{1}{sC}}{R_2 + \dfrac{1}{sC}} \right) I_1(s)$$

根据串联分压公式可得

$$U_2(s) = \frac{\dfrac{R_2 \cdot \dfrac{1}{sC}}{R_2 + \dfrac{1}{sC}}}{R_1 + sL + \dfrac{R_2 \cdot \dfrac{1}{sC}}{R_2 + \dfrac{1}{sC}}} U_1(s) = \frac{R_2 \cdot \dfrac{1}{sC}}{(R_1 + sL)\left(R_2 + \dfrac{1}{sC}\right) + R_2 \cdot \dfrac{1}{sC}} U_1(s)$$

可得

$$Y_i(s) = \frac{I_1(s)}{U_1(s)} = \frac{1}{R_1 + sL + \dfrac{R_2 \cdot \dfrac{1}{sC}}{R_2 + \dfrac{1}{sC}}} = \frac{1}{2 + 2s + \dfrac{2 \times \dfrac{1}{0.1s}}{2 + \dfrac{1}{0.1s}}} = \frac{0.5(s+5)}{s^2 + 6s + 10}$$

$$H_u(s) = \frac{U_2(s)}{U_1(s)} = \frac{R_2 \cdot \dfrac{1}{sC}}{(R_1 + sL)\left(R_2 + \dfrac{1}{sC}\right) + R_2 \cdot \dfrac{1}{sC}} = \frac{5}{s^2 + 6s + 10}$$

【例 10-13】 如图 10-10(a)所示电路,$u_S(t) = \varepsilon(t)$ V,求阶跃响应 $u_1(t)$ 和 $u_2(t)$。

解:图 10-10(a)的运算电路如图 10-10(b)所示,可得

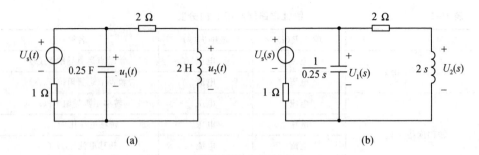

图 10-10　［例 10-13］图

$$H_1(s) = \frac{U_1(s)}{U_s(s)} = \frac{\dfrac{(2+2s) \times \dfrac{1}{0.25s}}{2+2s+\dfrac{1}{0.25s}}}{1 + \dfrac{(2+2s) \times \dfrac{1}{0.25s}}{2+2s+\dfrac{1}{0.25s}}} = \frac{4(s+1)}{s^2+5s+6}$$

所以

$$U_1(s) = H_1(s)U_s(s) = \frac{4(s+1)}{s(s^2+5s+6)}$$

$$U_2(s) = \frac{2s}{2s+2}U_1(s) = \frac{4}{s^2+5s+6}$$

$$S_1(t) = \frac{2}{3} + 2e^{-2t} - \frac{8}{3}e^{-3t}$$

$$S_2(t) = 4e^{-2t} - 4e^{-3t}$$

拉氏反变换后可得

$$u_1(t) = \left(\frac{2}{3} + 2e^{-2t} - \frac{8}{3}e^{-3t}\right)\varepsilon(t) \text{ V}$$

$$u_2(t) = (4e^{-2t} - 4e^{-3t})\varepsilon(t) \text{ V}$$

10.7　网络函数的极点分布与电路冲激响应的关系

　　通过前面的分析可知，线性电路网络函数的分子（numerator）和分母（denominator）都是 s 的有理多项式，其一般形式可写成下式：

$$\begin{aligned}
H(s) &= \frac{N(s)}{D(s)} = \frac{b_m s^m + b_{m-1}s^{m-1} + \cdots + b_0}{a_n s^n + a_{n-1}s^{n-1} + \cdots + a_0} \\
&= H_0 \frac{(s-z_1)(s-z_2)\cdots(s-z_m)}{(s-p_1)(s-p_2)\cdots(s-p_n)} \\
&= H_0 \frac{\displaystyle\prod_{j=1}^{m}(s-z_j)}{\displaystyle\prod_{k=1}^{n}(s-p_k)}
\end{aligned} \tag{10-16}$$

式中，$H_0 = \dfrac{b_m}{a_n}$；z_j 和 p_k 分别是分子多项式（polynomial）$N(s)=0$ 和分母多项式 $D(s)=0$ 的根，称 z_j 为 $H(s)$ 的零点（zeros），p_k 为 $H(s)$ 的极点（poles），网络函数的零极点可是实数、虚数或复数。令 $s=\sigma+\mathrm{j}\omega$，可以把 $H(s)$ 的零极点标注在复平面上，就得到网络函数的零极点图（一般来说，零点用符号"○"表示，极点用符号"×"表示）。

【例 10-14】 试绘制网络函数 $H(s)=\dfrac{s^2+3s+2}{s^3+3s^2+4s+12}$ 的零极点图。

解： 因为

$$H(s)=\frac{s^2+3s+2}{s^3+3s^2+4s+12}=\frac{(s+1)(s+2)}{(s+3)(s^2+4)}$$

所以 $H(s)$ 的零点为 -1 和 -2；$H(s)$ 的极点为 -3 和 $\pm\mathrm{j}2$，零极点图如图 10-11 所示。

通过前面的分析，我们可知网络函数为单位冲激函数的响应的拉氏变换，下面来讨论网络函数的零极点分布对冲激响应的影响。当 $e(t)=\delta(t)$ 时，$E(s)=1$，所以 $H(s)=R(s)E(s)=R(s)$，可得 $h(t)=r(t)$，所以 $H(s)$ 和冲激函数是一对拉氏变换对，所以

$$h(t)=L^{-1}[H(s)]=L^{-1}\left[\sum_{k=1}^{n}\frac{A_k}{s-p_k}\right]=\sum_{k=1}^{n}A_k\mathrm{e}^{p_kt}$$

从式中可以看出，冲激响应反映时域响应中的自由分量的特性，p_k 为 $H(s)$ 的极点。当 p_k 为负实根，极点位于复平面的负实轴，e^{p_kt} 是随 t 的增大而衰减的指数函数，$|p_k|$ 越大，衰减得越快；当 p_k 为正实根，e^{p_kt} 是随 t 的增大而增大的指数函数，这种情况下，电路是不稳定的；当 p_k 为实部小于零的共轭复数时，e^{p_kt} 是衰减的振荡函数；当 p_k 为实部大于零的共轭复数时，e^{p_kt} 是逐渐增大的振荡函数；当 p_k 为一对虚根时，e^{p_kt} 为纯正弦项，图 10-12 反映了极点的分布对时域响应的影响。

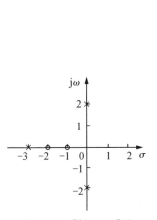

图 10-11 ［例 10-14］图

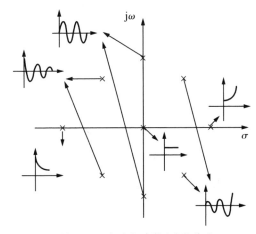

图 10-12 极点与冲激响应的关系

10.8 卷积定理

在电路分析理论中，卷积积分（convolution integral）是联系时域分析和频域分析的一条纽带，设有两个时间函数 $f_1(t)$ 和 $f_2(t)$，$t<0$ 时，$f_1(t)$ 和 $f_2(t)$ 为零，则 $f_1(t)$ 和 $f_2(t)$

的卷积积分为

$$f_1(t) * f_2(t) = \int_0^t f_1(\tau) f_2(t-\tau) d\tau$$

当电路的激励为 $e(t)$，已知该电路的冲激响应为 $h(t)$，电路的零状态响应可由激励 $e(t)$ 和电路的单位冲激响应进行卷积积分得到，即

$$r(t) = e(t) * h(t) = \int_0^t e(\tau) h(t-\tau) d\tau$$

具体的推导过程为

$$\xrightarrow{\delta(t)} \boxed{N} \xrightarrow{h(t)}$$

$$\xrightarrow{\delta(t-\tau)} \boxed{N} \xrightarrow{h(t-\tau)}$$

$$\xrightarrow{e(\tau)\delta(t-\tau)} \boxed{N} \xrightarrow{e(\tau)h(t-\tau)}$$

$$\xrightarrow{\int_0^t e(\tau)\delta(t-\tau)d\tau} \boxed{N} \xrightarrow{\int_0^t e(\tau)h(t-\tau)d\tau}$$

$$\xrightarrow{e(t)} \boxed{N} \xrightarrow{e(t)*h(t)}$$

拉氏变换的卷积定理：设 $L[f_1(t)] = F_1(s)$，$L[f_2(t)] = F_2(s)$，则

$$L[f_1(t) * f_2(t)] = F_1(s) F_2(s)$$

证明如下

$$f_1(t) * f_2(t) = \int_0^t f_1(\tau) f_2(t-\tau) d\tau \tag{10-17}$$

根据单位阶跃函数的延迟性质：$e(t-\tau) = \begin{cases} 1, & t > \tau \\ 0, & t < \tau \end{cases}$

式(10-17)可改写为

$$f_1(t) * f_2(t) = \int_0^\infty f_1(\tau) f_2(t-\tau) \varepsilon(t-\tau) d\tau$$

则

$$L[f_1(t) * f_2(t)] = \int_0^\infty \left[\int_0^t f_1(\tau) f_2(t-\tau) d\tau \right] e^{-st} dt$$

$$= \int_0^\infty e^{-st} \left[\int_0^\infty f_1(\tau) f_2(t-\tau) \varepsilon(t-\tau) d\tau \right] dt$$

$$= \int_0^\infty f_1(\tau) \left[\int_0^\infty f_2(t-\tau) \varepsilon(t-\tau) e^{-st} dt \right] d\tau$$

令 $x = t - \tau$，则 $e^{-st} = e^{-s(x+\tau)}$，$dt = dx$，于是上式可改写为

$$L[f_1(t) * f_2(t)] = \int_0^\infty f_1(\tau) \left[\int_{-\tau}^\infty f_2(x) \varepsilon(x) e^{-sx} e^{-s\tau} dx \right] d\tau$$

$$= \int_0^\infty f_1(\tau) e^{-s\tau} d\tau \int_0^\infty f_2(x) e^{-sx} dx = F_1(s) F_2(s)$$

卷积定理得证。

根据卷积定理，电路零状态响应的象函数可由激励的象函数 $E(s)$ 和网络函数 $H(s)$ 的乘积得到，即

$$R(s) = E(s) H(s)$$

【例 10-15】 如图 10-13 所示电路，已知 $u_S(t) = 3e^{-3t}$ V，$R_1 = 20\ \Omega$，$R_2 = 20\ \Omega$，$C = 0.1$ F，试求 $u_C(t)$

解： 电路的冲激响应为 $h(t) = 0.5e^{-t}$

其拉氏变换为 $\qquad H(s)=0.5\times\dfrac{1}{s+1}$

又因为 $\qquad\qquad U_S(s)=3\times\dfrac{1}{s+3}$

所以 $\qquad U_C(s)=U_S(s)H(s)=\dfrac{1.5}{(s+1)(s+3)}$

拉氏反变换后可得

$$u_C(t)=0.75(e^{-t}-e^{-3t})\ \text{V}$$

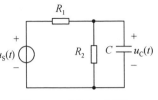

图 10-13　[例 10-15]图

拓展训练

习　题

第 10 章
习题答案

10-1　求下列各函数的象函数。

(1) $f(t)=(t+1)e^{-t}$

(2) $f(t)=\sin\omega(t-\tau)$

(3) $f(t)=t^2$

(4) $f(t)=\delta(t)+\varepsilon(t-1)$

(5) $f(t)=t\varepsilon(t)-2\varepsilon(t-2)$

(6) $f(t)=e^{-2(t-5)}$

(7) $f(t)=e^{-5t}\cos(10t)$

(8) $f(t)=e^{-t}\sin(\omega t)$

10-2　求下列各象函数的拉氏反变换。

(1) $\dfrac{3s+5}{s^2+4s+3}$

(2) $\dfrac{3s^2+12s+11}{s^3+6s^2+11s+6}$

(3) $\dfrac{1}{(s+2)^2}$

(4) $\dfrac{1}{s^2(s+3)}$

(5) $\dfrac{s^2+s+6}{s^3+2s^2+4s+8}$

(6) $\dfrac{s^2+4s+5}{s^3+2s^2+5s}$

10-3　如图 10-14 所示 RLC 串联交流电路,已知 $R=10\ \Omega,L=10\ \text{H},C=0.05\ \text{F}$,电路原处于零状态,求 $U_s=10\ \text{V}$ 时的 $i(t)$ 和 $u_C(t)$。

10-4　如图 10-15 所示电路,已知 $C_1=1\ \text{F},C_2=\dfrac{1}{3}\ \text{F},R=6\ \Omega$,$C_1$ 和 C_2 的初始储能为零,试求 $t>0$ 时的电流 $i(t)$。

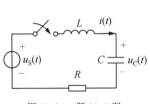

图 10-14　题 10-3 图

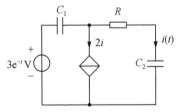

图 10-15　题 10-4 图

10-5　如图 10-16 所示电路,电路原来处于稳定状态,已知 $L_1=L_4=2\ \text{H},L_2=L_3=4\ \text{H}$,$R=5\ \Omega,U_s=10\ \text{V},t=0$ 时,开关打开,试求 $t>0$ 时的电流 $i(t)$。

10-6　如图 10-17 所示电路,已知 $L_1=2\ \text{H},L_2=4\ \text{H},M=2\ \text{H},R=2\ \Omega,R_2=4\ \Omega$,电感和电容中原来无储能,用运算法求 $i_1(t)$ 和 $i_2(t)$。

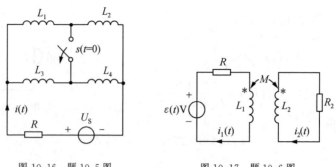

图 10-16　题 10-5 图　　　　　　图 10-17　题 10-6 图

10-7　如图 10-18 所示电路,已知 $U_S=8$ V,$L_1=2$ H,$L_2=4$ H,$M=2$ H,$R_1=2$ Ω,$R_2=R_3=4$ Ω且电路原来处于稳定状态,$t=0$ 时,开关断开,试求 $t \geqslant 0$ 时的 $i(t)$。

10-8　已知储能元件无初始储能,试求如图 10-19 所示电路的戴维宁等效电路(运算形式)。

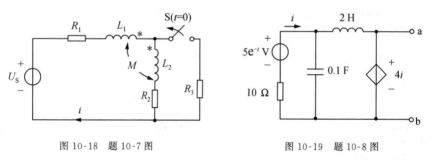

图 10-18　题 10-7 图　　　　　　图 10-19　题 10-8 图

10-9　如图 10-20 所示电路,已知 $L_1=1.5$ H,$L_2=0.5$ H, $R_1=1$ Ω,$R_2=2$ Ω,$C=0.2$ F,求转移电压函数 $H_u(s)=\dfrac{U_2(s)}{U_S(s)}$ 和驱动点运算导纳 $Y_i(s)=\dfrac{I(s)}{U_S(s)}$。

10-10　如图 10-21 所示电路,试求(1)网络函数 $H(s)=\dfrac{U_C(s)}{U_S(s)}$;(2)若 $u_S(t)=3\delta(t)+6e^{-3t}\varepsilon(t)$ V,求零状态响应 $u_C(t)$。

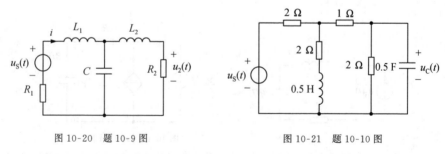

图 10-20　题 10-9 图　　　　　　图 10-21　题 10-10 图

10-11　已知某函数的象函数 $F(s)$ 有一个零点,两个极点。零点为 -3,极点为 $-1\pm j2$,且知 $F(0)=0.6$,求原函数 $f(t)$。

10-12　已知某系统的单位冲激响应为 $h(t)=\dfrac{2}{3}e^{-t}\varepsilon(t)$ A,试求当激励为 $e(t)=5e^{-2t}$ V 时的响应。

第11章

电路方程矩阵形式

【内容提要】本章以基尔霍夫定律为基础,借用图论和矩阵代数导出节点-支路关联矩阵,基本回路矩阵,基本割集矩阵,KCL、KVL 的矩阵形式,支路伏安关系的矩阵形式,电路矩阵分析的节点电位方程、回路电流方程,割集电压方程的矩阵形式。

思政案例

11.1 割集

在第 2 章中,已介绍了线性网络的网孔法、节点分析法、回路分析法等。在介绍这些分析方法时,都是先从网络观察列出相应的独立方程组,再用手算或计算机解方程求得响应。这种方法对于元件数较少的网络是可行的。但是,随着电子技术的发展,现代电子电路(如集成电路)往往包含成千上万个元件,对于这些大规模网络,仅凭观察来列写独立方程是十分困难的,甚至是不可能的。因此,有必要寻求一种系统化的步骤,使列方程和方程求解都能用计算机去完成。本章主要介绍电路方程的矩阵形式及其系统建立法,它是电路的计算机辅助设计和分析所需基本知识。

在第 2 章中,已经介绍了图的定义及有关回路、树等的基本概念。下面回顾一下,并补充介绍割集的概念以及与树相关的基本割集组。

1.图的基本概念

(1)图(拓扑图)与连通图

电路的"图"是指将电路中的每一条支路(不管元件类型)以抽象的线段替代而形成的节点和支路的集合。当图的任意两个节点间至少存在一条路径时,该图称为连通图。

(2)回路

从图中某一节点出发,经过不同的支路和节点,又回到该节点所经过的闭合路径,称为回路。

(3)树

对连通图 G 而言,树是它的一个子图,它包含连通图的全部节点但不形成回路。属于树的支路称为树支,不属于树的支路称为连支。对于一个具有 n 个节点 b 条支路的连通图,其树支数 $b_t = n - 1$,连支数 $b_l = b - n + 1$。对于一个有 n 个节点的电路,它的树共有 $n^{(n-2)}$ 个。

2.割集

（1）割集

对一个连通图来说，一个闭合面可能把图分成两个部分，如图 11-1 所示。其中一些节点（①和④）位于该面的内部，而另一些节点（②和③）则位于该面的外部。今若把穿过该闭合面的支路1,2,3,5移去（但支路两端的节点仍保留），则原拓扑图即恰好被分割为两个分离的部分（注意，有时其中的一个分离部分中可能只有一个孤立节点），但只要少移去其中的任意一个支路，就不能使原拓扑图分成两个分离的部分，亦即图仍然是连通的。

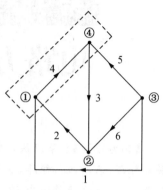

图 11-1　割集定义

连通图 G 的一个割集 Q 是具有下列性质的支路集合。如果把 Q 中的全部支路移去，原来的连通图将分成两个分离部分；如果少移去一条支路，则图 G 仍是连通的。即连通图 G 的一个割集是将一个连通图分割成两个分离部分的支路集合。

（2）基本割集

一个连通图也有许多不同的割集。例如，图 11-1 所示的图共有七个不同的割集，即支路集合(1,2,4)、(2,3,6)、(1,5,6)、(3,4,5)、(1,2,3,5)、(1,3,4,6)、(2,4,5,6)，但这些割集并不都是独立的。

任何连支的集合都不能构成割集，因为当把全部连支移去后，只剩下一个树，而树是连通的。所以每一个割集中应至少包含一个树支。我们把只含一个树支的割集称为单树支割集或基本割集。而且对一个已选定了的树来说，它的每一个树支与一些相应的连支只能构成一个割集，即单树支割集（基本割集）是唯一的，是独立割集。

一个具有 n 个节点和 b 个支路的连通图，由于其树支数为 $(n-1)$ 个，因此将有 $(n-1)$ 个单树支割集。$(n-1)$ 个单树支割集构成了一个基本割集组。例如对图 11-2(a)所示的连通图，所选的树是由支路 4、5、6 构成，则它的三个单树支割集如图 11-2(b)中的实线所示，即(1,2,4)、(1,2,3,5)、(2,3,6)。为了更明显地把割集表示出来，在图 11-2(a)中，还用虚线画出了构成每个单树支割集的闭合面的界线。

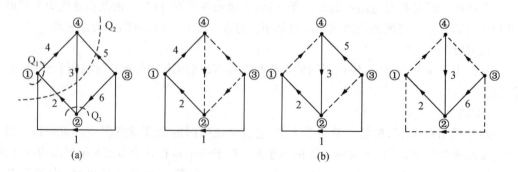

图 11-2　单树支割集

(3)基本割集的编号及其参考方向规定

为了对网络进行系统分析,对基本割集必须给以编号并规定参考方向。编号的顺序一般都取为与树支的编号顺序一致。例如在图 11-2(a)中,包含树支 4、5、6 的三个基本割集即相应编号为 Q_1、Q_2、Q_3,基本割集的参考方向一般就规定为该基本割集中所含树支的参考方向。例如在图 11-2(a)中,三个基本割集 Q_1、Q_2、Q_3 的参考方向即相应为树支 4、5、6 的参考方向。

【例 11-1】　电路如图 11-3 所示。指出下列集合中,哪些是割集,哪些是构成树的树支集合。

$\{1,2,7,9,10\}$,$\{3,5,6,8,9\}$,$\{1,2,6\}$,$\{1,3,5,6\}$,$\{1,4,5,7,9\}$。

解：

按照树和割集的定义：

$\{1,2,7,9,10\}$、$\{1,4,5,7,9\}$ 是割集,也构成一个树。

$\{3,5,6,8,9\}$ 构成一个树,但不是割集。

$\{1,2,6\}$、$\{1,3,5,6\}$ 是割集,但不能构成树。

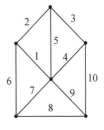

图 11-3　例 11-1 图

11.2　关联矩阵、回路矩阵、割集矩阵

11.2.1　关联矩阵(incidence matrix)

因为图的任何一个支路一定是而且恰好是连接在两个节点上的,所以称此支路与这两个节点为彼此有关联。设有一个有向图,其节点数为 n,支路数为 b,给支路和节点予以编号,如图 11-1 所示,则节点与支路的关联性质可用一个 $n \times b$ 阶矩阵来描述,记为 A_a。它的每个元素 a_{jk} 定义如下：

$a_{jk} = 1$,表示支路 k 与节点 j 有关联,且支路 k 的方向是离开节点 j 的,称为同向关联。

$a_{jk} = -1$,表示支路 k 与节点 j 有关联,且支路 k 的方向是指向节点 j 的,称为反向关联。

$a_{jk} = 0$,表示支路 k 与节点 j 无关联。

A_a 称为图的节点-支路关联矩阵,简称关联矩阵。例如,对于图 11-1 所示的图,可写出它的节点-支路关联矩阵为

$$A_a = \begin{bmatrix} -1 & -1 & 0 & 1 & 0 & 0 \\ 0 & 1 & -1 & 0 & 0 & -1 \\ 1 & 0 & 0 & 0 & 1 & 1 \\ 0 & 0 & 1 & -1 & -1 & 0 \end{bmatrix}$$

A_a 中的每一行对应一个节点,每一列对应一条支路。由于一个支路一定是而且恰好是连接在两个节点上的,因此若该支路对其中的一个节点是离开,则对另一个节点必定是指向,所以在 A_a 的每一列中有且必须有两个非零元素,即 1 和 -1。另外,当把 A_a 中所有行的元素按列相加后,就得到一行全为零的元素,所以 A_a 中的行不是彼此独立的,亦即 A_a 的秩

是低于它的行数 **n** 的。

今若把 A_a 中的任一行划去,剩下的矩阵就变为 $(n-1)\times b$ 阶。用 **A** 表示,并称为降阶关联矩阵。例如若把上述矩阵中的第 4 行划去,则得

$$A=\begin{bmatrix} -1 & -1 & 0 & 1 & 0 & 0 \\ 0 & 1 & -1 & 0 & 0 & -1 \\ 1 & 0 & 0 & 0 & 1 & 1 \end{bmatrix}$$

可见矩阵 **A** 中的某些列将只有一个 1 或一个 −1,而每一个这样的列则一定是对应划去的节点有关联的一条支路,而且根据该列中非零元素的正负号,即可判断出该支路的方向。例如 **A** 中的第 3 列是对应于第 3 条支路,这第 3 条支路一定是与节点④有关联,该列中的非零元素为 −1,所以划去的非零元素一定为 1,而且由于第一行是对应于节点①,第 4 行是对应于节点④,故支路一定是离开节点④而指向节点②。被划去的行对应的节点可以当作参考节点。因此,我们完全可以从 **A** 推导出 A_a(注意,这只是对连通图而言的)。所以,降阶关联矩阵 **A** 与关联矩阵 A_a 都同样充分、完整地描述了图的节点与支路的关联性质。

由于今后主要用的是降阶关联矩阵 **A**,所以将把降阶关联矩阵 **A** 直接就称为关联矩阵。

电路的 b 个支路电流可以用一个 b 阶列向量表示,即
$$i=\begin{bmatrix} i_1 & i_2 & \cdots & i_b \end{bmatrix}^{\mathrm{T}}$$

若用矩阵 **A** 左乘电流列向量,则乘积是一个 $(n-1)$ 阶列向量,由矩阵相乘规则可知,它的每一元素即为关联到对应节点上各支路电流的代数和,即

$$Ai=\begin{bmatrix} 节点\,1\,上的\,\sum i \\ 节点\,2\,上的\,\sum i \\ \vdots \\ 节点(n-1)\sum i \end{bmatrix}$$

因此,有
$$Ai=0 \tag{11-1}$$

式(11-1)是用矩阵 **A** 表示的 KCL 的矩阵形式。例如,对图 11-1 有
$$Ai=\begin{bmatrix} -i_1-i_2+i_4 \\ +i_2-i_3-i_6 \\ +i_1+i_5+i_6 \end{bmatrix}=\begin{bmatrix} 0 \\ 0 \\ 0 \end{bmatrix}$$

电路中 b 个支路电压可以用一个 b 阶列向量表示,即
$$u=\begin{bmatrix} u_1 & u_2 & \cdots & u_b \end{bmatrix}^{\mathrm{T}}$$

$(n-1)$ 个节点电压可以用一个 $(n-1)$ 阶列向量表示,即
$$u_n=\begin{bmatrix} u_{n1} & u_{n2} & \cdots & u_{n(n-1)} \end{bmatrix}^{\mathrm{T}}$$

由于矩阵 **A** 的每一列,也就是矩阵 A^{T} 的每一行,表示每一对应支路与节点的关联情况,所以有
$$u=A^{\mathrm{T}}u_n \tag{11-2}$$

例如,对图 11-1 有

$$
\begin{bmatrix} u_1 \\ u_2 \\ u_3 \\ u_4 \\ u_5 \\ u_6 \end{bmatrix}
=
\begin{bmatrix} -1 & 0 & 1 \\ -1 & 1 & 0 \\ 0 & -1 & 0 \\ 1 & 0 & 0 \\ 0 & 0 & 1 \\ 0 & -1 & 1 \end{bmatrix}
\begin{bmatrix} u_{n1} \\ u_{n2} \\ u_{n3} \end{bmatrix}
=
\begin{bmatrix} -u_{n1}+u_{n3} \\ -u_{n1}+u_{n2} \\ -u_{n2} \\ u_{n1} \\ u_{n3} \\ -u_{n2}+u_{n3} \end{bmatrix}
$$

可见式(11-2)表明电路中的各支路电压可以用与该支路关联的两个节点的节点电压（参考节点的节点电压为零）表示，这正是节点电压法的基本思想。同时，可以认为该式是用矩阵 $\boldsymbol{A}$ 表示的 KVL 的矩阵形式。

11.2.2　回路矩阵

若一个基本回路中包含某一支路，则称此基本回路与该支路有关联，否则为无关联。基本回路与支路的关联性质也可用一个矩阵来描述，称为基本回路-支路关联矩阵，简称基本回路矩阵，用 $\boldsymbol{B}$ 表示，其中任一元素 b_{jk} 的定义为：

$b_{jk}=1$，表示支路 k 与基本回路 j 有关联，且支路 k 与基本回路 j 的参考方向一致，称为同向关联。

$b_{jk}=-1$，表示支路 k 与基本回路 j 有关联，但它们两者的参考方向相反，称为反向关联。

$b_{jk}=0$，表示支路 k 与基本回路 j 无关联。

例如，图 11-4 所示的图，该图共有三个基本回路，其参考方向如图中所示。于是根据上述规则即可写出其基本回路矩阵为

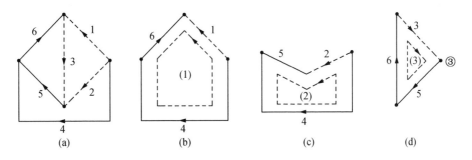

图 11-4　单连支回路（基本回路）

$$
\boldsymbol{B}=
\begin{bmatrix}
1 & 0 & 0 & -1 & 0 & -1 \\
0 & 1 & 0 & -1 & 1 & 0 \\
0 & 0 & 1 & 0 & 1 & 1
\end{bmatrix}
$$

若规定各支路的编号顺序是先连支后树支，同时又规定基本回路的参考方向与构成它的单连支的参考方向一致，则在基本回路矩阵 $\boldsymbol{B}$ 中一定要出现一个 $l \times l$ 阶的单位子矩阵（l 为基本回路数，即连支数），如上面 $\boldsymbol{B}$ 中虚线左边的子矩阵即是。上面的矩阵 $\boldsymbol{B}$ 就是按这种规定写出的。

如果所选独立回路组是对应于一个树的单连支回路组，这种回路矩阵组称为基本回路矩阵，用 $\boldsymbol{B}_{\mathrm{f}}$ 表示。

$$\boldsymbol{B_t}=\begin{bmatrix}1_1 & \vdots & B_t\end{bmatrix}$$

式中,下标 l 和 t 分别表示与连支和树支对应的部分。

回路矩阵左乘支路电压列向量,所得乘积是一个 l 阶的列向量。由于矩阵 **B** 的每一行表示每一对应回路与支路的关联情况,由矩阵的乘法规则可知乘积列向量中每一元素将等于每一对应回路中各支路电压的代数和,即

$$Bu=\begin{bmatrix}\text{回路 1 上的}\sum u\\ \text{回路 2 上的}\sum u\\ \vdots\\ \text{回路}(n-1)\sum u\end{bmatrix}$$

故有

$$Bu=0 \tag{11-3}$$

式(11-3)是用矩阵 **B** 表示的 KVL 的矩阵形式。

$$\boldsymbol{B}=\begin{bmatrix}1 & 0 & 0 & -1 & 0 & -1\\ 0 & 1 & 0 & -1 & 1 & 0\\ 0 & 0 & 1 & 0 & 1 & 1\end{bmatrix}\begin{bmatrix}u_1\\ u_2\\ u_3\\ u_4\\ u_5\\ u_6\end{bmatrix}=\begin{bmatrix}0\\ 0\\ 0\end{bmatrix}$$

l 个独立回路电流可用一个 l 阶列向量表示,即

$$\boldsymbol{i_1}=\begin{bmatrix}i_{l1} & i_{l2} & \cdots & i_{ll}\end{bmatrix}^{\mathrm{T}}$$

由于矩阵 **B** 的每一列,也就是矩阵 $\boldsymbol{B}^{\mathrm{T}}$ 的每一行,表示每一对应支路与回路的关联情况,所以按矩阵的乘法规则可知

$$i=\boldsymbol{B}^{\mathrm{T}}i_1 \tag{11-4}$$

例如,对图 11-1 有

$$\begin{bmatrix}i_1\\ i_2\\ i_3\\ i_4\\ i_5\\ i_6\end{bmatrix}=\begin{bmatrix}1 & 0 & 0\\ 0 & 1 & 0\\ 0 & 0 & 1\\ 1 & 1 & 0\\ -1 & -1 & 1\\ 0 & 1 & -1\end{bmatrix}\begin{bmatrix}i_{l1}\\ i_{l2}\\ i_{l3}\end{bmatrix}=\begin{bmatrix}i_{l1}\\ i_{l2}\\ i_{l3}\\ i_{l1}+i_{l2}\\ -i_{l1}-i_{l2}+i_{l3}\\ i_{l2}-i_{l3}\end{bmatrix}$$

所以式(11-4)表明电路中各支路电流可以用与该支路关联的所有回路中的回路电流表示,这正是回路电流法的基本思想。可以认为该式是用矩阵 **B** 表示的 KCL 的矩阵形式。

11.2.3　割集矩阵

设有向图的节点数为 n,支路数为 b,则该图的独立割集数为(n-1)。对每个割集编号,并指定一个割集方向(移去割集的所有支路,G 被分离为两部分后,从其中一部分指向另一部分的方向,即为割集的方向,每一个割集只有两个可能的方向)。于是割集矩阵为一

个 $(n-1) \times b$ 的矩阵,用 Q 表示。Q 的行对应割集,列对应支路,它的任一元素 q_{jk} 定义如下:

$q_{jk} = 1$,表示支路 k 与割集 j 关联并且具有同一方向;

$q_{jk} = -1$,表示支路 k 与割集 j 关联,但是它们的方向相反;

$q_{jk} = 0$,表示支路 k 与割集 j 无关联。

例如,对图 11-2(a)所示有向图,独立割集数等于 3。若选一组独立割集如图 11-2(b)所示,对应的割集矩阵为

$$Q = \begin{bmatrix} -1 & -1 & 0 & \vdots & 1 & 0 & 0 \\ 1 & 1 & -1 & \vdots & 0 & 1 & 0 \\ 0 & -1 & 1 & \vdots & 0 & 0 & 1 \end{bmatrix}$$

如果选一组单树支割集为一组独立割集,这种割集矩阵称为基本割集矩阵,用 Q_f 表示。

$$Q_f = [l_t \vdots Q_l]$$

式中,下标 t 和 l 分别表示对应于树支和连支部分。

根据 KCL,可列出图 11-2 中各基本割集电流方程为

$$-i_1 + i_2 + i_4 = 0$$
$$i_1 + i_2 - i_3 + i_5 = 0$$
$$-i_2 + i_3 + i_6 = 0$$

即

$$\begin{bmatrix} -1 & -1 & 0 & 1 & 0 & 0 \\ 1 & 1 & -1 & 0 & 1 & 0 \\ 0 & -1 & 1 & 0 & 0 & 1 \end{bmatrix} \begin{bmatrix} i_1 \\ i_2 \\ i_3 \\ i_4 \\ i_5 \\ i_6 \end{bmatrix} = \begin{bmatrix} 0 \\ 0 \\ 0 \end{bmatrix}$$

根据割集矩阵的定义和矩阵的乘法规则不难得出

$$Q i = 0$$

由于树支数为 $(n-1)$ 个,故共有 $(n-1)$ 个树支电压(即基本割集电压),而其余的支路电压则为连支电压。根据 KVL,全部的支路电压都可用 $(n-1)$ 个树支电压来表示,所以全部支路电压与基本割集电压 u_4、u_5、u_6 之间的关系为

$$u_1 = u_4 + u_5$$
$$u_2 = -u_4 + u_5 - u_6$$
$$u_3 = -u_5 + u_6$$
$$u_4 = u_4$$
$$u_5 = u_5$$
$$u_6 = u_6$$

即

$$\begin{bmatrix} u_1 \\ u_2 \\ u_3 \\ u_4 \\ u_5 \\ u_6 \end{bmatrix} = \begin{bmatrix} 1 & 1 & 0 \\ -1 & 1 & -1 \\ 0 & -1 & 1 \\ 1 & 0 & 0 \\ 0 & 1 & 0 \\ 0 & 0 & 1 \end{bmatrix} \begin{bmatrix} u_4 \\ u_5 \\ u_6 \end{bmatrix}$$

即
$$U = Q^{T} U_t$$

式中,U 为支路电压列向量,U_t 为基本割集电压列向量,该式表示支路电压与基本割集电压的关系,亦即用 Q 表示的 KVL 方程,可从已知 U_t 来求得 U。

【例 11-2】　如图 11-5(a)所示有向图。

(1)以节点⑤为参考节点,写出关联矩阵 A;

(2)选树为 $T=(1,4,7,9)$,按此树支顺序求基本割集矩阵 Q_f、基本回路矩阵 B_f。

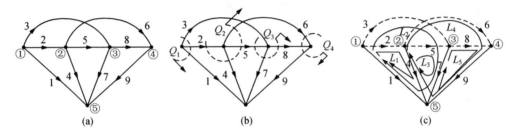

图 11-5　[例 11-2]图

解:(1)按图 11-5(a)所示,以节点⑤为参考节点,写出关联矩阵 A 为

$$A = \begin{array}{c} \\ ① \\ ② \\ ③ \\ ④ \end{array} \begin{array}{cccccccccc} 1 & 2 & 3 & 4 & 5 & 6 & 7 & 8 & 9 \\ \begin{bmatrix} 1 & 1 & 1 & 0 & 0 & 0 & 0 & 0 & 0 \\ 0 & -1 & 0 & 1 & 1 & 1 & 0 & 0 & 0 \\ 0 & 0 & -1 & 0 & -1 & 0 & 1 & 1 & 0 \\ 0 & 0 & 0 & 0 & 0 & -1 & 0 & -1 & 1 \end{bmatrix} \end{array}$$

(2)按图 11-5(b)选树为 $T=(1,4,7,9)$,按此树支顺序求得基本割集矩阵 Q_f 为

$$Q_f = \begin{array}{c} Q_1 \\ Q_2 \\ Q_3 \\ Q_4 \end{array} \begin{array}{ccccccccc} 1 & 4 & 7 & 9 & 2 & 3 & 5 & 6 & 8 \\ \begin{bmatrix} 1 & 0 & 0 & 0 & 1 & 1 & 0 & 0 & 0 \\ 0 & 1 & 0 & 0 & -1 & 0 & 1 & 1 & 0 \\ 0 & 0 & 1 & 0 & 0 & -1 & -1 & 0 & 1 \\ 0 & 0 & 0 & 1 & 0 & 0 & 0 & -1 & -1 \end{bmatrix} \end{array}$$

按图 11-5(c)以 $L=(2,3,5,6,8)$ 为连支,按此连支顺序求得基本回路矩阵 B_f 为

$$B_f = \begin{array}{c} L_1 \\ L_2 \\ L_3 \\ L_4 \\ L_5 \end{array} \begin{array}{ccccccccc} 2 & 3 & 5 & 6 & 8 & 1 & 4 & 7 & 9 \\ \begin{bmatrix} 1 & 0 & 0 & 0 & 0 & -1 & 1 & 0 & 0 \\ 0 & 1 & 0 & 0 & 0 & -1 & 0 & 1 & 0 \\ 0 & 0 & 1 & 0 & 0 & 0 & -1 & 1 & 0 \\ 0 & 0 & 0 & 1 & 0 & 0 & 0 & 0 & 1 \\ 0 & 0 & 0 & 0 & 1 & 0 & 0 & -1 & 1 \end{bmatrix} \end{array}$$

【例 11-3】　已知一个网络的关联矩阵 $\boldsymbol{A}$ 为

$$
\boldsymbol{A} = \begin{matrix} ① \\ ② \\ ③ \end{matrix} \begin{matrix} 1 & 2 & 3 & 4 & 5 & 6 \end{matrix} \\ \begin{bmatrix} -1 & 1 & 0 & 0 & -1 & 0 \\ 0 & -1 & -1 & -1 & 0 & 0 \\ 0 & 0 & 1 & 0 & 1 & -1 \end{bmatrix}
$$

(1)画出该网络的有向图;(2)以 $T=(1,2,3)$ 为树支,写出基本割集矩阵 $\boldsymbol{Q}_{\mathrm{f}}$ 和基本回路矩阵 $\boldsymbol{B}_{\mathrm{f}}$。

解: 按给定的关联矩阵 $\boldsymbol{A}$ 可画出网络的有向图如图 11-6(a)所示。

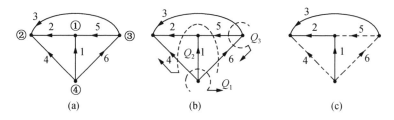

(a)　　　　　　　(b)　　　　　　　(c)

图 11-6　[例 11-3]图

(2)以 $T=(1,2,3)$ 为树,按图 11-6(b)先树支、后连支写出基本割集矩阵 $\boldsymbol{Q}_{\mathrm{f}}$ 为

$$
\boldsymbol{Q}_{\mathrm{f}} = \begin{bmatrix} 1 & 0 & 0 & 1 & 0 & 1 \\ 0 & 1 & 0 & 1 & -1 & 1 \\ 0 & 0 & 1 & 0 & 1 & -1 \end{bmatrix}
$$

按图 11-6(c)先连支、后树支写出基本割集矩阵 $\boldsymbol{B}_{\mathrm{f}}$ 为

$$
\boldsymbol{B}_{\mathrm{f}} = \begin{bmatrix} 1 & 0 & 0 & -1 & -1 & 0 \\ 0 & 1 & 0 & 0 & 1 & -1 \\ 0 & 0 & 1 & -1 & -1 & 1 \end{bmatrix}
$$

11.3　回路电流方程的矩阵形式

在描述复合支路电压时,可以采用相量法,也可以采用运算法,本章采用相量法。

前面已经介绍了反映支路与回路关联性质的回路矩阵 $\boldsymbol{B}$,所以宜用以 $\boldsymbol{B}$ 表示的 KCL 和 KVL 推导出回路电流方程的矩阵形式。首先设回路电流列向量为 $\boldsymbol{i}_{\mathrm{l}}$,有

KCL $\qquad\qquad\qquad\qquad\qquad \boldsymbol{i} = \boldsymbol{B}^{\mathrm{T}} \boldsymbol{i}_{\mathrm{l}}$

KVL $\qquad\qquad\qquad\qquad\qquad \boldsymbol{B}\boldsymbol{u} = 0$

复合支路如图 11-7 所示电路,其中下标 k 表示第 k 条支路,$\dot{U}_{Sk}$ 和 $\dot{I}_{Sk}$ 分别表示独立电压源和独立电流源,Z_k 表示阻抗,且规定它只可能是单一的电阻、电感或电容,而不能是它们的组合。

(1)当电路中电感之间无耦合时,对于第 k 条支路有

$$\dot{U}_k = Z_k(\dot{I}_k + \dot{I}_{Sk}) - \dot{U}_{Sk} \qquad\qquad (11\text{-}5)$$

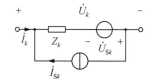

图 11-7　复合支路

$\dot{\boldsymbol{I}} = \begin{bmatrix} \dot{I}_1 & \dot{I}_2 & \cdots & \dot{I}_b \end{bmatrix}^{\mathrm{T}}$ 为支路电流列向量;

$\dot{\boldsymbol{U}} = \begin{bmatrix} \dot{U}_1 & \dot{U}_2 & \cdots & \dot{U}_b \end{bmatrix}^{\mathrm{T}}$ 为支路电压列向量;

$\dot{\boldsymbol{I}}_s = \begin{bmatrix} \dot{I}_{S1} & \dot{I}_{S2} & \cdots & \dot{I}_{Sb} \end{bmatrix}^{\mathrm{T}}$ 为支路电流源的电流列向量;

$\dot{\boldsymbol{U}}_s = \begin{bmatrix} \dot{U}_{S1} & \dot{U}_{S2} & \cdots & \dot{U}_{Sb} \end{bmatrix}^{\mathrm{T}}$ 为支路电压源的电压列向量。

对整个电路有

$$\begin{bmatrix} \dot{U}_1 \\ \dot{U}_2 \\ \vdots \\ \dot{U}_b \end{bmatrix} = \begin{bmatrix} Z_1 & 0 & \cdots & 0 \\ 0 & Z_2 & 0 & 0 \\ \vdots & \vdots & & \vdots \\ 0 & 0 & \cdots & Z_b \end{bmatrix} \begin{bmatrix} \dot{I}_1 + \dot{I}_{S1} \\ \dot{I}_2 + \dot{I}_{S2} \\ \vdots \\ \dot{I}_b + \dot{I}_{Sb} \end{bmatrix} - \begin{bmatrix} \dot{U}_{S1} \\ \dot{U}_{S2} \\ \vdots \\ \dot{U}_{Sb} \end{bmatrix}$$

即

$$\dot{\boldsymbol{U}} = \boldsymbol{Z}(\dot{\boldsymbol{I}} + \dot{\boldsymbol{I}}_s) - \dot{\boldsymbol{U}}_s$$

式中,Z 称为支路阻抗矩阵,它是一个对角阵。

(2)当电路中电感之间有耦合时,式(11-5)还应计及互感电压的作用。若设第 1 支路至第 g 支路之间相互均有耦合,则有

$$\dot{U}_1 = Z_1 \dot{I}_{e1} \pm \mathrm{j}\omega M_{12} \dot{I}_{e2} \pm \mathrm{j}\omega M_{13} \dot{I}_{e3} \pm \cdots \pm \mathrm{j}\omega M_{1g} \dot{I}_{eg} - \dot{U}_{S1}$$

$$\dot{U}_2 = \pm \mathrm{j}\omega M_{21} \dot{I}_{e1} + Z_2 \dot{I}_{e2} \pm \mathrm{j}\omega M_{23} \dot{I}_{e3} \pm \cdots \pm \mathrm{j}\omega M_{2g} \dot{I}_{eg} - \dot{U}_{S2}$$

$$\vdots \qquad\qquad \vdots$$

$$\dot{U}_g = \pm \mathrm{j}\omega M_{g1} \dot{I}_{e1} \pm \mathrm{j}\omega M_{g2} \dot{I}_{e2} \pm \mathrm{j}\omega M_{g3} \dot{I}_{e3} \pm \cdots + Z_g \dot{I}_{eg} - \dot{U}_{Sg}$$

式中,所有互感电压前取"+"号或"−"号决定于各电感的同名端和电流、电压的参考方向。其次要注意,$\dot{I}_{e1} = \dot{I}_1 + \dot{I}_{S1}$,$\dot{I}_{e2} = \dot{I}_2 + \dot{I}_{S2}$,$\cdots$,$M_{12} = M_{21}$,$\cdots$其余支路之间由于无耦合,故得

$$\dot{U}_h = Z_h \dot{I}_{eh} - \dot{U}_{Sh}$$

$$\vdots \qquad \vdots$$

$$\dot{U}_b = Z_b \dot{I}_{eb} - \dot{U}_{Sb}$$

这样,支路电压与支路电流之间的关系可用下列矩阵形式表示

$$\begin{bmatrix} \dot{U}_1 \\ \dot{U}_2 \\ \vdots \\ \dot{U}_g \\ \dot{U}_h \\ \vdots \\ \dot{U}_b \end{bmatrix} = \begin{bmatrix} Z_1 & \pm \mathrm{j}\omega M_{12} & \cdots & \pm \mathrm{j}\omega M_{1g} & 0 & \cdots & 0 \\ \pm \mathrm{j}\omega M_{21} & Z_2 & \cdots & \pm \mathrm{j}\omega M_{2g} & 0 & \cdots & 0 \\ \vdots & \vdots & & \vdots & \vdots & & \vdots \\ \pm \mathrm{j}\omega M_{g1} & \pm \mathrm{j}\omega M_{g2} & \cdots & Z_g & 0 & \cdots & 0 \\ 0 & 0 & \cdots & 0 & Z_h & \cdots & 0 \\ \vdots & \vdots & & \vdots & \vdots & & \vdots \\ 0 & 0 & \cdots & 0 & 0 & \cdots & Z_b \end{bmatrix} \begin{bmatrix} \dot{I}_1 + \dot{I}_{S1} \\ \dot{I}_2 + \dot{I}_{S2} \\ \vdots \\ \dot{I}_g + \dot{I}_{Sg} \\ \dot{I}_h + \dot{I}_{Sh} \\ \vdots \\ \dot{I}_b + \dot{I}_{Sb} \end{bmatrix} - \begin{bmatrix} \dot{U}_{S1} \\ \dot{U}_{S2} \\ \vdots \\ \dot{U}_{Sg} \\ \dot{U}_{Sh} \\ \vdots \\ \dot{U}_{Sb} \end{bmatrix}$$

或写成

$$\dot{\pmb U}=\pmb Z(\dot{\pmb I}+\dot{\pmb I}_{\rm s})-\dot{\pmb U}_{\rm s}$$

式中，$\pmb Z$ 为支路阻抗矩阵（impedance matrix），其主对角线元素为各支路阻抗，而非对角线元素将是相应的支路之间的互感阻抗，因此 $\pmb Z$ 不再是对角阵。

$$\begin{cases} \dot{\pmb I}=\pmb B^{\rm T}\dot{\pmb I}_{\rm l} & \text{KCL} \\ \pmb B\dot{\pmb U}=0 & \text{KVL} \\ \dot{\pmb U}=\pmb Z(\dot{\pmb I}+\dot{\pmb I}_{\rm s})-\dot{\pmb U}_{\rm s} & \text{支路方程} \end{cases}$$

把支路方程代入 KVL 方程可得

$$\pmb B[\pmb Z(\dot{\pmb I}+\dot{\pmb I}_{\rm s})-\dot{\pmb U}_{\rm s}]=0$$

即

$$\pmb{BZ}\dot{\pmb I}+\pmb{BZ}\dot{\pmb I}_{\rm s}-\pmb B\dot{\pmb U}_{\rm s}=0$$

再把 KCL 方程代入便得到

$$\pmb{BZB}^{\rm T}\dot{\pmb I}_{\rm l}=\pmb B\dot{\pmb U}_{\rm s}-\pmb{BZ}\dot{\pmb I}_{\rm s} \tag{11-6}$$

式（11-6）即为回路电流方程的矩阵形式。由于乘积 $\pmb{BZ}$ 的行、列数分别为 l 和 b，乘积 $(\pmb{BZ})\pmb B^{\rm T}$ 的行、列数均为 l，所以 $\pmb{BZB}^{\rm T}$ 是一个方阵。同理乘积 $\pmb B\dot{\pmb U}_{\rm s}$ 和 $\pmb{BZ}\dot{\pmb I}_{\rm s}$ 都是 l 阶列向量。

如设 $\pmb Z_{\rm l}=\pmb{BZB}^{\rm T}$，它是一个 l 阶方阵（square matrix），称为回路阻抗矩阵，它的主对角元素即为自阻抗，非主对角元素即为互阻抗。

当电路中含有与无源元件串联的受控电压源（控制量可以是另一支路上无源元件的电压或电流）时，复合支路将如图 11-8 所示。这样，支路方程的矩阵形式仍为式（11-6），只是其中支路阻抗矩阵的内容不同而已。此时 $\pmb Z$ 的非主对角元素将可能是与受控电压源的控制系数有关的元素。

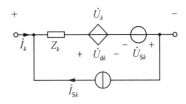

图 11-8　含受控源的复合支路

【例 11-4】　写出图 11-9(a)所示电路的回路方程。

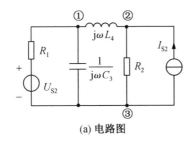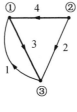

(a) 电路图　　　　　　　(b) 线图

图 11-9　[例 11-4]图

解：给定电路的有向图如图 11-9(b)所示，选树如图中粗线所示。

基本回路矩阵 $B_{\rm f}$ 为

$$\pmb B_{\rm f}=\begin{bmatrix} 1 & 0 & 1 & 0 \\ 0 & 1 & -1 & -1 \end{bmatrix}$$

支路电压源向量 $\qquad$ $\dot{U}_{\mathbf{s}} = \begin{bmatrix} \dot{U}_{S1} & 0 & 0 & 0 \end{bmatrix}^{\mathrm{T}}$

支路电流源向量 $\qquad$ $\dot{I}_{\mathbf{s}} = \begin{bmatrix} 0 & \dot{I}_{S2} & 0 & 0 \end{bmatrix}^{\mathrm{T}}$

支路阻抗矩阵 $\qquad$ $\boldsymbol{Z} = \mathrm{diag}\begin{bmatrix} R_1 & R_2 & \dfrac{1}{\mathrm{j}\omega C_3} & \mathrm{j}\omega L_4 \end{bmatrix}$

因此

$$\boldsymbol{Z}_1 = \boldsymbol{B}_{\mathrm{f}}\boldsymbol{Z}\boldsymbol{B}_{\mathrm{f}}^{\mathrm{T}} = \begin{bmatrix} R_1 + \dfrac{1}{\mathrm{j}\omega C_3} & -\dfrac{1}{\mathrm{j}\omega C_3} \\[4mm] -\dfrac{1}{\mathrm{j}\omega C_3} & R_2 + \dfrac{1}{\mathrm{j}\omega C_3} + \mathrm{j}\omega L_4 \end{bmatrix}$$

$$\dot{U}_1 = \boldsymbol{B}_{\mathrm{f}}\dot{U}_{\mathbf{s}} - \boldsymbol{B}_{\mathrm{f}}\boldsymbol{Z}\dot{I}_{\mathbf{s}} = \begin{bmatrix} \dot{U}_{S1} & -R_2\dot{I}_{S2} \end{bmatrix}$$

故可得回路方程

$$\boldsymbol{Z}_1\dot{I}_1 = \dot{U}_1$$

【例 11-5】　如图 11-10(a)所示电路,试选择一个树,对单连支回路(基本回路)列出其回路矩阵方程。

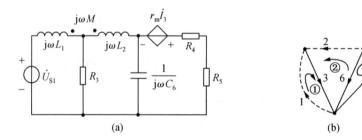

图 11-10 ［例 11-5］图

解：选择如图 11-10(b)所示的有向图 G,支路(3,5,6)为所选的树(实线)。按单连支选择回路,有回路矩阵 $\boldsymbol{B}$ 为

$$\boldsymbol{B} = \begin{array}{c} \begin{array}{cccccc} 1 & 2 & 3 & 4 & 5 & 6 \end{array} \\ \begin{bmatrix} 1 & 0 & 1 & 0 & 0 & 0 \\ 0 & 1 & 1 & 0 & 0 & -1 \\ 0 & 0 & 0 & 1 & 1 & -1 \end{bmatrix} \end{array}$$

支路阻抗矩阵中,要考虑互感阻抗的排放位置及按 CCVS 的方向在矩阵中的排放位置,得到下面的支路阻抗矩阵 $\boldsymbol{Z}$

$$\boldsymbol{Z} = \begin{bmatrix} \mathrm{j}\omega L_1 & \mathrm{j}\omega M & 0 & 0 & 0 & 0 \\ \mathrm{j}\omega M & \mathrm{j}\omega L_2 & 0 & 0 & 0 & 0 \\ 0 & 0 & R_3 & 0 & 0 & 0 \\ 0 & 0 & -r_{\mathrm{m}} & R_4 & 0 & 0 \\ 0 & 0 & 0 & 0 & R_5 & 0 \\ 0 & 0 & 0 & 0 & 0 & \dfrac{1}{\mathrm{j}\omega C_6} \end{bmatrix}$$

则回路阻抗矩阵方程 $\boldsymbol{Z}_1$ 为

$$\boldsymbol{Z}_1 = \boldsymbol{BZB}^{\mathrm{T}} = \begin{bmatrix} 1 & 0 & 1 & 0 & 0 & 0 \\ 0 & 1 & 1 & 0 & 0 & -1 \\ 0 & 0 & 0 & 1 & 1 & -1 \end{bmatrix} \begin{bmatrix} \mathrm{j}\omega L_1 & \mathrm{j}\omega M & 0 & 0 & 0 & 0 \\ \mathrm{j}\omega M & \mathrm{j}\omega L_2 & 0 & 0 & 0 & 0 \\ 0 & 0 & R_3 & 0 & 0 & 0 \\ 0 & 0 & -r_m & R_4 & 0 & 0 \\ 0 & 0 & 0 & 0 & R_5 & 0 \\ 0 & 0 & 0 & 0 & 0 & \dfrac{1}{\mathrm{j}\omega C_6} \end{bmatrix} \begin{bmatrix} 1 & 0 & 0 \\ 0 & 1 & 0 \\ 1 & 1 & 0 \\ 0 & 0 & 1 \\ 0 & 0 & 1 \\ 0 & -1 & -1 \end{bmatrix}$$

$$= \begin{bmatrix} \mathrm{j}\omega L_1 + R_3 & \mathrm{j}\omega M - R_3 & 0 \\ \mathrm{j}\omega M - R_3 & \mathrm{j}\omega L_2 + R_3 + \dfrac{1}{\mathrm{j}\omega C_6} & -\dfrac{1}{\mathrm{j}\omega C_6} \\ -r_{\mathrm{m}} & r_m - \dfrac{1}{\mathrm{j}\omega C_6} & R_4 + R_5 + \dfrac{1}{\mathrm{j}\omega C_6} \end{bmatrix}$$

基本回路和等效电压源列向量为 $\dot{\boldsymbol{U}}_1 = \boldsymbol{B}[\dot{\boldsymbol{U}}_{\mathbf{s}} - \boldsymbol{Z}\dot{\boldsymbol{I}}_{\mathbf{s}}]$

$$\begin{bmatrix} 1 & 0 & 1 & 0 & 0 & 0 \\ 0 & 1 & -1 & 0 & 0 & 1 \\ 0 & 0 & 0 & 1 & 1 & -1 \end{bmatrix} \left(\begin{bmatrix} -\dot{U}_{\mathrm{S}1} \\ 0 \\ 0 \\ 0 \\ 0 \\ 0 \end{bmatrix} - \begin{bmatrix} \mathrm{j}\omega L_1 & \mathrm{j}\omega M & 0 & 0 & 0 & 0 \\ \mathrm{j}\omega M & \mathrm{j}\omega L_2 & 0 & 0 & 0 & 0 \\ 0 & 0 & R_3 & 0 & 0 & 0 \\ 0 & 0 & -r_m & R_4 & 0 & 0 \\ 0 & 0 & 0 & 0 & R_5 & 0 \\ 0 & 0 & 0 & 0 & 0 & \dfrac{1}{\mathrm{j}\omega C_6} \end{bmatrix} \begin{bmatrix} 0 \\ 0 \\ 0 \\ 0 \\ 0 \\ 0 \end{bmatrix} \right) = \begin{bmatrix} -\dot{U}_{\mathrm{S}1} \\ 0 \\ 0 \end{bmatrix}$$

最后得回路矩阵方程 $\boldsymbol{Z}_1 \dot{\boldsymbol{I}}_1 = \dot{\boldsymbol{U}}_1$

$$\begin{bmatrix} \mathrm{j}\omega L_1 + R_3 & \mathrm{j}\omega M - R_3 & 0 \\ \mathrm{j}\omega M - R_3 & \mathrm{j}\omega L_2 + R_3 + \dfrac{1}{\mathrm{j}\omega C_6} & -\dfrac{1}{\mathrm{j}\omega C_6} \\ -r_{\mathrm{m}} & r_m - \dfrac{1}{\mathrm{j}\omega C_6} & R_4 + R_5 + \dfrac{1}{\mathrm{j}\omega C_6} \end{bmatrix} \begin{bmatrix} \dot{I}_{l1} \\ \dot{I}_{l2} \\ \dot{I}_{l3} \end{bmatrix} = \begin{bmatrix} -\dot{U}_{\mathrm{S}1} \\ 0 \\ 0 \end{bmatrix}$$

11.4　节点电压方程的矩阵形式

　　节点分析法以节点电压为电路变量。对于具有 n 个节点的连通网络,若取节点 n 为参考节点,则可定义节点电压向量 $\boldsymbol{u}_{\mathbf{n}}$ 为

$$\boldsymbol{u}_{\mathbf{n}} = \begin{bmatrix} u_{n1} & u_{n2} & \cdots & u_{n(n-1)} \end{bmatrix}$$

　　由于每条支路的支路电压等于它所关联的两个节点的节点电压差,因此,不难证明,支路电压向量 $\boldsymbol{u}_{\mathbf{b}}$ 和节点电压向量 $\boldsymbol{u}_{\mathbf{n}}$ 间的关系可表示为

$$\boldsymbol{u}_{\mathbf{b}} = \boldsymbol{A}^{\mathrm{T}} \boldsymbol{u}_{\mathbf{n}}$$

上式 KVL 方程表示了 $\boldsymbol{u}_{\mathbf{n}}$ 与支路电压 $\boldsymbol{u}$ 列向量的关系。矩阵 $\boldsymbol{A}$ 表示的 KCL 方程为

$$\boldsymbol{A}\boldsymbol{i} = 0$$

式中,i 表示支路电流列向量,其方程作为导出节点电压方程的依据。

对于复合支路,如图 11-11 所示,其参考方向如图。

下面分三种情况推导出整个电路的支路方程的矩阵形式。

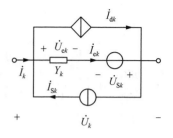

图 11-11　复合支路

1.当电路中无受控电流源($\dot{I}_{dk}=0$),电感间无耦合时,对于第 k 条支路有

$$\dot{I}_k=Y_k(\dot{U}_k+\dot{U}_{Sk})-\dot{I}_{Sk} \qquad (11\text{-}7)$$

对整个电路有

$$\dot{I}=Y(\dot{U}+\dot{U}_s)-\dot{I}_s \qquad (11\text{-}8)$$

式中,Y 称为支路导纳矩阵,它是一个对角阵。

2.当电路中无受控源,但电感之间有耦合时,矩阵 Z 不再是对角阵,其主对角线元素为各支路阻抗,而非对角线元素将是相应的支路之间的互感阻抗。其方程与式(11-8)相同。

3.当电路中含有受控电流源时,设第 k 支路中有受控电流源并受第 j 支路中无源元件上的电压 $\dot{U}_{ej}$ 或电流 $\dot{I}_{ej}$ 控制,如图 11-11 所示,其中 $\dot{I}_{dk}=g_{kj}\dot{U}_{ej}$ 或 $\dot{I}_{dk}=\beta_{kj}\dot{I}_{ej}$。

第 k 支路有

$$\dot{I}_k=Y_k(\dot{U}_k+\dot{U}_{Sk})+\dot{I}_{dk}-\dot{I}_{Sk}$$

在 VCCS 情况下,上式中的 $\dot{I}_{dk}=g_{kj}(\dot{U}_j+\dot{U}_{Sj})$。而在 CCCS 的情况下,$\dot{I}_{dk}=\beta_{kj}Y_j(\dot{U}_j+\dot{U}_{Sj})$。于是有

$$
\begin{bmatrix} \dot{I}_1 \\ \dot{I}_2 \\ \vdots \\ \dot{I}_j \\ \vdots \\ \dot{I}_k \\ \vdots \\ \dot{I}_b \end{bmatrix}
=
\begin{bmatrix}
Y_1 & 0 & 0 & 0 & 0 & 0 & 0 & 0 \\
0 & Y_2 & 0 & 0 & 0 & 0 & 0 & 0 \\
\vdots & \vdots & \ddots & 0 & 0 & 0 & 0 & 0 \\
0 & 0 & \cdots & Y_j & 0 & 0 & 0 & 0 \\
\vdots & \vdots & \vdots & \vdots & \ddots & 0 & 0 & 0 \\
0 & 0 & \cdots & Y_{kj} & \cdots & Y_k & 0 & 0 \\
\vdots & \vdots & \vdots & \vdots & \cdots & \vdots & \ddots & 0 \\
0 & 0 & \cdots & 0 & \cdots & 0 & \cdots & Y_b
\end{bmatrix}
\begin{bmatrix} \dot{U}_1+\dot{U}_{S1} \\ \dot{U}_2+\dot{U}_{S2} \\ \vdots \\ \dot{U}_j+\dot{U}_{Sj} \\ \vdots \\ \dot{U}_k+\dot{U}_{Sk} \\ \vdots \\ \dot{U}_b+\dot{U}_{Sb} \end{bmatrix}
-
\begin{bmatrix} \dot{I}_{S1} \\ \dot{I}_{S2} \\ \vdots \\ \dot{I}_{Sj} \\ \vdots \\ \dot{I}_{Sk} \\ \vdots \\ \dot{I}_{Sb} \end{bmatrix}
$$

式中,$Y_{kj}=\begin{cases} g_{kj} & (\text{当 } \dot{I}_{dk} \text{ 为 VCCS 时}) \\ \beta_{kj}Y_j & (\text{当 } \dot{I}_{dk} \text{ 为 CCCS 时}) \end{cases}$。

即

$$\dot{I}=Y(\dot{U}+\dot{U}_s)-\dot{I}_s$$

可见此时支路方程在形式上仍与情况 1 时相同,只是矩阵 Y 的内容不同而已。注意此时 Y 也不再是对角阵。

$$
\begin{cases}
\dot{U}=A^{\mathrm{T}}\dot{U}_n & \text{KVL} \\
A\dot{I}=0 & \text{KCL} \\
\dot{I}=Y(\dot{U}+\dot{U}_s)-\dot{I}_s & \text{支路方程}
\end{cases}
$$

把支路方程代入 KCL 方程可得

$$A[Y(\dot{U}+\dot{U}_s)-\dot{I}_s]=0$$

$$AY\dot{U}+AY\dot{U}_s-A\dot{I}_s=0$$

再把 KVL 方程代入便得

$$AYA^{\mathrm{T}}\dot{U}_n=A\dot{I}_s-AY\dot{U}_s \tag{11-9}$$

式(11-9)即节点电压方程的矩阵形式。由于乘积 AY 的行和列数分别为 $(n-1)$ 和 b，乘积 $(AY)A^{\mathrm{T}}$ 的行和列数都是 $(n-1)$，所以乘积 AYA^{T} 是一个 $(n-1)$ 阶方阵。同理，乘积 $A\dot{I}_s$ 和 $AY\dot{U}_s$ 都是 $(n-1)$ 阶的列向量。

设 $Y=AYA^{\mathrm{T}}, \dot{J}_n=A\dot{I}_s-AY\dot{U}_s$，则式(11-9)可写为

$$Y_n\dot{U}_n=\dot{J}_n$$

Y_n 称为节点导纳矩阵，它的元素相当于第 3 章中节点电压方程等号左边的系数；$\dot{J}_n$ 为由独立电源引起的注入节点的电流列向量，它的元素相当于第 3 章中节点电压方程等号右边的常数项。

【例 11-6】　列写图 11-12(a)所示电路的节点电压方程的矩阵形式。

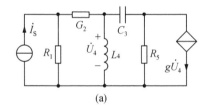
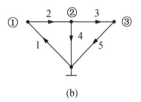

图 11-12　[例 11-6]图

解:有向图如图 11-12(b)所示。其关联矩阵为

$$A=\begin{bmatrix} -1 & 1 & 0 & 0 & 0 \\ 0 & -1 & 1 & 1 & 0 \\ 0 & 0 & -1 & 0 & 1 \end{bmatrix}$$

支路导纳矩阵

$$Y=\begin{bmatrix} \dfrac{1}{R_1} & 0 & 0 & 0 & 0 \\ 0 & G_2 & 0 & 0 & 0 \\ 0 & 0 & \mathrm{j}\omega C_3 & 0 & 0 \\ 0 & 0 & 0 & \dfrac{1}{\mathrm{j}\omega L_4} & 0 \\ 0 & 0 & 0 & g & \dfrac{1}{R_5} \end{bmatrix}$$

在 5 行 4 列有控制系数 g，由于受控电流源、控制元件电压的参考方向均与典型支路一致，所以系数 g 为正。

独立电压源列向量、电流源列向量为

$$\dot{U}_{\mathrm{s}}=0 , \dot{I}_{\mathrm{s}}=\begin{bmatrix} -\dot{I}_{\mathrm{S1}} & 0 & 0 & 0 & 0 \end{bmatrix}^{\mathrm{T}} , \dot{U}_{\mathrm{n}}=\begin{bmatrix} \dot{U}_{\mathrm{n1}} & \dot{U}_{\mathrm{n2}} & \dot{U}_{\mathrm{n3}} \end{bmatrix}^{\mathrm{T}}$$

节点导纳矩阵为

$$\boldsymbol{Y}_{\mathrm{n}}=\boldsymbol{A}\boldsymbol{Y}\boldsymbol{A}^{\mathrm{T}}=\begin{bmatrix} \dfrac{1}{R_1}+G_2 & -G_2 & 0 \\[2mm] -G_2 & G_2+\mathrm{j}\omega C_3+\dfrac{1}{\mathrm{j}\omega L_4} & -\mathrm{j}\omega C_3 \\[2mm] 0 & g-\mathrm{j}\omega C_3 & \mathrm{j}\omega C_3+\dfrac{1}{R_5} \end{bmatrix}$$

可见,节点导纳矩阵 $\boldsymbol{Y}$ 不再对称。

方程式的右边

$$\boldsymbol{A}\dot{\boldsymbol{I}}_{\mathrm{s}}=\begin{bmatrix} \dot{I}_{\mathrm{S1}} \\ 0 \\ 0 \end{bmatrix}$$

节点电压方程的矩阵形式为

$$\boldsymbol{Y}\dot{\boldsymbol{U}}_{\mathrm{n}}=\begin{bmatrix} \dot{I}_{\mathrm{S1}} \\ 0 \\ 0 \end{bmatrix}$$

【例 11-7】 试写出图 11-13(a)所示电路的节点方程的矩阵形式。

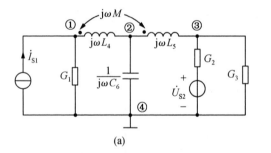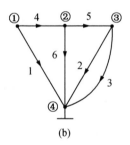

(a)　　　　　　　　　　(b)

图 11-13 ［例 11-7］图

解:该电路对应的有向图如图 11-13(b)所示,若取节点④为参考节点,则关联矩阵为

$$\boldsymbol{A}=\begin{bmatrix} 1 & 0 & 0 & 1 & 0 & 0 \\ 0 & 0 & 0 & -1 & 1 & 1 \\ 0 & 1 & 1 & 0 & -1 & 0 \end{bmatrix}$$

支路电压源向量 $\qquad \dot{\boldsymbol{U}}_{\mathrm{s}}=\begin{bmatrix} 0 & -\dot{U}_{\mathrm{S2}} & 0 & 0 & 0 & 0 \end{bmatrix}^{\mathrm{T}}$

支路电流源向量 $\qquad \dot{\boldsymbol{I}}_{\mathrm{s}}=\begin{bmatrix} \dot{I}_{\mathrm{S1}} & 0 & 0 & 0 & 0 & 0 \end{bmatrix}^{\mathrm{T}}$

支路阻抗矩阵

$$\boldsymbol{Z}=\begin{bmatrix} R_1 & 0 & 0 & 0 & 0 & 0 \\ 0 & R_2 & 0 & 0 & 0 & 0 \\ 0 & 0 & R_3 & 0 & 0 & 0 \\ 0 & 0 & 0 & j\omega L_4 & j\omega M & 0 \\ 0 & 0 & 0 & j\omega M & j\omega L_5 & 0 \\ 0 & 0 & 0 & 0 & 0 & \dfrac{1}{j\omega C_6} \end{bmatrix}$$

因此,支路导纳矩阵

$$\boldsymbol{Y}=\boldsymbol{Z}^{-1}=\begin{bmatrix} G_1 & 0 & 0 & 0 & 0 & 0 \\ 0 & G_2 & 0 & 0 & 0 & 0 \\ 0 & 0 & G_3 & 0 & 0 & 0 \\ 0 & 0 & 0 & \dfrac{L_5}{j\omega D} & -\dfrac{M}{j\omega D} & 0 \\ 0 & 0 & 0 & -\dfrac{M}{j\omega D} & \dfrac{L_4}{j\omega D} & 0 \\ 0 & 0 & 0 & 0 & 0 & j\omega C_6 \end{bmatrix}$$

其中,$D=L_4 L_5 - M^2$。

故可得节点方程

$$\boldsymbol{Y}_\mathrm{n}\dot{\boldsymbol{U}}_\mathrm{n}=\dot{\boldsymbol{J}}_\mathrm{n}$$

其中

$$\boldsymbol{Y}_\mathrm{n}=\boldsymbol{A}\boldsymbol{Y}\boldsymbol{A}^\mathrm{T}=\begin{bmatrix} G_1+\dfrac{L_5}{j\omega D} & -\dfrac{L_5+M}{j\omega D} & \dfrac{M}{j\omega D} \\ -\dfrac{L_5+M}{j\omega D} & \dfrac{L_4+L_5+2M}{j\omega D}+j\omega C_6 & -\dfrac{L_4+M}{j\omega D} \\ \dfrac{M}{j\omega D} & -\dfrac{L_4+M}{j\omega D} & G_2+G_3+\dfrac{L_4}{j\omega D} \end{bmatrix}$$

$$\dot{\boldsymbol{J}}_\mathrm{n}=\boldsymbol{A}\dot{\boldsymbol{I}}_\mathrm{s}-\boldsymbol{A}\boldsymbol{Y}\dot{\boldsymbol{U}}_\mathrm{s}=\begin{bmatrix} \dot{I}_\mathrm{S1} & 0 & G_2\dot{U}_\mathrm{S2} \end{bmatrix}$$

11.5　割集电压方程的矩阵形式

割集分析法以树支电压为电路变量。对于具有 n 个节点的连通网络。选定树后,若各支路按先连支后树支的顺序编号,则可定义树支电压向量 $\boldsymbol{u}_\mathrm{t}$ 为

$$\boldsymbol{u}_\mathrm{t}=\begin{bmatrix} u_{b-n+1} & u_{b-n+2} & \cdots & u_b \end{bmatrix}^\mathrm{T}$$

$$\begin{cases} \dot{\boldsymbol{U}}=\boldsymbol{Q}_\mathrm{f}^\mathrm{T}\dot{\boldsymbol{U}}_\mathrm{t} & \text{KVL} \\ \boldsymbol{Q}_\mathrm{f}\dot{\boldsymbol{I}}=0 & \text{KCL} \\ \dot{\boldsymbol{I}}=\boldsymbol{Y}(\dot{\boldsymbol{U}}+\dot{\boldsymbol{U}}_\mathrm{s})-\dot{\boldsymbol{I}}_\mathrm{s} & \text{支路方程} \end{cases}$$

把支路方程代入 KCL 方程,可得

$$Q_fY\dot{U}+Q_fY\dot{U}_s-Q_f\dot{I}_s=0$$

再把 KVL 方程代入上式,便可得割集电压方程如下

$$Q_fYQ_f^T\dot{U}_t=Q_f\dot{I}_s-Q_fY\dot{U}_s$$

不难看出,乘积 $Q_fYQ_f^T$ 是一个 $(n-1)$ 阶方阵,乘积 $Q_f\dot{I}_s$ 和 $Q_fY\dot{U}_s$ 都是 $(n-1)$ 阶列向量。若 $Y_t=Q_fYQ_f^T$,Y_t 称为割集导纳矩阵,$\dot{J}_t=Q_f\dot{I}_s-Q_fY\dot{U}_s$,$\dot{J}_t$ 称为电流源向量。

割集方程

$$Y_t\dot{U}_t=\dot{J}_t$$

由于拓扑图中的基本割集与基本回路是对偶的,因此基本割集法与基本回路法也是对偶的,其对偶关系见表 11-1。

表 11-1　　　　　　　　　　　　基本割集法与基本回路法的对偶关系

网络分析方法	基本割集法	基本回路法
网络概念	基本割集	基本回路
网络分析变量	$\dot{U}_t$（树支电压）	$\dot{I}_l$（连支电流）
关联矩阵	C	B
求解对象	基本割集电压列向量 $\dot{U}_t$	基本回路电流列向量 $\dot{I}_l$
KCL	$Q\dot{I}=0$	$\dot{I}=B^T\dot{I}_l$
KVL	$\dot{U}=Q^T\dot{U}_t$	$B\dot{U}=0$
网络的支路伏安关系	$\dot{I}=Y\dot{U}+Y\dot{U}_s-\dot{I}_s$	$\dot{U}=Z\dot{I}+Z\dot{I}_s-\dot{U}_s$
支路矩阵	支路导纳矩阵 Y	支路阻抗矩阵 Z
网络方程	基本割集导纳矩阵 $Y_t=QYQ^T$	基本回路阻抗矩阵 $Z_l=BZB^T$
	基本割集电流列向量 $\dot{J}_t=Q\dot{I}_s-QY\dot{U}_s$	基本回路电压列向量 $\dot{U}_l=-BZ\dot{I}_s+B\dot{U}_s$
	基本割集电压方程 $\dot{U}_t=Y_t^{-1}\dot{J}_t$	基本回路电流方程 $\dot{I}_l=Z_l^{-1}\dot{U}_l$

【例 11-8】　在图 11-14(a)所示电路中,若以支路 3、4、5 为树支,试写出矩阵形式的割集电压方程。

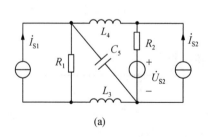 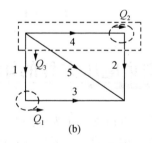

图 11-14　例 11-8 图

解:有向图如图 11-14(b)所示。其割集矩阵为

$$Q_f=\begin{bmatrix}-1 & 0 & 1 & 0 & 0\\ 0 & -1 & 0 & 1 & 0\\ 1 & 1 & 0 & 0 & 1\end{bmatrix}$$

独立电压源列向量,电流源列向量,割集电压列向量分别为

$$\dot{U}_s = \begin{bmatrix} 0 & -\dot{U}_{S2} & 0 & 0 & 0 \end{bmatrix}^T \quad , \quad \dot{I}_s = \begin{bmatrix} \dot{I}_{S1} & \dot{I}_{S2} & 0 & 0 & 0 \end{bmatrix}^T$$

$$\dot{U}_t = \begin{bmatrix} \dot{U}_{t1} & \dot{U}_{t2} & \dot{U}_{t3} \end{bmatrix}^T$$

支路导纳矩阵为对角线阵

$$Y = \mathrm{diag}\begin{bmatrix} \dfrac{1}{R_1} & \dfrac{1}{R_2} & \dfrac{1}{j\omega L_3} & \dfrac{1}{j\omega L_4} & j\omega C_5 \end{bmatrix}$$

割集导纳矩阵为

$$Y_t = Q_f Y Q_f^T = \begin{bmatrix} \dfrac{1}{R_1} + \dfrac{1}{j\omega L_3} & 0 & -\dfrac{1}{R_1} \\[2mm] 0 & \dfrac{1}{R_2} + \dfrac{1}{j\omega L_4} & -\dfrac{1}{R_2} \\[2mm] -\dfrac{1}{R_1} & -\dfrac{1}{R_2} & \dfrac{1}{R_1} + \dfrac{1}{R_2} + j\omega C_5 \end{bmatrix}$$

$$Q_f \dot{I}_s = \begin{bmatrix} -\dot{I}_{S1} \\ -\dot{I}_{S2} \\ \dot{I}_{S1} + \dot{I}_{S2} \end{bmatrix} \quad , \quad -Q_f Y \dot{U}_s = \begin{bmatrix} 0 \\ -\dfrac{\dot{U}_{S2}}{R_2} \\ \dfrac{\dot{U}_{S2}}{R_2} \end{bmatrix}$$

矩阵形式的割集电压方程为

$$Y_t \dot{U}_t = \begin{bmatrix} -\dot{I}_{S1} \\ -\dot{I}_{S2} - \dfrac{\dot{U}_{S2}}{R_2} \\ \dot{I}_{S1} + \dot{I}_{S2} + \dfrac{\dot{U}_{S2}}{R_2} \end{bmatrix}$$

11.6 状态方程

在电网络中,一般来说,"状态"就是在某一给定的 t_0 时刻网络中存在的一组独立的初始条件;"状态变量"就是一组独立的动态变量,它既表示了对"过去"的总结,也代表了对"将来"的影响;由它们在 t_0 时刻的值组成了在该时刻的网络的状态。从前两章对一阶、二阶电路的分析可知,电容上电压 u_C(或电荷 q_C),电感中的电流 i_L(或磁通链 Ψ_L)就是电路的状态变量。对状态变量列出的一阶微分方程称为状态方程(state equation)。因此如果已知状态变量在 t_0 时的值,而且已知自 t_0 开始的外施激励,就能唯一地确定 $t > t_0$ 后电路的全部状态。

以 RLC 并联电路为例,如图 11-15 所示,说明"状态变量"概念。以电感电流为求解对象的微分方程如下

$$CL\frac{\mathrm{d}^2 i_L}{\mathrm{d}t^2}+\frac{L}{R}\frac{\mathrm{d}i_L}{\mathrm{d}t}+i_L=i_S$$

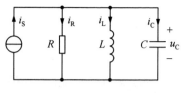

这是一个二阶线性微分方程。用来确定积分常数的初始条件应是电容上的电压和电感中的电流在 $t=t_0$ 时的初始值（这里以 $t=t_0$ 作为过程的起始）。

图 11-15　RLC 并联电路图

如果以电容电压 u_C 和电感电流 i_L 作为变量列上述电路的方程，则有

$$\frac{\mathrm{d}i_L}{\mathrm{d}t}=\frac{1}{L}u_C$$

$$\frac{\mathrm{d}u_C}{\mathrm{d}t}=\frac{1}{C}i_S-\frac{C}{R}u_C-\frac{1}{C}i_L \tag{11-10}$$

这是一组以 u_C 和 i_L 为变量的一阶微分方程，而 $u_C(t_{0+})$ 和 $i_L(t_{0+})$ 提供了用来确定积分常数的初始值，因此方程就是描写电路动态过程的状态方程。

用矩阵来描述，则有

$$\begin{bmatrix}\dfrac{\mathrm{d}i_L}{\mathrm{d}t}\\[2mm]\dfrac{\mathrm{d}u_C}{\mathrm{d}t}\end{bmatrix}=\begin{bmatrix}0 & \dfrac{1}{L}\\[2mm]-\dfrac{1}{C} & -\dfrac{C}{R}\end{bmatrix}\begin{bmatrix}i_L\\[1mm]u_C\end{bmatrix}+\begin{bmatrix}0\\[1mm]\dfrac{1}{C}\end{bmatrix}[i_S]$$

若令 $x_1=i_L,x_2=u_C,\dot{x}_1=\dfrac{\mathrm{d}i_L}{\mathrm{d}t},\dot{x}_2=\dfrac{\mathrm{d}u_C}{\mathrm{d}t}$，则有

$$\begin{bmatrix}\dot{x}_1\\[1mm]\dot{x}_2\end{bmatrix}=\begin{bmatrix}0 & \dfrac{1}{L}\\[2mm]-\dfrac{1}{C} & -\dfrac{C}{R}\end{bmatrix}\begin{bmatrix}x_1\\[1mm]x_2\end{bmatrix}+\begin{bmatrix}0\\[1mm]\dfrac{1}{C}\end{bmatrix}[i_S]=A\begin{bmatrix}x_1\\[1mm]x_2\end{bmatrix}+B[i_S]$$

如果令 $\dot{X}=[\dot{x}_1\quad\dot{x}_2]^{\mathrm{T}},X=[x_1\quad x_2]^{\mathrm{T}},V=[i_S]$，则有

$$\dot{X}=AX+BV \tag{11-11}$$

式（11-11）称为状态方程的标准形式。X 称为状态向量，V 称为输入向量。在一般情况下，设电路具有 n 个状态变量，m 个独立电源，式（11-10）中的 $\dot{X}$ 和 X 为 n 阶列向量，A 为 $n\times n$ 方阵，V 为 m 阶列向量，B 为 $n\times m$ 矩阵。上述方程有时称为向量微分方程。

从对上述二阶电路列写状态方程的过程不难看出，要列出包括 $\dfrac{\mathrm{d}u_C}{\mathrm{d}t}$ 项的方程，必须对只接有一个电容的节点或割集写出 KCL 方程，而要列出包含 $\dfrac{\mathrm{d}i_L}{\mathrm{d}t}$ 项的方程，必须对只包含一个电感的回路列写 KVL 方程。对于不太复杂的电路，可以用直观法列写状态方程。例如，对图 11-16 所示电路，若以 u_C、i_{L1} 和 i_{L2} 为状态变量，可按如下步骤列出状态方程。

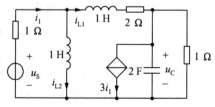

图 11-16　RLC 电路图

对电容所在的节点列写 KCL 方程

$$C \frac{\mathrm{d}u_\mathrm{C}}{\mathrm{d}t} = i_\mathrm{L1} - 3i_1 - \frac{u_\mathrm{C}}{1}$$

对含有电感的回路列写 KVL 方程(注意回路中不能同时有两个电感)

$$L_1 \frac{\mathrm{d}i_\mathrm{L1}}{\mathrm{d}t} = u_\mathrm{S} - i_1 \times 1 - 2i_\mathrm{L1} - u_\mathrm{C}$$

$$L_2 \frac{\mathrm{d}i_\mathrm{L2}}{\mathrm{d}t} = u_\mathrm{S} - i_1 \times 1$$

消去非状态变量 i_1,由电路图可见

$$i_1 = i_\mathrm{L1} + i_\mathrm{L2}。$$

代入以上表达式,整理得

$$C \frac{\mathrm{d}u_\mathrm{C}}{\mathrm{d}t} = -2i_\mathrm{L1} - 3i_\mathrm{L2} - u_\mathrm{C}$$

$$L_1 \frac{\mathrm{d}i_\mathrm{L1}}{\mathrm{d}t} = u_\mathrm{S} - 3i_\mathrm{L1} - i_\mathrm{L2} - u_\mathrm{C}$$

$$L_2 \frac{\mathrm{d}i_\mathrm{L2}}{\mathrm{d}t} = u_\mathrm{S} - i_\mathrm{L1} - i_\mathrm{L2}$$

写成标准形式为

$$\begin{bmatrix} \dfrac{\mathrm{d}u_\mathrm{C}}{\mathrm{d}t} \\[2mm] \dfrac{\mathrm{d}i_\mathrm{L1}}{\mathrm{d}t} \\[2mm] \dfrac{\mathrm{d}i_\mathrm{L2}}{\mathrm{d}t} \end{bmatrix} = \begin{bmatrix} -0.5 & -1 & -1.5 \\ -1 & -3 & -1 \\ 0 & -1 & -1 \end{bmatrix} \begin{bmatrix} u_\mathrm{C} \\ i_\mathrm{L1} \\ i_\mathrm{L2} \end{bmatrix} + \begin{bmatrix} 0 \\ 1 \\ 1 \end{bmatrix} [u_\mathrm{S}]$$

或

$$\dot{\boldsymbol{X}} = \boldsymbol{A}\boldsymbol{X} + \boldsymbol{B}\boldsymbol{V}$$

式中

$$\dot{\boldsymbol{X}} = \begin{bmatrix} \dot{x}_1 & \dot{x}_2 & \dot{x}_3 \end{bmatrix}^\mathrm{T}, \boldsymbol{X} = \begin{bmatrix} x_1 & x_2 & x_3 \end{bmatrix}^\mathrm{T}, \boldsymbol{V} = [u_\mathrm{S}], 而 x_1 = u_\mathrm{C}, x_2 = i_\mathrm{L1}, x_3 = i_\mathrm{L2}。$$

对于复杂电路,利用树的概念建立状态方程较为方便。下面介绍一种借助特有树建立状态方程的方法。

(1)选特有树:将电容元件与独立电压源选为树支,电感元件与独立电流源选择为连支。

(2)对电容树支列出所对应的基本割集 KCL 方程,对电感连支列出所对应的基本回路 KVL 方程。这两类方程在形式上最接近状态方程。

(3)将上两类方程中的非状态变量消去,得到只含状态变量的状态方程。要利用网络的其他基本割集、基本回路方程与含电容的基本割集方程、含电感的基本回路方程联立求解,得到式(11-11)。

(4)输出方程的列写。

用状态变量和激励来表示输出变量的方程称为输出方程,一般表示为

$$\boldsymbol{Y} = \boldsymbol{C}\boldsymbol{X} + \boldsymbol{D}\boldsymbol{V}$$

式中,$\boldsymbol{Y}$ 为输出变量列向量。

【例 11-9】　如图 11-17(a)所示电路,试写出该电路的状态方程。

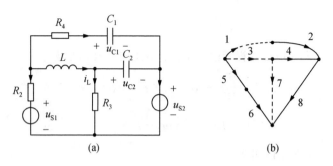

图 11-17　[例 11-9]图

解：首先选择状态变量分别为 i_L、u_{C1}、u_{C2}。以一个元件为一条支路画出有向图 G，如图 11-17(b)，选择的树支路为 (2,4,5,6,8)。

对各电容支路所属的基本割集列写割集电流方程；对各电感支路所属的基本回路列写回路电压方程为

$$C_1 \frac{\mathrm{d}u_{C1}}{\mathrm{d}t} = i_1 , \quad C_2 \frac{\mathrm{d}u_{C2}}{\mathrm{d}t} = i_L - i_7 , \quad L \frac{\mathrm{d}i_L}{\mathrm{d}t} = u_{S1} + u_2 - u_{C2} - u_{S2}$$

消去上面三式中的非状态变量 i_1、i_7、u_2，要列写以下方程并解之得

$$i_1 = -i_L - \frac{u_2}{R_2} = \frac{u_4}{R_4}$$

$$i_7 = \frac{u_3}{R_3} = \frac{u_{C2} + u_{S2}}{R_3}$$

$$u_2 - u_4 = u_{C1} + u_{S2} - u_{S1}$$

即

$$i_1 = -\frac{R_2}{R_2 + R_4} i_L - \frac{1}{R_2 + R_4}(u_{C1} + u_{S2} - u_{S1})$$

$$i_7 = \frac{u_{C2} + u_{S2}}{R_3}$$

$$u_2 = \frac{R_2}{R_2 + R_4}(u_{C1} + u_{S2} - u_{S1}) - \frac{R_2 R_4}{R_2 + R_4} i_L$$

得状态方程为

$$\frac{\mathrm{d}u_{C1}}{\mathrm{d}t} = -\frac{R_2}{(R_2 + R_4)C_1} i_L - \frac{1}{(R_2 + R_4)C_1}(u_{C1} + u_{S2} - u_{S1})$$

$$\frac{\mathrm{d}u_{C2}}{\mathrm{d}t} = \frac{1}{C_2} i_L - \frac{u_{C2} + u_{S2}}{R_3 C_2}$$

$$\frac{\mathrm{d}i_L}{\mathrm{d}t} = \frac{1}{L} u_{S1} + \frac{R_2}{(R_2 + R_4)L}(u_{C1} + u_{S2} - u_{S1}) - \frac{R_2 R_4}{(R_2 + R_4)L} i_L - \frac{1}{L} u_{C2} - \frac{1}{L} u_{S2}$$

对上面三式进行整理，并写成状态方程矩阵形式为

$$\begin{bmatrix} \dfrac{\mathrm{d}u_{C1}}{\mathrm{d}t} \\[2mm] \dfrac{\mathrm{d}u_{C2}}{\mathrm{d}t} \\[2mm] \dfrac{\mathrm{d}i_L}{\mathrm{d}t} \end{bmatrix} = \begin{bmatrix} -\dfrac{1}{(R_2+R_4)C_1} & 0 & -\dfrac{R_2}{(R_2+R_4)C_1} \\[2mm] 0 & -\dfrac{1}{R_3 C_2} & \dfrac{1}{C_2} \\[2mm] \dfrac{R_2}{(R_2+R_4)L} & -\dfrac{1}{L} & -\dfrac{R_2 R_4}{(R_2+R_4)L} \end{bmatrix} \begin{bmatrix} u_{C1} \\[2mm] u_{C2} \\[2mm] i_L \end{bmatrix} + \begin{bmatrix} \dfrac{1}{(R_2+R_4)C_1} & -\dfrac{1}{(R_2+R_4)C_1} \\[2mm] 0 & -\dfrac{1}{R_3 C_2} \\[2mm] \dfrac{R_4}{(R_2+R_4)L} & -\dfrac{R_4}{(R_2+R_4)L} \end{bmatrix} \begin{bmatrix} u_{S1} \\[2mm] u_{S2} \end{bmatrix}$$

即 $\dot{X} = AX + BV$ 形式。

拓展训练

习　题

第 11 章
习题答案

11-1　已知关联矩阵 $\boldsymbol{A}=\begin{bmatrix} 1 & 0 & 0 & -1 & 0 \\ 0 & -1 & 0 & 1 & -1 \\ 0 & 1 & 1 & 0 & 0 \end{bmatrix}$，试画出对应的拓扑图。

11-2　电路如图 11-18 所示，以支路(1,2,3,4)为树支，写出基本回路矩阵和基本割集矩阵。

11-3　已知某网络的基本回路矩阵为 $\boldsymbol{B}_{\mathrm{f}}=\begin{bmatrix} 1 & 0 & 0 & 0 & 0 & -1 & -1 & 0 \\ 0 & 1 & 0 & 0 & 0 & 0 & 1 & 1 \\ 0 & 0 & 1 & 0 & 1 & 1 & 1 & 0 \\ 0 & 0 & 0 & 1 & -1 & -1 & 0 & 1 \end{bmatrix}$，试写出基本割集矩阵。

11-4　如图 11-19 所示有向图，以支路(1,2,3,4)为树，列出独立的 KCL 和 KVL 方程并写成矩阵形式。

11-5　如图 11-20 所示无向图，为非平面网络，选(5,6,7,8,9)为树支，写出与该树对应的基本回路组和基本割集组。

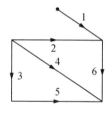

图 11-18　题 11-2 图

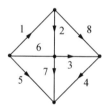

图 11-19　题 11-4 图

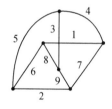

图 11-20　题 11-5 图

11-6　在如图 11-21 所示电路中，已知 $C_1=C_2=0.5$ F，$L_3=2$ H，$L_4=1$ H，$R_5=1$ Ω，$R_6=2$ Ω。电流源 $i_{S5}=3\sqrt{2}\sin2t$ A，$u_{S6}=2\sqrt{2}\sin2t$ V。若选择支路(4,5,6)为树支，写出回路电流方程的矩阵形式。

11-7　在如图 11-22 所示电路中，若以支路 1 为树支，试写出回路电流方程的形式。

（思考题：为什么 $\dot{i}_{S3}$ 不出现在方程中？）

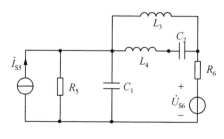

图 11-21　题 11-6 图

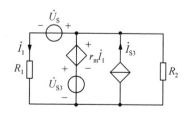

图 11-22　题 11-7 图

11-8　电路如图 11-23 所示，选择(1,2,6)为树支。(1)写出基本回路矩阵 $\boldsymbol{B}_{\mathrm{f}}$；(2)支路

阻抗矩阵 Z；(3)回路电流方程的矩阵形式。

11-9 如图 11-24 所示电路,试写出其支路电导矩阵 G；节点电导矩阵 G_n。

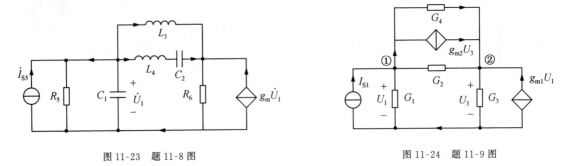

图 11-23 题 11-8 图　　　　　　图 11-24 题 11-9 图

11-10 列出如图 11-25 所示电路的节点电压方程的矩阵形式(设线圈之间无耦合)。

11-11 如图 11-26 所示电路中有一回转器,其传输方程为 $u_1 = -ri_2$,$i_1 = u_2/r$,写出节点电压方程的矩阵形式。

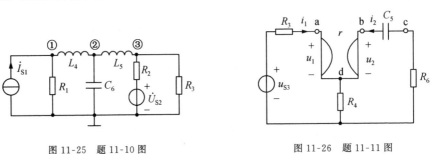

图 11-25 题 11-10 图　　　　　　图 11-26 题 11-11 图

11-12 求如图 11-27 所示电路的节点导纳矩阵。

11-13 如图 11-28 所示,(1)写出关联矩阵 A；(2)支路电导矩阵 G；(3)电路的节点电压②的矩阵形式。

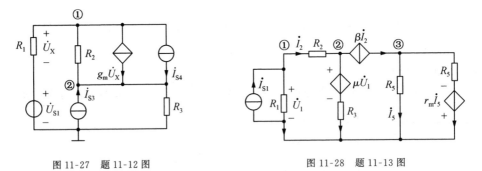

图 11-27 题 11-12 图　　　　　　图 11-28 题 11-13 图

11-14 图为[例 11-3]题的图,仍选择(1,2,3)为树支。(1)写出基本割集矩阵 Q_f；支路导纳方程矩阵形式；(3)割集矩阵方程形式。

11-15 如图 11-29 所示直流网络中,$R_1 = R_2 = 2\ \Omega$,$R_3 = R_4 = R_5 = 1\ \Omega$,$\dot{I}_{S6} = 1$ A,选择支路的参考方向如图所示并以(3,4,5)为树支,写出割集电压方程的矩阵形式,并求解各支路电压和支路电流。

11-16 如图 11-30 所示电路中,以 u_C 和 i_L 为状态变量,u_L 和 i_C 为输出变量,写出输出方程的标准形式。

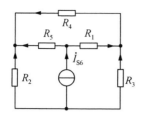

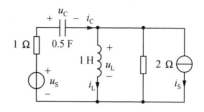

图 11-29　题 11-15 图　　　　　　　　　　图 11-30　题 11-16 图

11-17　写出如图 11-31 所示电路的状态方程,其中 g 为回转器的回转电导。

11-18　如图 11-32 所示电路中,选择适当的状态变量写出状态方程。

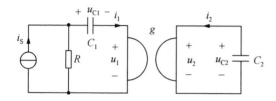

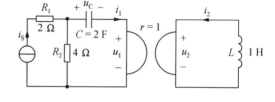

图 11-31　题 11-17 图　　　　　　　　图 11-32　题 11-18 图

11-19　如图 11-33 所示线性网络,试写出其状态方程。

11-20　如图 11-34 所示为一含有理想变压器的电路,试写出其状态方程。

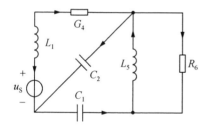

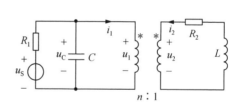

图 11-33　题 11-19 图　　　　　　　　图 11-34　题 11-20 图

第12章

二端口网络

【内容提要】本章重点掌握线性二端口网络的方程、参数及它们之间的关系；熟悉线性二端口网络的等效电路与连接方式；学会应用线性二端口网络方程求解转移函数并对二端口网络进行分析计算，了解常见的二端口网络的电路元件。

思政案例

12.1 二端口网络的概念

随着集成电路技术的发展，越来越多的实用电路被集成在一小块芯片上，经封装后对外伸出若干端钮，这犹如将整个电路装在一个"黑盒"内。使用时将这些端钮与其他网络（电源或是负载）作相应连接即可。对于这样的网络，人们往往只关心它的外部特性，而对其内部不感兴趣。

一般来说，若网络对外伸出 n 个端钮，则称为 n 端网络（n-terminal network），如图 12-1(a)所示；若网络的一对端钮满足下面的条件：即从一个端钮流入的电流等于从另一个端钮流出的电流，则称该对端钮为网络的一个端口（single port）。上述条件称为端口条件。在电子技术中，多端网络和多端口网络都有应用，但双口网络（也称为二端口网络）（two-port network）的应用更为普遍，如图 12-1(b)所示。

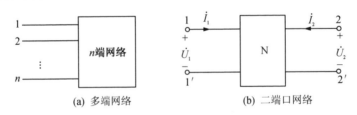

(a) 多端网络　　　　　　　(b) 二端口网络

图 12-1　多端网络及二端口网络

二端口网络分类：

(1)按元件的性质分为线性和非线性二端口网络；

(2)按是否满足互易定理分为互易性（可逆）和非互易性（不可逆）二端口网络；

(3)按电气特性分为对称和非对称二端口网络。对称二端口网络又分为电气对称和结构对称两种；结构对称的一定是电气对称的，但电气对称的不一定是结构对称。

本章只讨论线性二端口网络的描述及其特性分析方法。

(1)二端口网络为线性非时变网络，网络内部不含独立电源，且储能元件的初始状态为零,即二端口网络是线性、定常、无独立源和零状态的。

（2）二端口网络的端口电压、电流参考方向如图 12-1(b)所示,即端口电流的参考方向均为流进网络的。一般称 1-1′为输入端口(input port),2-2′为输出端口(output port)。

（3）二端口网络的分析可以采用相量法,也可以采用运算法。

二端口网络在电路分析中的一个主要内容是寻求端口处的电压、电流关系。二端口网络中共有 $\dot{U}_1$、$\dot{I}_1$ 和 $\dot{U}_2$、$\dot{I}_2$ 四个变量。当二端口网络置于电路中时,每一个端口的电压、电流都有一个与外电路相连接的约束关系。所以二端口网络的内部只要有两个约束关系就可以确定上述四个变量。在这两个约束关系中,可以取四个变量中的任意两个作为自变量(independent variable),另外两个作为因变量(dependent variable)。自变量的取法不同,得到的网络参数也不同,共有六种参数,而本章只讨论常用的 Z、Y、T、H 四种参数。

12.2　二端口网络的方程及参数

12.2.1　Z 方程与 Z 参数(Z parameters)

1. Z 方程的一般形式

如图 12-2 所示为一个线性无源二端口网络。端口电压、电流的参考方向如图所示。可将电流 $\dot{I}_1$、$\dot{I}_2$ 视为激励($\dot{I}_1$、$\dot{I}_2$ 可用电流源替代),$\dot{U}_1$、$\dot{U}_2$ 视为响应,则根据叠加定理,响应 $\dot{U}_1$、$\dot{U}_2$ 为激励的线性组合函数,即

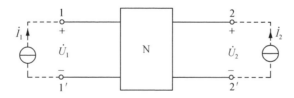

图 12-2　线性无源二端口网络

$$\dot{U}_1 = Z_{11}\dot{I}_1 + Z_{12}\dot{I}_2$$
$$\dot{U}_2 = Z_{21}\dot{I}_1 + Z_{22}\dot{I}_2$$

(12-1)

将式(12-1)写成矩阵形式为

$$\begin{bmatrix} \dot{U}_1 \\ \dot{U}_2 \end{bmatrix} = \begin{bmatrix} Z_{11} & Z_{12} \\ Z_{21} & Z_{22} \end{bmatrix} \begin{bmatrix} \dot{I}_1 \\ \dot{I}_2 \end{bmatrix} = \boldsymbol{Z} \begin{bmatrix} \dot{I}_1 \\ \dot{I}_2 \end{bmatrix}$$

式中,$\boldsymbol{Z} = \begin{bmatrix} Z_{11} & Z_{12} \\ Z_{21} & Z_{22} \end{bmatrix}$。

系数 Z_{11}、Z_{12}、Z_{21}、Z_{22} 具有阻抗的量纲称为阻抗参数(impedance parameters),简称 Z 参数,它只与网络的内部结构、元件值及电源频率 ω 有关,而与电源和负载无关,故可用来描述网络本身的特性。其方程称为二端口网络的阻抗方程,简称 Z 方程。

2.Z 参数的物理意义

Z 参数可以按下述方法计算或实验测量求得：

如图 12-2 所示。设 2-2′开路，即 $\dot{I}_2 = 0$，只在端口 1-1′施加一个电流源 $\dot{I}_1$，则由式 (12-1)可得

$$Z_{11} = \frac{\dot{U}_1}{\dot{I}_1}\bigg|_{\dot{I}_2=0} \quad ; Z_{21} = \frac{\dot{U}_2}{\dot{I}_1}\bigg|_{\dot{I}_2=0}$$

其中，称 Z_{11} 为输出端口开路时输入端口的输入阻抗；Z_{21} 称为输出端口开路时的转移阻抗。

同理，当输入端口开路，即 $\dot{I}_1 = 0$ 时，则有

$$Z_{12} = \frac{\dot{U}_1}{\dot{I}_2}\bigg|_{\dot{I}_1=0} \quad ; Z_{22} = \frac{\dot{U}_2}{\dot{I}_2}\bigg|_{\dot{I}_1=0}$$

其中，Z_{12} 称为输入端口开路时的转移阻抗；Z_{22} 称为输入端口开路时输出端口的输出阻抗。

3.网络的互易条件

当为互易网络（reciprocal network）时，根据互易定理一有 $\dfrac{\dot{U}_1}{\dot{I}_2}\bigg|_{\dot{I}_1=0} = \dfrac{\dot{U}_2}{\dot{I}_1}\bigg|_{\dot{I}_2=0}$，即对于 由线性 R、L、M、C 元件构成的任何无源二端口，$Z_{12} = Z_{21}$ 总是成立的。所以对于任何一个 无源线性二端口，只要 3 个独立的参数就足以表明它的性能。

4.网络对称条件

在 Z 参数中，若同时有 $Z_{12} = Z_{21}$ 和 $Z_{11} = Z_{22}$，则称该网络为对称二端口网络 (symmetrical two-port network)。其物理意义是，将两个端口 1-1′与 2-2′互换位置后与外 电路连接，其端口特性保持不变。

电路结构对称的二端口网络必然同时有 $Z_{12} = Z_{21}$ 和 $Z_{11} = Z_{22}$，即在电气性能上也一定 是对称的。但要注意在电气性能上对称，其电路结构不一定对称。

对称二端口网络的 Z 参数只有两个独立参数。

【例 12-1】 求如图 12-3 所示 T 形双口网络的 Z 参数。

解：本题有两种解题方法。

(1)利用 Z 参数的定义求解此题。

①当端口 2-2′为开路时，求 Z_{11}、Z_{21} 两个参数。

$$Z_{11} = \frac{\dot{U}_1}{\dot{I}_1}\bigg|_{\dot{I}_2=0} = \frac{\dot{I}_1(Z_1+Z_2)}{\dot{I}_1} = Z_1 + Z_2$$

$$Z_{21} = \frac{\dot{U}_2}{\dot{I}_1}\bigg|_{\dot{I}_2=0} = \frac{\dot{I}_1 Z_2}{\dot{I}_1} = Z_2$$

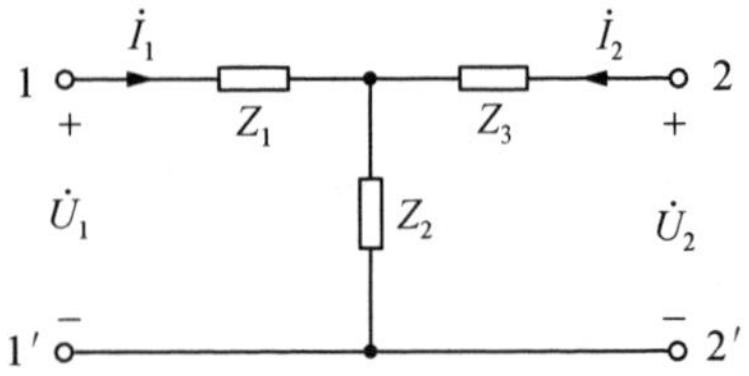

图 12-3　[例 12-1]图

②当端口 1-1′为开路时，求 Z_{22}、Z_{12} 两个参数。

$$Z_{22} = \frac{\dot{U}_2}{\dot{I}_2}\bigg|_{\dot{I}_1=0} = \frac{\dot{I}_2(Z_3+Z_2)}{\dot{I}_2} = Z_3 + Z_2$$

$$Z_{12} = \frac{\dot{U}_1}{\dot{I}_2}\bigg|_{\dot{I}_1=0} = \frac{\dot{I}_2 Z_2}{\dot{I}_2} = Z_2$$

故 Z 参数为

$$\boldsymbol{Z} = \begin{bmatrix} Z_1 + Z_2 & Z_2 \\ Z_2 & Z_3 + Z_2 \end{bmatrix}$$

求 Z_{12}、Z_{21} 时用到了分压公式。另外由图 12-3 可知网络是线性无源的,满足互易特性,所以 $Z_{12} = Z_{21}$,即四个参数只有三个是独立的。

若 $Z_1 = Z_3$,则该网络称为对称双口,显然有 $Z_{11} = Z_{22}$ 存在。此时四个参数,只有两个是独立的。

(2)由二端口网络列写方程,化成二端口网络方程的标准形式即可求得参数。

由图 12-3 列写方程。由 KVL 得

$$\dot{U}_1 = Z_1 \dot{I}_1 + Z_2(\dot{I}_1 + \dot{I}_2) = (Z_1 + Z_2)\dot{I}_1 + Z_2 \dot{I}_2$$

$$\dot{U}_2 = Z_3 \dot{I}_2 + Z_2(\dot{I}_1 + \dot{I}_2) = Z_2 \dot{I}_1 + (Z_2 + Z_3)\dot{I}_2$$

对照式(12-1)得

$$Z_{11} = Z_1 + Z_2, \quad Z_{12} = Z_2$$
$$Z_{21} = Z_2, \quad Z_{22} = Z_2 + Z_3$$

【例 12-2】　求如图 12-4 所示 Π 形二端口网络的 Z 参数。

解:本题亦可采用列写方程的方法求 Z 参数,但比较麻烦,我们用 Z 参数的定义式来求解此题。根据式(12-1)得

$$Z_{11} = \frac{\dot{U}_1}{\dot{I}_1}\bigg|_{\dot{I}_2=0} = Z_1 /\!/ (Z_2 + Z_3) = \frac{Z_1(Z_2 + Z_3)}{Z_1 + Z_2 + Z_3}$$

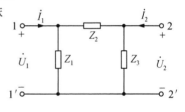

图 12-4　[例 12-2]图

$$Z_{21} = \frac{\dot{U}_2}{\dot{I}_1}\bigg|_{\dot{I}_2=0} = Z_3 \times \frac{\dfrac{Z_1}{Z_1 + Z_2 + Z_3} \cdot \dot{I}_1}{\dot{I}_1} = \frac{Z_1 Z_3}{Z_1 + Z_2 + Z_3}$$

求 Z_{21} 时用到了分流公式。另外由图 12-4 可知网络是线性无源的,满足互易特性,所以

$$Z_{12} = Z_{21} = \frac{Z_1 Z_3}{Z_1 + Z_2 + Z_3}$$

$$Z_{22} = \frac{\dot{U}_2}{\dot{I}_2}\bigg|_{\dot{I}_1=0} = Z_3 /\!/ (Z_1 + Z_2) = \frac{Z_3(Z_1 + Z_2)}{Z_1 + Z_2 + Z_3}$$

若 $Z_3 = Z_1$,则该网络称为对称二端口网络,显然有 $Z_{11} = Z_{22}$。

【例 12-3】　确定如图 12-5 所示二端口网络的 Z 参数矩阵。

解:用 $\boldsymbol{Z}$ 参数定义求解,先令端口 2-2′ 开路,在端口 1-1′ 施加电流源 $\dot{I}_1$,如图 12-6(a)所示。对节点 a 列 KCL 方程得(注意,图中 $\dot{I}_2 = 0$)

$$3\dot{I} - \dot{I} + \dot{I}_2 = 0$$

从而得

$$\dot{I} = 0$$

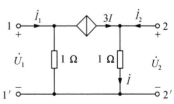

图 12-5　[例 12-3]图

$$Z_{11} = \frac{\dot{U}_1}{\dot{I}_1}\bigg|_{\dot{I}_2=0} = \frac{1\times\dot{I}_1}{\dot{I}_1} = 1\ \Omega$$

$$Z_{21} = \frac{\dot{U}_2}{\dot{I}_1}\bigg|_{\dot{I}_2=0} = \frac{1\times\dot{I}}{\dot{I}_1} = 0\ \Omega$$

再令端口 1-1′开路,在端口 2-2′施加电流源$\dot{I}_2$,如图 12-6(b)所示。

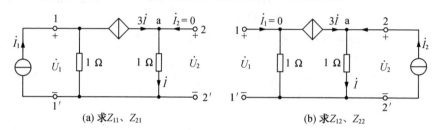

(a) 求Z_{11}、Z_{21} (b) 求Z_{12}、Z_{22}

图 12-6 [例 12-3]用图

对节点 a 列 KCL 方程得

$$3\dot{I} - \dot{I} + \dot{I}_2 = 0$$

从而得

$$\dot{I} = -\frac{1}{2}\dot{I}_2$$

$$Z_{12} = \frac{\dot{U}_1}{\dot{I}_2}\bigg|_{\dot{I}_1=0} = \frac{-3\dot{I}\times1}{\dot{I}_2} = \frac{-3(-\frac{1}{2}\dot{I}_2)\times1}{\dot{I}_2} = \frac{3}{2}\ \Omega$$

$$Z_{22} = \frac{\dot{U}_2}{\dot{I}_2}\bigg|_{\dot{I}_1=0} = \frac{\dot{I}\times1}{\dot{I}_2}\bigg|_{\dot{I}_1=0} = \frac{-\frac{1}{2}\dot{I}_2}{\dot{I}_2} = -\frac{1}{2}\ \Omega$$

故

$$\mathbf{Z} = \begin{bmatrix} 1 & \dfrac{3}{2} \\ 0 & -\dfrac{1}{2} \end{bmatrix}$$

注意:本题所示二端口网络 $Z_{12} \neq Z_{21}$。

12.2.2　Y 方程与 Y 参数(Y parameters)

1.Y 方程的一般形式

如图 12-2 所示二端口网络的$\dot{U}_1$、$\dot{U}_2$是已知的,可以利用替代定理把$\dot{U}_1$、$\dot{U}_2$看作是外施电压源的电压。根据叠加定理,$\dot{I}_1$、$\dot{I}_2$应等于各个电压源单独作用时产生的电流之和,即

$$\dot{I}_1 = Y_{11}\dot{U}_1 + Y_{12}\dot{U}_2$$
$$\dot{I}_2 = Y_{21}\dot{U}_1 + Y_{22}\dot{U}_2 \tag{12-2}$$

系数 Y_{11}、Y_{12}、Y_{21}、Y_{22}具有导纳的量纲,称为导纳参数(admittance parameters),简称 Y

参数,它只与网络的内部结构、元件值及电源频率 ω 有关,而与电源和负载无关,故可用来描述网络本身的特性。其方程称为二端口网络的导纳方程,简称 Y 方程。

2.Y 参数物理意义

Y 参数可以通过在 Y 参数方程中分别令 $\dot{U}_2=0$[如图 12-7(a)所示]和 $\dot{U}_1=0$[如图 12-7(b)所示]的条件下求得,即

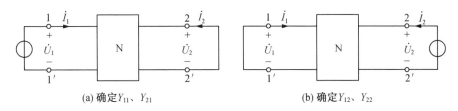

(a) 确定 Y_{11}、Y_{21} (b) 确定 Y_{12}、Y_{22}

图 12-7 确定 Y 参数

$$Y_{11}=\left.\frac{\dot{I}_1}{\dot{U}_1}\right|_{\dot{U}_2=0} \qquad Y_{21}=\left.\frac{\dot{I}_2}{\dot{U}_1}\right|_{\dot{U}_2=0}$$

$$Y_{12}=\left.\frac{\dot{I}_1}{\dot{U}_2}\right|_{\dot{U}_1=0} \qquad Y_{22}=\left.\frac{\dot{I}_2}{\dot{U}_2}\right|_{\dot{U}_1=0}$$

Y_{11}、Y_{21} 分别表示输出端口短路时输入端口的输入导纳(short-circuit input admittance)(或短路策动点导纳)和短路正向转移导纳;Y_{12}、Y_{22} 分别表示输入端口短路时的短路反向转移导纳和输出端口的输出导纳(或短路策动点导纳)。

3.互易条件、对称条件

4 个 Y 参数都是在某个端口短路的条件下定义的,所以 Y 参数又称为短路导纳参数。若网络是互易的,则根据互易特性应满足

$$Y_{12}=Y_{21}$$

这说明,在互易二端口网络的 4 个 Y 参数中,只有 3 个参数是相互独立的。同样,对于互易、对称二端口网络存在

$$Y_{12}=Y_{21}$$
$$Y_{11}=Y_{22}$$

4.Z 参数与 Y 参数关系

将式(12-1)对 $\dot{I}$ 求解,若矩阵 $\boldsymbol{Z}$ 为非奇异的,即 $|\boldsymbol{Z}|=Z_{11}Z_{22}-Z_{12}Z_{21}\neq0$ 则得

$$\dot{\boldsymbol{I}}=\boldsymbol{Z}^{-1}\dot{\boldsymbol{U}}=\boldsymbol{Y}\dot{\boldsymbol{U}}$$

即

$$\boldsymbol{Y}=\begin{bmatrix}Y_{11} & Y_{12}\\ Y_{21} & Y_{22}\end{bmatrix}=\begin{bmatrix}Z_{11} & Z_{12}\\ Z_{21} & Z_{22}\end{bmatrix}^{-1}=\begin{bmatrix}\dfrac{Z_{22}}{|\boldsymbol{Z}|} & -\dfrac{Z_{12}}{|\boldsymbol{Z}|}\\ -\dfrac{Z_{21}}{|\boldsymbol{Z}|} & \dfrac{Z_{11}}{|\boldsymbol{Z}|}\end{bmatrix}$$

需要指出,$\boldsymbol{Y}$ 与 $\boldsymbol{Z}$ 是互逆的。当 $\boldsymbol{Z}$ 为奇异,即当其行列式 $|\boldsymbol{Z}|=0$ 时,此时不存在 $\boldsymbol{Y}$ 矩阵。这就是说,对同一个网络而言,这一种参数存在,但另一种参数可能不存在。

【例 12-4】　求如图 12-8 所示二端口网络的 Y 参数。

解：该二端口网络比较简单，它是一个 Π 形电路。求它的 Y_{11} 和 Y_{21} 时，把端口 2-2' 短路，在端口 1-1' 上外施加电压 $\dot{U}_1$，如图 12-9(a)所示，这时可求得

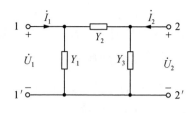

$$\dot{I}_1=\dot{U}_1(Y_1+Y_2)，\quad \dot{I}_2=-\dot{U}_1Y_2$$

根据式(12-2)可求得

图 12-8　［例 12-4］图

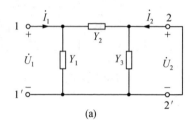 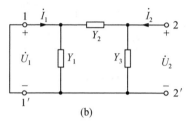

(a)　　　　　　　　　　　　　(b)

图 12-9　［例 12-4］用图

$$Y_{11}=Y_1+Y_2，\quad Y_{21}=-Y_2$$

同理，如果把端口 1-1' 短路，并在端口 2-2' 上外施加电压 $\dot{U}_2$，则可求得

$$Y_{22}=Y_3+Y_2，\quad Y_{12}=-Y_2$$

【例 12-5】　求如图 12-10 所示二端口网络的 Y 参数。

解：把端口 2-2' 短路，在端口 1-1' 施加电压源 $\dot{U}_1$，如图 12-11(a)所示。由 KCL 得（注意：图中 $\dot{U}_2=0$）

$$\dot{I}_1=\dot{U}_1(Y_1+Y_2)$$

$$\dot{I}_2=-\dot{U}_1Y_2-g_m\dot{U}=-\dot{U}_1Y_2-g_m(\dot{U}_1-\dot{U}_2)$$

$$=-(Y_2+g_m)\dot{U}_1+g_m\dot{U}_2=-(Y_2+g_m)\dot{U}_1$$

于是，可求得

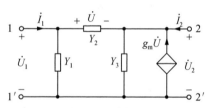

$$Y_{11}=\frac{\dot{I}_1}{\dot{U}_1}\bigg|_{\dot{U}_2=0}=Y_1+Y_2，\quad Y_{21}=\frac{\dot{I}_2}{\dot{U}_1}\bigg|_{\dot{U}_2=0}=-(Y_2+g_m)$$

图 12-10　［例 12-5］图

同理，为了求 Y_{12}、Y_{22}，把端口 1-1' 短路，即令 $\dot{U}_1=0$，在端口 2-2' 施加电压源 $\dot{U}_2$，如图 12-11(b)所示。这时受控电流源的电流 $g_m\dot{U}=g_m(\dot{U}_1-\dot{U}_2)=-g_m\dot{U}_2$，故得

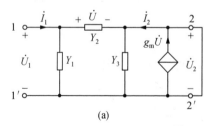 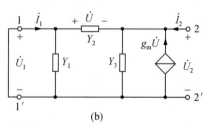

(a)　　　　　　　　　　　　　(b)

图 12-11　［例 12-5］用图

$$Y_{12} = \frac{\dot{I}_1}{\dot{U}_2}\bigg|_{\dot{U}_1=0} = \frac{Y_2\dot{U}}{\dot{U}_2} = \frac{-Y_2\dot{U}_2}{\dot{U}_2} = -Y_2$$

$$Y_{22} = \frac{\dot{I}_2}{\dot{U}_2}\bigg|_{\dot{U}_1=0} = \frac{\dot{U}_2(Y_2+Y_3)-g_m\dot{U}}{\dot{U}_2}$$

$$= \frac{\dot{U}_2(Y_2+Y_3)-g_m(\dot{U}_1-\dot{U}_2)}{\dot{U}_2}$$

$$= \frac{\dot{U}_2(Y_2+Y_3+g_m)}{\dot{U}_2}$$

$$= Y_2+Y_3+g_m$$

注意:由于有受控源,所以 $Y_{12} \neq Y_{21}$。

【例 12-6】 某电阻二端口网络如图 12-12 所示,对其进行测试,数据如下:端口 1-1′开路时测得 $U_2=15$ V, $U_1=10$ V, $I_2=30$ A;端口 1-1′短路时测得 $U_2=10$ V, $I_2=4$ A, $I_1=-5$ A。试求该二端口网络的 Y 参数。

解: Y 参数方程为(由于是电阻二端口网络,所以电压、电流可不用相量表示)

$$I_1 = Y_{11}U_1 + Y_{12}U_2$$
$$I_2 = Y_{21}U_1 + Y_{22}U_2$$

当端口 1-1′开路即 $I_1=0$ 时,有 $U_2=15$ V, $U_1=10$ V, $I_2=30$ A,代入 Y 参数方程得

$$0 = Y_{11}\times 10 + Y_{12}\times 15$$
$$30 = Y_{21}\times 10 + Y_{22}\times 15$$

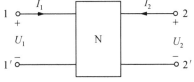

图 12-12 〔例 12-6〕图

当端口 1-1′短路即 $U_1=0$ 时,有 $U_2=10$ V, $I_2=4$ A, $I_1=-5$ A,代入 Y 参数方程得

$$-5 = Y_{11}\times 0 + Y_{12}\times 10$$
$$4 = Y_{21}\times 0 + Y_{22}\times 10$$

联立上述方程可得

$$Y_{11} = \frac{3}{4}\ \text{S};\ Y_{12} = -\frac{1}{2}\ \text{S};\ Y_{21} = \frac{12}{5}\ \text{S};\ Y_{22} = \frac{2}{5}\ \text{S}$$

12.2.3 T 方程与 T 参数

在信号传输中,二端口网络方程常将输入端口电压 $\dot{U}_1$、电流 $\dot{I}_1$ 与输出端口电压 $\dot{U}_2$、电流 $\dot{I}_2$ 联系起来。可以得到以 $\dot{U}_2$、$-\dot{I}_2$ 为自变量,以 $\dot{U}_1$、$\dot{I}_1$ 为因变量的方程。故

$$\dot{U}_1 = A\dot{U}_2 + B(-\dot{I}_2)$$
$$\dot{I}_1 = C\dot{U}_2 + D(-\dot{I}_2)$$

(12-3)

式中,A、B、C、D 称为二端口网络的 T 参数(T parameters)(或传输参数)(transmission parameters),该组方程称为 T 方程。T 参数的物理意义可由下面的定义式说明。

$$A = \frac{\dot{U}_1}{\dot{U}_2}\bigg|_{\dot{I}_2=0}; \quad B = -\frac{\dot{U}_1}{\dot{I}_2}\bigg|_{\dot{U}_2=0}$$

$$C = \frac{\dot{I}_1}{\dot{U}_2}\bigg|_{\dot{I}_2=0}; \quad D = -\frac{\dot{I}_1}{\dot{I}_2}\bigg|_{\dot{U}_2=0}$$

不难看出,A 是输出端开路的反向电压转移比,量纲一。C 是输出端开路时反向转移导纳,单位 S。B 是输出端短路时的短路策动点阻抗,单位 Ω,D 是输出端短路时的反向电流转移比,量纲一。

将 T 方程(12-3)写成矩阵形式,有

$$\begin{bmatrix} \dot{U}_1 \\ \dot{I}_1 \end{bmatrix} = \begin{bmatrix} A & B \\ C & D \end{bmatrix} \begin{bmatrix} \dot{U}_2 \\ -\dot{I}_2 \end{bmatrix}$$

式中,$\boldsymbol{T} = \begin{bmatrix} A & B \\ C & D \end{bmatrix}$ 称为 T 参数矩阵,它的元素称为 T 参数。

对于互易二端口网络,可以证明

$$\det(\boldsymbol{T}) = AD - BC = 1$$

对于互易、对称二端口网络,则有

$$\det(\boldsymbol{T}) = AD - BC = 1$$

$$A = D$$

在互易二端口网络中,只有三个 T 参数是相互独立的。在互易、对称二端口网络中,只有两个 T 参数是独立的。

【例 12-7】 理想变压器如图 12-13 所示,求 T 参数矩阵。

解: 在图 12-13 所示参考方向下,理想变压器的电压、电流关系为

$$\dot{U}_1 = n\dot{U}_2$$

$$\dot{I}_1 = -\frac{1}{n}\dot{I}_2$$

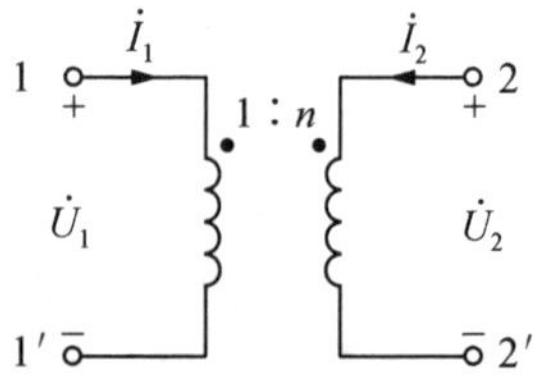

与式(12-3)相比较,得 $A = n, B = 0, C = 0, D = 1/n$

T 参数矩阵为

$$\boldsymbol{T} = \begin{bmatrix} n & 0 \\ 0 & \dfrac{1}{n} \end{bmatrix}$$

图 12-13 [例 12-7]图

由于 $AD - BC = 1$,所以该网络是互易的。

【例 12-8】 求如图 12-14(a)、图 12-14(b)所示的二端口网络的 T 参数。

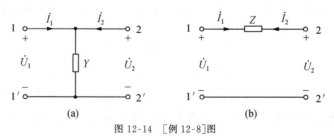

(a)   (b)

图 12-14 [例 12-8]图

解:对于图 12-14(a),列写 KVL、KCL 方程,得

$$\dot{U}_1 = \dot{U}_2$$

$$\dot{I}_1 = Y\dot{U}_2 - \dot{I}_2$$

$$\begin{bmatrix} \dot{U}_1 \\ \dot{I}_1 \end{bmatrix} = \begin{bmatrix} 1 & 0 \\ Y & 1 \end{bmatrix} \begin{bmatrix} \dot{U}_2 \\ -\dot{I}_2 \end{bmatrix}$$

T 参数矩阵为

$$\boldsymbol{T} = \begin{bmatrix} 1 & 0 \\ Y & 1 \end{bmatrix}$$

对于图 12-14(b),列写 KVL、KCL 方程,得

$$\dot{U}_1 = \dot{U}_2 - Z\dot{I}_2$$

$$\dot{I}_1 = -\dot{I}_2$$

T 参数矩阵为

$$\boldsymbol{T} = \begin{bmatrix} 1 & Z \\ 0 & 1 \end{bmatrix}$$

图 12-14(a)、图 12-14(b)是二端口网络的两个基本单元。将图 12-14(a)端口 2-2′短路,则端口电压 $\dot{U}_1 = \dot{U}_2 = 0$,说明它没有 Y 参数;同理,将图 12-14(b)的端口 2-2′开路,则端口电流 $\dot{I}_1 = \dot{I}_2 = 0$,说明它没有 Z 参数。

12.2.4　混合参数方程和 H 参数

在分析晶体管电路时,常以 $\dot{U}_1$、$\dot{I}_2$ 为因变量,而以 $\dot{I}_1$、$\dot{U}_2$ 为自变量。这时二端口网络的 KCL、KVL 方程可以写为

$$\dot{U}_1 = H_{11}\dot{I}_1 + H_{12}\dot{U}_2$$

$$\dot{I}_2 = H_{21}\dot{I}_1 + H_{22}\dot{U}_2 \tag{12-4}$$

$$H_{11} = \frac{\dot{U}_1}{\dot{I}_1}\bigg|_{\dot{U}_2=0}; \quad H_{21} = \frac{\dot{I}_2}{\dot{I}_1}\bigg|_{\dot{U}_2=0}$$

$$H_{12} = \frac{\dot{U}_1}{\dot{U}_2}\bigg|_{\dot{I}_1=0}; \quad H_{22} = \frac{\dot{I}_2}{\dot{U}_2}\bigg|_{\dot{I}_1=0}$$

不难看出,H_{11} 是输出端口短路时输入端口的输入阻抗(或短路策动点阻抗),显然有 $H_{11} = 1/Y_{11}$。H_{21} 是输出端口短路时的正向电流转移比,量纲一。H_{12} 是输入端口开路时的反向电压转移比,量纲一。H_{22} 是输入端口开路时输出端口的输出导纳(或开路策动点导纳),显然有 $H_{22} = 1/Z_{22}$。

将 H 参数方程(12-4)写成矩阵形式,即

$$\begin{bmatrix} \dot{U}_1 \\ \dot{I}_2 \end{bmatrix} = \begin{bmatrix} H_{11} & H_{12} \\ H_{21} & H_{22} \end{bmatrix} \begin{bmatrix} \dot{I}_1 \\ \dot{U}_2 \end{bmatrix} = \boldsymbol{H} \begin{bmatrix} \dot{I}_1 \\ \dot{U}_2 \end{bmatrix}$$

式中,$\boldsymbol{H} = \begin{bmatrix} H_{11} & H_{12} \\ H_{21} & H_{22} \end{bmatrix}$ 称为二端口网络的 H 参数(或混合参数)矩阵,它的元素称为 H 参数或混合参数(hybrid parameters)。

如果网络是互易的,可以证明

$$H_{12} = -H_{21}$$

说明 H 参数中只有三个参数是相互独立的。

若网络是互易的且又是对称的,则有

$$H_{12} = -H_{21}$$
$$\det(\boldsymbol{H}) = H_{11}H_{22} - H_{12}H_{21} = 1$$

说明只有两个 H 参数是相互独立的。

【例 12-9】 求如图 12-15 所示二端口网络的 H 参数。

解:将图 12-15 输出端 2-2′短路,如图 12-16(a)所示。

由 H 参数定义式得

$$H_{11} = \frac{\dot{U}_1}{\dot{I}_1}\bigg|_{\dot{U}_2=0} = \frac{R_1\dot{I}_1}{\dot{I}_1} = R_1$$

$$H_{21} = \frac{\dot{I}_2}{\dot{I}_1}\bigg|_{\dot{U}_2=0} = \frac{\beta\dot{I}_1}{\dot{I}_1} = \beta$$

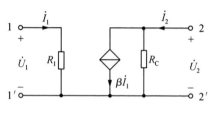

图 12-15 〔例 12-9〕图

将图 12-15 端口 1-1′开路,如图 12-16(b)所示。由 H 参数定义式得

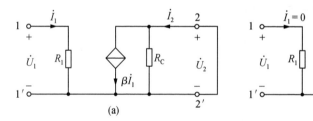

(a)

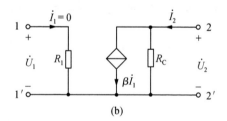

(b)

图 12-16 〔例 12-9〕用图

$$H_{12} = \frac{\dot{U}_1}{\dot{U}_2}\bigg|_{\dot{I}_1=0} = 0$$

$$H_{22} = \frac{\dot{I}_2}{\dot{U}_2}\bigg|_{\dot{I}_1=0} = \frac{1}{R_C}$$

12.2.5 二端口网络参数之间的关系

我们已看到二端口网络参数之间可以等效替换。现将四种参数之间的关系汇总于表 12-1 中。

表 12-1　　　　　　　　　　　　　　　　　二端口网络参数间的关系

	Z 参数	Y 参数	H 参数	T 参数
Z 参数	$\begin{bmatrix} Z_{11} & Z_{12} \\ Z_{21} & Z_{22} \end{bmatrix}$	$\begin{bmatrix} \dfrac{Y_{22}}{\det Y} & \dfrac{-Y_{12}}{\det Y} \\ \dfrac{-Y_{21}}{\det Y} & \dfrac{Y_{11}}{\det Y} \end{bmatrix}$	$\begin{bmatrix} \dfrac{\det H}{H_{22}} & \dfrac{H_{12}}{H_{22}} \\ \dfrac{-H_{12}}{H_{22}} & \dfrac{1}{H_{22}} \end{bmatrix}$	$\begin{bmatrix} \dfrac{A}{C} & \dfrac{\det T}{C} \\ \dfrac{1}{C} & \dfrac{D}{C} \end{bmatrix}$
Y 参数	$\begin{bmatrix} \dfrac{Z_{22}}{\det Z} & \dfrac{-Z_{12}}{\det Z} \\ \dfrac{-Z_{21}}{\det Z} & \dfrac{Z_{11}}{\det Z} \end{bmatrix}$	$\begin{bmatrix} Y_{11} & Y_{12} \\ Y_{21} & Y_{22} \end{bmatrix}$	$\begin{bmatrix} \dfrac{1}{H_{11}} & \dfrac{-H_{12}}{H_{11}} \\ \dfrac{H_{21}}{H_{11}} & \dfrac{\det H}{H_{11}} \end{bmatrix}$	$\begin{bmatrix} \dfrac{D}{B} & \dfrac{-\det T}{B} \\ \dfrac{-1}{B} & \dfrac{A}{B} \end{bmatrix}$
H 参数	$\begin{bmatrix} \dfrac{\det Z}{Z_{22}} & \dfrac{Z_{12}}{Z_{22}} \\ \dfrac{-Z_{12}}{Z_{22}} & \dfrac{1}{Z_{22}} \end{bmatrix}$	$\begin{bmatrix} \dfrac{1}{Y_{11}} & \dfrac{-Y_{12}}{Y_{11}} \\ \dfrac{Y_{21}}{Y_{11}} & \dfrac{\det Y}{Y_{11}} \end{bmatrix}$	$\begin{bmatrix} H_{11} & H_{12} \\ H_{21} & H_{22} \end{bmatrix}$	$\begin{bmatrix} \dfrac{B}{D} & \dfrac{\det T}{D} \\ \dfrac{-1}{D} & \dfrac{C}{D} \end{bmatrix}$
T 参数	$\begin{bmatrix} \dfrac{Z_{11}}{Z_{21}} & \dfrac{\det Z}{Z_{21}} \\ \dfrac{1}{Z_{21}} & \dfrac{Z_{22}}{Z_{21}} \end{bmatrix}$	$\begin{bmatrix} \dfrac{-Y_{22}}{Y_{21}} & \dfrac{-1}{Y_{21}} \\ \dfrac{-\det Y}{Y_{21}} & \dfrac{-Y_{11}}{Y_{21}} \end{bmatrix}$	$\begin{bmatrix} \dfrac{-\det H}{H_{21}} & \dfrac{-H_{11}}{H_{21}} \\ \dfrac{-H_{22}}{H_{21}} & \dfrac{-1}{H_{21}} \end{bmatrix}$	$\begin{bmatrix} A & B \\ C & D \end{bmatrix}$

12.3　二端口等效电路

12.3.1　二端口网络等效网络的定义与条件

　　不论一个二端口网络 N_a 怎样大、怎样复杂,和一个二端口电路可以有一个等效电路一样,我们也可以求出它的二端口等效网络 N_b,如图 12-17 所示。其等效条件是:N_a 与 N_b 具有相同的端口伏安关系,即网络的基本参数或特性参数完全相同。

　　研究二端口网络等效网络可使问题求解、计算简便;当对网络进行综合设计时,可使网络元件的数量减少。

　　由于每一个二端口网络都有四组基本参数矩阵,因而就有四种等效二端口网络,但在工程实际中,应用较多的是 Z 参数、Y 参数和 H 参数等效二端口网络。

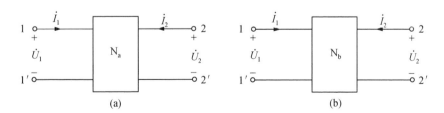

图 12-17　二端口网络及其等效网络

12.3.2　Z 参数等效二端口网络

　　如图 12-18(a)所示为线性二端口网络 N,若已知其 Z 方程为

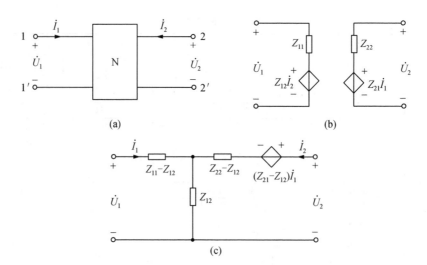

图 12-18　两种 Z 参数等效二端口网络

$$\dot{U}_1 = Z_{11}\dot{I}_1 + Z_{12}\dot{I}_2$$

$$\dot{U}_2 = Z_{21}\dot{I}_1 + Z_{22}\dot{I}_2$$

上式是一组 KVL 方程,根据此式可画出与之对应的含双受控源的 Z 参数等效网络,如图 12-18(b)所示。

若将式(12-5)加以改写,即

$$\dot{U}_1 = (Z_{11} - Z_{12})\dot{I}_1 + Z_{12}(\dot{I}_1 + \dot{I}_2)$$

$$\dot{U}_2 = (Z_{21} - Z_{12})\dot{I}_1 + (Z_{22} - Z_{12})\dot{I}_2 + Z_{12}(\dot{I}_1 + \dot{I}_2)$$

根据此式可画出与之对应的一个含有受控源的 T 形等效网络,如图 12-18(c)所示。

特殊情况:当网络 N 为互易网络时,因有 $Z_{12} = Z_{21}$,故图中的受控电压源 $(Z_{21} - Z_{12})\dot{I}_1 = 0$,即为短路,于是变为如图 12-19 所示的无受控源 T 形网络。

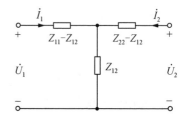

图 12-18(b)、图 12-18(c)和图 12-19 统称为二端口网络的 Z 参数等效二端口网络。

图 12-19　互易网络的 Z 参数无受控源 T 形等效网络

【例 12-10】　对一个对称二端口网络 N 进行如图 12-20(a)、图 12-20(b)所示的测试,其测试结果为:输出开路时,如图 12-20(a)所示,$\dot{U}_1 = 16$ V,$\dot{I}_1 = 0.064$ A;输出短路时,如图 12-20(b)所示。$\dot{U}_1 = 16$ V,$\dot{I}_1 = 0.1$ A。求如图 12-20(c)所示网络中的电流 $\dot{I}_2$。

解:本题若不用 Z 参数等效二端口网络求解,则是比较困难的,因对图 12-20(a)有

$$Z_{11} = \left.\frac{\dot{U}_1}{\dot{I}_1}\right|_{\dot{I}_2 = 0} = \frac{16}{0.064} = 250\ \Omega$$

又已知网络是对称的,故有

$$Z_{22} = Z_{11} = 250\ \Omega, Z_{12} = Z_{21}$$

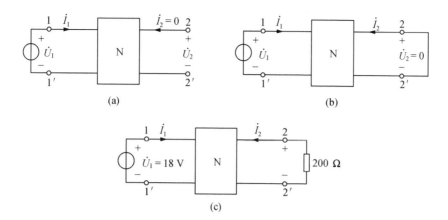

图 12-20　[例 12-10]图

现画出网络 N 的 T 形等效网络,如图 12-21(a)所示。图中 $Z_{11}=Z_{22}=250\ \Omega$,又有 $Z_{12}=Z_{21}$,故未知量只有一个。

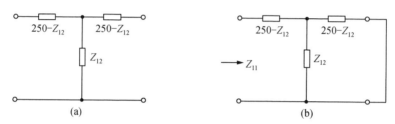

图 12-21　网络 N 的 Z 参数 T 形等效网络

又根据图 12-20(b)网络求得

$$Z_{11}=\frac{\dot{U}_1}{\dot{I}_1}\bigg|_{\dot{U}_2=0}=\frac{16}{0.1}=160\ \Omega$$

根据图 12-21(b)求得

$$Z_{11}=250-Z_{12}+\frac{(250-Z_{12})\cdot Z_{12}}{250-Z_{12}+Z_{12}}=160\ \Omega$$

解得

$$Z_{12}=150\ \Omega$$

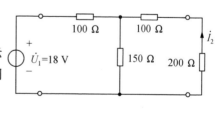

图 12-22　等效电路图

再将所求得的 $Z_{12}=150\ \Omega$ 代入图 12-21(a)所示的无源 T 形等效网络中,并画出如图 12-22 所示的网络,根据此网络即可很容易地求得 $\dot{I}_2=-0.03$ A。

12.3.3　Y 参数二端口网络

对于图 12-18(a)所示的线性二端口网络 N,若已知其 Y 方程为

$$\dot{I}_1=Y_{11}\dot{U}_1+Y_{12}\dot{U}_2$$

$$\dot{I}_2=Y_{21}\dot{U}_1+Y_{22}\dot{U}_2$$

上式是一组 KCL 方程,根据此式可画出与之对应的含双受控源的 Y 参数等效网络,如

图 12-23(a)所示。

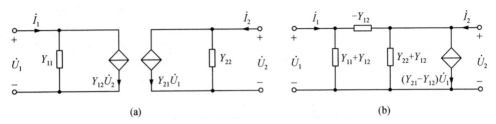

图 12-23　两种 Y 参数等效二端口网络

若将上式加以改写，即

$$\dot{I}_1=(Y_{11}+Y_{12})\dot{U}_1-Y_{12}(\dot{U}_1-\dot{U}_2)$$

$$\dot{I}_2=(Y_{21}-Y_{12})\dot{U}_1+(Y_{22}+Y_{12})\dot{U}_2-Y_{12}(\dot{U}_2-\dot{U}_1)$$

根据此式可画出与其对应的含一个受控源的等效网络，如图 12-23(b)所示。

特殊情况：当网络 N 为互易网络时，因有 $Y_{12}=Y_{21}$，故图中 12-23(b)的受控电流源 $(Y_{21}-Y_{12})\dot{U}_1=0$，即为开路，于是变为图 12-24 所示的无源 π 形网络。

图 12-23(a)、如图 12-23(b)和图 12-24，统称为二端口网络的 Y 参数等效二端口网络。

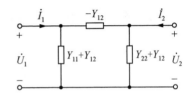

图 12-24　互易网络的 Y 参数 Ⅱ 形等效网络

12.3.4　*H* 参数等效二端口网络

对于图 12-18(a)所示的线性二端口网络 N，若已知其 *H* 方程为

$$\dot{U}_1=H_{11}\dot{I}_1+H_{12}\dot{U}_2$$

$$\dot{I}_2=H_{21}\dot{I}_1+H_{22}\dot{U}_2$$

根据此式可画出与之对应的含双受控源的 *H* 参数等效二端口网络，如图 12-25 所示，称为 *H* 参数等效二端口网络。

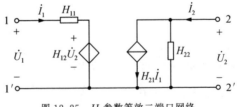

图 12-25　*H* 参数等效二端口网络

【例 12-11】　已知如图 12-26(a)所示二端口网络 N 的 *Z* 参数矩阵为 $\boldsymbol{Z}=\begin{bmatrix}6 & 4 \\ 2 & 8\end{bmatrix}$，试求其 T 形等效二端口网络。

解：从已知可得 $Z_{11}=6\ \Omega, Z_{12}=4\ \Omega, Z_{21}=2\ \Omega, Z_{22}=8\ \Omega$。用这些 *Z* 参数即可计算图 12-18(c)中各阻抗值，即得其 T 形等效二端口网络，如图 12-26(b)所示，为一含受控源的网络，这是因为已知的网络 N 为非互易网络。

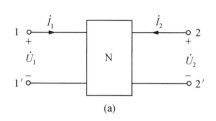
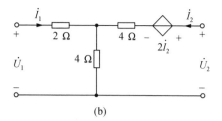

图 12-26　[例 12-11]图

【例 12-12】 已知如图 12-27(a)所示二端口网络 N 的 Y 参数矩阵为 $Y=\begin{bmatrix} 1 & -0.25 \\ -0.25 & 0.5 \end{bmatrix}$，试求其 Π 形等效二端口网络。

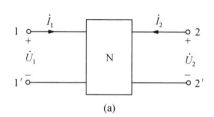
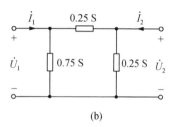

图 12-27　[例 12-12]图

解： 从题意得 $Y_{11}=1$ S，$Y_{12}=-0.25$ S，$Y_{21}=-0.25$ S，$Y_{22}=0.5$ S。用这些 Y 参数即可计算图 12-23(b)中各导纳值，即得其 π 形等效二端口网络，如图 12-27(b)所示。可见为一个不含受控源的网络，这是因为已知的网络 N 为互易网络。

【例 12-13】 已知如图 12-28(a)所示二端口网络 N 的 Z 参数矩阵为 $Z=\begin{bmatrix} 6 & 4 \\ 4 & 6 \end{bmatrix}$，求 R 为何值时能获得最大功率 P_{m}，P_{m} 的值多大？

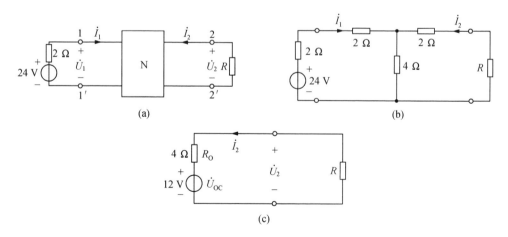

图 12-28　[例 12-13]图

解： 由题意得 $Z_{11}=6$ Ω，$Z_{12}=4$ Ω，$Z_{21}=4$ Ω，$Z_{22}=6$ Ω。将这些数据代入图 12-28(a)中，即得其 T 形等效二端口网络，如图 12-28(b)所示，然后再由等效电压源定理可求得图 12-28(c)所示电路。其中

$$U_{OC} = \frac{24}{2+2+4} \times 4 = 12 \text{ V}$$

$$R_O = \frac{4 \times 4}{4+4} + 2 = 4 \ \Omega$$

当 $R = R_O = 4 \ \Omega$ 时，R 能获得最大功率 P_m，且 P_m 的值为

$$P_m = \frac{U_{OC}^2}{4R_O} = \frac{12^2}{4 \times 4} = 9 \text{ W}$$

12.4　二端口网络的网络函数

前面引入的四种网络参数描述了网络本身的特性，与负载和电源无关。但在实际使用时，网络总是接有电源和负载。因此，我们还必须研究网络在接有电源和负载时响应与激励的关系，这些关系称为网络函数。

对于线性二端口网络，它的响应相量与激励相量之间的关系称为网络函数。当网络函数的响应相量、激励相量属于同一二端口的，称为策动点函数；如果网络函数的响应相量与激励相量不属于同一二端口的，则称为传递函数。

12.4.1　策动点函数(driving point function)

1.输入阻抗

由 T 参数方程

$$\dot{U}_1 = A \dot{U}_2 + B(-\dot{I}_2)$$

$$\dot{I}_1 = C \dot{U}_2 + D(-\dot{I}_2)$$

解得

$$\dot{U}_2 = \frac{D \dot{U}_1 - B \dot{I}_1}{AD - BC}$$

$$\dot{I}_2 = \frac{C \dot{U}_1 - A \dot{I}_1}{AD - BC}$$

二端口网络的输出端口接负载 Z_L，如图 12-29 所示，则输入阻抗为

$$Z_{in} = \frac{\dot{U}_1}{\dot{I}_1} = \frac{A \dot{U}_2 + B(-\dot{I}_2)}{C \dot{U}_2 + D(-\dot{I}_2)} = \frac{A \dfrac{\dot{U}_2}{-\dot{I}_2} + B}{C \dfrac{\dot{U}_2}{-\dot{I}_2} + D}$$

$$= \frac{AZ_L + B}{CZ_L + D} \tag{12-5}$$

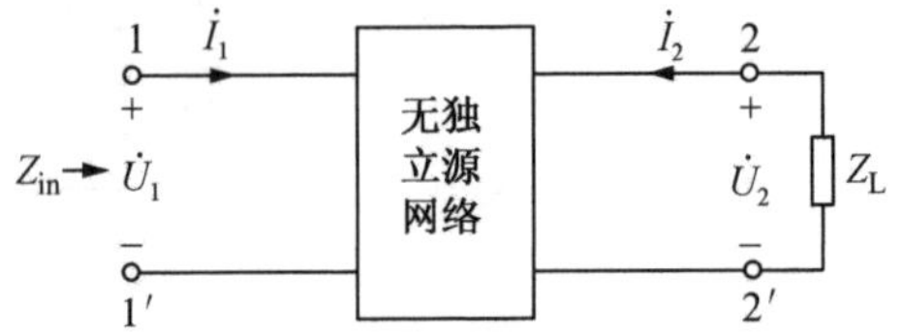

图 12-29　输入阻抗

一般情况下 $Z_L \neq Z_{in}$，这说明二端口网络具有阻抗变换作用。

2.输出阻抗

若将阻抗 Z_S 接在输入端口,如图 12-30 所示,则输出阻抗为

$$Z_{out} = \frac{\dot{U}_2}{\dot{I}_2} = \frac{DZ_S + B}{CZ_S + A} \qquad (12\text{-}6)$$

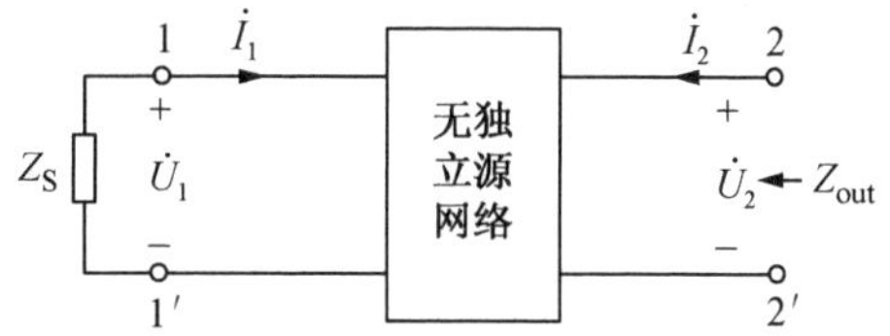

当二端口网络对称时,由于 $D = A$,所以

$$Z_{in} = \frac{\dot{U}_1}{\dot{I}_1} = \frac{AZ_L + B}{CZ_L + A}$$

$$Z_{out} = \frac{\dot{U}_2}{\dot{I}_2} = \frac{AZ_S + B}{CZ_S + A}$$

图 12-30 输出阻抗

若 $Z_L = Z_S$,则令 $Z_L = Z_S = Z_C$,$Z_{in} = Z_{out} = Z_C$,得

$$Z_C = \frac{AZ_C + B}{CZ_C + A}$$

解方程得

$$Z_C = \sqrt{\frac{B}{C}}$$

由上式知,Z_C 仅由二端口网络参数决定,与其他条件无关,故称为二端口网络的特性阻抗。Z_C 还可以表示为

$$Z_C = \sqrt{Z_{in\infty} \cdot Z_{in0}}$$

式中,$Z_{in\infty} = \dfrac{\dot{U}_1}{\dot{I}_1}\bigg|_{\dot{I}_2 = 0}$ 即二端口网络输出端口开路时的输入阻抗,$Z_{in0} = \dfrac{\dot{U}_1}{\dot{I}_1}\bigg|_{\dot{U}_2 = 0}$ 即二端口网络输出端口短路时的输入阻抗。

3.开路输入阻抗与开路输出阻抗

$Z_L = Z_S \to \infty$ 时的输入阻抗与输出阻抗,分别称为开路输入阻抗与开路输出阻抗,相应用 $Z_{in\infty}$ 和 $Z_{out\infty}$ 表示,如图 12-31 所示。由式(12-5)、式(12-6)得

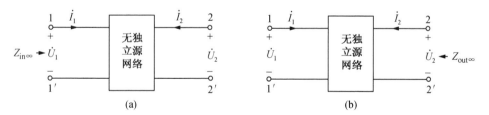

(a)   (b)

图 12-31 开路输入阻抗与开路输出阻抗

$$Z_{in\infty} = \frac{A}{C}, \qquad Z_{out\infty} = \frac{D}{C}$$

4.短路输入阻抗与短路输出阻抗

$Z_L = Z_S = 0$ 时的输入阻抗与输出阻抗,分别称为短路输入阻抗与短路输出阻抗,相应用 Z_{in0} 和 Z_{out0} 表示,如图 12-32 所示。由式(12-5)、式(12-6)得

$$Z_{in0} = \frac{B}{D}, \qquad Z_{out0} = \frac{B}{A}$$

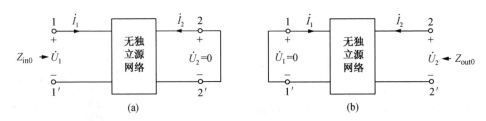

图 12-32 短路输入阻抗与短路输出阻抗

12.4.2 转移函数(传输函数)

1.以 *T* 参数为例来说明

转移函数共有四个:电压比函数、电流比函数、转移阻抗函数和转移导纳函数。电压比函数与电流比函数分别定义为

$$H(\mathrm{j}\omega) = \frac{\dot{U}_2}{\dot{U}_1} = \frac{\dot{U}_2}{A\dot{U}_2 + B(-\dot{I}_2)} = \frac{\dfrac{\dot{U}_2}{-\dot{I}_2}}{A\dfrac{\dot{U}_2}{-\dot{I}_2} + B} = \frac{Z_{\mathrm{L}}}{AZ_{\mathrm{L}} + B} \tag{12-7}$$

$$H(\mathrm{j}\omega) = \frac{\dot{I}_2}{\dot{I}_1} = \frac{\dot{I}_2}{C\dot{U}_2 + D(-\dot{I}_2)} = \frac{-1}{C\dfrac{\dot{U}_2}{-\dot{I}_2} + D} = \frac{-1}{CZ_{\mathrm{L}} + D} \tag{12-8}$$

现将电压比函数的物理意义说明如下

$$H(\mathrm{j}\omega) = |H(\mathrm{j}\omega)| \mathrm{e}^{\mathrm{j}\varphi(\omega)} = \frac{\dot{U}_2}{\dot{U}_1} = \frac{U_2 \mathrm{e}^{\mathrm{j}\varphi_{U2}}}{U_1 \mathrm{e}^{\mathrm{j}\varphi_{U1}}} = \frac{U_2}{U_1}\mathrm{e}^{\mathrm{j}(\varphi_{U2} - \varphi_{U1})}$$

其中,$|H(\mathrm{j}\omega)| = \dfrac{U_2}{U_1}$ 为输出端口电压与输入端口电压有效值之比,称为模频特性;

$\varphi(\omega) = \varphi_{U2} - \varphi_{U1}$ 为 $\dot{U}_2$ 超前 $\dot{U}_1$ 的相位差,称为相频特性(phase-frequency characteristic)。幅频特性(amplitude-frequency characteristic)与相频特性统称为频率特性或频率响应(frequency response)。

$Z_{\mathrm{L}} \to \infty$ 时的电压比函数,称为开路电压比函数。根据式(12-7)可得开路电压比函数为

$$H(\mathrm{j}\omega) = \frac{1}{A}$$

此式十分有用。

转移阻抗函数(用 Z_{T} 表示)和转移导纳(用 Y_{T} 表示)函数分别定义为

$$Z_{\mathrm{T}} = \frac{\dot{U}_2}{\dot{I}_1} = \frac{\dot{U}_2}{C\dot{U}_2 + D(-\dot{I}_2)} = \frac{\dfrac{\dot{U}_2}{-\dot{I}_2}}{C\dfrac{\dot{U}_2}{-\dot{I}_2} + D} = \frac{Z_{\mathrm{L}}}{CZ_{\mathrm{L}} + D}$$

$$Y_{\mathrm{T}}=\frac{\dot{I}_2}{\dot{U}_1}=\frac{\dot{I}_2}{A\dot{U}_2+B(-\dot{I}_2)}=\frac{-1}{A\dfrac{\dot{U}_2}{-\dot{I}_2}+B}=\frac{-1}{AZ_{\mathrm{L}}+B}$$

注意:Z_{T} 与 Y_{T} 之间不存在互易关系,即

$$Z_{\mathrm{T}}Y_{\mathrm{T}}=\frac{\dot{U}_2}{\dot{I}_1}\times\frac{\dot{I}_2}{\dot{U}_1}\neq1$$

2.以 Z、Y 参数为例来说明

(1)当二端口网络不接负载,且外加电源为理想电源(内阻为零)时。

若用 $Z(\mathrm{j}\omega)$ 表示时,先列写网络在频域的 Z 参数方程,即

$$\dot{U}_1=Z_{11}(\mathrm{j}\omega)\dot{I}_1+Z_{12}(\mathrm{j}\omega)\dot{I}_2$$
$$\dot{U}_2=Z_{21}(\mathrm{j}\omega)\dot{I}_1+Z_{22}(\mathrm{j}\omega)\dot{I}_2$$

当网络输出端口不接负载(即输出端开路,$\dot{I}_2=0$)时,则

$$\frac{\dot{U}_1}{\dot{U}_2}=\frac{Z_{11}(\mathrm{j}\omega)}{Z_{21}(\mathrm{j}\omega)}$$

即二端口网络开路时的电压比,可用它的 $Z(\mathrm{j}\omega)$ 参数表示,如果用 $Y(\mathrm{j}\omega)$ 参数表示,则可列写二端口网络的 $Y(\mathrm{j}\omega)$ 参数方程,即

$$\dot{I}_1=Y_{11}(\mathrm{j}\omega)\dot{U}_1+Y_{12}(\mathrm{j}\omega)\dot{U}_2$$
$$\dot{I}_2=Y_{21}(\mathrm{j}\omega)\dot{U}_1+Y_{22}(\mathrm{j}\omega)\dot{U}_2$$

由 $\dot{I}_2=0$ 得

$$\frac{\dot{U}_1}{\dot{U}_2}=\frac{-Y_{22}(\mathrm{j}\omega)}{Y_{21}(\mathrm{j}\omega)}$$

同理,若二端口网络不接负载(即输出端口短路,$\dot{U}_2=0$)时,则

$$\frac{\dot{I}_1}{\dot{I}_2}=\frac{Y_{11}(\mathrm{j}\omega)}{Y_{21}(\mathrm{j}\omega)}$$

即二端口网络输出短路时的电流比,可用它的 $Y(\mathrm{j}\omega)$ 参数表示,如果用 $Z(\mathrm{j}\omega)$ 参数表示,则可列写二端口网络 $Z(\mathrm{j}\omega)$ 参数方程,即

$$\dot{U}_2=Z_{21}(\mathrm{j}\omega)\dot{I}_1+Z_{22}(\mathrm{j}\omega)\dot{I}_2$$

由 $\dot{U}_2=0$ 得

$$\frac{\dot{I}_1}{\dot{I}_2}=-\frac{Z_{22}(\mathrm{j}\omega)}{Z_{21}(\mathrm{j}\omega)}$$

(2)当二端口网络接上负载,且外加电源内阻抗又不等于零,其传递函数不仅与 $Y(\mathrm{j}\omega)$ 参数或 $Z(\mathrm{j}\omega)$ 参数有关,还与电源及负载的阻抗有关。

先看有外接负载但电源内阻抗 $Z_0(\mathrm{j}\omega)$ 等于零的情形,如图 12-33(a)所示。列写该电路的 $Y(\mathrm{j}\omega)$ 参数方程,有

$$\dot{I}_2 = Y_{21}(j\omega)\dot{U}_1 + Y_{22}(j\omega)\dot{U}_2 \qquad (12-9)$$

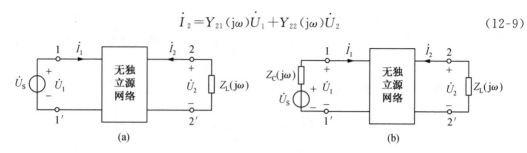

图 12-33　二端口网络接负载电路图

又由图 12-33(a)知

$$\dot{U}_2 = -Z_L(j\omega)\dot{I}_2 \qquad (12-10)$$

将式(12-10)代入式(12-9)中,消去 $\dot{U}_2$ 得

$$\frac{\dot{I}_2}{\dot{U}_1} = \frac{Y_{21}(j\omega)/Z_L(j\omega)}{Y_{22}(j\omega) + 1/Z_L(j\omega)} \qquad (12-11)$$

式(12-11)具有导纳性质,但又与二端口网络的短路参数 $Y_{21}(j\omega)$ 有所区别。用类似方法可求得其他形式的传递函数,如 $\dot{I}_2/\dot{I}_1$ 或 $\dot{U}_2/\dot{I}_1$ 等。

再看既有外接负载且电源内阻抗 $Z_0(j\omega)$ 又不等于零的情形,如图 12-33(b)所示。列写该电路的 $Z(j\omega)$ 参数方程,有

$$\dot{U}_1 = Z_{11}(j\omega)\dot{I}_1 + Z_{12}(j\omega)\dot{I}_2$$

$$\dot{U}_2 = Z_{21}(j\omega)\dot{I}_1 + Z_{22}(j\omega)\dot{I}_2$$

由图 12-33(b)得

$$\dot{U}_1 = \dot{U}_S - Z_C(j\omega)\dot{I}_1$$

$$\dot{U}_2 = -Z_L(j\omega)\dot{I}_2$$

整理得

$$\dot{I}_2 = \frac{-\dot{U}_S Z_{21}(j\omega)}{[Z_C(j\omega)+Z_{11}(j\omega)][Z_L(j\omega)+Z_{22}(j\omega)]-Z_{12}(j\omega)Z_{21}(j\omega)}$$

于是有

$$\frac{\dot{U}_2}{\dot{U}_1} = \frac{-Z_L(j\omega)\dot{I}_2}{\dot{U}_S} = \frac{Z_{21}(j\omega)Z_L(j\omega)}{[Z_C(j\omega)+Z_{11}(j\omega)][Z_L(j\omega)+Z_{22}(j\omega)]-Z_{12}(j\omega)Z_{21}(j\omega)}$$

传递函数(transfer function)在网络分析中用途很大,它可以使某些频率信号通过网络,而抑制另一些频率信号,可起网络耦合作用;传递函数的零点分布、极点分布与网络内部的元件及其连接方式等密切相关,而零点、极点的分布又决定了网络特性。

12.5　二端口网络的连接

在分析和设计电路时,常将多个二端口网络适当地连接起来组成一个新的网络,或将一

网络视为由多个二端口网络连接而成的网络。

二端口网络的连接有多种形式，常见的连接方式有级联（cascade connection）、串联（series connection）、并联（parallel connection）等。本节主要研究两个二端口网络以不同形式连接后形成新的二端口网络的参数与原来的两个二端口网络参数之间的关系。这种参数之间的关系也可以推广到多个二端口网络的连接中去。

12.5.1　二端口网络的级联

将一个二端口网络的输出端口与另一个二端口网络的输入端口连接在一起，形成一个复合二端口网络，如图 12-34 所示，这样的连接方式称为两个二端口网络的级联。

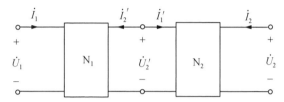

图 12-34　二端口网络的级联

分析级联的二端口网络，采用 T 参数比较方便。设给定级联的两个二端口网络的 T 参数矩阵分别为

$$\boldsymbol{T}_1 = \begin{bmatrix} A_1 & B_1 \\ C_1 & D_1 \end{bmatrix}, \boldsymbol{T}_2 = \begin{bmatrix} A_2 & B_2 \\ C_2 & D_2 \end{bmatrix}$$

级联后所形成的复合二端口网络的 T 参数矩阵设为

$$\boldsymbol{T} = \begin{bmatrix} A & B \\ C & D \end{bmatrix}$$

级联后两个子二端口网络的 T 参数方程分别为

$$\begin{bmatrix} \dot{U}_1 \\ \dot{I}_1 \end{bmatrix} = \boldsymbol{T}_1 \begin{bmatrix} \dot{U}_2' \\ -\dot{I}_2' \end{bmatrix}$$

$$\begin{bmatrix} \dot{U}_2' \\ \dot{I}_1' \end{bmatrix} = \boldsymbol{T}_2 \begin{bmatrix} \dot{U}_2 \\ -\dot{I}_2 \end{bmatrix}$$

另外，图 12-34 所示的两个二端口级联后显然满足关系式

$$\begin{bmatrix} \dot{U}_2' \\ -\dot{I}_2' \end{bmatrix} = \begin{bmatrix} \dot{U}_2' \\ \dot{I}_1' \end{bmatrix}$$

故

$$\begin{bmatrix} \dot{U}_1 \\ \dot{I}_1 \end{bmatrix} = \boldsymbol{T}_1 \begin{bmatrix} \dot{U}_2' \\ -\dot{I}_2' \end{bmatrix} = \boldsymbol{T}_1 \begin{bmatrix} \dot{U}_2' \\ \dot{I}_1' \end{bmatrix} = \boldsymbol{T}_1 \boldsymbol{T}_2 \begin{bmatrix} \dot{U}_2 \\ -\dot{I}_2 \end{bmatrix} = \boldsymbol{T} \begin{bmatrix} \dot{U}_2 \\ -\dot{I}_2 \end{bmatrix}$$

由上式得出，两个二端口网络级联后所形成的复合二端口网络的 T 参数方程，式中

$\boldsymbol{T}=\boldsymbol{T}_1\boldsymbol{T}_2$，即两个二端口网络级联后形成的复合二端口网络的传输参数矩阵等于相级联的两个二端口网络的传输参数矩阵之乘积。这个结论可以推广到多个二端口网络级联的情况，如 $\boldsymbol{T}=\boldsymbol{T}_1\boldsymbol{T}_2\cdots\boldsymbol{T}_N$，即 N 个二端口网络级联时，级联后复合二端口网络的 T 参数矩阵，等于被级联的各个二端口网络 T 参数矩阵之积。

【例 12-14】 试求如图 12-35 所示二端口网络的 T 参数矩阵。

解： 将如图 12-35 所示二端口网络看成网络Ⅰ和网络Ⅱ的级联。如图 12-35 中虚线所示。对于网络Ⅰ有

$$\dot{U}_1=\dot{U}_2'$$
$$\dot{I}_1=Y\dot{U}_2'-\dot{I}_2'$$

写成矩阵形式为

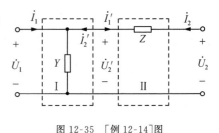

图 12-35　〔例 12-14〕图

$$\begin{bmatrix}\dot{U}_1\\\dot{I}_1\end{bmatrix}=\begin{bmatrix}1&0\\Y&1\end{bmatrix}\begin{bmatrix}\dot{U}_2'\\-\dot{I}_2'\end{bmatrix}$$

$$\boldsymbol{T}_1=\begin{bmatrix}1&0\\Y&1\end{bmatrix}$$

对于网络Ⅱ有

$$\dot{U}_2'=\dot{U}_2+Z(-\dot{I}_2)$$
$$\dot{I}_1'=-\dot{I}_2'=-\dot{I}_2$$

写成矩阵形式为

$$\begin{bmatrix}\dot{U}_2'\\\dot{I}_1'\end{bmatrix}=\begin{bmatrix}1&Z\\0&1\end{bmatrix}\begin{bmatrix}\dot{U}_2\\-\dot{I}_2\end{bmatrix}$$

$$\boldsymbol{T}_2=\begin{bmatrix}1&Z\\0&1\end{bmatrix}$$

所以级联后的 T 参数矩阵为

$$\boldsymbol{T}=\boldsymbol{T}_1\boldsymbol{T}_2=\begin{bmatrix}1&0\\Y&1\end{bmatrix}\begin{bmatrix}1&Z\\0&1\end{bmatrix}=\begin{bmatrix}1&Z\\Y&YZ+1\end{bmatrix}$$

如果可直接列写如图 12-35 所示二端口网络的 T 方程，则有

$$\dot{U}_1=\dot{U}_2+Z(-\dot{I}_2)$$
$$\dot{I}_1=Y\dot{U}_1-\dot{I}_2=Y[\dot{U}_2+Z(-\dot{I}_2)]-\dot{I}_2$$
$$=Y\dot{U}_2+(YZ+1)(-\dot{I}_2)$$

写成矩阵形式，得到

$$\boldsymbol{T}=\begin{bmatrix}1&Z\\Y&YZ+1\end{bmatrix}$$

与级联计算结果相同说明以上结论是正确的。

12.5.2　二端口网络的串联

如图 12-36 所示为两个二端口网络的串联,分析串联二端口网络时,采用 Z 参数分析比较方便。设第一个二端口网络的 Z 参数矩阵为

$$\begin{bmatrix} \dot{U}'_1 \\ \dot{U}'_2 \end{bmatrix} = \begin{bmatrix} Z'_{11} & Z'_{12} \\ Z'_{21} & Z'_{22} \end{bmatrix} \begin{bmatrix} \dot{I}'_1 \\ \dot{I}'_2 \end{bmatrix} = \boldsymbol{Z}_1 \begin{bmatrix} \dot{I}'_1 \\ \dot{I}'_2 \end{bmatrix}$$

设第二个二端口网络的 Z 参数矩阵为

$$\begin{bmatrix} \dot{U}''_1 \\ \dot{U}''_2 \end{bmatrix} = \begin{bmatrix} Z''_{11} & Z''_{12} \\ Z''_{21} & Z''_{22} \end{bmatrix} \begin{bmatrix} \dot{I}''_1 \\ \dot{I}''_2 \end{bmatrix} = \boldsymbol{Z}_2 \begin{bmatrix} \dot{I}''_1 \\ \dot{I}''_2 \end{bmatrix}$$

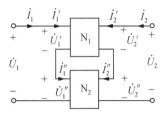

图 12-36　二端口网络的串联

由图 12-36 知,串联二端口网络的电流、电压满足下列关系:

$$\dot{U}_1 = \dot{U}'_1 + \dot{U}''_1, \quad \dot{U}_2 = \dot{U}'_2 + \dot{U}''_2$$

$$\dot{I}_1 = \dot{I}'_1 = \dot{I}''_1, \quad \dot{I}_2 = \dot{I}'_2 = \dot{I}''_2$$

于是得

$$\begin{bmatrix} \dot{U}_1 \\ \dot{U}_2 \end{bmatrix} = \begin{bmatrix} \dot{U}'_1 + \dot{U}''_1 \\ \dot{U}'_2 + \dot{U}''_2 \end{bmatrix} = \begin{bmatrix} \dot{U}'_1 \\ \dot{U}'_2 \end{bmatrix} + \begin{bmatrix} \dot{U}''_1 \\ \dot{U}''_2 \end{bmatrix}$$

$$= \boldsymbol{Z}_1 \begin{bmatrix} \dot{I}'_1 \\ \dot{I}'_2 \end{bmatrix} + \boldsymbol{Z}_2 \begin{bmatrix} \dot{I}''_1 \\ \dot{I}''_2 \end{bmatrix} = (\boldsymbol{Z}_1 + \boldsymbol{Z}_2) \begin{bmatrix} \dot{I}_1 \\ \dot{I}_2 \end{bmatrix} = \boldsymbol{Z} \begin{bmatrix} \dot{I}_1 \\ \dot{I}_2 \end{bmatrix}$$

其中,$Z = Z_1 + Z_2$。即两个二端口网络串联连接时,其复合二端口网络的阻抗矩阵等于被串联的两个二端口网络阻抗矩阵之和。这个结论也可以推广到多个二端口网络串联的情况,如 $\boldsymbol{Z} = \boldsymbol{Z}_1 + \boldsymbol{Z}_2 + \cdots + \boldsymbol{Z}_N$,即 N 个二端口网络串联时,串联后复合二端口网络的阻抗矩阵等于被串联的各个二端口网络阻抗矩阵之和。

12.5.3　二端口网络的并联

如图 12-37 所示为两个二端口网络的并联,分析并联二端口网络时,采用 Y 参数分析比较方便。设第一个二端口网络的 Y 参数方程矩阵为

$$\begin{bmatrix} \dot{I}'_1 \\ \dot{I}'_2 \end{bmatrix} = \begin{bmatrix} Y'_{11} & Y'_{12} \\ Y'_{21} & Y'_{22} \end{bmatrix} \begin{bmatrix} \dot{U}'_1 \\ \dot{U}'_2 \end{bmatrix} = \boldsymbol{Y}_1 \begin{bmatrix} \dot{U}'_1 \\ \dot{U}'_2 \end{bmatrix}$$

设第二个二端口网络的 Y 参数矩阵为

$$\begin{bmatrix} \dot{I}''_1 \\ \dot{I}''_2 \end{bmatrix} = \begin{bmatrix} Y''_{11} & Y''_{12} \\ Y''_{21} & Y''_{22} \end{bmatrix} \begin{bmatrix} \dot{U}''_1 \\ \dot{U}''_2 \end{bmatrix} = \boldsymbol{Y}_2 \begin{bmatrix} \dot{U}''_1 \\ \dot{U}''_2 \end{bmatrix}$$

由图 12-37 知,并联二端口网络的电流、电压满足下列关系:

$$\dot{U}_1 = \dot{U}'_1 = \dot{U}''_1, \quad \dot{U}_2 = \dot{U}'_2 = \dot{U}''_2$$

$$\dot I_1 = \dot I_1' + \dot I_1'', \quad \dot I_2 = \dot I_2' + \dot I_2''$$

于是得

$$\begin{bmatrix} \dot I_1 \\ \dot I_2 \end{bmatrix} = \begin{bmatrix} \dot I_1' + \dot I_1'' \\ \dot I_2' + \dot I_2'' \end{bmatrix} = \begin{bmatrix} \dot I_1' \\ \dot I_2' \end{bmatrix} + \begin{bmatrix} \dot I_1'' \\ \dot I_2'' \end{bmatrix}$$

$$= \boldsymbol{Y}_1 \begin{bmatrix} \dot U_1' \\ \dot U_2' \end{bmatrix} + \boldsymbol{Y}_2 \begin{bmatrix} \dot U_1'' \\ \dot U_2'' \end{bmatrix}$$

$$= (\boldsymbol{Y}_1 + \boldsymbol{Y}_2) \begin{bmatrix} \dot U_1 \\ \dot U_2 \end{bmatrix} = \boldsymbol{Y} \begin{bmatrix} \dot U_1 \\ \dot U_2 \end{bmatrix}$$

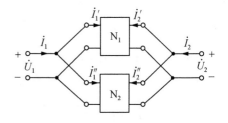

图 12-37　二端口网络的并联

其中，$\boldsymbol{Y} = \boldsymbol{Y}_1 + \boldsymbol{Y}_2$ 即两个二端口网络并联连接时，其复合二端口网络的阻抗矩阵等于被并联的两个二端口网络导纳矩阵之和。这个结论也可以推广到多个二端口网络并联的情况，如 $\boldsymbol{Y} = \boldsymbol{Y}_1 + \boldsymbol{Y}_2 + \cdots + \boldsymbol{Y}_N$ 即 N 个二端口网络并联时，并联后复合二端口网络的导纳矩阵等于被并联的各个二端口网络导纳矩阵之和。

【例 12-15】　如图 12-38 所示为双 T 形网络，试求其 Y 参数矩阵。

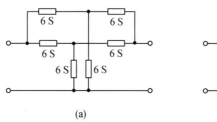

(a)

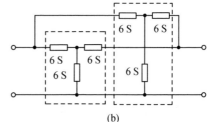

(b)

图 12-38　[例 12-15]图

解：图 12-38(a)双 T 形二端口网络可视作两个 T 形网络的并联，如图 12-38(b)所示。可求得

$$\boldsymbol{Y}_1 = \boldsymbol{Y}_2 = \begin{bmatrix} 4 & -2 \\ -2 & 4 \end{bmatrix}$$

故双 T 形二端口网络的 Y 参数矩阵为

$$\boldsymbol{Y} = \boldsymbol{Y}_1 + \boldsymbol{Y}_2 = \begin{bmatrix} 4 & -2 \\ -2 & 4 \end{bmatrix} + \begin{bmatrix} 4 & -2 \\ -2 & 4 \end{bmatrix} = \begin{bmatrix} 8 & -4 \\ -4 & 8 \end{bmatrix}$$

【例 12-16】　如图 12-39(a)所示电路，$R_1 = R_3 = 100\ \Omega$，$R_2 = 25\ \Omega$，$R_4 = 200\ \Omega$，求 Z 参数矩阵。

解：本题直接用 Z 参数定义求 Z 参数矩阵比较麻烦，而若把该二端口网络看成两个子二端口网络的串联，如图 12-39(b)所示，求解就比较简单。在图 12-39(b)中，以 $\boldsymbol{Z}_1$ 表示由 R_1、R_3、R_4 组成的子二端口网络的 Z 参数矩阵，以 $\boldsymbol{Z}_2$ 表示由 R_2 组成的子二端口网络的 Z 参数矩阵，按参数方程得

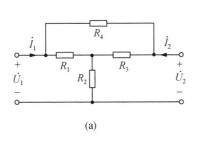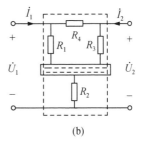

$$(a) \qquad\qquad\qquad (b)$$

图 12-39　[例 12-16]图

$$\boldsymbol{Z}_1 = \begin{bmatrix} \dfrac{R_1(R_3+R_4)}{R_1+R_3+R_4} & \dfrac{R_1 R_3}{R_1+R_3+R_4} \\[4mm] \dfrac{R_1 R_3}{R_1+R_3+R_4} & \dfrac{R_3(R_1+R_4)}{R_1+R_3+R_4} \end{bmatrix} = \begin{bmatrix} 75 & 25 \\ 25 & 75 \end{bmatrix}$$

$$\boldsymbol{Z}_2 = \begin{bmatrix} R_2 & R_2 \\ R_2 & R_2 \end{bmatrix} = \begin{bmatrix} 25 & 25 \\ 25 & 25 \end{bmatrix}$$

由于两个子二端口网络都是上面所说的有公共端的二端口网络,所以串联后子二端口网络的端口条件仍满足,故得复合二端口网络的 Z 参数矩阵为

$$\boldsymbol{Z} = \boldsymbol{Z}_1 + \boldsymbol{Z}_2 = \begin{bmatrix} 100 & 50 \\ 50 & 100 \end{bmatrix}$$

12.6　回转器和负阻抗变换器

12.6.1　回转器(gyrator)

回转器是 1948 年由特勒根(B.D.H.Tellegen)首先提出来的,20 世纪 60 年代休斯曼(L. P.Huelsman)和谢诺依(B. A.Shenoi)等人用运算放大器实现的。

1.回转器的电路符号

理想回转器的电路符号如图 12-40(a)所示,回转器电流电压在图 12-40(a)所示参考方向下,可用下列方程表示

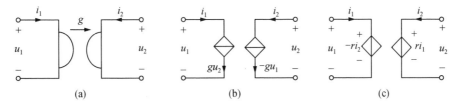

$$(a) \qquad\qquad (b) \qquad\qquad (c)$$

图 12-40　回转器的电路符号及其等效电路

$$\left. \begin{aligned} i_1 &= g u_2 \\ i_2 &= -g u_1 \end{aligned} \right\} \tag{12-12}$$

或表示成

$$u_1 = -ri_2 \atop u_2 = ri_1 \Bigg\} \qquad (12\text{-}13)$$

式中,g 和 r 分别为回转器的回转电导和回转电阻,统称为回转系数。g 的单位为西门子 (S),r 的单位为欧姆(Ω),g 和 r 互为倒数(即 $g=\dfrac{1}{r}$)。g 和 r 均为大于零的实数。从上两式中可看出,回转器为相关性元件,它把一个端口的电压回转成另一个端口的电流,把一个端口的电流回转成另一个端口的电压。"回转"之名即由此而来。

将上两式写成矩阵形式为

$$\begin{bmatrix} i_1 \\ i_2 \end{bmatrix} = \begin{bmatrix} 0 & g \\ -g & 0 \end{bmatrix} \begin{bmatrix} u_1 \\ u_2 \end{bmatrix} \qquad (12\text{-}14)$$

$$\begin{bmatrix} u_1 \\ u_2 \end{bmatrix} = \begin{bmatrix} 0 & -r \\ r & 0 \end{bmatrix} \begin{bmatrix} i_1 \\ i_2 \end{bmatrix} \qquad (12\text{-}15)$$

以上两式说明理想回转器是非互易的多端元件。根据上面方程可作出理想线性回转器的两种等效电路,相应如图 12-40(b)、图 12-40(c)所示。

回转器在任何瞬间吸收的功率为

$$p = u_1 i_1 + u_2 i_2 = -r i_1 i_2 + r i_1 i_2 = 0$$

即回转器在入口端吸收的功率恒等于它在出口端发出的功率,因此它是一个无源、非能量、无记忆元件。由于回转器系数 g(或 r)为常数,所以它还是一个线性元件。

2.回转器的阻抗变换作用

若在回转器的输出端接负载阻抗 Z,如图 12-41 所示,则其输入阻抗为

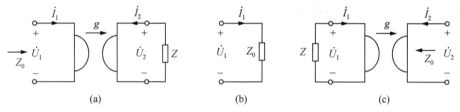

图 12-41　回转器的阻抗变换作用

$$Z_0 = \frac{\dot{U}_1}{\dot{I}_1} = \frac{\dfrac{1}{g}(-\dot{I}_2)}{g \dot{U}_2} = \frac{1}{g^2} \cdot \frac{1}{\left(\dfrac{\dot{U}_2}{-\dot{I}_2}\right)} = \frac{1}{g^2 Z} = r^2 \frac{1}{Z} \qquad (12\text{-}16)$$

可见输入阻抗 Z_0 与 Z 成反比,此即为阻抗的逆变换作用。图 12-41(b)则为其等效电路。

从式(12-16)可以看出:

(1)Z 与 Z_0 的性质相反,即能将 R、L、C 相应回转为电导 g^2R、电容 g^2L、电感 r^2C,特别是将电容回转成电感这一性质尤为宝贵。因为到目前为止,在集成电路中要实现一个电感还有困难,但实现一个电容却很容易。利用回转器将电容 C 回转成电感 $L=r^2C$ 的电路如图 12-42 所示,这只要将 $Z=\dfrac{1}{j\omega C}$ 代入式(12-16)即可证明。

(2)阻抗的逆变换作用具有可逆性,即若将 Z 接在输入端口,如图 12-41(c)所示,则可证明输出端口的输入阻抗仍为 $Z_0=\dfrac{1}{g^2 Z}=r^2 \dfrac{1}{Z}$。

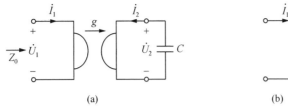
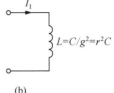

图 12-42　回转器将电容 C 回转为电感 L

（3）当 $Z=0$ 时，$Z_0 \to \infty$，即当一个端口短路时，相当于另一个端口开路。

（4）当 $Z \to \infty$ 时，$Z_0 = 0$，即当一个端口开路时，相当于另一个端口短路。

12.6.2　理想变压器与理想回转器的比较

在电路理论中，理想回转器与理想变压器是姊妹元件，它们两者与 R、L、C 组成了电路的五个基本的无源元件。理想变压器与理想回转器的比较见表 12-2。

表 12-2　　　　　　　　　　理想变压器与理想回转器的比较

序号	理想变压器	理想回转器
1		
2	$\begin{cases} u_1 = \dfrac{1}{n} u_2 \\ i_1 = -n i_2 \end{cases}$;　$\begin{cases} u_2 = n u_1 \\ i_2 = -\dfrac{1}{n} i_1 \end{cases}$ $A = \begin{bmatrix} \dfrac{1}{n} & 0 \\ 0 & -n \end{bmatrix}$;　$B = \begin{bmatrix} n & 0 \\ 0 & -\dfrac{1}{n} \end{bmatrix}$	$\begin{cases} u_1 = -r i_2 \\ u_2 = r i_1 \end{cases}$;　$\begin{cases} i_1 = g u_2 \\ i_2 = -g u_1 \end{cases}$ $Z = \begin{bmatrix} 0 & -r \\ r & 0 \end{bmatrix}$;　$Y = \begin{bmatrix} 0 & g \\ -g & 0 \end{bmatrix}$
3	唯一参数 n	唯一参数 g（或 r）
4	有互易性	无互易性
5	为静态（非记忆、无源）元件	为静态（非记忆、无源）元件
6	将电压变换为电压	将电压回转为电流
7	将电流变换为电流	将电流回转为电压
8	将阻抗 Z 变换为阻抗 $Z_0 = \dfrac{1}{n^2} Z$	将阻抗 Z 回转为导纳 $Y_0 = g^2 Z$
9	将电阻 R 变换为电阻 $R_0 = \dfrac{1}{n^2} R$	将电阻 R 回转为电导 $G_0 = g^2 R$
10	将电容 C 变换为电容 $C_0 = n^2 C$	将电容 C 回转为电感 $L = r^2 C$
11	将电感 L 变换为电感 $L_0 = \dfrac{1}{n^2} L$	将电感 L 回转为电容 $C = g^2 L$
12	将开路变换为开路	将开路回转为短路
13	将短路变换为短路	将短路回转为开路
14	将串联变换为串联	将串联回转为并联
15	将并联变换为并联	将并联回转为串联
16	为非相关性元件	为相关性元件

12.6.3　负阻抗变换器(negative impedance converter)

负阻抗变换器(NIC)也是一种多端元件,其电路符号如图 12-43(a)所示。它有两种形式,即电压反向型负阻抗变换器(UNIC)和电流反向型负阻抗变换器(INIC)。

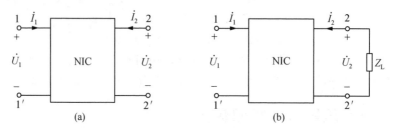

图 12-43　负阻抗变换器

负阻抗变换器的特性可用 T 参数来描述,对 UNIC 列端口方程为

$$\begin{bmatrix} \dot{U}_1 \\ \dot{I}_1 \end{bmatrix} = \begin{bmatrix} -k & 0 \\ 0 & 1 \end{bmatrix} \begin{bmatrix} \dot{U}_2 \\ -\dot{I}_2 \end{bmatrix} \tag{12-17}$$

对 INIC 列端口方程为

$$\begin{bmatrix} \dot{U}_1 \\ \dot{I}_1 \end{bmatrix} = \begin{bmatrix} 1 & 0 \\ 0 & -k \end{bmatrix} \begin{bmatrix} \dot{U}_2 \\ -\dot{I}_2 \end{bmatrix} \tag{12-18}$$

式(12-17)表明,输入电压 $\dot{U}_1$ 经传输后变为 $-k\dot{U}_2$,即改变了方向;但是输入电流 $\dot{I}_1$ 经传输后方向不变,故该式所反映的 NIC 特性为电压反向型负阻抗变换器。

式(12-18)表明,输入电压 $\dot{U}_1$ 经传输后变为 $\dot{U}_2$,但 $\dot{U}_1 = \dot{U}_2$,即传输后电压大小和方向均未改变;但是输入电流 $\dot{I}_1$ 经传输后变为 $k\dot{I}_2$,即电流改变了方向,故该式所反映的 NIC 特性为电流反向型负阻抗变换器。

如图 12-43(b)所示,在端口 2-2′ 接上阻抗 Z_L,从端口 1-1′ 看进去的输入阻抗 Z_1 可计算如下:

设 NIC 为电流反向型,利用式(12-18)得

$$Z_1 = \frac{\dot{U}_1}{\dot{I}_1} = \frac{\dot{U}_2}{k\dot{I}_2}$$

但是 $\dot{U}_2 = -Z_L \dot{I}_2$(根据指定的参数方向),因此

$$Z_1 = -\frac{Z_L}{k}$$

即输入阻抗 Z_1 是负载阻抗 Z_L 乘以 $\frac{1}{k}$ 的负值。所以这个二端口能把一个正阻抗变为负阻抗,也就是说,当端口 2-2′ 接上电阻 R、电感 L 或电容 C 时,则在端口 1-1′ 将变为 $-\frac{1}{k}R$、$-\frac{1}{k}L$ 或 $-kC$。

负阻抗变换器为电路设计中实现负 R、L、C 提供了可能性。

12.7　实际应用电路

晶体管 H 参数等效电路

H 参数在晶体管的等效电路中得到广泛应用,晶体管的参数多用 H 参数表示。晶体管是一种非线性半导体器件,它是构成所有放大器和数字逻辑电路的基础。图 12-44(a)所示晶体管工作在放大区时在低频小信号下的共射极 H 参数交流等效电路如图 12-44(b)所示。其中,$H_{11}=\dfrac{u_{be}}{i_b}\bigg|_{u_{ce}=0}=r_{be}$ 是输入电阻,$H_{21}=\dfrac{i_c}{i_b}\bigg|_{u_{ce}=0}=\beta$ 是电流放大倍数,$H_{12}=\dfrac{u_{be}}{i_{ce}}\bigg|_{u_b=0}$ 是输出端对输入端的反馈系数,$H_{22}=\dfrac{i_c}{u_{ce}}\bigg|_{u_b=0}=r_{be}$ 是输出电导。

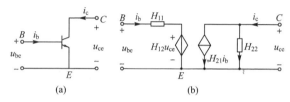

图 12-44　晶体管及其 H 参数等效电路

目前一种常用的共射极混合 Π 形小信号交流等效电路如图 12-45 所示。

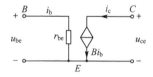

图 12-45　混合 Π 形小信号交流等效电路

拓展训练

习　题

第 12 章
习题答案

12-1　求如图 12-46(a)所示二端口网络的 Z 参数和 T 参数矩阵及 12-46(b) 的 Y 参数和 T 参数的矩阵形式。

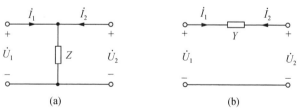

图 12-46　题 12-1 图

12-2　求图 12-47(a)二端口网络的 Z 参数和图 12-47(b)的 T 参数矩阵。

12-3　如图 12-48 所示二端口网络,通过直接列写端口电压方程的方法求其 Z 参数矩阵。

12-4　求如图 12-49 所示二端口网络的 Z、Y、T 参数。

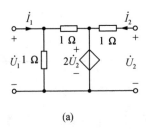
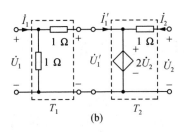

图 12-47　题 12-2 图

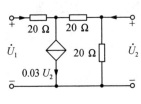

图 12-48　题 12-3 图

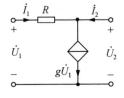

图 12-49　题 12-4 图

12-5　求如图 12-50 所示二端口网络的 T 参数矩阵。

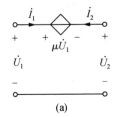
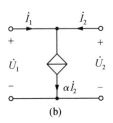

图 12-50　题 12-5 图

12-6　求如图 12-51 所示二端口网络的 H 参数。

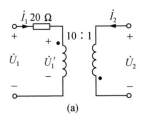
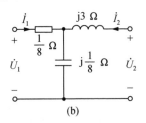

图 12-51　题 12-6 图

12-7　已知如图 12-52 所示二端口的 Z 参数矩阵为 $Z=\begin{bmatrix} 10 & 8 \\ 5 & 10 \end{bmatrix}$，求 $R_1 \ R_2 \ R_3$ 和 r 的值。

12-8　试求如图 12-53 所示的二端口网络的 Y 参数矩阵，并判断网络是否为互易网络。

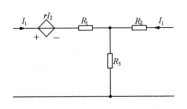

图 12-52　题 12-7 图

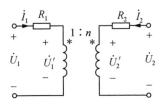

图 12-53　题 12-8 图

12-9　如图 12-54 所示。已知 Y 参数为 $Y_{11}=1$ S，$Y_{12}=Y_{21}=-0.25$ S，$Y_{22}=0.5$ S。求：(1)等效 Ⅱ 形电路图；(2)当 R_L 为何值时可获得最大功率 P_{max}，P_{max} 等于多少？(3)此时电源的输出功率 P_V 为多少？

12-10　如图 12-55 所示二端口网络，Y 参数为 $\boldsymbol{Y}=\begin{bmatrix} 3 & -5 \\ -\dfrac{1}{2} & \dfrac{3}{2} \end{bmatrix}$，试求该网络的 R_1、R_2、R_3 和 m。

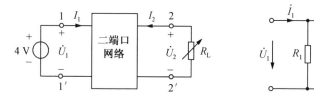

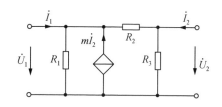

图 12-54　题 12-9 图　　　　　　　　图 12-55　题 12-10 图

12-11　如图 12-56 所示二端口网络，已知 $jX_{C1}=-j445$ Ω，$jX_{C2}=-j155$ Ω，$jX_L=j135$ Ω，$u=240$ V，$R_i=600$ Ω，$R_L=20$ Ω，试求图 12-56(a)所示网络的特性阻抗；图 12-56(b)所示网络负载 R_L 吸收的功率。

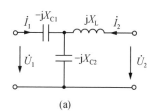 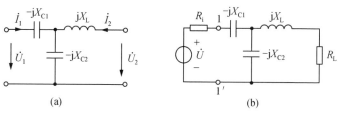

(a)　　　　　　　　　　　　　　(b)

图 12-56　题 12-11 图

12-12　如图 12-57 所示电路，二端口网络的 T 参数为 $A=5\times10^{-4}$，$B=-10$ Ω，$C=-10^{-6}$ S，$D=-10^{-2}$。试求当 $R_L=40$ kΩ 时，Z_i 等于多少？

12-13　如图 12-58 所示二端口网络的 Z 参数矩阵为 $\boldsymbol{Z}=\begin{bmatrix} 4 & 2 \\ 2 & 3 \end{bmatrix}$，$R_1=R_L=1$ Ω，求转移电压比 $\dfrac{U_2}{U_S}$。

12-14　如图 12-59 所示电路，二端口网络的 Y 参数矩阵为 $\boldsymbol{Y}=\begin{bmatrix} 3 & -2 \\ -2 & 4 \end{bmatrix}$，求输入阻抗 Z_{in}。

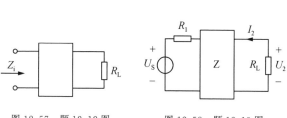 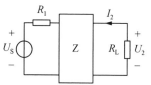 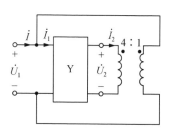

图 12-57　题 12-12 图　　　图 12-58　题 12-13 图　　　图 12-59　题 12-14 图

12-15　求如图 12-60 所示二端口网络的转移电压比 $\dfrac{\dot{U}_2}{\dot{U}_1}$（其中 $g=1$）。

12-16　如图 12-61 所示电路,试求 1-1′端口的等效元件参数。

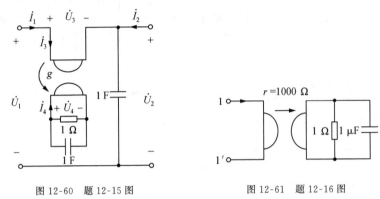

图 12-60　题 12-15 图　　　　　　图 12-61　题 12-16 图

12-17　如图 12-62 所示为两个回转器级联,试证明级联后具有理想变压器的功能。

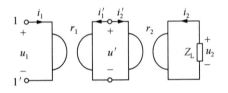

图 12-62　题 12-17 图

第 13 章

非线性电路

【内容提要】非线性电路是广泛存在的，一方面由于某些元件具有非线性特性；另一方面是人为设计的非线性电路，用以实现线性电路无法实现的功能。本章首先介绍非线性电阻、电感和电容元件特性以及非线性电路方程的列写方法；然后分别介绍两种分析方法，即小信号分析法和分段线性化法。

思政案例

13.1　非线性电阻

13.1.1　非线性电阻的概念

线性电阻元件的参数 R 值不随其中的电压、电流而变化，其伏安关系遵循欧姆定律，其伏安特性为通过 $u\text{-}i$ 平面上坐标原点的直线，具有双向性，其组成的电路，称为线性电阻电路。若电阻元件的伏安特性为非线性的，则称为非线性电阻元件（nonlinear resistive element），其电路符号如图 13-1（a）所示，图 13-1（b）表示某种非线性电阻的伏安特性曲线。含有非线性电阻元件的电路称为非线性电阻电路（nonlinear resistive circuit）。

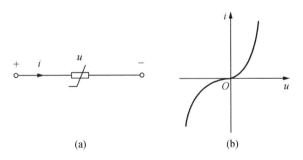

(a)　　　　　　　　　(b)

图 13-1　非线性电阻的电路符号及伏安特性曲线

非线性电阻的伏安特性一般用函数式表示，即

$$u = g(i) \tag{13-1}$$

$$i = f(u) \tag{13-2}$$

其中，g、f 分别为 i 和 u 的非线性函数。

根据非线性电阻元件的伏安特性，电阻可以分为以下几类。

1.电流控制型电阻

对于式(13-1)而言,电阻两端的电压 u 是其中电流 i 的单值函数,其典型伏安特性如图 13-2 所示。这种电阻称为电流控制型电阻,简称流控电阻(current-controlled resistance)。充气二极管具有这样的伏安特性。但要注意,对于同一个电压 u 值,电流 i 可能是多值的。例如当 $u=u_0$ 时,电流 i 就有三个不同的值 i_1、i_2、i_3 如图 13-2 所示。

2.电压控制型电阻

对于式(13-2)而言,电阻中的电流 i 是其两端电压 u 的单值函数,其典型伏安特性如图 13-3 所示。这种电阻称为电压控制型电阻,简称压控电阻(voltage-controlled resistance)。隧道二极管具有这样的伏安特性。但要注意,对于同一个电流 i 值,电压 u 可能是多值的。例如 $i=i_0$ 时,电压 u 就有三个不同的值 u_1、u_2、u_3,如图 13-3 所示。

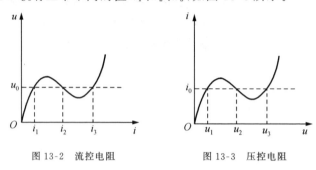

图 13-2　流控电阻　　　　　　图 13-3　压控电阻

3.单调型非线性电阻

另有一类非线性电阻,它既是流控的又是压控的,其典型伏安特性曲线如图 13-4 所示。其中图 13-4(a)为白炽灯泡的伏安特性曲线,图 13-4(b)为半导体 P-N 结二极管的伏安特性曲线。此类非线性电阻的伏安特性曲线既可用 $u=g(i)$ 描述,也可用 $i=f(u)$ 描述,其中 f 为 g 的逆。从图中可看出,曲线的斜率 $\mathrm{d}i/\mathrm{d}u$ 对所有的 u 值都是正值,即为单调增长型的。图 13-4(a)的伏安特性曲线对坐标原点对称,具有双向性;图 13-4(b)的伏安特性曲线对坐标原点不对称,具有单向性,这种性质可用来整流和检波。

还有一类非线性电阻,它既不是流控的,也不是压控的。如图 13-5(a)所示理想半导体二极管的伏安特性即属此类,其伏安特性如图 13-5(b)所示。其数学描述为

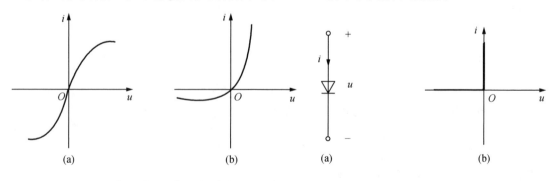

(a)　　　　　　　　(b)　　　　　　　　(a)　　　　　　　　(b)

图 13-4　单调增长型的伏安特性曲线　　　　　图 13-5　理想半导体二极管的符号及其伏安特性曲线

$$\begin{cases} i=0, & u<0 \\ u=0, & i>0 \end{cases} \qquad (13\text{-}3)$$

由式(13-3)或图 13-5(b)可见,由于在 $u<0$ 时,$i=0$,故此时理想半导体二极管相当于开路;在 $i>0$ 时 $u=0$,故此时理想半导体二极管相当于短路。

13.1.2 静态电阻与动态电阻

为了计算和分析上的需要,我们引入静态电阻 R 与动态电阻 R_d 的概念,其定义分别为

P 点的静态电阻为

$$R=\frac{U}{I}$$

P 点的动态电阻为

$$R_d=\frac{\mathrm{d}u}{\mathrm{d}i}$$

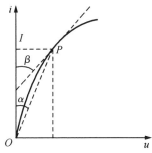

如图 13-6 所示,P 点称为工作点。可见 R 和 R_d 的值都随工作点 P 而变化,亦即都是 u 和 i 的函数,且 P 点的 R 正比于 $\tan\alpha$,P 点的 R_d 正比于 $\tan\beta$。

图 13-6 静态电阻与动态电阻的定义

R_d 的倒数称为动态电导,即

$$G_d=\frac{1}{R_d}=\frac{\mathrm{d}i}{\mathrm{d}u}$$

当研究非线性电阻上的直流电压和直流电流的关系时,应采用静态电阻 R;当研究其上的变化电压与变化电流时应采用动态电阻 R_d.

13.1.3 非线性电阻的串联与并联

如图 13-7(a)所示为两个非线性电阻的串联,设其伏安特性分别为 $i_1=f_1(u_1)$ 和 $i_2=f_2(u_2)$,如图 13-7(b)所示。现要求画出等效电阻的伏安特性 $i=f(u)$,也称非线性电阻单口电路的驱动点特性。

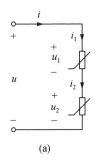

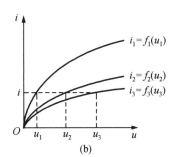

图 13-7 非线性电阻的串联

$$i=i_1=i_2$$
$$u=u_1+u_2$$

因有

故将曲线 $i_1=f_1(u_1)$ 与 $i_2=f_2(u_2)$,在同一电流值 i 下的横坐标值 u_1、u_2 相加,即得 $i=f(u)$,如图 13-7(b)所示。

图 13-8(a)所示为两个非线性电阻的并联,设其伏安特性分别为 $i_1 = f_1(u_1)$ 与 $i_2 = f_2(u_2)$,如图 13-8(b)中所示。现要求画出其等效电阻的伏安特性(即驱动点特性)$i = f(u)$。

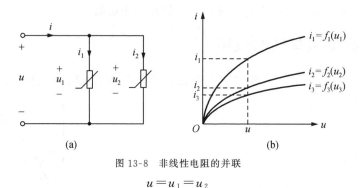

图 13-8 非线性电阻的并联

因有
$$u = u_1 = u_2$$
$$i = i_1 + i_2$$

故将曲线 $i_1 = f_1(u_1)$ 与 $i_2 = f_2(u_2)$,在同一电压值 u 下的纵坐标值 i_1、i_2 相加,即得 $i = f(u)$,如图 13-8(b)所示。

【例 13-1】 图 13-9(a)为一线性电阻 R 与一理想二极管的串联电路,它们的伏安特性 $i_1 = f_1(u_1)$ 与 $i_2 = f_2(u_2)$,相应如图 13-9(b)、图 13-9(c)所示。试求等效电路的伏安特性 $i = f(u)$。

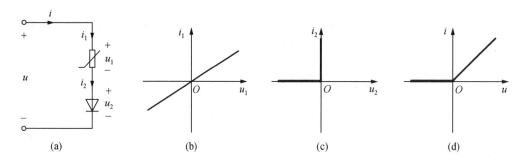

图 13-9 [例 13-1]图

解: 用图解法可求得等效电路的伏安特性 $i = f(u)$,如图 13-9(d)所示。可以看出,此伏安特性的特点是由两段直线构成。实际中常用这种分段线性化的伏安特性替代图 13-4(b)所示实际半导体二极管的伏安特性。这种替代称为实际的伏安特性的分段线性化。

【例 13-2】 求图 13-10(a)所示电路的等效伏安特性 $i = f(u)$。若将理想二极管反接,再求其等效伏安特性。

解:(1)先画出理想二极管和 1 V 电压源的伏安特性,分别如图 13-10(b)中所示,于是得它们两者串联的等效伏安特性,如图 13-10(c)所示。再求并联 1 Ω 电阻后的等效伏安特性,求解过程如图 13-10(d)所示,所得结果则如图 13-10(e)所示。

(2)若将理想二极管反接,则串联两元件各自的伏安特性如图 13-10(f)所示,串联后的伏安特性如图 13-10(g)所示 。并联 1 Ω 电阻后,它们的伏安特性如图 13-10(h)所示,所得结果则如图 13-10(i)所示。利用非线性电阻串、并联的概念与方法,即可利用线性电阻、电压源、理想二极管等现有的二端元件,做出我们所需要的各种伏安特性,从而开拓了非线性电路实现的广阔领域。

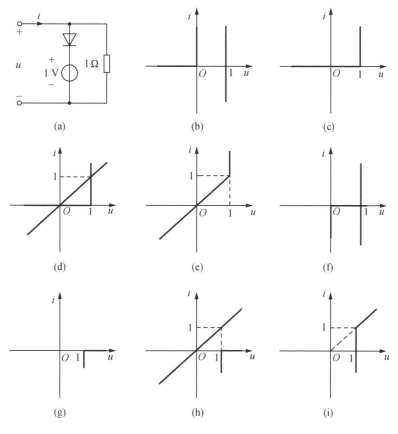

图 13-10　［例 13-2］图

在实际中,一切电阻元件严格说都是非线性的。但工程计算中,在一定条件下,对有些电阻元件可近似看作是线性的。例如,一个金属丝电阻器,当环境温度变化不大时,即可近似看作是一个线性电阻元件;一个晶体三极管,若工作点选择适当,输入信号又比较小,它便在放大区域内工作,此时即可看作是一个线性电阻元件。但若这一定的条件不满足,那就只能是非线性电阻元件了。若在此情况下还要按线性元件去处理,那将不但在量的方面引起极大的误差,而且还将使许多物理现象得不到本质的解释。

13.2　非线性电容和非线性电感

13.2.1　非线性电容

电容元件是一种储能元件,其特性可以用两端电压与其电荷的关系来描述,称为库伏特性。线性电容的库伏特性是一条通过坐标原点的直线。如果一个电容元件的库伏特性不是一条通过坐标原点的直线,这种电容就是非线性电容(nonlinear capacitor)。非线性电容的电路符号和库伏特性曲线如图 13-11 所示。

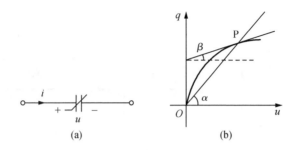

图 13-11 非线性电容电路符号及其库伏特性曲线

如果一个非线性电容元件的电荷、电压关系可以用下式表示为

$$q = f(u)$$

即电荷可用电压的单值函数来表示,则此电容称为电压控制型电容。如果电荷与电压的关系表示为

$$u = h(q)$$

即电压可以用电荷的单值函数来表示,则此电容称为电荷控制型电容。

非线性电容也可以是单调型的,其库伏特性在 q-u 平面上是单调增加或单调减小的。

对于非线性电容的某一状态(如图 13-11(b)中的 P 点),可以定义静态电容 C 和动态电容 C_d,分别表示为

$$C = \frac{q}{u} \propto \tan\alpha$$

$$C_d = \frac{dq}{du} \propto \tan\beta$$

以偏钛酸钡、磷酸钾等材料为电介质的电容一般都是非线性电容,在集成电路中,通常采用金属-氧化物-半导体电容器,也是一种常见的非线性电容。

13.2.2 非线性电感

电感元件也是一种储能元件,其特征可以用磁通链与电流之间的函数关系或韦安特性来表示。线性电感元件的韦安特性曲线在 Ψ-i 平面上是一条通过原点的直线。如果某电感元件的韦安特性曲线不是一条通过坐标原点的直线,则称之为非线性电感元件(nonlinear inductor)。

如果非线性电感的电流与磁通链的关系可以表示为

$$i = h(\Psi)$$

则称之为磁通链控制型电感。如果电流与磁通链的关系表示为

$$\Psi = f(i)$$

则称之为电流控制型电感。非线性电感元件的电路符号和韦安特性曲线如图 13-12 所示。

为了分析问题的方便,也对非线性电感的某一状态(如图 13-12(b)中的 P 点)引入静态电感 L 和动态电感 L_d 的概念,分别定义为

$$L = \frac{\Psi}{i} \propto \tan\alpha$$

$$L_d = \frac{d\Psi}{di} \propto \tan\beta$$

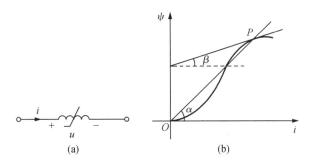

图 13-12　非线性电感元件电路符号及其韦安特性曲线

在考虑铁芯的磁滞效应和涡流效应时,电感线圈是典型的非线性电感元件,其韦安特性曲线十分复杂,它既不是磁通链控制型,也不是电流控制型,实际上 Ψ 和 i 之间是一种泛函关系。

13.3　非线性电路方程

对非线性电阻电路的分析,要比对线性电阻电路的分析困难。因为非线性电阻电路的方程为非线性代数方程,而非线性代数方程的求解要困难得多。虽然叠加原理只适用于线性电路,但是基尔霍夫定律不仅适用于线性电路,而且还适用于非线性电路。分析与求解非线性电阻电路的方法有图解法、数值法、分段线性化法、小信号分析法等。

1.非线性电阻电路方程

对于结构简单的非线性电阻电路,可以直接列出各独立节点和独立回路的 KCL 和 KVL 方程,然后写出各元件的电压、电流关系,最后求解。与线性电路不同的是,非线性电阻电路中的电压、电流关系是用非线性函数来描述的。

2.非线性动态电路方程

对于含有非线性动态元件的电路,电路方程的状态变量一般不宜任意选择。分析非线性电容电路,如果为电荷控制型,则选择 q 作为状态变量;如果为电压控制型,则选择 u_C 作为状态变量。同样,分析非线性电感电路时,如果电感为电流控制型,则选择 i_L 作为状态变量;如果电感为磁通链控制型,则选择 Ψ 作为状态变量。

3.非线性电路方程的求解方法

对于非线性代数方程和非线性微分方程,其解一般都很难得到,通常采用计算机辅助数值求解。

(1)非线性代数方程的求解方法

①数值迭代法:借助计算机辅助手段的方法,常用的算法有牛顿-拉夫森算法。

②图解法:对于简单的非线性电路,其电路方程可以通过图解法求解。

③分段线性化方法:常采用迭代算法在计算机上进行。

(2)非线性微分方程的求解方法

①数值求解法:这种方法要借助计算机进行,常用的算法有龙格-库塔法。

②相空间法。

③分段线性化方法。

④近似解析法。

⑤模拟分析法。

13.4　小信号分析法

我们采用图 13-13(a)、图 13-13(b)所示电路来介绍小信号分析法,其中 $i = f(u)$ 为非线性电阻。将图 13-13(b)与图 13-13(a)电路比较,可看出它们两者相似,只是图 13-13(b)电路中增加了一个电流源 Δi_S,电流源 Δi_S 可理解为图 13-13(a)电路中电流源 i_S 的增量。设 u^* 为图 13-13(a)电路中电压 u 的真实解,则在 $\Delta i_S = 0$ 时,图 13-13(b)电路中的 u 值即等于图 13-13(a)电路中的 u^*,且一定有

$$i_S - \frac{u^*}{R} - f(u^*) = 0 \tag{13-4}$$

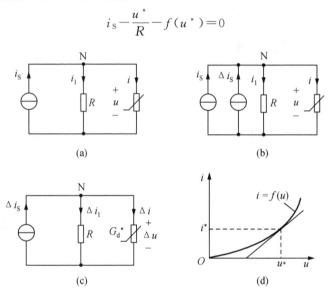

图 13-13　小信号分析法

今若 $\Delta i_S \neq 0$,则对于图 13-13(b)电路可列出 KCL 方程为

$$(i_S + \Delta i_S) - \frac{u}{R} - f(u) = 0$$

设当激励有 i_S 变化到 $i_S + \Delta i_S$ 时,节点 N 的电压相应地由 u^* 变化到了 $u = u^* + \Delta u$。故有

$$(i_S + \Delta i_S) - \frac{(u^* + \Delta u)}{R} - f(u^* + \Delta u) = 0 \tag{13-5}$$

将函数 $f(u^* + \Delta u)$ 在 u^* 的邻域展开为泰勒级数并略去高阶项有

$$f(u^* + \Delta u) \approx f(u^*) + f'(u^*)\Delta u$$

代入式(13-5)得

$$(i_S + \Delta i_S) - \frac{(u^* + \Delta u)}{R} - f(u^*) - f'(u^*)\Delta u = 0$$

$$i_S - \frac{u^*}{R} - f(u^*) + \Delta i_S - \frac{\Delta u}{R} - f'(u^*)\Delta u = 0$$

将式(13-4)代入上式即有

$$\Delta i_s - \frac{\Delta u}{R} - f'(u^*)\Delta u = 0$$

$$\Delta i_s - \frac{\Delta u}{R} - G_d^* \Delta u = 0$$

根据此式即可画出图 13-13(c)所示的等效电路。其中 G_d^* 为非线性电阻的伏安特性在 $u=u^*$ 点的动态电导,如图 13-13(d)所示。由于 Δi_s 比 i_s 小得多,故把图 13-13(c)所示的电路称为小信号等效电路。根据此电路即可求得

$$\Delta u = \frac{\Delta i_s}{\frac{1}{R} + G_d^*}$$

然后再把 u^* 与 Δu 相加得图 13-13(b)中的解 u,即

$$u = u^* + \Delta u$$

这种分析法称为小信号等效电路法(small-signal equivalent circuit method),也称为小信号分析法(small-signal analysis)。它对于非线性电路在输入激励只有较小的变化时近似计算极为有效。

【例 13-3】 如图 13-13(b)所示电路中 $i_s=10$ A, $\Delta i_s=\cos t$ A, $R=\frac{1}{3}$ Ω,非线性电阻为压控电阻,即

$$i = f(u) = \begin{cases} u^2, & u \geqslant 0 \\ 0, & u < 0 \end{cases}$$

求静态工作点,在工作点有 Δi_s 产生的 Δu 和 Δi,以及电压 u 和电流 i。

解:由于 $\Delta i_s = \cos t$ A 是在 $+1$ 与 -1 之间变化,其幅值仅为 $i_s=10$ A 的 $\frac{1}{10}$,故可按小信号分析求解。

首先求出图 13-13(a)电路中节点电压的真实解 u^*。为此可列出节点 N 的 KCL 方程

$$i_s - \frac{u^*}{R} - i = 0$$

即

$$i_s - \frac{u^*}{R} - (u^*)^2 = 0$$

代入已知数据并移项整理得

$$(u^*)^2 + 3u^* - 10 = 0$$

用因式分解法或牛顿-拉夫森法可求得其真实解为

$$u^* = 2 \text{ V (另一根} -5 \text{ 舍去)}$$

故又得

$$i^* = (u^*)^2 = 2^2 = 4 \text{ A}$$

故得静态工作点 $(u^*, i^*) = (2, 4)$,如图 13-13(d)中 P 点所示。

再根据图 13-13(c)求 Δu 和 Δi。静态工作点处的动态电导为

$$G_d^* = \frac{\mathrm{d}i}{\mathrm{d}u}\bigg|_{u=u^*} = \frac{\mathrm{d}f(u)}{\mathrm{d}u}\bigg|_{u=u^*} = 2u\big|_{u=2} = 4 \text{ S}$$

故得

$$\Delta u = \frac{\Delta i_{\mathrm{s}}}{\dfrac{1}{R}+G_{\mathrm{d}}^{*}} = \frac{\cos t}{3+4} = \frac{1}{7}\cos t \ \ \mathrm{A}$$

$$\Delta i = G_{\mathrm{d}}^{*}\Delta u = 4\times\frac{1}{7}\cos t = \frac{4}{7}\cos t \ \ \mathrm{A}$$

故又得

$$u = u^{*} + \Delta u = 2 + \frac{1}{7}\cos t \ \ \mathrm{V}$$

$$i = i^{*} + \Delta i = 4 + \frac{4}{7}\cos t \ \ \mathrm{A}$$

13.5　分段线性化法

13.5.1　友模型和友网络

设如图 13-14(a)所示非线性电阻的伏安特性曲线为

$$i = f(u)$$

令 u^{k} 和 $u^{k+1}=u^{k}+\Delta u^{k}$ 分别为第 k 次和第 $(k+1)$ 次的估值,则对应的电流即为

$$i^{k} = f(u^{k})$$
$$i^{k+1} = f(u^{k+1}) = f(u^{k}+\Delta u^{k})$$

将上式在 u^{k} 的邻域展开为泰勒级数并略去高阶项即有

$$
\begin{aligned}
i^{k+1} &\approx f(u^{k}) + f'(u^{k})\Delta u^{k} = f(u^{k}) + f'(u^{k})(u^{k+1}-u^{k}) \\
&= i^{k} - f'(u^{k})u^{k} + f'(u^{k})u^{k+1} \\
&= (i^{k} - G_{\mathrm{d}}^{k}u^{k}) + G_{\mathrm{d}}^{k}u^{k+1}
\end{aligned}
\tag{13-6}
$$

其中 $G_{\mathrm{d}}^{k}=f'(u^{k})=\left.\dfrac{\mathrm{d}f(u)}{\mathrm{d}u}\right|_{u=u^{k}}=\left.\dfrac{\mathrm{d}i}{\mathrm{d}u}\right|_{u=u^{k}}$,为非线性电阻的伏安特性曲线在 $u=u^{k}$ 的动态电导,且在进行第 $(k+1)$ 次迭代时,u^{k},$i^{k}=f(u^{k})$ 和 $G_{\mathrm{d}}^{k}=\left.\dfrac{\mathrm{d}i}{\mathrm{d}u}\right|_{u=u^{k}}$ 均为已知。

式(13-6)中的每一项都是电流,因此它为一 KCL 方程。式中等号右边括号内的项是已知的,因此可用一个数值为 $(i^{k}-G_{\mathrm{d}}^{k}u^{k})$ 的电流源和一个电导 G_{d}^{k} 相并联的电路来描述,如图 13-14(b)、图 13-14(c)所示。此电路模型即为非线性电阻的线性化电路模型,也称友模型或伴随模型,它充分说明了牛顿-拉夫森法在其迭代过程中实质上是一种线性化的处理方法。

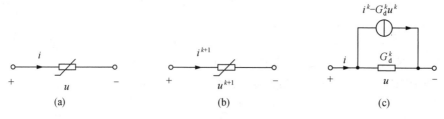

图 13-14　非线性电阻的友模型

　　将电路中的每一个非线性电阻都用相应的友模型代替后而得到的电路称为友网络,也称伴随网络。由于友网络为线性网络,故可利用线性电路的分析方法求解。

13.5.2　有条件线性化法

　　若非线性电阻的伏安特性曲线中有一区段接近于直线,而且该非线性电阻实际工作时也正是在这一区段中,则可用一条直线来代替这一区段,因此这一段曲线的近似解析式即为一直线方程,而直线方程可以很容易地写出来。

　　例如设非线性电阻的伏安特性曲线 $i=f(u)$ 如图 13-15(a)所示,其中的 AB 段即可近似认为是一直线。若工作正好是在 AB 段,则在该段上非线性电阻上的电压 u 与其中的电流 i 之间的关系即可近似地用通过 AB 段中心点 P 的切线方程来描述,即

$$u=U_0+R_d i \tag{13-7}$$

式中,R_d 为非线性电阻在 P 点的动态电阻,U_0 是该切线在 u 轴上的截矩所对应的电压值。根据上式,该非线性电阻即可用图 13-15(b)所示的线性含源支路来代替。这样,我们就把非线性电阻支路转化成为线性含源支路了。这种处理方法称为有条件线性化法,也称直线代替法。

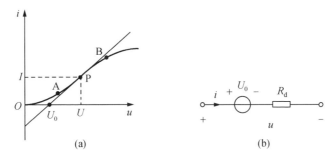

图 13-15　有条件线性化法

　　式(13-7)是从图 13-15(a)这个具体的伏安特性曲线写出的,但这种形式具有一般意义。式中的 R_d 和 U_0 均可为正值或负值。例如图 13-16(a)所示镇流管的伏安特性曲线,当镇流管工作在近似直线段 AB 时,U_0 即为负值;图 13-16(b)所示电弧的伏安特性曲线,当电

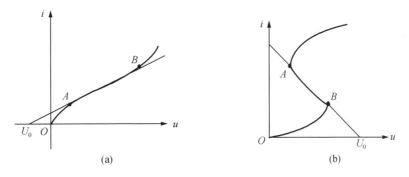

图 13-16　有条件线性化法

弧工作在曲线下倾部分的近似直线 AB 段时,R_d 即为负值。由上述讨论可知,若把电路中的非线性电阻用相应的线性含源支路等效代替,则替代后的电路即为一线性电路了,从而

即可按线性电路的计算方法进行计算。这正是有条件线性化法的优点。

13.5.3　分段线性化法

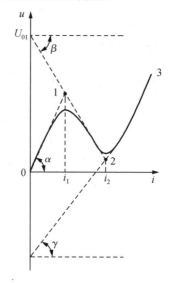

　　非线性电阻的伏安特性虽为一曲线,但在不影响工程计算精度的前提下,我们可以用由若干直线组成的折线来近似表示它。例如,我们可以将图 13-17 所示的曲线用三段直线(01 段、12 段、23 段)组成的折线来近似地表示,而对其中的每一段直线又都可以写出一个线性的等效电路作为该非线性电阻在该段的友模型,具体见表 13-1。把电路中每个非线性电阻的伏安特性都用一个折线代替,从而采用已掌握的线性电路分析方法来对非线性电路进行研究,这种方法称为分段线性化法,也称折线法,是一种常用的方法。

图 13-17　非线性电阻伏安特性的折线表示

表 13-1　　　　　　　　　　　非线性电阻友模型及其伏安关系

直线段编号	电流区间	友模型及其伏安关系	说明
01 段	$0 \leqslant i \leqslant i_1$	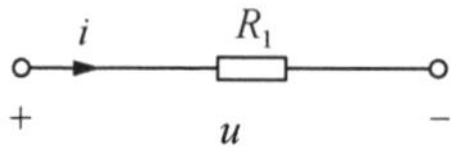 $u = R_1 i$	动态电阻 R_1 本身具有正值
12 段	$i_1 \leqslant i \leqslant i_2$	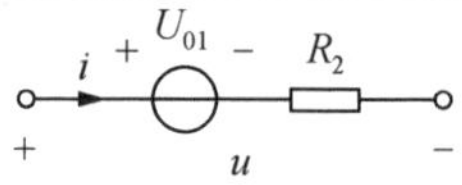 $u = U_{01} + R_2 i$	U_{01} 本身有正值,动态电阻 R_2 本身具有负值
23 段	$i_2 \leqslant i \leqslant i_3$	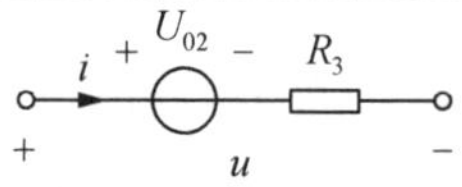 $u = U_{02} + R_3 i$	U_{02} 本身有正值,动态电阻 R_3 本身有正值

13.6　实际应用电路

　　在实际电路中,经常会用到非线性＝件,N 是非线性电阻一端口,它的驱动点特性(端口伏安特性)可以用分段线性表示,如图 13-18(b)所示。这种电路称为分段线性 RC 电路。若该一端口与线性电感连接,则称为分段线性 RL 电路。这两种电路的分析可采取分段线性化的方法。

　　图 13-18(a)的电路方程为 $C \dfrac{du_c}{dt} = i_c = -i$。

　　而 $u = u_c$,故有

$$\frac{du_c}{dt}=\frac{du}{dt}=-\frac{i}{C} \tag{13-8}$$

设方程的解用 u-i 平面上的点 (u,i) 表示,并称之为动态点,动态点 (u,i) 随时间沿着 N 的驱动点特性(端口伏安特性)移动,移动的方向由式(13-8)确定。动态点移动的路径(包括其方向)移为动态路径。

设电路的初始状态为 $u_c(0_+)$,如图 13-18(b)所示,动态路径的起始点是图中的 P_0 点,根据式(13-7),当 $i>0$ 时,有

$$\frac{du}{dt}=-\frac{i}{C}<0$$

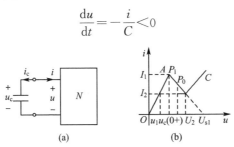

(a)　　　　　　　　(b)

图 13-18　分段线性 RC 电路

所以电流为正值,电压总是减小的。当 $i>0$ 时,从 P_0 点起始的动态路径将沿着 u-i 曲线从 P_0 到 P_1 然后到 P_2。此动态路径的终点是 P_2,因为此时有 $i=0$,从而 $\dfrac{du}{dt}=0$,即电容电压不再变化。整个过程电容始终处于放电过程,但从 P_0 到 P_1 电流在增长,而电容电压达到 U_1(对应 P_1)后,就逐渐减小直到零为止。

当动态点从 P_0 移到 P_1 时,一端口 N 的伏安特性是用直线段 $\overline{AB}$ 表示的,所以 N 可用图 13-19(a)的等效电路代替其中直流电压源的电压等于 U_S,而线性电阻 R_1 可按下式计算:

$$R_1=\frac{U_1-U_2}{I_1-I_2}$$

所以 $R_1<0$,它是一个负电阻。根据图 13-19(a),由 $u_c(0_+)$ 以及 $\tau_1=R_1C$,可求得该区段的电容电压为

$$u_c=[u_c(0_+)-U_{s1}]e^{-\frac{t}{\tau_1}}+U_{s1}$$

由于 $R_1<0$,故 τ_1 为负值。假想 $t<0$,则 u_c 将随时间的"负"增长而增长,当 $t\rightarrow-\infty$ 时,将达到 U_{s1},如图 13-19(c)所示中的虚线。但 $[u_c(0_+)-U_{s1}]$ 为负值,所以 U_c 中有一个随时间增长而增长的负分量;事实上,u_c 随时间的增长而下降,当 u_c 达到 U_1 时(对应的时间为 t_1)即进入另一线性段。

电容电压随着时间变化的曲线如图 13-19(c)所示。

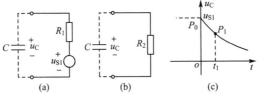

(a)　　　　(b)　　　　(c)

图 13-19　图 13-18 电路的等效电路

从 P_1 到 P_2 区段,一端口 N 相当于一个线性电阻 R_2,而 $R_2=U/l$,对应的电容电压可

根据图 13-19(b)计算

$$U = U_1 e^{-(t-t_1)/\tau_2}, t > t_1$$

式中，$\tau_2 = R_2 C$。

习　题

13-1　求如图 13-20 所示电路的 u、i、i_1。已知 $i_S = 2$ A，$R_1 = 3\ \Omega$，非线性电阻伏安特性曲线为 $i = f(u) = u^2 + 2u$。

13-2　求如图 13-21 所示电路的 u、i、u_R。已知半导体二极管的伏安特性曲线为 $i = f(u) = 10^{-6}(e^{40u} - 1)$ A。

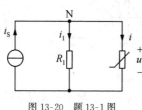

图 13-20　题 13-1 图

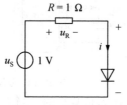

图 13-21　题 13-2 图

13-3　如图 13-22 所示电路，VD 为理想二极管。试画出它们的等效伏安特性曲线 $i = f(u)$。

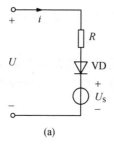

(a)

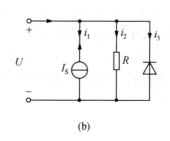

(b)

图 13-22　题 13-3 图

13-4　如图 13-23 所示电路的各个支路电压与电流。已知二极管的伏安特性曲线为 $i = f(u) = (e^{40u} - 1)$ A。

13-5　如图 13-24 所示电路，$i_S = 10$ A，$\Delta i_S = \cos t$ A，$R_1 = 1\ \Omega$，非线性电阻的特性为伏安特性曲线为 $i = 2u^2 (u \geqslant 0)$。用小信号分析法求 u。

13-6　如图 13-25 所示网络，已知非线性电阻的伏安特性曲线为 $i = f(u) = \dfrac{5}{3} u^3$。求 u、i、i_1、i_2。

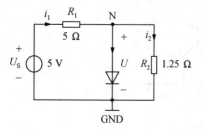

图 13-23　题 13-4 图

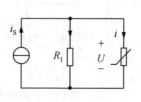

图 13-24　题 13-5 图

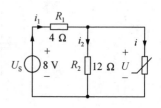

图 13-25　题 13-6 图

第 14 章

均匀传输线

【内容提要】本章重点研究含均匀传输线的电路,它是典型的分布参数电路。首先介绍分布参数电路和均匀传输线参数及其方程,在此基础上依次分析均匀传输线方程的正弦稳态解、均匀传输线上的行波和传播特性、终端接有负载的传输线,最后介绍无损耗传输线。

思政案例

14.1 分布参数电路

1.集总电路(lumped circuit)

电磁能量只贮存或消耗在 RCL 元件上,各元件之间是用无阻无感的理想导线连接,导线与电路各部分之间的电容都不予考虑的电路,称为集总电路。

2.分布参数电路(distributed parameter circuit)

实际电路中参数具有分布性,必须考虑参数分布性的电路称为分布参数电路,即任何导线的电阻是沿导线全长分布的;任何线圈的电感是分布在它的每一线匝上的;任何导线之间不仅有分布电容,且由于绝缘不良还有漏电导。

在通信工程、计算机和各种控制设备中使用的传输线,如同轴电缆、平行双线传输线等,电路的尺寸比信号最高频率所对应的波长小得多时,一些分布参数的影响很小,可以忽略不计,但当信号频率或脉冲重复频率很高时,虽然电路尺寸不大,然而电路尺寸与信号波长相比,就必须作分布参数电路来考虑。

在电力工程中,对电压较低、距离较短的输电线,常近似采用一个或几个集总参数表示其电路模型。但对于高压远距离输电线路,虽然工作频率不高,但是采用的电压很高(≥220 kV),尺寸很大(300 km 以上),沿线存在的由于漏电导而引起的漏电流特别是导线间的电容电流不得忽略,因而沿线各点的电流不同;此外,由于导线沿线存在电阻和电感,导线的任一段都有电压降,因而沿线各点的电压也不等,所以必须考虑电路参数的分布特性。

3.分析分布参数电路的方法

用无限多个具有无穷小尺寸的集总参数电路单元级联模拟或逼近真实情况,即分布参数电路模型。电路模型遵守基尔霍夫定律。在同一瞬间,每个无穷小集总参数电路单元中的电压和电流的值是不同的,即电压和电流既是时间的函数,同时又是距离的函数。电路方程为偏微分方程。

注意:在分布参数电路的分析方法中,并没有考虑电磁波的辐射,这在频率很高时会带来显著的误差。对于工作频率很高的电路,为得到准确的结果,仅靠电路理论是不够的,必须应用电磁场理论。

14.2 均匀传输线参数及其方程

传输线的电阻、电感、电容是沿线均匀分布的。单位长度上传输线具有的参数,即

R_0——两根导线每单位长度具有的电阻,其 SI 单位 Ω/m(在电力传输线中,常用 Ω/km);

L_0——两根导线每单位长度具有的电感,其 SI 单位为 H/m(或 H/km);

C_0——每单位长度导线之间的电容,其 SI 单位为 F/m(或 F/km);

G_0——每单位长度导线之间的电导,其 SI 单位为 S/m(或 S/km)。

R_0、L_0、C_0、G_0 称为传输线的原参数,均匀传输线的沿线原参数到处相等。

最典型的传输线是由在均匀介质中放置的形式,如图 14-1(a)～图 14-1(d)所示。

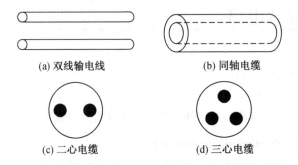

(a) 双线输电线   (b) 同轴电缆

(c) 二心电缆   (d) 三心电缆

图 14-1　典型的传输线

图 14-2(a)为一双线均匀传输线,其参数如下:

始端1-1'接电源;

终端2-2'接负载;

均匀线长度 l:始端与终端之间的距离,并且始端作计算距离起点,x 表示任意点 a 与始端距离。

设想均匀传输线是由许多无穷小尺寸的电路单元组成,每一单元的长度为 dx,具有电阻 $R_0 dx$ 和电感 $L_0 dx$,而每一单元两导线间具有电容 $C_0 dx$ 和电导 $G_0 dx$。整个均匀传输线相当于由无限多个这样电路单元级联组成,构成了如图 14-2(b)所示电路模型。

设 u、i 沿 x 增加方向的增加率各为 $\dfrac{\partial u}{\partial x}$、$\dfrac{\partial i}{\partial x}$;a 点电压、电流分别为 u、i,则距离 a 为 dx 的 b 点电压、电流就分别为 $u+\dfrac{\partial u}{\partial x}dx$、$i+\dfrac{\partial i}{\partial x}dx$。

根据 KCL,对于节点 b,有

$$-i+(i+\frac{\partial i}{\partial x}dx)+G_0(u+\frac{\partial u}{\partial x}dx)dx+C_0\frac{\partial}{\partial t}(u+\frac{\partial u}{\partial x}dx)dx=0$$

对回路 abcda 应用 KVL,则有

$$u-(u+\frac{\partial u}{\partial x}dx)-R_0 i dx-L_0\frac{\partial i}{\partial t}dx=0$$

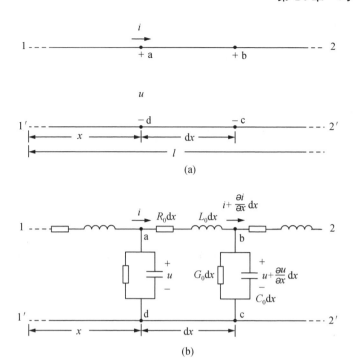

图 14-2 双线均匀传输线及其电路模型

略去二阶无穷小量并约去 $\mathrm{d}x$ 后,得下列方程

$$\begin{cases} -\dfrac{\partial u}{\partial x}=R_0 i+L_0\,\dfrac{\partial i}{\partial t} \\[2mm] -\dfrac{\partial i}{\partial x}=G_0 u+C_0\,\dfrac{\partial u}{\partial t} \end{cases}$$

为均匀传输线方程,是一组偏微分方程。

　　根据边界条件(即始端和终端的情况)和初始条件(即时间起始时的条件),求出上述方程的解。u 和 i 是 x 和 t 的函数,即 u 和 i 不仅随时间变化,也随距离变化。这是分布参数电路的特点。

14.3　均匀传输线方程的正弦稳态解

14.3.1　传输线上的电压(电流)相量

　　对于集总参数电路而言,当激励源为正弦信号时,电路中的任一电压和电流应为和激励源同频率的正弦量。对于本章所研究的分布参数电路,当传输线的始端接正弦电源时,虽然传输线上的电压、电流与距离 x 有关,但仍为和激励源同频率的正弦时间函数,这一点和集总参数电路是相同的。在第 5 章中,使用了相量法分析电路的正弦稳态情况以简化计算,这一方法仍可用于分布参数电路的正弦稳态分析中。

　　根据相量法的基本思想,应先将待求量用其相量表示出来。现在的待求量是 $u(x,t)$ 和

$i(x,t)$，根据相量法的基本思想，其相量应表示如下：

$$u(x,t)=\text{Im}[\sqrt{2}\,\dot{U}(x)\,\mathrm{e}^{\mathrm{j}\omega t}]$$

$$i(x,t)=\text{Im}[\sqrt{2}\,\dot{I}(x)\,\mathrm{e}^{\mathrm{j}\omega t}]$$

(14-1)

其中，$\dot{U}(x)$、$\dot{I}(x)$分别为$u(x,t)$、$i(x,t)$的相量，是x的函数。这一点和第 6 章所涉及的相量是有区别的。为了方便，将$\dot{U}(x)$、$\dot{I}(x)$简写为$\dot{U}$、$\dot{I}$。可得含待求相量的方程为

$$-\frac{\mathrm{d}\dot{U}}{\mathrm{d}x}=(R_0+\mathrm{j}\omega L_0)\dot{I}=Z_0\dot{I}$$

$$-\frac{\mathrm{d}\dot{I}}{\mathrm{d}x}=(G_0+\mathrm{j}\omega C_0)\dot{I}=Y_0\dot{U}$$

(14-2)

其中，$Z_0=R_0+\mathrm{j}\omega L_0$ 为单位长度的阻抗，$Y_0=G_0+\mathrm{j}\omega C_0$ 为单位长度的导纳。因为$\dot{U}$、$\dot{I}$仅为x的函数，所以偏导数变为全导数。为方便求解，对式(14-2)两端再取一次x的导数得

$$-\frac{\mathrm{d}^2\dot{U}}{\mathrm{d}x^2}=Z_0\frac{\mathrm{d}\dot{I}}{\mathrm{d}x}$$

$$-\frac{\mathrm{d}^2\dot{I}}{\mathrm{d}x^2}=Y_0\frac{\mathrm{d}\dot{U}}{\mathrm{d}x}$$

将式(14-2)中的$-\dfrac{\mathrm{d}\dot{U}}{\mathrm{d}x}$和$-\dfrac{\mathrm{d}\dot{I}}{\mathrm{d}x}$的表达式代入上式的右端，可得

$$-\frac{\mathrm{d}^2\dot{U}}{\mathrm{d}x^2}=Z_0Y_0\dot{U}=\gamma^2\dot{U}$$

$$-\frac{\mathrm{d}^2\dot{I}}{\mathrm{d}x^2}=Z_0Y_0\dot{I}=\gamma^2\dot{I}$$

其中，$\gamma=\sqrt{Z_0Y_0}$是一个没有单位的复数，称为均匀传输线的传播常数。上式是两个线性常系数的微分方程，故其解的形式应为

$$\dot{U}=A_1\mathrm{e}^{-\gamma x}+A_2\mathrm{e}^{\gamma x}$$

$$\dot{I}=B_1\mathrm{e}^{-\gamma x}+B_2\mathrm{e}^{\gamma x}$$

其中，A_1、A_2、B_1、B_2为待定的系数，但这四个系数不是独立的，因为根据式(14-2)有

$$\dot{I}=-\frac{1}{Z_0}\frac{\mathrm{d}\dot{U}}{\mathrm{d}x}=-\frac{1}{Z_0}(-A_1\gamma\mathrm{e}^{-\gamma x}+A_2\gamma\mathrm{e}^{\gamma x})$$

$$=\frac{A_1}{\sqrt{\dfrac{Z_0}{Y_0}}}\mathrm{e}^{-\gamma x}-\frac{A_2}{\sqrt{\dfrac{Z_0}{Y_0}}}\mathrm{e}^{\gamma x}=B_1\mathrm{e}^{-\gamma x}+B_2\mathrm{e}^{\gamma x}$$

令 $Z_c=\sqrt{\dfrac{Z_0}{Y_0}}$，可见 A_1 和 B_1、A_2 和 B_2 的关系为 $B_1=\dfrac{A_1}{Z_c}$，$B_2=-\dfrac{A_2}{Z_c}$，故电流$\dot{I}$又可写为

$$\dot{I}=\frac{A_1}{Z_c}\mathrm{e}^{-\gamma x}-\frac{A_2}{Z_c}\mathrm{e}^{\gamma x}$$

式中，Z_c 是一个复数，有阻抗的单位，称为传输线的特性阻抗。特性阻抗 Z_c 和前面谈到的传播常数 γ 是两个很重要的概念，后面会用来表征均匀传输线的主要特性。

综上所述，要求解 $u(x,t)$ 和 $i(x,t)$，可先解出其相量 $\dot U$ 和 $\dot I$，其表达式为

$$\dot U = A_1 e^{-\gamma x} + A_2 e^{\gamma x}$$
$$\dot I = \frac{A_1}{Z_c} e^{-\gamma x} - \frac{A_2}{Z_c} e^{\gamma x} \tag{14-3}$$

式中，γ、Z_c 统称为均匀传输线的副参数，在已知均匀传输线的原参数后即可求出两者的值，所以只要求出待定系数 A_1、A_2 后就可以写出 $\dot U$、$\dot I$ 的表达式了。A_1、A_2 可通过两种方法求得。

（1）根据始端条件待定

设已知始端的电压和电流分别为 $\dot U_1$ 和 $\dot I_1$，参考方向如图 14-3 所示。因为始端是传输线上 $x=0$ 的位置，所以将 $x=0$ 代入式（14-3）中有

$$\dot U = A_1 + A_2 = \dot U_1$$
$$\dot I = \frac{A_1}{Z_c} - \frac{A_2}{Z_c} = \dot I_1$$

从上面的方程中可解得待定系数 A_1、A_2 为

$$A_1 = \frac{1}{2}(\dot U_1 + Z_c \dot I_1)$$
$$A_2 = \frac{1}{2}(\dot U_1 - Z_c \dot I_1)$$

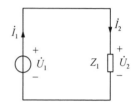

图 14-3　均匀传输线电路

代入式（14-3）中有

$$\dot U = \frac{1}{2}(\dot U_1 + Z_c \dot I_1)e^{-\gamma x} + \frac{1}{2}(\dot U_1 - Z_c \dot I_1)e^{\gamma x}$$
$$\dot I = \frac{1}{2}\left(\frac{\dot U_1}{Z_c} + \dot I_1\right)e^{-\gamma x} - \frac{1}{2}\left(\frac{\dot U_1}{Z_c} - \dot I_1\right)e^{\gamma x} \tag{14-4}$$

式（14-4）就是均匀传输线方程的正弦稳态解。为方便表示，利用双曲函数

$$\cosh\gamma x = \frac{1}{2}(e^{\gamma x} + e^{-\gamma x})$$
$$\sinh\gamma x = \frac{1}{2}(e^{\gamma x} - e^{-\gamma x})$$

式（14-4）又可写为

$$\dot U = \dot U_1 \cosh\gamma x - Z_c \dot I_1 \sinh\gamma x$$
$$\dot I = \dot I_1 \cosh\gamma x - \frac{\dot U_1}{Z_c}\sinh\gamma x \tag{14-5}$$

（2）根据终端条件待定

设已知终端处的电压和电流分别为 $\dot U_2$、$\dot I_2$，参考方向如图14-3 所示。因为终端是传输线上 $x=l$（l 为线长）的位置，所以将 $x=l$ 代入式（14-3）中，有

$$\dot{U} = A_1 e^{-\gamma l} + A_2 e^{\gamma l} = \dot{U}_2$$

$$\dot{I} = \frac{A_1}{Z_c} e^{-\gamma l} - \frac{A_2}{Z_c} e^{\gamma l} = \dot{I}_2$$

从上式中可解得

$$A_1 = \frac{1}{2} (\dot{U}_2 + Z_c \dot{I}_2) e^{\gamma l}$$

$$A_2 = \frac{1}{2} (\dot{U}_2 - Z_c \dot{I}_2) e^{-\gamma l}$$

代入式(14-3)中可得均匀传输线方程的正弦稳态解的另一种表达式为

$$\dot{U} = \frac{1}{2} (\dot{U}_2 + Z_c \dot{I}_2) e^{\gamma(l-x)} + \frac{1}{2} (\dot{U}_2 - Z_c \dot{I}_2) e^{-\gamma(l-x)}$$

$$\dot{I} = \frac{1}{2} \left(\frac{\dot{U}_2}{Z_c} + \dot{I}_2 \right) e^{\gamma(l-x)} - \frac{1}{2} \left(\frac{\dot{U}_2}{Z_c} - \dot{I}_2 \right) e^{-\gamma(l-x)}$$

因为 x 代表的是线上一点到始端的距离,l 代表线长,所以 $(l-x)$ 代表的就是线上一点到终端处的距离。令 $x' = l - x$,则上式又可写为

$$\dot{U} = \frac{1}{2} (\dot{U}_2 + Z_c \dot{I}_2) e^{\gamma x'} + \frac{1}{2} (\dot{U}_2 - Z_c \dot{I}_2) e^{-\gamma x'}$$

$$\dot{I} = \frac{1}{2} (\frac{\dot{U}_2}{Z_c} + \dot{I}_2) e^{\gamma x'} - \frac{1}{2} (\frac{\dot{U}_2}{Z_c} - \dot{I}_2) e^{-\gamma x'}$$

(14-6)

注意式中的 x' 指的是到终端的距离。利用双曲函数,式(14-6)又可表示为

$$\dot{U} = \dot{U}_2 \cosh\gamma x' + Z_c \dot{I}_2 \sinh\gamma x'$$

$$\dot{I} = \dot{I}_2 \cosh\gamma x' + \frac{\dot{U}_2}{Z_c} \sinh\gamma x'$$

(14-7)

可见,只要始端或终端的条件知道任意一个,就可以求出待定系数 A_1、A_2,从而求得传输线的电压相量 $\dot{U}$ 和电流相量 $\dot{I}$。在使用式(14-4)和式(14-6)计算时,请特别注意这两个表达式之间的异同。

14.3.2 传输线上的电压(电流)的时域表达式

在求得传输线上的电压和电流相量后,即可根据相量和正弦量的关系写出传输线上的电压和电流的时域表达式 $u(x,t)$ 和 $i(x,t)$。为方便后面讨论,将式(14-3)写成如下两个分量之和

$$\dot{U} = A_1 e^{-\gamma x} + A_2 e^{\gamma x} = \dot{U}^+ + \dot{U}^-$$

$$\dot{I} = \frac{A_1}{Z_c} e^{-\gamma x} - \frac{A_2}{Z_c} e^{\gamma x} = \dot{I}^+ - \dot{I}^-$$

式中

$$\dot{U}^+ = A_1 e^{-\gamma x}, \dot{U}^- = A_2 e^{\gamma x}$$

$$\dot{I}^+ = \frac{A_1}{Z_c} e^{-\gamma x} = \frac{\dot{U}^+}{Z_c}, \dot{I}^- = \frac{A_2}{Z_c} e^{\gamma x} = \frac{\dot{U}^-}{Z_c}$$

由于 γ、Z_c、A_1、A_2 均为复数,为方便写出 $u(x,t)$ 和 $i(x,t)$ 的时域表达式,分别将 γ、Z_c、A_1、A_2 用复数的代数式或极坐标式表示如下

$$\gamma = \alpha + j\beta$$
$$Z_c = |Z_c| \underline{/\theta}$$
$$A_1 = |A_1| \underline{/\varphi_+} = U_0^+ \underline{/\varphi_+}$$
$$A_2 = |A_2| \underline{/\varphi_-} = U_0^- \underline{/\varphi_-}$$

则各电压、电流分量可表示为

$$\dot{U}^+ = A_1 e^{-\gamma x} = U_0^+ e^{-\alpha x} \underline{/(-\beta x + \varphi_+)}$$

$$\dot{U}^- = A_2 e^{\gamma x} = U_0^- e^{\alpha x} \underline{/(\beta x + \varphi_-)}$$

$$\dot{I}^+ = \frac{A_1}{Z_c} e^{-\gamma x} = \frac{U_0^+}{|Z_c|} e^{-\alpha x} \underline{/(-\beta x + \varphi_+ - \theta)}$$

$$\dot{I}^- = \frac{A_2}{Z_c} e^{\gamma x} = \frac{U_0^-}{|Z_c|} e^{\alpha x} \underline{/(\beta x + \varphi_- - \theta)}$$

由上式可写出传输线上的电压和电流的时域表达式为

$$u = u^+ + u^- = \sqrt{2} U_0^+ e^{-\alpha x} \sin(\omega t - \beta x + \varphi_+) + \sqrt{2} U_0^- e^{\alpha x} \sin(\omega t + \beta x + \varphi_-)$$

$$i = i^+ - i^- = \sqrt{2} \frac{U_0^+}{|Z_c|} e^{-\alpha x} \sin(\omega t - \beta x + \varphi_+ - \theta) - \sqrt{2} \frac{U_0^-}{|Z_c|} e^{\alpha x} \sin(\omega t + \beta x + \varphi_- - \theta)$$

可见,传输线上的电压和电流均由两个分量叠加得到,每个分量均是 x、t 的二元函数。下面来研究电压和电流的表达式中的两个分量的物理意义。

【例 14-1】　一高压线长 $l = 300$ km,终端接负载,其功率为 30 MW,功率因数 $\lambda = 0.9$(感性)。已知输电线的 $Z_0 = 1\underline{/80°}$ Ω/km,$Y_0 = 6.5 \times 10^{-6} \underline{/90°}$ S/km。设负载电压 $\dot{U}_2 = 115.5\underline{/0°}$ kV,求距离始端 200 km 处的电压、电流相量。

解:
$$\dot{I}_2 = \frac{P}{U_2 \lambda} = \frac{30 \times 10^6}{115.5 \times 10^3 \times 0.9} = 288.6 \text{ A}$$

$$\dot{I}_2 = I_2 \underline{/\arccos\lambda} = 288.6 \underline{/-25.84°} \text{ A}$$

$$\gamma = \sqrt{Z_0 Y_0} = \sqrt{1\underline{/80°} \times 6.5 \times 10^{-6} \underline{/90°}} = 2.55 \times 10^{-3} \underline{/85°} \text{ km}^{-1}$$

$$Z_c = \sqrt{Z_0/Y_0} = \sqrt{1\underline{/80°}/(6.5 \times 10^{-6} \underline{/90°})} = 392.2 \underline{/-5°} \text{ Ω}$$

距离始端 200 km(即距离终端 100 km),该处电压和电流分别为

$$\dot{U} = \dot{U}_2 \cosh 100\gamma + Z_c \dot{I}_2 \sinh 100\gamma = 130.7 \underline{/10.5°} \text{ kV}$$

$$\dot{I} = \dot{I}_2 \cosh 100\gamma + \frac{\dot{U}_2}{Z_c} \sinh 100\gamma = 256.2 \underline{/-10.35°} \text{ A}$$

式中
$$100\gamma = 0.255\underline{/85°} = 0.0222 + j0.254$$
$$\cosh 100\gamma = 0.968\underline{/0.33°}$$
$$\sinh 100\gamma = 0.252\underline{/85.11°}$$

14.4 均匀传输线上的行波和传播特性

14.4.1 均匀传输线的行波

由上节所得

$$\dot{U}=A_1\mathrm{e}^{-\gamma x}+A_2\mathrm{e}^{\gamma x}$$
$$\dot{I}=\frac{A_1}{Z_c}\mathrm{e}^{-\gamma x}-\frac{A_2}{Z_c}\mathrm{e}^{\gamma x}$$

可知，均匀传输线上每一点的电压、电流都可看成是两个分量之和。这四个分量分别为

$$\dot{U}^+=A_1\mathrm{e}^{-\gamma x} \tag{14-8}$$

$$\dot{U}^-=A_2\mathrm{e}^{\gamma x} \tag{14-9}$$

$$\dot{I}^+=\frac{A_1}{Z_c}\mathrm{e}^{-\gamma x} \tag{14-10}$$

$$\dot{I}^-=\frac{A_2}{Z_c}\mathrm{e}^{\gamma x} \tag{14-11}$$

$\dot{U}^+$、$\dot{U}^-$与$\dot{U}$的参考方向相同；$\dot{I}^+$与$\dot{I}$的参考方向相同，$\dot{I}^-$与$\dot{I}$的参考方向相反，如图14-4所示。因此，可表示为

$$\left.\begin{aligned}\dot{U}&=\dot{U}^++\dot{U}^-=A_1\mathrm{e}^{-\gamma x}+A_2\mathrm{e}^{\gamma x}\\ \dot{I}&=\dot{I}^+-\dot{I}^-=\frac{A_1}{Z_c}\mathrm{e}^{-\gamma x}-\frac{A_2}{Z_c}\mathrm{e}^{\gamma x}\end{aligned}\right\} \tag{14-12}$$

为了认识这些分量，把相量$\dot{U}$、$\dot{I}$变换为原来的时间函数。A_1、A_2为复数，可写成$A_1=|A_1|\mathrm{e}^{\mathrm{j}\Psi_1}$，$A_2=|A_2|\mathrm{e}^{\mathrm{j}\Psi_2}$

及　　$\gamma=\alpha+\mathrm{j}\beta$，$Z_c=|Z_c|\mathrm{e}^{\mathrm{j}\varphi_c}$

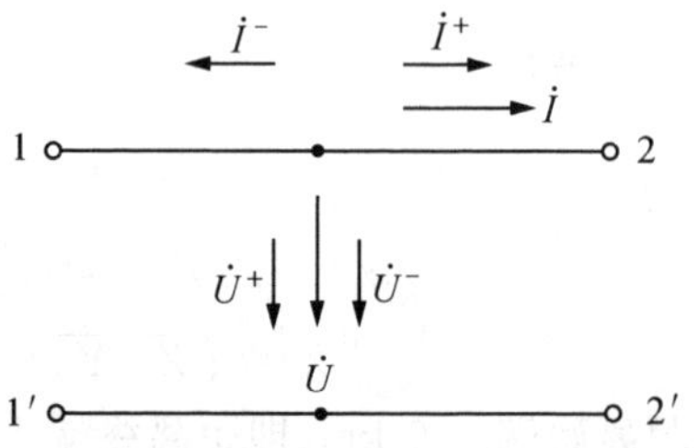

图 14-4　电压、电流分量的参考方向

于是

$$\begin{aligned}\dot{U}&=\dot{U}^++\dot{U}^-=A_1\mathrm{e}^{-\gamma x}+A_2\mathrm{e}^{\gamma x}\\&=|A_1|\mathrm{e}^{\mathrm{j}\Psi_1}\mathrm{e}^{-(\alpha+\mathrm{j}\beta)x}+|A_2|\mathrm{e}^{\mathrm{j}\Psi_2}\mathrm{e}^{(\alpha+\mathrm{j}\beta)x}\\&=|A_1|\mathrm{e}^{-\alpha x}\mathrm{e}^{\mathrm{j}(\Psi_1-\beta x)}+|A_2|\mathrm{e}^{\alpha x}\mathrm{e}^{\mathrm{j}(\Psi_2+\beta x)}\end{aligned}$$

$$\begin{aligned}\dot{I}&=\dot{I}^+-\dot{I}^-=\frac{A_1}{Z_c}\mathrm{e}^{-\gamma x}-\frac{A_2}{Z_c}\mathrm{e}^{\gamma x}\\&=\frac{|A_1\mathrm{e}^{\mathrm{j}\Psi_1}\mathrm{e}^{-(\alpha+\mathrm{j}\beta)x}|}{|Z_c|\mathrm{e}^{\mathrm{j}\varphi_c}}-\frac{|A_2|\mathrm{e}^{\mathrm{j}\Psi_2}\mathrm{e}^{(\alpha+\mathrm{j}\beta)}x}{|Z_c|\mathrm{e}^{\mathrm{j}\varphi_c}}\\&=\frac{|A_1|}{|Z_c|}\mathrm{e}^{-\alpha x}\mathrm{e}^{\mathrm{j}(\Psi_1-\beta x-\varphi_c)}-\frac{|A_2|}{|Z_c|}\mathrm{e}^{\alpha x}e^{\mathrm{j}(\Psi_2+\beta x-\varphi_c)}\end{aligned}$$

其电压、电流的瞬时值表达式为

$$u=u^++u^-=\sqrt{2}|A_1|\mathrm{e}^{-\alpha x}\sin(\omega t+\Psi_1-\beta x)+\sqrt{2}|A_2|\mathrm{e}^{\alpha x}\sin(\omega t+\Psi_2+\beta x) \tag{14-13}$$

$$i=i^+-i^-=\sqrt{2}\frac{|A_1|}{|Z_c|}\mathrm{e}^{-\alpha x}\sin(\omega t+\Psi_1-\beta x-\varphi_c)-\sqrt{2}\frac{|A_2|}{|Z_c|}e^{\alpha x}\sin(\omega t+\Psi_2+\beta x-\varphi_c) \tag{14-14}$$

1. 正向电压行波

随着时间的增加不断向某一方向传播的波称为行波。

正向电压行波瞬时值表达式为

$$u^+ = \sqrt{2}\,|A_1|\,e^{\alpha x}\sin(\omega t + \Psi_1 - \beta x) \tag{14-15}$$

（1）x 不变，即在固定的任意一点上，u^+ 随时间按正弦规律变化，其振幅为 $\sqrt{2}\,|A_1|\,e^{-\alpha x}$。$u^+$ 的传播方向是向 x 增加的方向，即从始端向终端传播，所以称为正向电压行波。

（2）在任一瞬间（t 为定值），u^+ 沿线按减幅正弦规律分布，这是因为 α 为正值，所以随 x 的增加，u^+ 的振幅按指数规律减小，如图 14-5 所示。

（3）$t = t_1$ 时 x_1 点的电压为

$$u^+(x_1, t_1) = \sqrt{2}\,|A_1|\,e^{-\alpha x_1}\sin(\omega t_1 + \Psi_1 - \beta x_1)$$

而 $t = t_2 > t_1$ 时，x_2 点的电压为

$$u^+(x_2, t_2) = \sqrt{2}\,|A_1|\,e^{-\alpha x_2}\sin(\omega t_2 + \Psi_1 - \beta x_2)$$

观察两种情况下相位相同的点，即令两式中括号内的量相等，得

$$\omega t_1 + \Psi_1 - \beta x_1 = \omega t_2 + \Psi_1 - \beta x_2$$

可得

$$\omega(t_2 - t_1) = \beta(x_2 - x_1)$$

由于 ω、β 都为正值，上式说明，经过时间 $\Delta t = t_2 - t_1$ 后，同相位点向增加的方向移动了 $\Delta x = x_2 - x_1$，移动的速度为

$$v_p = \lim_{\Delta t \to 0}\frac{\Delta x}{\Delta t} = \frac{\omega}{\beta} \tag{14-16}$$

v_p 表明了 u^+ 的等相位点的移动速度，相位不变的点移动的速度，故称为相位速度（简称相速）。

图 14-6 中实线表示 $t = t_1$ 时 u^+ 的沿线分布，虚线表示 $t = t_2$ 时 u^+ 的沿线分布，即经过 Δt 后，实线曲线向 x 增加方向移动了 $\Delta x = v_p \Delta t$。

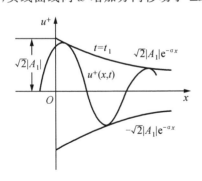

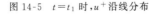

图 14-5　$t = t_1$ 时，u^+ 沿线分布

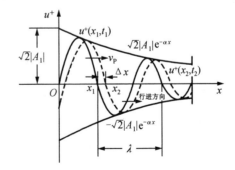

图 14-6　正向电压行波沿线的传播

（4）在同一时刻，相位差为 2π 的相邻两点间的距离为波长 λ。由

$$(\omega t_1 + \Psi_1 - \beta x_1) - [\omega t_1 + \Psi_1 - \beta(x_1 + \lambda)] = 2\pi$$

可得

$$\lambda = \frac{2\pi}{\beta}$$

由于 $\beta = \omega / v_p$，所以

$$\lambda = \frac{2\pi}{\beta} = v_p \frac{2\pi}{\omega} = \frac{v_p}{f} = v_p T \tag{14-17}$$

式中，f、T 分别为 u^+ 的频率、周期，也就是电源的频率、周期。所以行波的波长也是行波在一个周期的时间内传播的距离。

2. 反向电压行波

反向电压行波如图 14-7 所示，瞬时值表达式为

$$u^- = \sqrt{2}\,|A_2|\,e^{\alpha x}\sin(\omega t + \Psi_2 + \beta x) \tag{14-18}$$

u^- 也是一个减幅行波，其相速和波长都与 u^+ 一样。但与正向波比较其振幅中含有 $e^{\alpha x}$，而不是 $e^{-\alpha x}$；相位中含有 βx，而不是 $(-\beta x)$。所以可得

（1）u^- 的传播方向是向 x 减小的方向，即从终端向始端的方向，各点的振幅也是沿行波传播的方向按指数规律衰减，所以 u^- 称为反向电压行波。

（2）相速为 $v_p = \lim\limits_{\Delta t \to 0} \dfrac{\Delta x}{\Delta t} = \dfrac{\omega}{\beta}$，波长为 $\lambda = \dfrac{2\pi}{\beta} = v_p\dfrac{2\pi}{\omega} = \dfrac{v_p}{f} = v_p T$。

（3）$u = u^+ + u^-$，传输线上各处的电压都可以认为是两个向相反方向行进的电压波——正向行波和反向行波相加的结果。

（4）均匀线的电压的振幅或有效值是沿线作波动分布的。

需要指出，把正弦稳态下的均匀传输线的电压和电流分成两个行波分量之和，只是一种分析

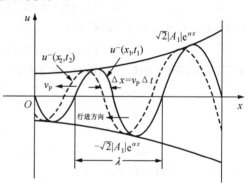

图 14-7　反向电压行波沿线的传播

问题的方法，实际上只是一个合成的电压 $u(x,t)$ 和电流 $i(x,t)$。在每一瞬间，电压和电流以及它们的分量在沿线的不同点上不仅大小不同，而且符号也可能相反。

3. 正向电流行波和反向电流行波

正向电流行波和反向电流行波的瞬时值表达式分别为

$$i^+ = \sqrt{2}\,\frac{|A_1|}{|Z_c|}\,e^{-\alpha x}\sin(\omega t + \Psi_1 - \beta x - \varphi_c) \tag{14-19}$$

$$i^- = \sqrt{2}\,\frac{|A_2|}{|Z_c|}\,e^{\alpha x}\sin(\omega t + \Psi_2 + \beta x - \varphi_c) \tag{14-20}$$

（1）电流行波 i^+、i^- 振幅都沿波的传播方向衰减，与电压行波 u^+、u^- 的相速和波长都一样，即相速为 $v_p = \lim\limits_{\Delta t \to 0}\dfrac{\Delta x}{\Delta t} = \dfrac{\omega}{\beta}$；波长为 $\lambda = \dfrac{2\pi}{\beta} = v_p\dfrac{2\pi}{\omega} = \dfrac{v_p}{f} = v_p T$。

（2）i^+、i^- 在各点振幅分别等于同一点的 u^+、u^- 的振幅除以 $|Z_c|$，其各点的相位分别比同一点的 u^+、u^- 的相位滞后 φ_c，即

$$i_m^+ = \sqrt{2}\,\frac{|A_1|}{|Z_c|}\ ,\ \Psi_i^+ = \Psi_1 - \beta x - \varphi_c$$

$$i_m^- = \sqrt{2}\,\frac{|A_2|}{|Z_c|}\ ,\ \Psi_i^- = \Psi_2 + \beta x - \varphi_c$$

（3）$i = i^+ - i^-$，传输线上各处的电流可以认为是由两个向相反方向行进的电流行波，即正向行波和反向行波相减的结果。

14.4.2　副参数

传播系数 γ 和特性阻抗 Z_c 组成均匀传输线的参数称为副参数。

1.传播系数 γ

$$\gamma = \alpha + j\beta = \sqrt{Z_0 Y_0} = \sqrt{(R_0 + j\omega L_0)(G_0 + j\omega C_0)}$$

其中,α 为衰减系数,它确定了行波的振幅在传播中的衰减程度,沿行波传播方向相隔单位距离的两点,后一点的振幅衰减为前一点的振幅的 $e^{-\alpha}$ 倍。

β 为相位系数,它确定了行波的相速,同一瞬间,沿行波传播方向相隔单位距离的两点,后一点的相位比前一点的相位滞后 β 弧度。

γ 总体上确定了行波的传播情况,所以称为传播系数(propagation coefficient)。

根据 γ 的定义可得

$$\alpha = \sqrt{\frac{1}{2}\left[R_0 G_0 - \omega^2 L_0 C_0 + \sqrt{(R_0^2 + \omega^2 L_0^2)(G_0^2 + \omega^2 C_0^2)}\right]}$$

$$\beta = \sqrt{\frac{1}{2}\left[\omega^2 L_0 C_0 - R_0 G_0 + \sqrt{(R_0^2 + \omega^2 L_0^2)(G_0^2 + \omega^2 C_0^2)}\right]}$$

从上面的表达式可以看出,α、β 都和激励源的角频率 ω 有关,它们随 ω 的变化情况如图14-8所示。从图中可看出,当 ω 很高时,α 近似为一常数;β 为 ω 的增函数,当 ω 很高时,β 随 ω 近似成正比增加,此时 $\beta \approx \omega \sqrt{L_0 C_0}$。

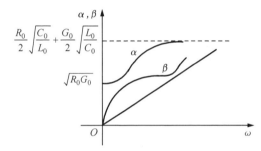

图 14-8　α 和 β 的频率特性曲线

几种特殊的行波传播情况:

(1)$R_0 = 0$、$G_0 = 0$,即无损耗线情况。

$\alpha = 0$,行波不衰减。可见,行波的衰减主要是由于 R_0、G_0 的存在。

(2)直流激励下,$\alpha = \sqrt{R_0 G_0}$。

(3)$L_0 = 0$、$C_0 = 0$ 或 $\omega = 0$ 的情况下,$\beta = 0$。行波沿均匀传输线的相位变化主要由 L_0、C_0 所引起。

(4)当频率极高时,$\beta \approx \omega \sqrt{L_0 C_0}$。

①一般 $220 \sim 500$ kV 工频架空输电线的传播系数为

$$\alpha = (0.02 \sim 0.20) \times 10^{-3} \ \text{km}^{-1}$$

$$\beta = (1.05 \sim 1.07) \times 10^{-3} \ \text{km}^{-1}$$

因此,行波的相速为 $v_p = \dfrac{\omega}{\beta} \approx 3 \times 10^5$ km/s,接近真空中的光速 C。

波长为 $\lambda = \dfrac{2\pi}{\beta} \approx (5800 \sim 6000)$ km。

②高频架空线的 $v_p = \dfrac{\omega}{\beta} \approx \dfrac{1}{\sqrt{L_0 C_0}} = C$,$\lambda \approx \dfrac{C}{f}$。对于 $f = 100$ MHz 的超高频信号,则波长仅为 3 m,属于超短波(米波)范围。频率更高时,波长可能只有几分米、几厘米甚至几毫米。所以即使长度为几厘米的传输线,也要考虑参数的分布特性,甚至还需要按电磁场理论处理。

2.特性阻抗 Z_c

根据特性阻抗 Z_c 的定义可知

$$Z_c = \sqrt{\frac{Z_0}{Y_0}} = \sqrt{\frac{R_0 + j\omega L_0}{G_0 + j\omega C_0}} = |Z_c| \underline{/\theta}$$

$$|Z_c| = \left(\frac{R_0^2 + \omega^2 L_0^2}{G_0^2 + \omega^2 C_0^2}\right)^{\frac{1}{4}};$$

式中，$\theta = \dfrac{1}{2}\arctan\left(\dfrac{\omega L_0 G_0 - \omega C_0 R_0}{R_0 G_0 + \omega^2 L_0 C_0}\right)$。

$|Z_c|$ 和 θ 随 ω 的变化情况如图 14-9 所示。

当 $\omega = 0$（直流）时，$|Z_c| = \sqrt{\dfrac{R_0}{G_0}}$，$\theta = 0$。此时特性阻抗

是纯电阻性质的。当 ω 较高时，因为 $\omega L_0 \gg R_0$，$\omega C_0 \gg G_0$，所以

$$Z_c = \sqrt{\frac{Z_0}{Y_0}} = \sqrt{\frac{R_0 + j\omega L_0}{G_0 + j\omega C_0}} \approx \sqrt{\frac{j\omega L_0}{j\omega C_0}} = \sqrt{\frac{L_0}{C_0}}$$

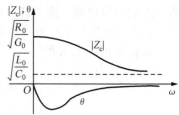

图 14-9　$|Z_c|$ 和 θ 的频率特性

可见，此时特性阻抗也是纯电阻性质的。从图 14-9 中还可看出，Z_c 的辐角 θ 是小于或等于零的。

实际中，一般架空线的特性阻抗 $|Z_c|$ 为 400 Ω～600 Ω，电力电缆约为 50 Ω。通信中使用的同轴电缆的 $|Z_c|$ 为 40 Ω～100 Ω，常用的有 75 Ω 和 50 Ω 两种。

14.5　终端接有负载的传输线

终端所接负载的阻抗 Z_2 等于特性阻抗 Z_c（图 14-10），即 $Z_2 = \dfrac{\dot{U}_2}{\dot{I}_2} = Z_c$，则有

$$\dot{U} = \frac{1}{2}(\dot{U}_2 + Z_c \dot{I}_2)e^{\gamma x'} + \frac{1}{2}(\dot{U}_2 - Z_c \dot{I}_2)e^{-\gamma x'} = \frac{1}{2}(\dot{U}_2 + Z_c \dot{I}_2)e^{\gamma x'} = \dot{U}_2 e^{\gamma x'}$$

$$(14\text{-}21)$$

$$\dot{I} = \frac{1}{2}\left(\frac{\dot{U}_2}{Z_c} + \dot{I}_2\right)e^{\gamma x'} - \frac{1}{2}\left(\frac{\dot{U}_2}{Z_c} - \dot{I}_2\right)e^{-\gamma x'} = \frac{1}{2}\left(\frac{\dot{U}_2}{Z_c} + \dot{I}_2\right)e^{\gamma x'} = \dot{I}_2 e^{\gamma x'}$$

结论：(1)电压和电流只有正向行波，没有反向行波。

(2)均匀传输线上任一点的电压相量与电流相量之比都为 Z_c，即

$$\frac{\dot{U}}{\dot{I}} = \frac{\dot{U}_2 e^{\gamma x'}}{\dot{I}_2 e^{\gamma x'}} = \frac{\dot{U}_2}{\dot{I}_2} = Z_2 = Z_c$$

即从沿线上任意点向终端看的入端阻抗 Z_i 总等于特性阻抗 Z_c。

(3)均匀传输线上各点电压、电流的有效值都是从始端到终端按指数规律衰减的，即

$$U = U_2 e^{\alpha x'} = U_2 e^{\alpha(l-x)}$$

$$I = I_2 e^{\alpha x'} = I_2 e^{\alpha(l-x)}$$

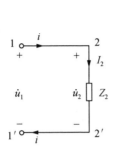

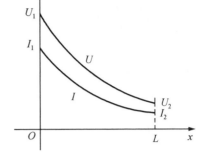

(a) 终端接特性阻抗的均匀传输线　　　**(b) 匹配情况下均匀传输线上的** U、I

图 14-10　终端接有负载的传输线

（4）均匀线在匹配情况下负载接受的功率称为自然功率 (P_N)，即

$$P_N = P_2 = U_2 I_2 \cos\varphi_2 = U_2 I_2 \cos\varphi_c = \frac{U_2^2}{|Z_c|}\cos\varphi_c \tag{14-22}$$

而始端的输入功率为

$$P_1 = U_1 I_1 \cos\varphi_c$$

同时有

$$U_1 = U_2 e^{al}$$
$$I_1 = I_2 e^{al}$$

因此，均匀传输线在传输自然功率时的传输效率为

$$\eta = \frac{P_2}{P_1} = \frac{U_2 I_2 \cos\varphi_c}{U_1 I_1 \cos\varphi_c} = \frac{U_2 I_2}{U_2 e^{al} I_2 e^{al}} = e^{-2al} \tag{14-23}$$

可见，在匹配情况下，由于没有反向行波，由正向行波传输到终端的功率全部被负载所吸收，传输效率较高。

例如，在电信和微波技术中常要求负载与传输线匹配，以得到较高的传输质量（信号失真小）和传输效率。电视机天线、馈线均应与电视机的输入阻抗匹配，选择天线和馈线时应该加以考虑。

【例 14-2】　试求[例 14-1]中输电线路在 $U_2 = 500$ kV 时的自然功率，并求此情况下的始端电压、电流的有效值及输电效率。

解：[例 14-1]中已算出 $Z_c = 392.2\underline{/-5°}\ \Omega$。

所以，可得自然功率为

$$P_N = \frac{U_2^2}{|Z_c|}\cos\varphi_c = \frac{500^2}{392}\times\cos(-5°) = 635.33\text{ MW}$$

及

$$U_1 = U_2 e^{al} = 500 e^{0.22\times300\times10^{-3}} = 534\text{ kV}$$

$$I_1 = I_2 e^{al} = \frac{U_2}{|Z_c|}e^{al} = \frac{500}{392.2}e^{0.22\times300\times10^{-3}} = 1.361\text{ kA} = 1361\text{ A}$$

输电效率为

$$\eta = \frac{P_2}{P_1} = \frac{U_2 I_2 \cos\varphi_c}{U_1 I_1 \cos\varphi_c} = \frac{U_2 I_2}{U_2 e^{al} I_2 e^{al}} = e^{-2al} = e^{-2\times0.22\times300\times10^{-3}} = 0.876$$

14.6　无损耗传输线

14.6.1　无损耗传输线的特点

如果传输线的电阻 R_0 和导线间的漏电导 G_0 等于零,这时信号在传输线上传播时,其能量不会消耗在传输线上,这种传输线就称为无损耗传输线,简称无损耗线。当传输线中的信号的 ω 很高时,由于 $\omega L_0 \gg R_0$、$\omega C_0 \gg G_0$,所以略去 R_0 和 G_0 后不会引起较大的误差,此时传输线也可以被看成是无损耗线。

因为 $R_0 = 0$、$G_0 = 0$,所以无损耗传输线的传播常数为

$$\gamma = \sqrt{Z_0 Y_0} = \sqrt{(j\omega L_0)(j\omega C_0)} = j\omega \sqrt{L_0 C_0}$$

即 $\alpha = 0$、$\beta = \omega \sqrt{L_0 C_0}$,可见无损耗传输线也是无畸变线。

无损耗传输线的特性阻抗 Z_c 是纯电阻性质的,其值为

$$Z_c = \sqrt{\frac{Z_0}{Y_0}} = \sqrt{\frac{L_0}{C_0}}$$

因为 $\alpha = 0$,所以可知无损耗线上的电压和电流相量为

$$\dot{U} = \dot{U}_2 \cos\beta x' + jZ_c \dot{I}_2 \sin\beta x'$$

$$\dot{I} = \dot{I}_2 \cos\beta x' + j\frac{\dot{U}_2}{Z_c} \sin\beta x' \tag{14-24}$$

式中,x' 为传输线上一点到终端的距离。

从距终端 x' 处向终端看进去的输入阻抗为

$$Z_{in} = \frac{\dot{U}}{\dot{I}} = \frac{Z_2 \cos\beta x' + jZ_c \sin\beta x'}{Z_c \cos\beta x' + jZ_2 \sin\beta x'} Z_c \tag{14-25}$$

其中,$Z_2 = \dfrac{\dot{U}_2}{\dot{I}_2}$ 为终端负载的阻抗。

14.6.2　终端接特性阻抗的无损耗线

当传输线的终端阻抗与传输线相匹配,即 $Z_2 = Z_c$ 时,由式(14-24)可求得无损耗线上的电压和电流相量为

$$\dot{U} = \dot{U}_2 \cos\beta x' + jZ_c \dot{I}_2 \sin\beta x' = \dot{U}_2 [\cos\beta x' + j\sin\beta x'] = \dot{U}_2 \underline{/\beta x'}$$

$$\dot{I} = \dot{I}_2 \cos\beta x' + j\frac{\dot{U}_2}{Z_c} \sin\beta x' = \dot{I}_2 [\cos\beta x' + j\sin\beta x'] = \dot{I}_2 \underline{/\beta x'}$$

其电压、电流的时域表达式为

$$u = \sqrt{2} U_2 \sin(\omega t + \beta x' + \varphi_{u2})$$

$$i = \sqrt{2} I_2 \sin(\omega t + \beta x' + \varphi_{i2})$$

其中,φ_{u2} 和 φ_{i2} 分别为终端电压和电流的初相。可见传输线上的电压和电流均为无衰减的

入射波,没有反射波分量。没有反射波分量的原因在前面定义"匹配"这一概念的时候已经解释过了,而入射波无衰减的原因则是因为无损耗线的 $R_0=0$、$G_0=0$,无法消耗入射波的能量,故入射波是无衰减的。

匹配的无损耗线还有一个特点,由式(14-25)不难看出,从线上任一位置向终端看进去的输入阻抗为

$$Z_{in}=Z_c$$

即从线上任一位置向终端看进去的输入阻抗都是相同的,都等于特性阻抗 Z_c。

14.6.3　无损耗线方程的通解

在前面我们讨论了均匀传输线上的电压和电流的入射波及反射波。在本节中,将以无损耗线为例,简要分析一下无损耗线上的电压和电流的动态过程,即从 $t=0$ 时刻开始,传输线上的电压和电流的传播过程,以进一步加深对传输线上的入射波和反射波这两个概念的理解。

因为无损耗线的 $R_0=0$ 和 $G_0=0$,所以由均匀传输线方程,有

$$-\frac{\partial u}{\partial x}=L_0\,\frac{\partial i}{\partial t}$$
$$-\frac{\partial i}{\partial x}=C_0\,\frac{\partial i}{\partial t}$$

(14-26)

式(14-26)即为无损耗线的方程,是均匀传输线方程在 $R_0=0$ 和 $G_0=0$ 的情况下的一个特例,式中的 x 为任一点到始端的距离。可以证明,该偏微分方程的通解具有以下形式

$$u(x,t)=f_1(x-vt)+f_2(x+vt)=u^++u^-$$
$$i(x,t)=\frac{1}{Z_c}[f_1(x-vt)-f_2(x+vt)]=i^+-i^-$$

式中,$v=\dfrac{1}{\sqrt{L_0C_0}}$;$f_1$ 和 f_2 均为待定的函数,需根据边界条件和初始条件确定。在此不讨论如何待定 f_1 和 f_2,仅对上式作一个定性分析。

$u^+=f_1(x-vt)$ 分量是一个以速度 v 传播的正向电压行波;$u^-=f_2(x+vt)$ 分量为以速度 v 传播的反向电压行波。同理,$i^+=\dfrac{1}{Z_c}f_1(x-vt)=\dfrac{u^+}{Z_c}$ 分量是以速度 v 传播的正向电流行波;$i^-=\dfrac{f_2(x+vt)}{Z_c}=\dfrac{u^-}{Z_c}$ 分量为以速度 v 传播的反向电流行波。可见,传输线上的电压、电流也是由入射波和反射波叠加而成的,这一点和正弦稳态情况是相同的,只不过当激励源不是正弦信号时,入射波和反射波不是正弦波形式而已。

14.6.4　无损耗线的波的传播过程

下面以直流激励下的开路无损耗线为例来阐述电压波或电流波从 $t=0$ 时刻开始沿传输线传播的过程。如图 14-11 所示,设无损耗线的长度为 l,终端开路,在 $t=0$ 时刻将直流激励源 U_0 接入到传输线的始端,在 $t=0$ 时刻沿线的电压和电流均为零。

在 $0<t<\dfrac{l}{v}$ 的时间内,电压波和电流波从 $t=0$ 时刻开始以速度 v 由始端向终端传播,如图 14-12(a)所示。此时传输线上只有电压的第一次入射波 $u_1^+=U_0$ 和电流的第一次入

射波 $i_1^+ = \dfrac{u_1^+}{Z_c} = I_0$，反射波尚未产生。

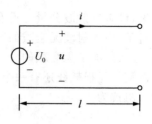

当 $t = \dfrac{l}{v}$ 时，电压和电流的入射波到达终端，由于终端
开路，所以电流的第一次反射波必为 $i_1^- = I_0$，即发生全反
射，这样才能使得电流的反射波和入射波在终端处叠加后
的值为零，从而满足开路处电流为零这一终端的边界条
件。此时，电压的反射波 $u_1^- = Z_c i_1^- = U_0$ 亦为全反射。

图 14-11　接直流激励的无损耗线电路

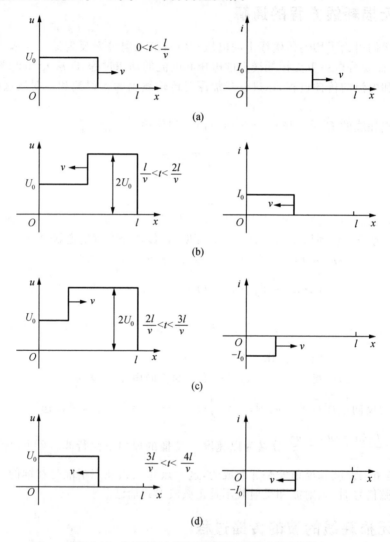

图 14-12　电压波和电流波在开路线上多次入射和反射

在 $\dfrac{l}{v} < t < \dfrac{2l}{v}$ 的时间内，电压和电流的反射波将以速度 v 由终端向始端传播。电流的反
射波使其所到之处的电流变为零（$i = i_1^+ - i_1^- = 0$），电压的反射波使其所到之处的电压变为
$2U_0$（$u = u_1^+ + u_1^- = 2U_0$），如图 14-12(b)所示。

当 $t = \dfrac{2l}{v}$ 时，电压和电流的反射波到达始端，电压和电流的反射波在始端处将再次发生反射。由于电压源使始端处的电压始终为 U_0（始端的边界条件），故始端处的电压的反射波即第二次电压入射波必为 $u_2^+ = -U_0$，从而满足始端的边界条件。相应的，电流的第二次入射波为 $i_2^+ = \dfrac{u_2^+}{Z_c} = -I_0$。

在 $\dfrac{2l}{v} < t < \dfrac{3l}{v}$ 的时间内，u_2^+ 所到之处的电压变为 U_0（$u = u_1^+ + u_1^- + u_2^+ = U_0$），$i_2^+$ 所到之处的电流变为 $-I_0$（$i = i_1^+ + i_1^- + i_2^+ = -I_0$）。如图 14-12(c) 所示。

当 $t = \dfrac{3l}{v}$ 时，u_2^+ 和 i_2^+ 到达终端，在终端处产生反射，为满足终端处的边界条件，必有 $i_2^- = -I_0$。此时，$u_2^- = Z_c i_2^- = -U_0$。

在 $\dfrac{3l}{v} < t < \dfrac{4l}{v}$ 的时间内，u_2^- 所到之处的电压变为零（$u = u_1^+ + u_1^- + u_2^+ + u_2^- = 0$），$i_2^-$ 所到之处的电流也变为零（$i = i_1^+ + i_1^- + i_2^+ + i_2^- = 0$）。如图 14-12(d) 所示。

当 $t = \dfrac{4l}{v}$ 时，全线的电压和电流均为零，又回到 $t = 0$ 的状态。接着又重复 $0 < t < \dfrac{4l}{v}$ 的过程。

拓展训练

习 题

14-1　已知某三相高压传输线的原参数为：$L_0 = 1.36$ mH/km，$C_0 = 0.00848$ μF/km，$R_0 = 0.107$ Ω/km，G_0 忽略，求副参数。

第 14 章
习题答案

14-2　一高压线长 300 km，终端接有负载，功率为 30 MW，功率因数为 0.9（感性），已知：$Z_0 = 1\underline{/80°}$ Ω/km，$Y_0 = 6.5 \times 10^{-6}\underline{/90°}$ S/km，设负载端的电压为 $\dot{U}_2 = 115.5\underline{/0°}$ kV，求距离始端 200 km 处的电压和电流。

14-3　已知：三相传输线长 200 km，终端线电压为 220 kV，负载功率为 160 MW，功率因数为 0.9（感性），求始端电流、电压及传输效率。其中电路的原参数为：$L_0 = 1.33 \times 10^{-3}$ H/km，$C_0 = 8.48 \times 10^{-9}$ F/km，$R_0 = 0.09$ Ω/km，$G_0 = 0.1 \times 10^{-6}$ S/km。

14-4　计算 800 Hz 的同轴电缆的特性阻抗、传播常数、相速及波长。其中 $L_0 = 0.3$ mH/km，$C_0 = 0.2$ μF/km，$R_0 = 7$ Ω/km，$G_0 = 0.5 \times 10^{-6}$ S/km。

14-5　一段长度为四分之一波长的均匀无损耗线，其特性阻抗为 300 Ω，始端接一个 600 Ω 的电阻，终端短路，求从端口看进去的入端阻抗。

14-6　无损耗架空线波阻抗为 400 Ω，频率为 100 MHz，若要使得输入端相当于 100 μF 的电容，问线长最短为多少？

参考文献

[1] 邱关源,罗先觉.电路.5 版.北京:高等教育出版社,2011

[2] 俎云霄.电路分析基础.北京:电子工业出版社,2014

[3] 李华,吴建华.电路原理.北京:机械工业出版社,2016

[4] 康晓明.电路分析导论.北京:国防工业出版社,2008

[5] 李瀚荪.电路分析基础.4 版.北京:高等教育出版社,2006

[6] 胡翔骏.电路分析.2 版.高等教育出版社,2007

[7] 尼尔森.电路.9 版.洗立勤,译.北京:电子工业出版社,2013

[8] 范世贵.电路分析基础.西安:西北工业大学出版社,2006

[9] 陈长兴.电路分析基础.北京:国防工业出版社,2006

[10] 韩肖宁.电路分析及磁路.北京:中国电力出版社,2006

[11] 左全生.电路分析教程.北京:电子工业出版社,2006

[12] 王金海.电路理论习题详解与指导.北京:科学出版社,2007

[13] 杨尔滨.电路学习方法及解题指导.上海:同济大学出版社,2009

[14] 范承志.电路原理.北京:机械工业出版社,2009

[15] *Thomas L.Floyd*.电路基础.6 版.夏琳,施惠琼,译.北京:清华大学出版社,2006

[16] *Charles K.Alexander*,*Matthew N.O.Sadiku*.电路基础(英文版).6 版.段哲民,周巍,李宏,尹熙鹏,译.北京:机械工业出版社,2018

[17] 霍龙,朱晓萍.电路.北京:中国电力出版社,2009

[18] 翁黎朗.电路分析基础.北京:机械工业出版社,2009

[19] 陈洪亮,田社平,吴雪.电路分析基础.北京:清华大学出版社,2009

[20] 于歆杰,朱桂萍,陆文娟.电路原理.北京:清华大学出版社,2007

[21] 汪建,汪泉.电路原理教程.北京:清华大学出版社,2017

[22] 颜秋容.电路理论——基础篇.北京:高等教育出版社,2017

[23] 陈希有.电路理论教程.2 版.北京:高等教育出版社,2020